普通高等教育电工电子类课程新形态教材

电路与电子技术III
——模拟电子技术

主　编　刘　峰

副主编　孙勇智　郑玉珍　于爱华　徐宏飞

· 北京 ·

内 容 提 要

本书系浙江省普通高校“十三五”新形态教材。为适应新工科背景下电类专业人才培养需求，编者以OBE教育理念为指导，学习和借鉴诸多电路与电子技术类优秀教材，对传统的“电路原理”“模拟电子技术”和“数字电子技术”三门专业基础课程内容进行整合，形成《电路与电子技术Ⅰ——数字电子技术》《电路与电子技术Ⅱ——电路分析基础》和《电路与电子技术Ⅲ——模拟电子技术》系列教材。

《电路与电子技术Ⅲ——模拟电子技术》适用于在低年级开展模拟电路教学，主要内容包括放大电路的基本概念、半导体二极管及其基本电路、三极管及其放大电路、场效应管及其放大电路、模拟集成电路、功率放大电路、集成运算放大器及其应用、放大电路中的负反馈、信号发生与有源滤波电路和直流稳压电路等。本书融入课程思政，通过“探究研讨”案例开展小组合作学习，突出强基础、重应用的特色，注重培养学生高级思维和综合应用能力。

本书配套多媒体教学课件、微课视频、动画、在线测试、课后习题等，通过扫描相应位置的二维码就能获得在线教学资源，便于开展线上、线下混合式教学。

本书可作为应用型普通高等院校电气与电子信息类等本科专业的基础课程教材，也可用于高职院校电子或电气类等专业的基础课程教学，以及作为相关专业技术人员的参考用书。

图书在版编目（CIP）数据

电路与电子技术. Ⅲ, 模拟电子技术 / 刘峰主编
. -- 北京 : 中国水利水电出版社, 2022.1
普通高等教育电工电子类课程新形态教材
ISBN 978-7-5226-0165-6

Ⅰ. ①电… Ⅱ. ①刘… Ⅲ. ①电路理论－高等学校－教材②模拟电路－电子技术－高等学校－教材 Ⅳ. ①TM13②TN710

中国版本图书馆CIP数据核字(2021)第211153号

策划编辑：石永峰　责任编辑：王玉梅　加工编辑：赵佳琦　封面设计：梁　燕

书　名	普通高等教育电工电子类课程新形态教材 **电路与电子技术Ⅲ——模拟电子技术** DIANLU YU DIANZI JISHU Ⅲ——MONI DIANZI JISHU
作　者	主　编　刘　峰 副主编　孙勇智　郑玉珍　于爱华　徐宏飞
出版发行	中国水利水电出版社 （北京市海淀区玉渊潭南路1号D座　100038） 网址：www.waterpub.com.cn E-mail：mchannel@263.net（万水） sales@waterpub.com.cn 电话：（010）68367658（营销中心）、82562819（万水）
经　售	全国各地新华书店和相关出版物销售网点
排　版	北京万水电子信息有限公司
印　刷	三河市德贤弘印务有限公司
规　格	190mm×230mm　16开本　23印张　502千字
版　次	2022年1月第1版　2022年1月第1次印刷
印　数	0001—2000册
定　价	58.00元

前　　言

“电路与电子技术”是普通高校电气与电子信息类专业的重要基础课程，通常分为“电路原理”“模拟电子技术”和“数字电子技术”三门课程来开展教学，其中，“电路原理”主要介绍电路的基本概念、定律和分析方法，要求具备高等数学和电磁学等基础数理知识；“模拟电子技术”主要介绍各种半导体器件和线性集成电路的特性、电路分析和应用；“数字电子技术”以逻辑代数为数学基础，主要介绍逻辑电路分析设计和数字集成电路应用。“电路与电子技术”课程在电类专业人才培养中具有极其重要的地位和作用，使学生具备电路与电子技术等工程基础知识，能够识别、分析和解决工程实践中的电类相关问题。

随着电子技术的快速发展，尤其是数字电子技术的发展速度几乎呈现指数规律，电子技术在现代科学技术领域中越发占有极为重要的地位。伴随着半导体集成电路技术不断向高密度、高速度和低功耗的方向取得突破，微处理器技术和大规模可编程逻辑器件得到越来越广泛的应用，人工智能、机器人等新的产业形态不断涌现。高校电气和电子信息类专业跟踪新技术发展，除了原有的单片机和微机等课程之外，相应推出了 DSP 技术、EDA 技术、嵌入式系统等以数字电子技术为基础的专业技术课程。为了适应新形势下对创新型人才的需求，很多高校将数字电子技术的课程教学前移，使之成为开启学生学习电路与电子技术的第一门专业基础课程。实践证明，只要对电路与电子技术三门基础课程的内容进行有机整合，那么，“数字电子技术”课程前移不但具有可行性，而且对培养学生创新实践能力具有显著优势。

本套书针对电路与电子技术课程改革而编写，按照“数字电子技术”“电路分析基础”和“模拟电子技术”的教学顺序对课程内容进行调整，同时，根据教育部对高校课程建设提出的“两性一度”要求，结合电路与电子技术领域的最新发展成果，在保证基础的同时，强调应用性，特别是数字电子技术部分，注意引入现代数字系统设计的新理念和新方法，以适应新工科背景下的人才培养需求。本套书以学业产出导向的 OBE 理念为特色，以培养应用型人才为目标，学习借鉴了电路与电子技术众多相关优秀教材，为顺利开展教学配套了丰富的教学资源。本书在每一章前面都提出本章课程目标，并配套在线测试题库，便于读者自测学习效果；本书为每一章提供课后习题；为培养学生综合学习能力和开展课程思政，书中提供多个探究研讨案例，要求学生课外通过小组合作学习，理论联系实践，并思考工程师职责和伦理。读者在使用本书时不需将精力大量地放在元器件的内部结构和物理原理上，而应更多地注意学习和掌握其外部特性、分析方法和实际应用。

本套书的数字电子技术部分由浙江科技学院的郑玉珍、王淑琴、孙月兰、朱广信、张志飞和浙江机电职业技术学院的代红艳等共同完成，郑玉珍定稿，刘思远、戴实通等协助完成部分绘图工作。全书共十二章，分别是：电路基本概念和基本定律、电路分析基本方法、数制与编码、逻辑代数基础、基本逻辑门电路、组合逻辑电路的分析与设计、触发器、时序逻辑电路的分析与设计、半导体存储器及其应用、脉冲发生与整形电路、数模转换器与模数转换器、现代数字电路设计概述。

电路分析基础部分由浙江科技学院的陈晓、金哲、夏红、孙月兰、王淑琴等共同完成，陈晓定稿。全书共十章，内容主要包括电路定理、含有运算放大器的电阻电路、电容元件和电感元件、正弦稳态电路的分析、含有耦合电感的正弦稳态电路、三相电路、非正弦周期电流电路的分析、一阶线性动态电路的时域分析、线性动态电路的复频域分析、二端口网络，以及基于 Multisim 的电路仿真（附录）。

模拟电子技术部分由浙江科技学院的刘峰、孙勇智、郑玉珍、于爱华、徐宏飞等共同完成，刘峰定稿。全书内容共十章，分别是：绪论、半导体二极管及其基本电路、三极管及其放大电路、场效应管及其放大电路、模拟集成电路、功率放大电路、集成运算放大器及其应用、放大电路中的负反馈、信号发生与有源滤波电路、直流稳压电路。

本书在编写过程中，参考了大量国内外相关教材和技术资料，以及相关网站的公开资料，在此对这些资料的作者表示衷心的感谢！由于编者水平有限，书中难免存在错误或不当之处，恳请读者批评指正！

编 者

2021 年 10 月

目　　录

第 1 章 绪论

本章课程目标

1. 了解信号的概念，理解放大电路的四种模型。

2. 理解各种放大电路对输入电阻和输出电阻的要求，掌握增益的概念，掌握输入电阻的概念，掌握输出电阻的概念。

3. 了解放大电路的频率特性的概念、带宽的概念、频率失真的概念，了解非线性失真的概念；了解电子技术的发展简史。

电子技术正在改变着人们的日常生活，通信设备、计算机等电子产品几乎成为人们日常生活中不可或缺的部分。特别是近 50 年来，电子技术和其他技术飞速发展，使得工业、农业、国防等领域发生了重大的变革，有力地加快了全世界科学前进的步伐。

1.1 信号

1. 信号

自然界及人类的活动中包含着各种各样的信息，如温度、气压、力和声音等。信号就是这些信息的载体或者表达形式。因此，信号的物理形式是多种多样的。但是，从信号处理的角度来说，信号分为两大类——电信号和非电信号。

电信号是指随时间而变化的电压 v 或电流 i，在数学上可表示为时间 t 的函数，并且可以画出其波形。目前最便于处理的信号就是电信号，电信号易于传送和控制，因此成为应用最为广泛的信号。工业控制中的温度、压力、流量等信号属于非电信号，不便于处理，但是很容易转换成电信号。因此，在处理各种非电信号时，通常先将其转换成电信号在进行处理。电子电路中的信号均为电信号，以下简称为信号。

2. 模拟信号和数字信号

在自然界的这些物理量中有一类信号，其变化在时间和数量上都是连续的，这样的物理量称为模拟信号，也就是数学上所说的连续函数，即对应于任意时间值 t 都具有确定的函数值。例如气温、气压、风速等，这些变量通过相应的传感器都可以转换为模拟电信号，然后送到电子系统中去。处理模拟信号的电子电路称为模拟电路。本书主要讨论各种模拟电子电路的基本概念、基本原理、基本分析方法以及基本应用。

而另一类物理量其变化在时间和数量上都是不连续的、离散的，称为数字信号。与本书配套的电路与电子技术II主要讨论数字信号的处理电路。

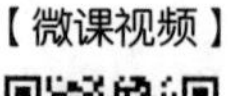

【微课视频】

电压放大电路模型

1.2 放大电路模型

信号的放大是最基本的模拟信号处理功能，通过放大电路实现。放大电路也是构成其他模拟电路的基本单元电路。因此，放大电路是模拟电子技术的核心电路。

在第 5 章，图 5.19 所示为集成运放 F007 的内部电路图。这张图看起来很复杂，而且对 BJT 理解不够透彻的话，要分析其内部工作机理可能将变得更加困难。然而事实是，不必详细了解运算放大器的内部工作机理是可能的。实际上，不论其内部电路如何复杂，运算放大器在输入与输出之间可以用一种非常简单的关系——一个方框（“黑匣子”）来表示，如图 1.1 所示。而且，这种简化的框图对于大多数情况是够用的。即使不是这种情况，借助于相关的技术数据，并由给定的参数来预期电路性能，这样就可以避免对其内部电路的详细分析。

因为放大电路是用来放大信号的，所以放大电路是一种双口网络，它接收一个称为输入的外加信号，产生一个称为输出的信号，并使输出=增益×输入，这里增益是某一种合适的比例常数。能够满足这一定义的器件称为线性放大电路。除非特别说明，此处的放大电路指的就是线性放大电路。

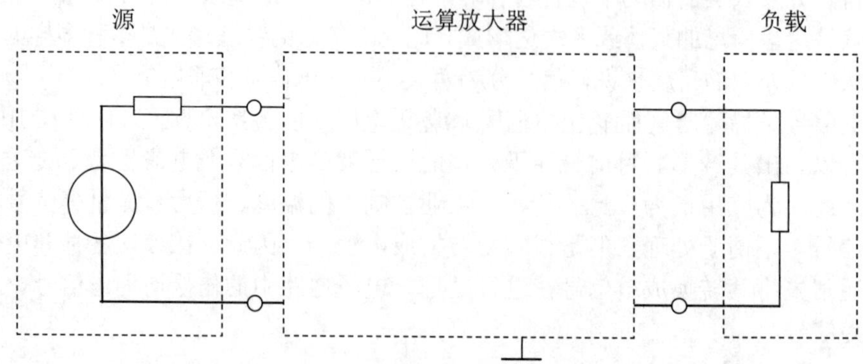

图 1.1　运算放大器等效为方框

一个放大电路接收来自上面某个源的输入，并将它的输出按信号传递的方向输送到某个负载。因此，根据不同的输入信号和输出信号的属性，放大电路有四种不同的类型。

1. 电压放大电路

电压放大电路是四种放大电路中应用最普遍的。它的输入信号 v_i 和输出信号 v_o 都是电压。这个放大电路的每一个端口都能应用戴维宁定理来等效建模。输入信号为电压 v_i，因此这个信号源是由一个理想电压源 v_s 和一个电阻 R_s 串联组成。电压放大电路的输入端口通常起一个纯无源的作用，所以只用一个电阻 R_i 来建模，称为该放大电路的输入电阻；输出端口用一个表明与 v_i 有关的受控电压源（VCVS）$A_{vo}v_i$ 和一个称为输出电阻 R_o 的电阻串联来建模。建模后的电压放大电路如图 1.2 所示。图中 A_{vo} 称为电路的电压增益，用“伏/伏”表示。在这里，输入源也是用戴维宁定理等效建模的。输出负载起无源的作用，因此用电阻 R_L 来建模。

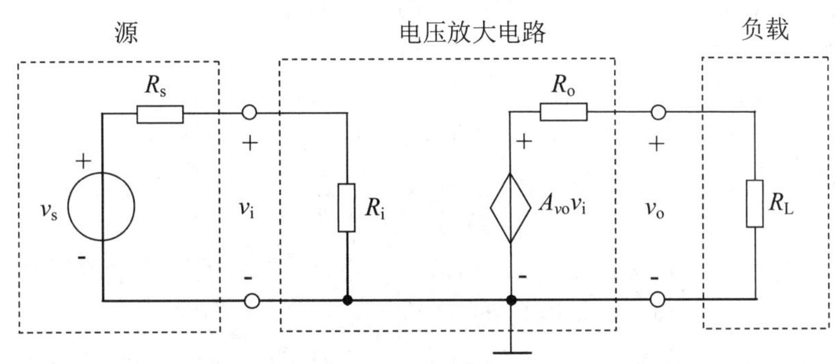

图 1.2　电压放大电路

在输出端口的回路中，由于 R_o 与 R_L 的分压作用，使得负载电阻 R_L 上的输出电压信号小于受控电压源的幅值，即

$$v_o = \frac{R_L}{R_o + R_L} A_{vo} v_i \tag{1.1}$$

这里只考虑了电路的输出电压 v_o 和输入电压 v_i 的关系，令

$$A_v = \frac{R_L}{R_o + R_L} A_{vo} \tag{1.2}$$

则式（1.1）可表示为

$$v_o = A_v v_i \tag{1.3}$$

式中，A_v 为电路的电压增益。A_v 的恒定性受到 R_L 变化的影响。

当不存在负载时，就有 $v_o = A_{vo} v_i$，所以 A_{vo} 称为开路电压增益。在输入端口应用基尔霍夫电压定理得出

$$v_{\rm i}=\frac{R_{\rm i}}{R_{\rm s}+R_{\rm i}}v_{\rm s} \tag{1.4}$$

整理后得到源电压-负载增益为

$$\frac{v_{\rm o}}{v_{\rm s}}=\frac{R_{\rm L}}{R_{\rm o}+R_{\rm L}}A_{v{\rm o}}\frac{R_{\rm i}}{R_{\rm s}+R_{\rm i}} \tag{1.5}$$

很显然，式（1.5）给出的$\left|v_{\rm o}/v_{\rm s}\right|\leqslant\left|A_v\right|$，这是因为当信号从源向负载传播的过程中，首先在输入端口由于 $R_{\rm s}$ 的存在，$R_{\rm s}$ 与放大电路的输入电阻 $R_{\rm i}$ 有一个分压作用，由式（1.4）可以看到，真正到达放大电路输入端的实际电压 $v_{\rm i}$ 比 $v_{\rm s}$ 小，因此 $R_{\rm s}$ 对源电压有衰减作用。然后在放大电路内部放大 $A_{v{\rm o}}$，最后在输出端口又有衰减。这些衰减统称为加载效应。

一般来说，加载效应是不希望的，因为它使得放大电路总的增益与特定的输入源和特定的负载有关。加载效应产生的根源也是很明显的，一方面是放大电路与输入源相连时，$R_{\rm s}$ 降掉了一些电压；另一方面，在输出端口跨在放大电路输出电阻 $R_{\rm o}$ 上的压降使 $v_{\rm o}$ 的幅值小于受控电压源 $A_{v{\rm o}}v_{\rm i}$。

为了减少加载效应，在电路设计时，应从两方面加以考虑。一方面，在输入端口回路观察式（1.4），只有当 $R_{\rm i}>>R_{\rm s}$ 时，才能使 $R_{\rm s}$ 对信号的衰减大大减小，所以设计时要求尽量提高电路的输入电阻 $R_{\rm i}$。理想电压放大电路的输入电阻应为 $R_{\rm i}\to\infty$，此时，$v_{\rm i}=v_{\rm s}$，避免了信号在输入回路的衰减。另一方面，在输出端口回路观察式（1.2），为了减小负载电阻对放大电路电压增益的影响，应使 $R_{\rm o}<<R_{\rm L}$，理想电压放大电路的输出电阻应为 $R_{\rm o}=0$。

如果都消除了加载效应，那么放大电路不论对于任何输入源和输出负载都会有 $v_{\rm o}/v_{\rm s}=A_{v{\rm o}}$。也就是说，不论 $R_{\rm s}$ 和 $R_{\rm L}$ 为何值，跨于 $R_{\rm s}$ 和 $R_{\rm o}$ 上的压降都必须是零。能达到这个要求的唯一可能是放大电路的 $R_{\rm i}\to\infty$ 和 $R_{\rm o}=0$，这种放大电路被称为理想放大电路。虽然实际的电路不可能达到，但是优秀的设计者，总是力求使 $R_{\rm i}>>R_{\rm s}$ 和 $R_{\rm o}<<R_{\rm L}$。

综上所述，电压放大电路适用于信号源内阻 $R_{\rm s}$ 较小、负载电阻 $R_{\rm L}$ 较大的场合。

【例 1.1】（1）设一放大器输入电阻 $R_{\rm i}$=100kΩ，$A_{v{\rm o}}$=200，输出电阻 $R_{\rm o}$=1Ω，信号源电阻 $R_{\rm s}$=25kΩ，负载 $R_{\rm L}$=3Ω，计算总电压增益和输入/输出的加载量。（2）在信号源的 $R_{\rm s}$=50kΩ和负载 $R_{\rm L}$=4Ω的情况下重做（1）。

解：（1）总电压增益由式（1.5）得

$$\frac{v_{\rm o}}{v_{\rm s}}=\frac{R_{\rm L}}{R_{\rm o}+R_{\rm L}}A_{v{\rm o}}\frac{R_{\rm i}}{R_{\rm s}+R_{\rm i}}=\frac{3}{1+3}\times200\times\frac{100}{25+100}=0.75\times200\times0.8=120$$

由于加载的缘故，总的电压增益变小了。输入加载引起源电压衰减到无载值的

80%；输出加载又引入衰减，使得增益再下降 75%。

（2）利用式（1.5）得

$$\frac{v_o}{v_s}=\frac{R_L}{R_o+R_L}A_{vo}\frac{R_i}{R_s+R_i}=\frac{4}{1+4}\times 200\times\frac{100}{50+100}=0.8\times 200\times 0.67=106.6$$

现在是输入端口负载加重，衰减得更多了，而在输出端口负载减轻，衰减的情况减轻了，但总的增益降低，从 120 降到 106.6。

2. 电流放大电路

另一常见的放大电路是电流放大电路。现在输入源和输出都是电流，所以应用诺顿定理对输入源和放大电路的输出回路进行建模，如图 1.3 所示。其输出回路与电压放大电路模型不同，它是由受控电流源（CCCS）$A_{is}i_i$ 和输出电阻 R_o 并联而成，其中，i_i 为输入电流，A_{is} 为输出短路（$R_L=0$）时的电流增益。

在图 1.3 中的电路输出端对 R_L 和 R_o 应用分流公式，有如下关系

$$i_o'=A_{is}i_i\frac{R_o}{R_L+R_o} \tag{1.6}$$

则电流增益为

$$A_i=\frac{i_o}{i_i}=A_{is}\frac{R_o}{R_L+R_o} \tag{1.7}$$

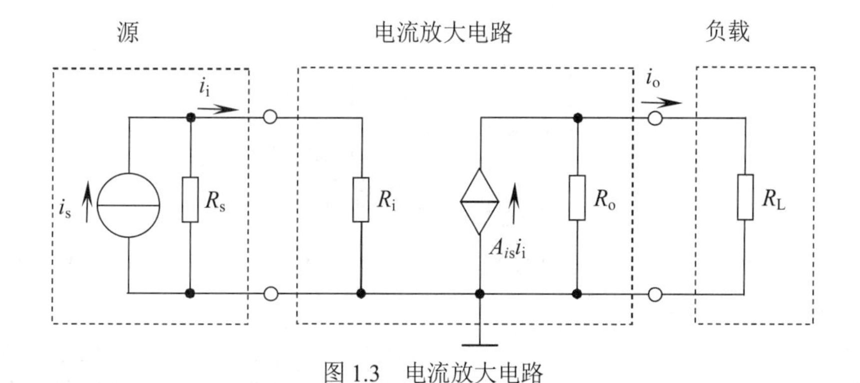

图 1.3　电流放大电路

在电路输入端，R_s 和 R_i 有如下分流关系

$$i_i=i_s\frac{R_s}{R_s+R_i} \tag{1.8}$$

因此，由式（1.6）和式（1.8）可得

$$\frac{i_o}{i_s}=\frac{R_s}{R_s+R_i}A_{is}\frac{R_o}{R_L+R_o} \tag{1.9}$$

在输入和输出端口同样存在加载效应。在输入端口由于 i_s 的一部分被 R_s 分流而损失掉，使得 $i_i < i_s$；在输出端口，由于 $A_{is}i_i$ 的一部分被 R_o 分流而损失掉，所以结果总是有 $|i_o / i_s| \leqslant |A_{is}|$。分析式（1.9）可见，只有当 $R_o >> R_L$ 和 $R_i << R_s$ 时，才可以使电路具有较理想的电流放大效果。因此，为了消除加载效应，在设计放大电路时，应尽量减小电路的输入电阻 R_i 和提高电路的输出电阻 R_o，理想的情况是 $R_i = 0$ 和 $R_o = \infty$。这与理想的电压放大电路刚好相反。

综上所述，电流放大电路一般适用于信号源内阻 R_s 较大、负载电阻 R_L 较小的场合。

3. 互阻放大电路

输入是电流 i_i、输出是电压 v_o 的放大电路称为互阻放大电路，如图 1.4 所示。它的增益 A_{ro} 是以伏/安培计，称为输出开路时的互阻增益。这种情况在输入端口与图 1.3 一样，而输出端口则与图 1.2 电压放大电路相类似，输出信号由受控电压源（CCCS）$A_{ro}i_i$ 产生。

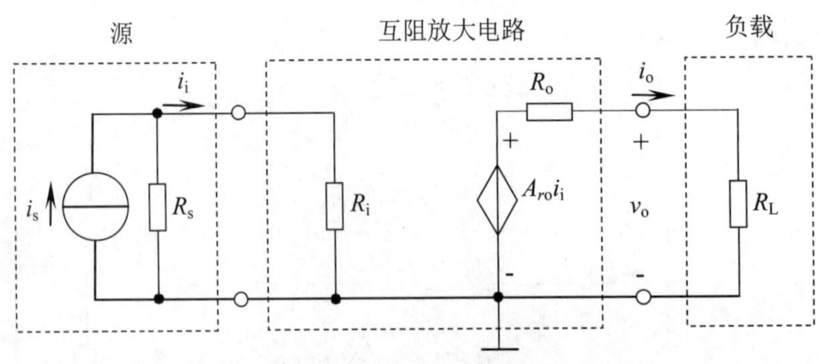

图 1.4 互阻放大电路

为了避免加载效应，在理想的状态下，互阻放大电路应有 $R_i = 0$ 和 $R_o = 0$。

4. 互导放大电路

输入是电压 v_i，输出是电流 i_o 的放大电路称为互导放大电路，如图 1.5 所示。这时输入端口与图 1.2 中的电压放大电路相同，而输出端口则与图 1.3 中的电流放大电路相类似，输出信号由受控电流源（VCCS）$A_{gs}v_i$ 产生，A_{gs} 的量纲为安培/伏，称为输出短路时的互导增益。理想情况下，要求输入电阻 $R_i = \infty$ 和输出电阻 $R_o = \infty$。

四种基本放大电路及其理想的输入和输出端电阻值见表 1.1。

应用戴维南-诺顿定理可以对信号源进行等效变换，换言之，上述四种电路模型之间可以实现任意转换。读者可自行分析。

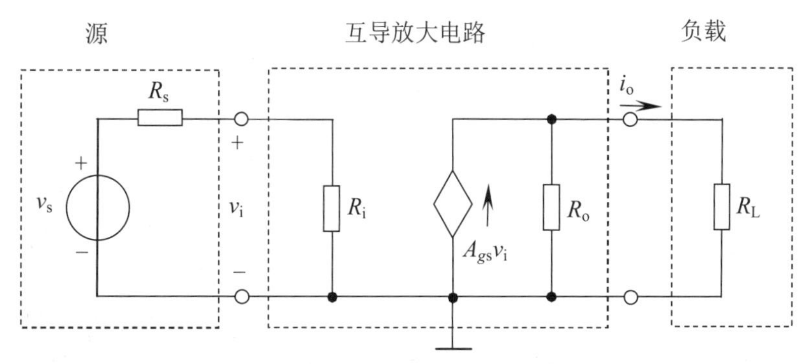

图 1.5　互导放大电路

表 1.1　基本放大电路及其理想端电阻

输入信号	输出信号	放大电路类型	增益	输入电阻 R_i	输出电阻 R_o
v_i	v_o	电压	A_{vo}，V/V	∞	0
i_i	i_o	电流	A_{is}，A/A	0	∞
i_i	v_o	互阻	A_{ro}，V/A	0	0
v_i	i_o	互导	A_{gs}，A/V	∞	∞

一个实际的放大电路理论上可以利用上述四种模型中任意一种作为它的电路模型，但是根据输入信号源的性质和所带负载的要求，一般只有一种模型是最适合的。例如，输入信号源是高内阻的电流源，要求输出为电压信号时，这时选用互阻放大电路模型最合适。

1.3　放大电路的主要性能指标

【微课视频】

放大电路的主要性能指标

根据人们对于放大电路的功能要求，工程界为模拟放大电路制定了一些性能指标。它是衡量放大电路性能优劣的标准，也是选择放大电路的依据。本节主要介绍放大电路的输入电阻、输出电阻、增益、频率响应和非线性失真等主要性能指标。

1. 输入电阻 R_i

前述的四种模拟放大电路，不论使用哪种模型，对于输入信号源来说，都可以把放大电路作为它的负载，称为放大电路的输入电阻，用 R_i 表示，如图 1.6 所示。

输入电阻 R_i 等于输入电压 v_i 与输入电流 i_i 的之比，即

$$R_i = \frac{v_i}{i_i} \tag{1.10}$$

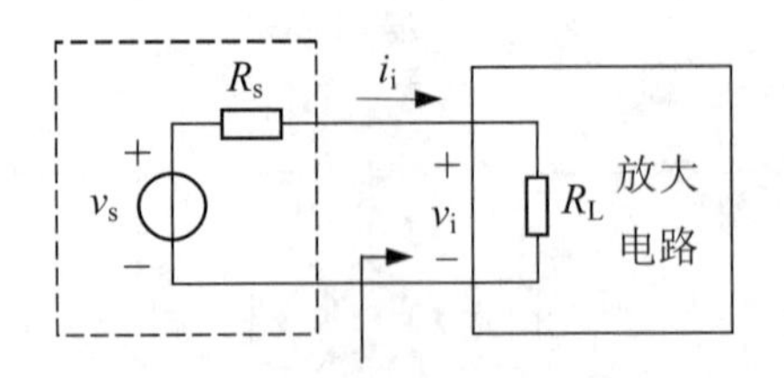

图 1.6 输入电阻等效框图

如前所述，输入电阻的大小反映了放大电路对信号源的利用程度。对于输入为电压信号的放大电路，即电压放大电路和互导放大电路，输入电阻 R_i 越大，放大电路的输入电流 i_i 越小，输入信号源内阻 R_s 上的压降就越小，则放大电路输入端的 v_i 值越大，也就越接近于信号源的电压，即对电源的利用程度高。反之，输入为电流信号的放大电路，R_i 越小，则注入放大电路的输入电流 i_i 越大，对电源的利用程度也越高。

定量分析时，一般可假定在放大电路输入端外加一测试电压 v_t，则产生一测试电流 i_t，如图 1.7（a）所示，于是计算输入电阻为

$$R_i = \frac{v_t}{i_t} \tag{1.11}$$

实际计算时，可以利用电路里的分压关系，首先在输入回路中串联一个已知电阻 R，如图 1.7（b）所示，这时只需测出电压 v_i，就可计算出 R_i 的值，即

$$R_i = \frac{Rv_i}{v_t - v_i} \tag{1.12}$$

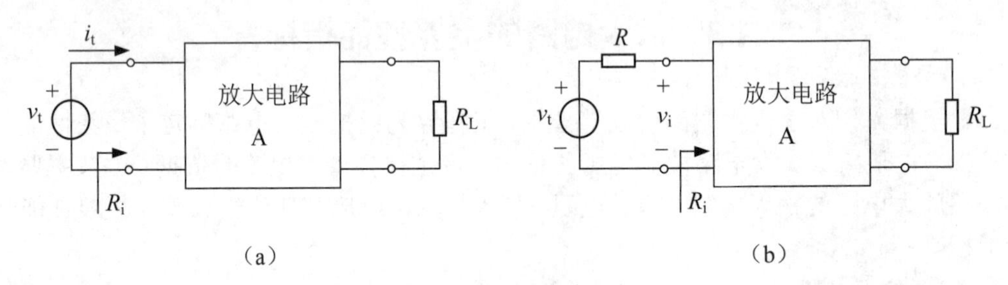

图 1.7 放大电路的输入电阻

2. 输出电阻 R_o

放大电路的输出电阻 R_o 定义为在输入信号源 v_s 为零和负载开路的条件下，在放大电路的输出端外加一测试电压 v_t，相应地产生一测试电流 i_t，则从输出端口看进去的等效电阻称为输出电阻，如图 1.8 所示。

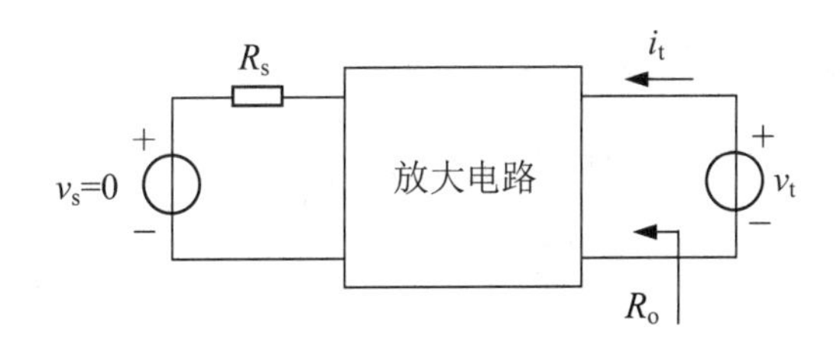

图 1.8　输出电阻等效框图

按照定义，由图 1.8 可计算输出电阻为

$$R_o = \frac{v_t}{i_t}\bigg|_{R_L=\infty, v_s=0} \tag{1.13}$$

输出电阻 R_o 的大小表明了放大电路带负载的能力。例如，对于电压放大电路和互阻放大电路，R_o 越小，这时即使负载变化（实际应用中，负载是经常变化的），输出量的变化也很小，即负载上的输出电压 v_o 基本不变或变化很小，就称放大电路带负载能力越强；反之，R_o 越大，带负载能力就越弱。对于电流放大电路和互导放大电路，输出电阻 R_o 该如何设计能使放大电路带负载能力强，读者可自行分析。

3. *增益 A*

放大电路的增益是用来描述放大电路放大信号能力的参数。规定增益为

$$A = \frac{\text{放大电路的输出信号}}{\text{放大电路的输入信号}} \tag{1.14}$$

前面所述的四种放大电路根据输入和输出信号的不同，分别具有不同的增益，比如电压增益 A_v、电流增益 A_i、互阻增益 A_r 和互导增益 A_g。虽然名称上稍有区别，但是定义是统一的。

在工程的实际应用中，也常用对数方式表达放大电路的增益，这是因为：①当用对数坐标表示增益随频率的变化曲线时，大大地拓展了频带范围；②简化了运算，可以将多级放大电路增益相乘转化为增益相加。在工程上常用以 10 为底的对数增益表达，单位为分贝（dB），例如

$$\text{电压增益} = 20\lg|A_v|\text{dB} \tag{1.15}$$

4. *频率响应*

（1）频率特性。实际的放大电路并非是前面所介绍的四种简单的模型。放大电路本身总是存在极间电容，而且一些放大电路还含有电抗元件，它们的电抗值是信号频率的函数，因此，放大电路的输出信号和输入信号的关系必然和信号频率有关，也就是说，放大电路对于不同频率的输入信号的放大能力不同。放大电路的频

率特性定义为，在输入正弦信号的情况下，稳态时系统（或环节）的输出量的复相量与输入量的复相量之比，即

$$频率特性=\frac{输出的复数形式}{输入的复数形式} \tag{1.16}$$

若考虑电抗元件的作用和信号角频率的改变，放大电路的电压增益可表达为

$$\dot{A}_v(\mathrm{j}\omega)=\frac{\dot{V}_\mathrm{o}(\mathrm{j}\omega)}{\dot{V}_\mathrm{i}(\mathrm{j}\omega)} \tag{1.17}$$

或

$$\dot{A}_v(\mathrm{j}\omega)=A_v(\omega)\angle\phi(\omega) \tag{1.18}$$

式中，ω 为信号的角频率，通常 $A_v(\omega)$ 表示电压增益的模与角频率的关系，称为放大电路的幅频特性；$\phi(\omega)$ 表示放大电路输出与输入正弦信号的相位差与角频率之间的关系，称为放大电路的相频特性，将两者统称为放大电路的频率特性。

（2）带宽。图 1.9 是一个普通放大电路的幅频特性，分为三段，即低频段、中频段和高频段。由图看出，在中间一段频率范围内，增益几乎是不变的，这一频段是放大电路的中频工作区。在工程上，随着频率的升高或降低，增益 A 的模降低到 $A_m/\sqrt{2}$ 时，对应的频率分别称为“上限频率 f_H”和“下限频率 f_L”，于是该放大电路的通频带（简称带宽）定义为

$$f_\mathrm{BW}=f_\mathrm{H}-f_\mathrm{L} \tag{1.19}$$

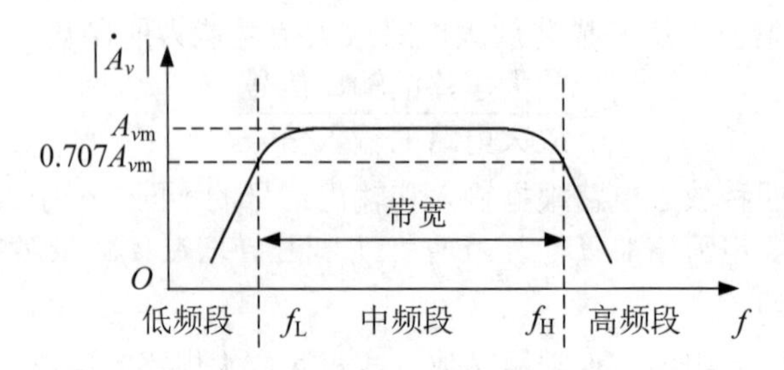

图 1.9　放大电路的幅频特性

此外，有些放大电路的频率响应如图 1.10（a）和图 1.10（b）所示。可以认为图 1.10（a）是图 1.9 中下限频率为零的情况，称为低通电路；图 1.10（b）是图 1.9 中上限频率为无穷大的情况，称为高通电路。

通频带的测量方法是：在保持输入信号的幅度不变的情况下，改变输入信号的频率，让其由 0 变化到无穷大，在相关的频率点上测试增益的模，在得到的放大电路的幅频特性曲线上，增益几乎不变的一段频率范围即为通频带。

5. 非线性失真

理论上，放大电路对信号的放大应是线性的，如图 1.11（a）所示的电压传输

特性曲线，描述了放大电路输出电压 v_o 与输入电压 v_i 的这种线性关系。描述放大电路输出量与输入量关系的曲线称为放大电路的传输特性曲线。图 1.11（a）中的电压传输特性是一条直线，表明输出电压与输入电压具有线性关系。直线的斜率就是放大电路的电压增益。然而，实际的放大电路并非如此，由于构成放大电路的元器件本身是非线性的，放大电路的工作电源是有限的，因此实际的传输特性不可能达到图 1.11（a）所示的理想特性，较典型的情况如图 1.11（b）所示。由此看出，曲线上各点切线的斜率并不完全相同，表明放大电路的电压增益不能保持恒定。输入电压和输出电压之间不是线性变化的。由放大电路这种非线性特性引起的失真称为非线性失真。

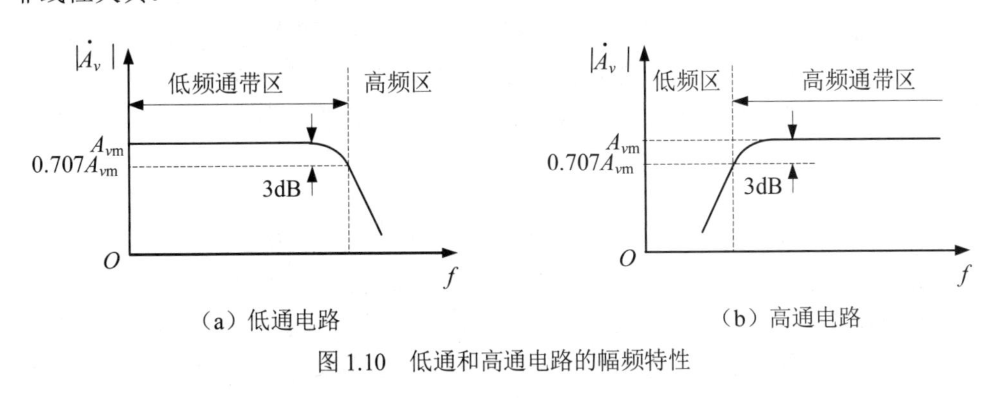

（a）低通电路 （b）高通电路

图 1.10 低通和高通电路的幅频特性

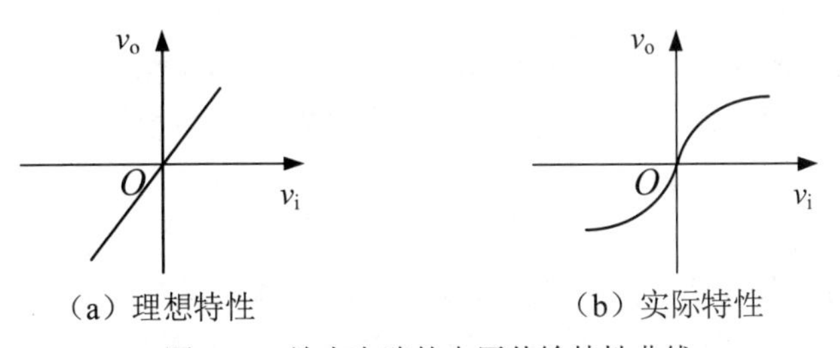

（a）理想特性 （b）实际特性

图 1.11 放大电路的电压传输特性曲线

通过给放大电路输入标准的正弦信号，可以测定输出信号的非线性失真程度，并用下面定义的非线性失真系数来衡量：

$$\gamma = \frac{\sqrt{\sum_{k=2}^{\infty} V_{ok}^2}}{V_{o1}} \tag{1.20}$$

式中，V_{o1} 为输出电压信号基波分量的有效值；V_{ok} 为高次谐波分量的有效值，k 为正整数。

除了上述几种主要的性能指标外，根据不同的用途，还会有其他的指标，甚至还会有工作温度、体积和重量等要求。

1.4 电子技术的发展简史

电子技术是随着工业的生产规模逐渐扩大和集中，在通信技术的发展中诞生的。现代电子技术的发展主要分为以下几个阶段。

1. 电子管阶段

在19世纪末，世界上第一部由简单元件构成的示范性无线电接收机揭开了电子技术发展的序幕。随着人们对这一新技术的重视，在1904年，世界上第一只电子管——二极管出现了，它是由英国物理学家弗莱明发明的。二极管的诞生标志着人们驯服电子和控制电子的开始，也为三极管的发明奠定了基础。在1906年，美国科学家德·福雷斯特发明了具有放大作用的电子三极管，它是电子学早期历史中最重要的里程碑。

电子管是一种在气密性封闭容器（一般为玻璃管）中产生电流传导，利用电场对真空中电子流的作用以获得信号放大或振荡的电子器件。电子管的外形主要是真空玻璃管，它是第一代电子产品的核心，也是现代电子技术的基础。

电子管发明后，一直活跃在电子技术的各个领域里。这一阶段经历了20世纪的前半个世纪，形成了电子技术的基本理论，使电子学成为一个理论和实践都比较完善的学科。

然而，在实际应用中，电子管暴露出一些缺点，比如寿命短、耗电多、体积大、重量大，而且还比较脆弱，在大的冲击下容易散架。在这种情况下，半导体诞生了，使电子技术进入半导体阶段。

2. 半导体阶段

1947年，肖克莱发明了点接触性晶体管。晶体管的诞生标志着一个新时代的开始：1950年制造出结构简单、性能好和可靠性高的结型晶体管；1953年研制成表面势垒晶体管；1954年研制出太阳能电池和单晶硅；1955年研制成扩散基区晶体管；1956年晶体管计算机诞生，标志着计算机进入第二代，具有体积更小、耗电少和成本低等优点。

半导体元件虽然发展很快，但是与已有相当资历的电真空管器件相比，不能完全取胜。另一方面，半导体器件虽然在很多方面消除了电真空管器件的缺点，但是新的需要及半导体器件本身的缺陷，促使人们又去探索新的发展。于是，集成电路出现了。

3. 集成电路阶段

1958年，美国研制出第一块集成电路。集成电路就是利用半导体制作工艺，以半导体晶体材料为基片，把整个电路的元件、有源器件以及它们的连线集成在一块基片上，并具有一定功能的微型化电子电路。集成电路体积更小、功能更强、成本更低，集成电路的发明使电子技术发生了又一次巨大的突破和变革。

集成电路经历了小规模、中规模、大规模、超大规模和特大规模阶段。最近几年随着集成电路的发展，又出现了片上系统、片上网络及片上实验室。

1.5　电子技术的应用及发展趋势

1. 电子技术的应用

（1）电子技术应用在生活中。电子技术已经越来越多地渗透到我们的生活中，使人们的生活更舒适、更快捷，如远距离的电视电话会议、手掌大的笔记本电脑、微电脑控制的人造关节器官、利用微型计算机和传感器的防火和防盗系统等。电子技术已经带来了一场革命，让人们享受更好的生活。

（2）电子技术应用在电力行业。电力电子技术在电机调速、供电电源、电力供配电等方面已经得到了广泛的应用。随着电子技术在电力行业应用的深入，应用电子技术可以提高输电能力，改善电能质量，提高电网运行稳定性、可靠性、控制的灵活性并降低损耗。新一代的高压直流输电技术及脉宽调制等新型的电子产品使我国高压直流输电技术处于世界领先地位。

（3）电子技术应用在汽车工程领域。在汽车工程领域中应用电子技术已经成为了现代汽车领域发展的必然趋势。很多汽车厂家在汽车上安装电子设备，如防抱死制动系统、动力传动电子控制系统、电子控制制动系统等，以提高汽车的安全性，提升汽车的自动化和智能化；将电子技术嵌入到汽车座椅上，制造出智能式座椅和适应式座椅；把汽车上几十个微控制器和上百个传感器有效地连成一个整体，形成网络化，有效地提高汽车性能和降低燃油消耗；利用各种计算机操作系统和语言，能够实现汽车自身通信处理、导航、防盗等功能。未来的汽车在自动导航和辅助驾驶系统方面也将成为其发展重点。

（4）电子技术应用在航空工程领域。航空工程有着更为复杂和精密的计算要求，需要考虑的问题也比较多，单纯依靠传统的处理技术无法完成，因此必须要依靠计算机技术，主要体现在：①利用大规模集成电路促进航空电子系统自动化和智能化；②提升实时信号和数据处理的能力；③实现信息传输的即时有效；④高速率和超高速率的大规模集成电路的发展；⑤电子元器件的可靠性和使用寿命的提高。

（5）电子技术应用在建筑工程领域。建筑工程领域中包含大量的数据信息和繁琐的操作流程，电子技术应用于建筑工程领域，大大地提高建筑产品的安全性和智能性，主要体现在：①工程预算方面；②招投标方面的成本控制、资料存储等。

（6）电子技术应用在国防事业。电子技术与国防事业的结合，产生了军事电子技术的概念。军事电子技术包括军事电子材料、军用电子元器件、军用软件、军事通信技术等。军事电子技术促进了我国国防事业的稳定健康的发展。此外，信息网络技术是各种武器平台的重要支撑，电子设备在各种武器装备中的应用使武器装备具有智能化的功能。

2. 现代电子技术的发展趋势

随着现代科技的不断发展，现代电子技术已经越来越多地应用在工业的各个领域和我们的生活中。现在电子技术也需要不断改进和发展，以满足人们越来越多的需求。现代电子技术有以下几个发展趋势。

（1）微型化。微电子技术使电子器件与设备实现微型化。其主要表现形式为：单电子晶体管的两个绝缘层之间的库仑岛尺寸小于 10nm，场效应晶体管电极之间的距离仅为1～2nm，碳纳米管弯折性和扭曲性好，直径一般为几纳米到几十纳米。纳米电子材料现阶段已有纳米硅薄膜、纳米硅材料和纳米半导体材料等。未来，纳米信息系统和纳米电子学将是纳米电子技术的发展方向。纳米技术的发展将使纳米电子器件逐渐被广泛使用，再一次引发电子器件的变革。

（2）智能化。微型计算机具有多处理器、海量存储和方便的人机接口，能够根据一定的思维逻辑做出相应的判断和决策，使得电子设备高度智能化。高度智能化的电子设备将广泛用于各行各业，使人们更加轻松和安全地工作，比如智能化的车载控制系统、智能组装流水线，以及智能化的机器人。

（3）精确化。社会在不断进步，我们不但要在工业领域达到一定的精确程度，也关注非工业领域的信息流传的精确程度，比如气象预测、医疗检测等，通过提高预测或观测的精确度，达到最大限度的信息精确和最小的信息传输损耗。

电子技术未来的发展将在国民经济的各个部门产生巨大作用，电子工业也将成为国民经济中举足轻重的部分。电子技术也在不断地向其他领域渗透，比如人工器官、时空通信等。电子技术在二十一世纪必将对人类社会产生深远的影响。

小结

本章首先介绍了信号，其次介绍放大电路的四种模型，最后介绍性能指标。

（1）自然界及人类的活动中，信号大多是非电信号，不便于处理，但是很容易转换成电信号。本课程讨论的模拟电路就是处理模拟信号的电子电路。

（2）信号的放大是通过放大电路实现的。根据能量守恒定律，输出信号中增加的能量来自于工作电源。一个放大电路接收来自上面某个源的输入，并将它的输出按信号传递的方向输送到某个负载，根据实际应用中不同的输入信号和输出信号的属性，放大电路有四种不同的类型：电压放大、电流放大、互阻放大和互导放大。四种模型之间可以相互转换。

（3）放大电路的主要性能指标有输入电阻、输出电阻、增益和非线性失真等，这些指标不但是衡量放大电路优劣的标准，也是设计的依据。尤其是输入电阻和输出电阻对信号的放大效果会产生不同的影响。

（4）电子技术迅猛发展，越来越多地应用在工业的各个领域和我们的生活中，而且朝着微型化、智能化和精确化方向发展。

探究研讨——放大电路的输入电阻和输出电阻的设计

放大电路最基本的模拟信号处理功能是实现信号的放大。那么，我们在设计放大电路时，就不希望放大电路总的增益与特定的输入源和特定的负载有关。换句话说，我们设计的放大电路可以适应多种信号源和不同的负载。试以小组合作形式开展讨论，探究以下内容：

（1）不同的信号源是否会影响电路的性能？

（2）负载的大小是否会影响电路的性能？

（3）不同的信号源和负载是如何影响放大电路总的增益的？

（4）如何设计放大电路的输入电阻和输出电阻，使其可以适应多种信号源和不同的负载？

习题

1.1　某放大电路的输入信号为10mV，输出为600mV，它的增益是多少？属于哪一类放大电路？

在线测试

1.2　电压放大电路的模型如图1.2所示，设输出开路电压增益A_{vo}=10。试分别计算下列条件下的源电压增益$A_{vs}=v_o/v_s$：

（1）$R_i=10R_s$，$R_L=10R_o$。

（2）$R_i=R_s$，$R_L=R_o$。

（3）$R_i=R_s/10$，$R_L=R_o/10$。

（4）$R_i=10R_s$，$R_L=R_o/10$。

1.3　一电压放大电路接 1kΩ的负载电阻时，输出电压为 1V，负载电阻断开时，输出电压上升到 1.1V，求该放大电路的输出电阻 R_o。

1.4　图 1.12 所示的电流放大电路的输出端直接与输入端相连，求输入电阻 R_i。

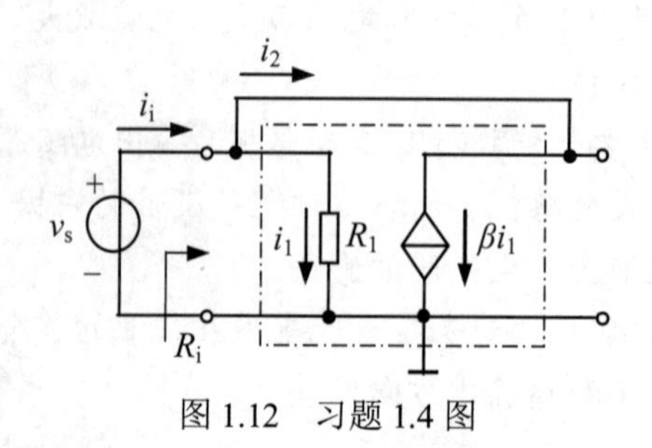

图 1.12　习题 1.4 图

第2章　半导体二极管及其基本电路

本章课程目标

1. 了解半导体的基本特性及特点，理解P型半导体和N型半导体。

2. 理解PN结的形成过程，掌握PN结的各项特性；掌握二极管的主要参数；了解二极管的使用常识。

3. 了解二极管四种模型：理想模型、恒压降模型、折线模型、小信号模型；掌握二极管静态电路、整流电路、限幅电路、开关电路的分析方法。

4. 了解特殊二极管，理解稳压二极管的特性，掌握稳压二极管的参数。

二极管和晶体管是最常用的半导体器件。半导体器件是现代电子技术的重要组成部分，由于它具有体积小、重量轻、使用寿命长、输入功率小和功率转换效率高等优点而得到广泛的应用。

本章首先介绍半导体的基本知识，然后讨论半导体的导电特性和PN结的基本原理，其中PN结是构成各种半导体器件的共同基础。接着介绍二极管的基本结构、工作原理、特性曲线和主要参数，以及二极管基本电路及其分析方法与应用，二极管管脚极性及质量的判断；最后介绍稳压二极管及一些特殊二极管，为以后的电子技术学习打下基础。

2.1　半导体基本知识

在自然界中存在着许多不同的物质，根据导电性能的不同，大体可分为导体、绝缘体和半导体三大类。通常将导电能力强且电阻率小于 10^{-4} Ω·cm 的物质称为导体，如线路中常用的金属铝和铜；将导电能力弱且电阻率大于 10^{10} Ω·cm 的物质称为绝缘体，如塑料、橡胶和陶瓷等材料；将导电能力介于导体和绝缘体之间且电阻率在 10^{-3}～10^{9} Ω·cm 范围内的物质称为半导体，在电子器件中，常用的半导体材料是硅（Si）、锗（Ge）和砷化镓（GaAs）。

电子元器件中之所以常采用半导体作为材料，是因为半导体材料的导电能力会随着温度的变化、光照的强弱或掺入杂质的多少发生显著的变化，利用这些特性，可以制造出不同性能、不同用途的半导体器件。要了解这些特性，就要了解半导体的结构和导电机理。

2.1.1 本征半导体

本征半导体就是完全纯净的、具有晶体结构的半导体。最常用的半导体是硅和锗，它们都是四价元素，其原子的最外层轨道上有 4 个价电子。原子呈电中性，故硅和锗的正离子芯用带圆圈的+4 符号来表示，它们的原子结构简化模型如图 2.1 所示。我们重点讨论的是硅的物理结构和导电机理。

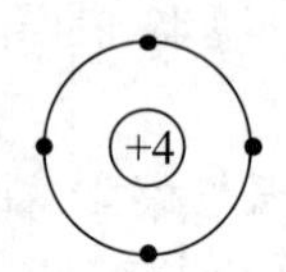

图 2.1 硅或锗的原子结构简化模型

将硅材料提纯并形成单晶体后，所有原子便基本上排列整齐，每一个原子与相邻的 4 个原子结合，每个原子的一个价电子与另一个原子的价电子组成共价键结构，如图 2.2 所示。由于每一个原子最外层的电子被共价键所束缚，形成稳定的结构，因此这些被束缚的电子不能传导电流。

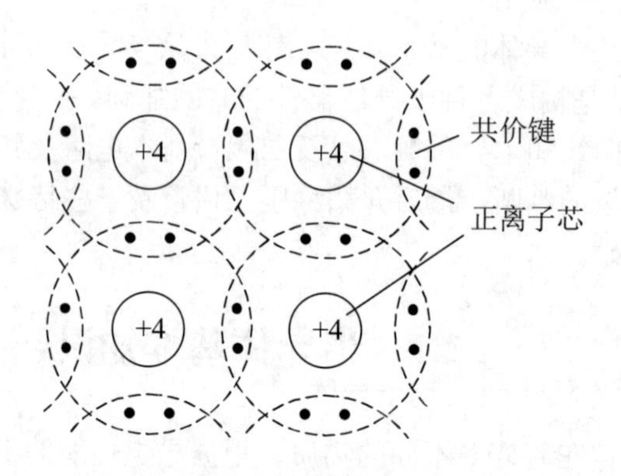

图 2.2 硅晶体的共价键结构

【动画】

本征激发

但是，半导体中共价键对电子的束缚并不像绝缘体中束缚的那么紧。在获得一定能量（热、光等）后，少数的价电子挣脱原子核的束缚而成为自由电子，这些自由电子很容易在晶体内运动；同时在共价键中就留下一个空位，称为空穴，如图 2.3 所示，这种现象称为本征激发。

空穴的出现是半导体区别于导体的一个重要特征。共价键中有了空穴，带正电的空穴吸引相邻原子中的价电子来填补，这样空穴便转移到邻近的共价键中。新的空穴又会被邻近的价电子填补，空穴被填补和相继产生的现象，可以理解为空穴在移动。

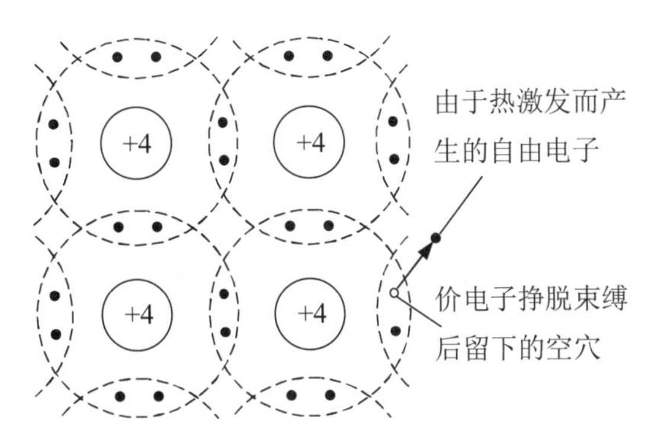

图 2.3　本征半导体中自由电子和空穴的形成

因此，半导体中同时存在着两种运载电荷的粒子：自由电子和空穴，都被称为载流子。在外电场的作用下，自由电子做定向移动，形成电子电流；同时空穴的移动，形成空穴电流。在本征半导体中，自由电子和空穴总是成对出现，同时电子和空穴也可能因重新结合而成对消失，这被称为复合。当载流子的复合率等于产生率时，便达到一种动态平衡，也就是说，自由电子和空穴维持在一定的浓度不变。显然载流子的浓度越高，晶体的导电能力越强。

室温条件下，硅晶体本征激发产生的自由电子浓度并不高，因此其导电能力并不强。

当温度升高时，能量增加，能够产生更多的自由电子和空穴，也就是说，产生了更多的载流子，意味着晶体的导电能力会增强。因此，本征半导体的导电率随温度的升高而增加。

2.1.2　N 型半导体和 P 型半导体

本征半导体虽然有自由电子和空穴两种载流子，但由于数量极少，在常温下的导电能力很差。但在掺入少量的杂质（某种元素）后，半导体的导电性能大大增强。这种掺杂后的半导体称为杂质半导体。根据掺入杂质的不同，分为 N 型半导体和 P 型半导体。

【微课视频】

N 型半导体和 P 型半导体

1. N 型半导体

N 型半导体（N 为 Negative 的字头，由于电子带负电荷而得此名）：掺入少量杂质磷元素（或锑元素）的硅晶体（或锗晶体）中，由于半导体原子（如硅原子）被杂质原子取代，磷原子的五个外层电子的其中四个与周围的半导体原子形成共价键，多出的一个电子几乎不受束缚，较为容易地成为自由电子，如图 2.4 所示。于是，N 型半导体就成为了含电子浓度较高的半导体，其导电性主要是因为自由电子导电。

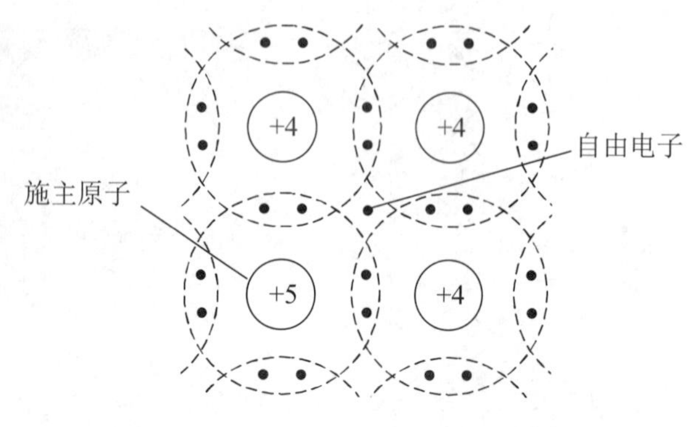

图 2.4　N 型半导体

磷原子在掺入硅晶体后产生多余的电子，称为施主原子或 N 型杂质。自由电子参与传导电流，它移动后，在施主原子的位置上留下一个固定的、不能移动的正离子。此外，需要特别注意的是，每个施主杂质都能产生一个自由电子，因此，在加入施主杂质产生自由电子的同时，并不产生相应的空穴。因而在 N 型半导体中，自由电子的数量远远高于空穴的数量，所以自由电子是多数载流子（简称多子），本征激发产生的空穴是少数载流子（简称少子）。

2. P 型半导体

P 型半导体（P 为 Positive 的字头，由于空穴带正电而得此名）：掺入少量杂质硼元素（或铟元素）的硅晶体（或锗晶体）中，由于半导体原子（如硅原子）被杂质原子取代，硼原子的三个外层电子与周围的半导体原子形成共价键的时候，会产生一个“空穴”，这个空穴可能吸引束缚电子来“填充”，使得硼原子成为带负电的离子，如图 2.5 所示。每个硼原子都能提供一个空穴，于是空穴数量大量增加，这样，这类半导体由于含有较高浓度的“空穴”（相当于“正电荷”），成为能够导电的物质。

因为硼原子在硅晶体中能接受电子，故称为受主杂质或 P 型杂质。同样，在加入受主杂质产生空穴的同时，并不产生相应的自由电子。因而在 P 型半导体中，空穴的数量远远高于自由电子的数量，所以空穴是多数载流子（简称多子），自由电子是少数载流子（简称少子）。

综上分析，通过掺入杂质的多少，可以方便地控制多数载流子的数量，其导电性能主要取决于掺杂程度。

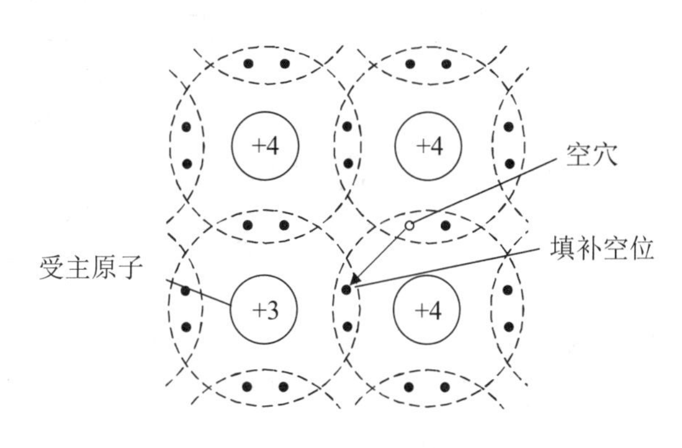

图 2.5　P 型半导体

2.2　PN 结及其单向导电性

若有电场加到晶体上，载流子在电场力的作用下有规则的定向运动称为漂移，空穴的移动方向与电场方向相同，电子的移动方向与电场方向相反。载流子从高浓度区域向低浓度区域的运动称为扩散。

2.2.1　PN 结的形成

【微课视频】

PN 结的形成

1. 第一阶段：多数载流子的扩散运动

在一块本征半导体上的两个不同的区域分别掺入五价和三价杂质元素，便形成 N 型区和 P 型区。如图 2.6（a）所示，在 P 区的多子是空穴，N 区的多子是自由电子，因此，在它们的交界处多子的浓度有很大差异，于是，电子和空穴都要从浓度高的区域向浓度低的区域扩散，即空穴要从 P 型区向 N 型区扩散，电子从 N 型区向 P 型区扩散。

多子扩散到对方区域后，和对方区域的多子产生复合。因此扩散的结果就使 P 区一边失去空穴，留下了带负电的杂质离子，形成负离子区；N 区一边失去电子，留下了带正电的杂质离子，形成正离子区，从而形成一个电场方向由 N 区指向 P 区的空间电荷区，这就是所谓的 PN 结，如图 2.6（b）所示。它们开路中，半导体中的离子不能任意移动，因此不参与导电。在这个区域内，多数载流子已扩散到对方区域，且因复合被消耗掉了，因此这个区域也称为耗尽层。由于空间电荷区缺少载流子，所以对外呈现出的电阻率很高。扩散作用越强，空间电荷区越宽，因此空间电荷区的薄厚和掺杂物浓度有关。

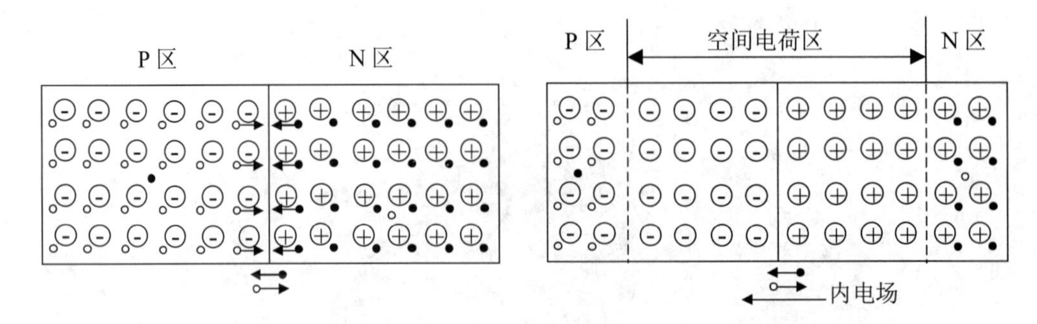

（a）多数载流子扩散前　　（b）多数载流子扩散后

图 2.6　多数载流子的扩散运动

由于空间电荷区的电场是载流子的扩散运动形成的，所以这个电场称为内建电场，简称内电场。它所产生的电位差（称为势垒电位差）使 N 区的电位高于 P 区的电位。显然，这个内电场是阻止多数载流子的扩散运动的。

2. 第二阶段：少数载流子的漂移运动

内电场使多子的扩散运动逐渐减弱，同时对少子同样产生电场力的作用。在内电场力的作用下，将使 N 区的少子空穴向 P 区漂移，使 P 区的少子电子向 N 区漂移。漂移运动的方向正好与扩散运动的方向相反，它使空间电荷区的电荷减少，阻止内电场的增加，如图 2.7 所示。因此，漂移的结果是使空间电荷区变窄，内电场减弱。

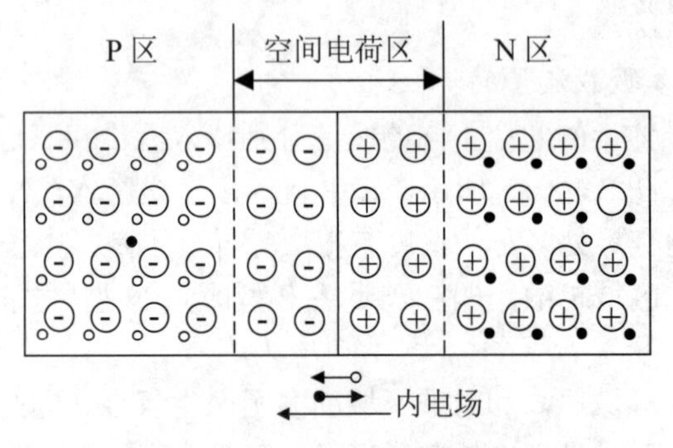

图 2.7　少数载流子的漂移运动

3. 第三阶段：载流子运动的动态平衡

扩散运动和漂移运动是互相联系又是互相对立的，扩散使空间电荷区不断加宽，于是内电场加强，使得少子的漂移运动加强；而少子的漂移又使空间电荷区变窄，于是内电场被减弱，对多数载流子的扩散的阻力减小，这样扩散容易进行。当漂移运动和扩散运动达到动态平衡时，空间电荷区的宽度将不再变化，趋于稳定，如图 2.8 所示。空间电荷区也称为势垒区。

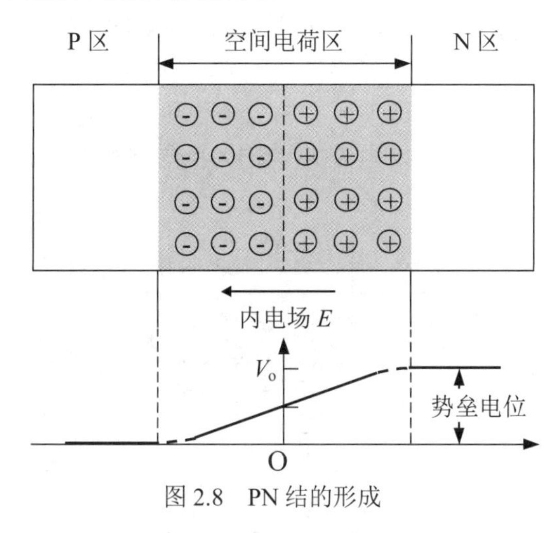

图 2.8　PN 结的形成

2.2.2　PN 结的单向导电性

当无外加电压时，多子的扩散运动和少子的漂移运动处于动态平衡状态，PN 结内无宏观电流。只有外加电压时，这种动态平衡才会被打破，PN 结的单向导电性才显示出来。

1. 外加正向电压

当在 PN 结上加正向电压，即 P 区接较高电位（电源正极），N 区接较低电位（电源负极），称为给 PN 结加正向偏置电压，简称正偏，如图 2.9 所示。外加的正向电压有一部分降落在 PN 结区，PN 结处于正向偏置。电流便从 P 区一边流向 N 区一边，P 区的多子空穴和 N 区的多子电子都向 PN 结内运动，致使 PN 结内的部分正、负离子被中和，从而使空间电荷区变窄，其电阻的阻值减小，电流可以顺利通过，方向与 PN 结内电场方向相反，削弱了内电场。于是，内电场对多子扩散运动的阻碍减弱，扩散电流加大。扩散电流远大于漂移电流，可忽略漂移电流的影响。

因此，PN 结中形成了以多子扩散电流为主的正向电流 I_F。由于多子的数量较多，所以 I_F 较大，PN 结呈现为一个很小的电阻，将这种状态称为 PN 结正向导通状态。

2. 外加反向电压

当外加反向电压，即 P 区接较低电位（电源负极），N 区接较高电位（电源正极），称为反向偏置，简称反偏，如图 2.10 所示。外加的反向电压有一部分降落在 PN 结区，则空穴和电子都向远离 PN 结交界面的方向运动，于是在 PN 结就出现了更多的正、负离子，使空间电荷区变宽，加强了内电场，电流不能流过。外加的反向电压的方向与 PN 结内电场方向相同，内电场对多子扩散运动的阻碍增强，扩散电流大大减小，却有利于少子的漂移运动。此时 PN 结区的少子在内电场作用下形成的漂移电流大于扩散电流，可忽略扩散电流，但是由于少子是本征激发产生的，浓度很低，反向电流 I_R 很小，即使所有的少子均参与导电，反向电流也几乎不再增加，相当于饱和了，这时的反向电流 I_R 就称为反向饱和电流 I_S。

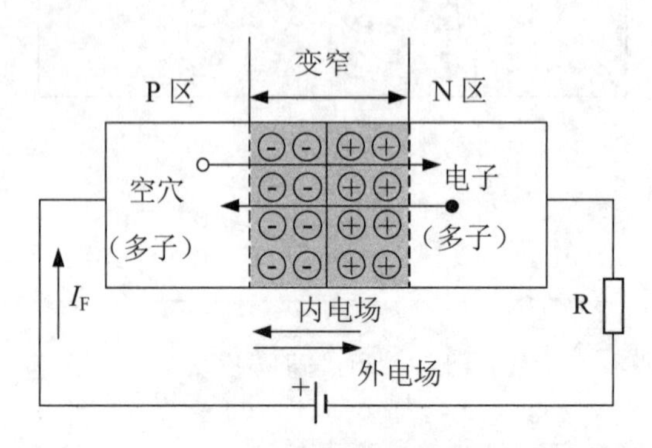

图 2.9　PN 结外加正向电压

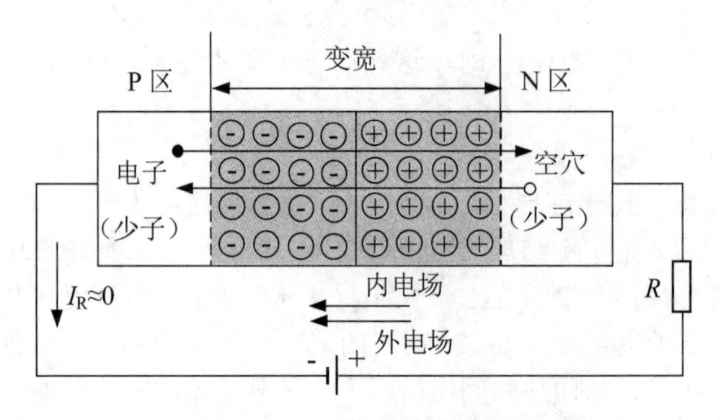

图 2.10　PN 结外加反向电压

因此，PN 结中反向电流是由少子的漂移运动形成的，且很小，所以 PN 结反向偏置时，呈现出一个阻值很大的电阻，即高阻性。一般可以认为它此时是不导电的，称为 PN 结反向截止。

综上所述，PN 结具有单向导电性：正偏时呈低阻导通状态，正向电流 I_F 较大；反偏时呈高阻截止状态，反向电流 I_S 很小。

3. PN 结的伏安特性（电流方程）

根据半导体物理的理论分析，PN 结的伏安特性方程为

$$i_D = I_S(e^{v_D/V_T} - 1) \tag{2.1}$$

式中：i_D 为通过 PN 结的电流；I_S 为反向饱和电流；v_D 为 PN 结两端的外加电压；V_T 为温度的电压当量，$V_T=kT/q$，其中 k 为玻尔兹曼常数（1.38×10^{-23}J/K），T 为热力学温度，即绝对温度（单位为 K，0 K=-273℃），q 为电子电荷（1.6×10^{-19}C），常温（300K）下，V_T=26mV。

分析式（2.1）可知：（1）当外加正向电压且 $v_D>>V_T$ 时，可得 $i_D = I_S e^{v_D/V_T}$，所以二极管的电流 i_D 与 v_D 电压呈指数关系；（2）当 v_D=0 时，i_D =0；（3）当外加反向电压，且$|v_D|>>V_T$ 时，可得 $i_D \approx -I_S$，即反向电流的大小与反向电压的大小几乎无关，这是因为温度一定时，反向饱和电流 I_S 是个常数。

2.2.3　PN 结的反向击穿

PN 结外加反向电压时，在一定的电压范围内，流过 PN 结的反向电流很小，但当反向电压增大到一定数值时，反向电流突然增加，如图 2.11 所示。这个现象称为 PN 结的反向击穿。发生击穿所需的反向电压 V_{BR} 称为反向击穿电压。反向击穿分为电击穿和热击穿。

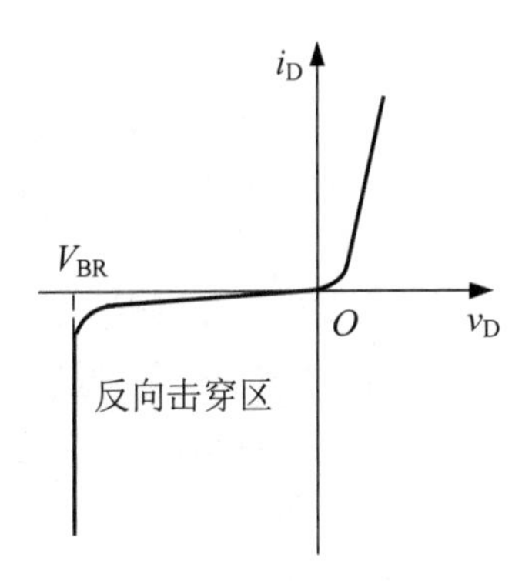

图 2.11　PN 结外加反向电压

1. **电击穿**

PN 结产生电击穿的原因是由于反向电压增加时，空间电荷区中产生的强电场大大增加了自由电子和空穴的数目，引起反向电流急剧增加。由于产生机理不一样，电击穿包括雪崩击穿和齐纳击穿。

（1）雪崩击穿。当 PN 结反向电压增加时，空间电荷区中的内电场与外电场同向，因此内电场被加强，所以多子的扩散运动被抑制，而少子的漂移运动被加强。产生漂移运动的少子在通过空间电荷区时，由于强电场的作用而获得较大的能量，则动能增大，体现在电子和空穴被加速运动，进而不断地与晶体原子发生碰撞，使共价键中的电子获得能量挣脱原子核的束缚，形成大量的自由电子空穴对，从而使载流子的数目剧增，这种现象称为碰撞电离。同样，新产生的电子空穴对的运动也会被强电场加速，又会撞出新的自由电子空穴对，这就是载流子的倍增效应。当反向电压增大到某一数值后，载流子的倍增情况就如同发生了雪崩一样，载流子增加的多而快，使反向电流急剧增大，于是 PN 结被击穿，这种击穿被称为雪崩击穿。

（2）齐纳击穿。齐纳击穿的物理过程和雪崩击穿完全不同。在加有较高的反向电压下，PN 结空间电荷区存在一个很强的电场，它能够直接破坏共价键，于是被共价键束缚的电子分离出来产生电子-空穴对，在电场的作用下，形成较大的反向电流，这种击穿现象被称为齐纳击穿。但是其发生的条件是需要的电场强度约为 2×10^5V/cm，这只有在杂质浓度特别高的 PN 结中才能达到。由于掺杂浓度大，空间电荷区内电荷密度（杂质离子）也大，因而空间电荷区很窄、面积小，同样大的电场集中作用于它，因此破坏力很大，直接将共价键破坏，击穿易发生。

比较两类击穿，其区别为：

1）作用的过程不一样。雪崩击穿为碰撞电离，靠剧烈的碰撞产生大量的电子-空穴对；齐纳击穿靠强电场破坏共价键，使价电子成为自由电子，从而产生大量的电子-空穴对。

2）发生的情况不一样。一般的整流二极管掺杂浓度较低，当发生电击穿时多数为雪崩击穿。特殊 PN 结为重掺杂型，此时发生的击穿多为齐纳击穿，如稳压二极管。

特别强调，上述两种电击穿过程是可逆的。例如我们常用的稳压管就是利用齐纳击穿制成的，当加在稳压二极管两端的反向电压降低后，管子仍可恢复原来的状态。

2. 热击穿

PN 结发生反向击穿后流过结的电流很大，且反向电压也高，这样消耗在 PN 结上的功率很大，如果超过了 PN 结允许的耗散功率，就会因热量散不出去而使 PN 结温度升高，最后因过热而烧毁管子，这种现象就是热击穿。

热击穿的过程是不可逆的，必须要尽量避免的。

2.2.4 PN 结的电容效应

二极管除了单向导电性外，当加在二极管上的电压发生变化时，由于 PN 结中储存的电荷量也随之发生了变化，因此它还具有一定的电容效应。PN 结的电容效应直接影响半导体器件的高频特性和开关特性。下面介绍 PN 结的两种电容效应，即扩散电容和势垒电容。

1. 扩散电容 C_D

当 PN 结正向偏置时，有利于多子的扩散运动，扩散到另一侧的多子称为非平衡少数载流子。当正向电流增大时，非平衡少数载流子的浓度梯度增大，离结越远，其浓度越低，这是因为扩散过来的少子与该区的多子复合所致，如图 2.12 所示。这种超量的非平衡少数载流子可视为电荷存储到 PN 结的领域。存储的电荷量的大小，取决于 PN 结上所加的正向电压值的大小。存储的电荷量越大，扩散电容越大。当正向电流减小时，非平衡少数载流子的浓度梯度减小，扩散电容变小。因此，当 PN 结加正向电压时，非平衡少数载流子随电压的增大而增大很快，扩散电容较大。反向偏置时，阻碍了多子的扩散运动，而少数载流子的数目本身就很少，因此扩散电容很小，一般可以忽略。

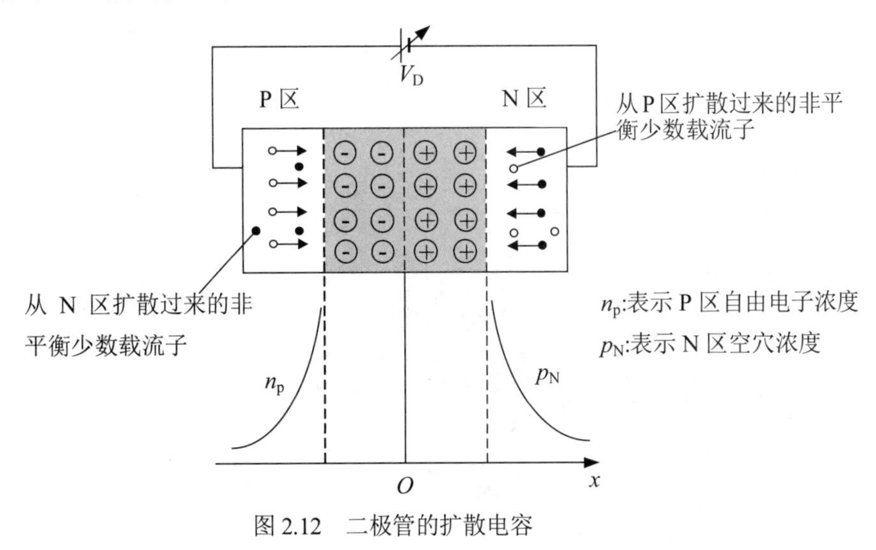

图 2.12　二极管的扩散电容

2. 势垒电容 C_B

当外加正向电压增大时，PN 结（势垒区）变窄，势垒电容减小，这是因为势垒区的变窄意味着势垒区内存储的正、负离子电荷数减少，类似于平板电容器两极板上电荷的减少，导致由势垒产生的电容减小。当外加正向电压较小时，PN 结（势垒区）变宽，电量增加，势垒电容增大。可见，当势垒区两端的电压发生变化时，会使空间电荷区的宽度发生变化，从而使由此产生的电容效应发生变化。当外加反向电压时，C_B 的变化，读者可自行分析。

综上分析，PN 结的电容效应是扩散电容 C_D 和势垒电容 C_B 的综合反映，且 C_D 和 C_B 都随外加电压的改变而改变，属于非线性电容。PN 结正向偏置时，以扩散电容 C_D 为主；反向偏置时，以势垒电容 C_B 为主。

2.3 半导体二极管

2.3.1 基本结构

半导体二极管是由一个 PN 结及它所在的半导体再加上电极引线和管壳构成。用公式表达为：PN 结+引线+管壳=二极管。如图 2.13 所示，将 PN 结用外壳封装，P 区引出阳极（用符号 a 或 A 表示），N 区引出阴极（用符号 k 或 K 表示），这样就制成了二极管。图 2.14 为二极管在电路中的符号。

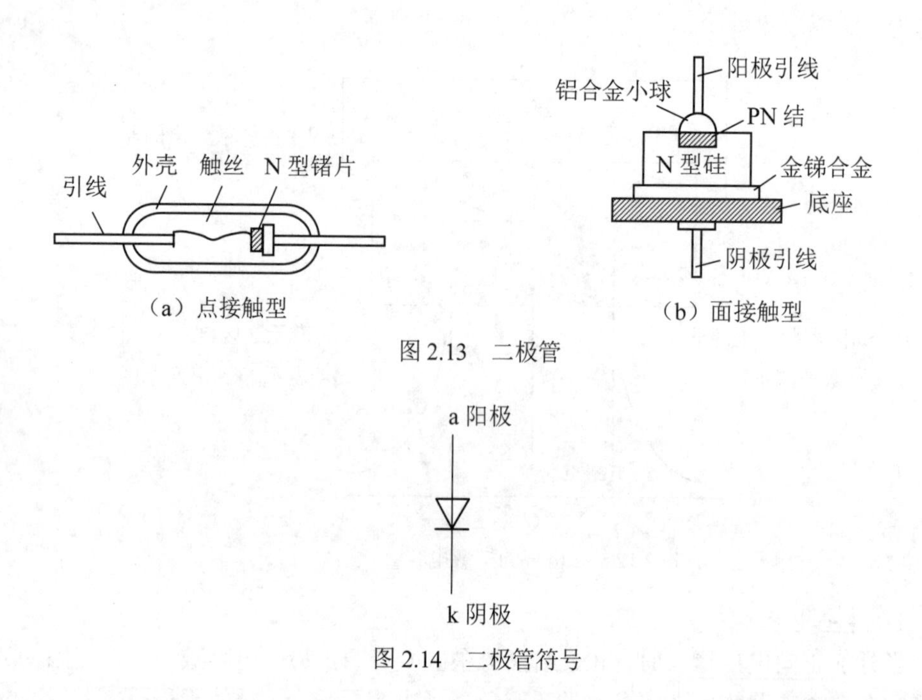

（a）点接触型

（b）面接触型

图 2.13 二极管

图 2.14 二极管符号

二极管按材料不同可分为硅（Si）二极管和锗（Ge）二极管；按结构分，二极管有点接触型和面接触型；按用途不同可分为普通二极管、整流二极管、稳压二极管和开关二极管。

点接触型二极管（一般为锗管），如图 2.13（a）所示。它的 PN 结结面积很小，因此不能通过较大电流，结电容也很小，但其高频性能好。它适用于高频电路和数字电路。例如，2AP1 是点接触型锗二极管，最大整流电流是 16mA，最高工作频率是 150MHz，其外形图如图 2.15（a）所示。

面接触型二极管（一般为硅管），如图 2.13（b）所示。它的 PN 结结面积大，能承受较大正向电流，但极间电容也大，但其工作频率较低，一般用作整流。例如，2CP1 是面接触型硅二极管，最大整流电流是 400mA，最高工作频率只有 3kHz。

一些常用二极管的外形图如图 2.15 所示。

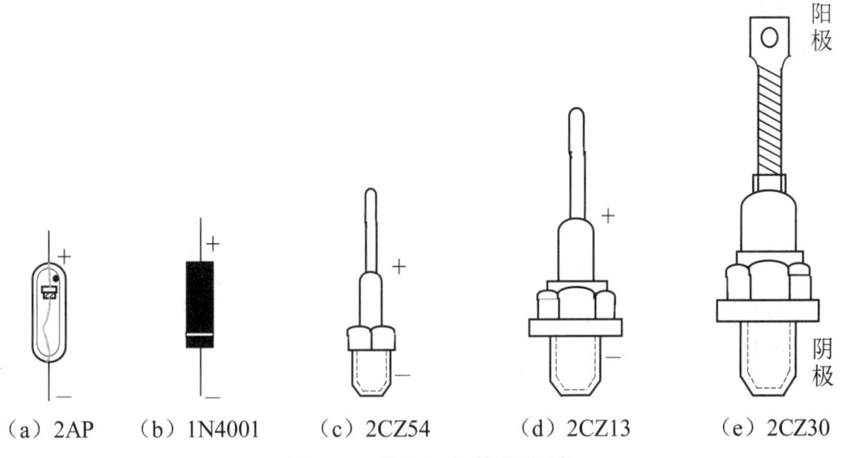

（a）2AP　（b）1N4001　（c）2CZ54　（d）2CZ13　（e）2CZ30

图 2.15　常用二极管外形图

2.3.2　伏安特性

【微课视频】

半导体二极管的伏安特性

二极管的核心是 PN 结，它的特性就是 PN 结的特性——单向导电性。常用伏安特性曲线来描述二极管的单向导电性。如图 2.16 所示，横坐标代表电压，纵坐标代表电流。

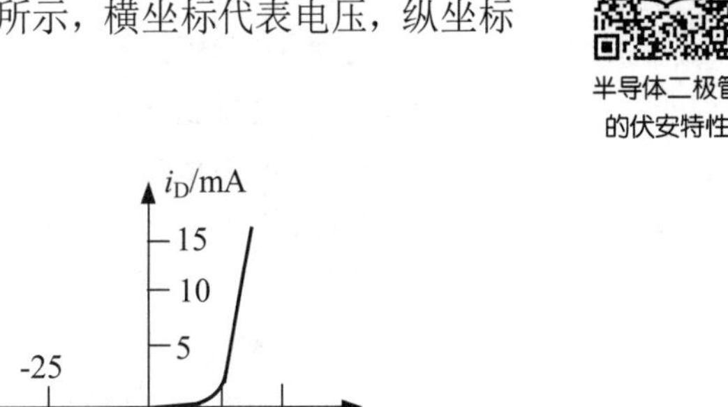

（a）硅二极管　（b）锗二极管

图 2.16　二极管的伏安特性曲线

1. 正向特性

正向特性即二极管正向偏置时的电压与电流的关系。图 2.16 中，当 $0<v_D<V_{th}$

时，i_D=0，当 v_D>V_{th} 时 i_D 急剧上升。正向特性产生的原因如下：

（1）二极管两端加正向电压较小时，正向电压产生的外电场不足以使多子形成扩散运动，这时的二极管实际上还没有很好地导通，通常称为“死区”，二极管相当于一个极大的电阻，正向电流很小。

（2）当正向电压超过一定值后，内电场被大大削弱，多子在外电场的作用下形成扩散运动，这时，正向电流随正向电压的增大迅速增大，二极管导通。该电压称为门槛电压（也称阈值电压），用 V_{th} 表示。在室温下，硅管的 V_{th} 约为 0.5V，锗管的 V_{th} 约为 0.1V。

（3）二极管一旦导通后，随着正向电压的微小增加，正向电流会有极大的增加，二极管导通的电流呈指数规律上升，如图 2.16（a）中 AB 段所示。此时二极管呈现的电阻很小，可认为二极管具有恒压特性。二极管的正向压降硅管约为 0.6～0.8V（通常取 0.7V），锗管约为 0.2～0.3V（通常取 0.2V）。

2. 反向特性

反向特性即二极管反向偏置时的电压与电流的关系。图 2.16 中，当 V_{BR}<v_D<0，i_D=I_S<0.1A（硅管）或几十μA（锗管），当 v_D<V_{BR} 时，反向电流急剧增大，出现反向击穿。

反向电压加强了内电场对多子扩散的阻碍，多子几乎不能形成电流，但是少子在电场的作用下漂移，形成很小的漂移电流，且与反向电压的大小基本无关。此时的反向电流称为反向饱和电流，二极管呈现很高的反向电阻，处于截止状态。

3. 反向击穿特性

反向电压增加到一定数值（V_{BR}）时，反向电流急剧增大，这种现象称为二极管的反向击穿，二极管失去单向导电性。此时对应的电压称为反向击穿电压，用 V_{BR} 表示。实际应用中，应该对反向击穿后的电流加以限制，以免损坏二极管。

4. 温度对半导体性能的影响

二极管的伏安特性还与 PN 结的温度有关。当温度上升时，二极管的死区缩小，死区电压和正向电压将降低，即二极管的正向特性曲线左移。在同样电流下，温度每升高 1℃，二极管的正向电压将降低 2～2.5mV，即具有负的温度系数。同时由于二极管的反向电流由少子的漂移形成，少子的浓度又受温度的影响，所以二极管的反向特性也与温度有关。一般情况下，温度每升高 10℃，反向饱和电流将增大一倍。

2.3.3 主要参数

二极管的特性除用伏安特性曲线表示外，还可以用一些数据来说明，这些数据就是二极管的参数。了解这些参数也是为了更加合理选择和正确使用二极管。

（1）反向电流 I_R：指在二极管两端加入反向电压时，管子未击穿时流过二极管的电流，该电流与半导体材料和温度有关。在常温下，硅管的 I_R 为纳安（10^{-9}A）级，锗管的 I_R 为微安（10^{-6}A）级。

（2）最大整流电流 I_F：指二极管长期运行时，根据允许温升折算出来的平均电流值。目前大功率整流二极管的 I_F 值可达 1000A。

（3）最大平均整流电流 I_O：在半波整流电路中，流过负载电阻的平均整流电流的最大值。这是设计时非常重要的值。

（4）最大浪涌电流 I_{FSM}：允许流过的过量的正向电流。它不是正常电流，而是瞬间电流，这个值相当大。

（5）最大反向峰值电压 V_{RM}：即使没有反向电流，只要不断地提高反向电压，迟早会使二极管损坏。这种能加上的反向电压，不是瞬时电压，而是反复加上的正反向电压。因给整流器加的是交流电压，它的最大值是规定的重要因子。最大反向峰值电压 V_{RM} 指为避免击穿所能加的最大反向电压。目前最高的 V_{RM} 值可达几千伏。

（6）最大直流反向电压 V_R：上述最大反向峰值电压是反复加上的峰值电压，V_R 是连续加直流电压时的值。用于直流电路，最大直流反向电压对于确定允许值和上限值是很重要的。

（7）最高工作频率 f_M：由于 PN 结的结电容存在，当工作频率超过某一值时，它的单向导电性将变差。点接触式二极管的 f_M 值较高，在 100MHz 以上；整流二极管的 f_M 较低，一般不高于几千赫。

（8）最大功率 P：二极管中有电流流过，就会吸热，而使自身温度升高。最大功率 P 为功率的最大值。具体讲就是加在二极管两端的电压乘以流过的电流。这个极限参数对稳压二极管、可变电阻二极管显得特别重要。

一般半导体手册中都给出不同型号管子的参数，使用时要注意即使同一型号的管子参数的分散性也很大。特别注意的是，不要超过最大整流电流和最大反向峰值电压，否则管子容易损坏。

2.3.4 半导体二极管的使用常识

1. 二极管的型号

二极管是半导体器件的大家族中诞生最早的成员，标准国产半导体的型号命名分为五个部分。

（1）第一部分用阿拉伯数字表示器件电极数，例如用数字“2”表示为二极管。

（2）第二部分用字母表示器件的材料与极性。

（3）第三部分用字母表示器件的类别。

（4）第四部分用阿拉伯数字表示器件序号。

（5）第五部分用字母表示器件的规格号。

例如硅整流二极管 2CZ52A，各部分含义如图 2.17 所示。

图 2.17 二极管 2CZ52A 的型号含义

2. 选用的一般原则

（1）有下列任何要求时，选用硅管：①要求反向电流小；②要求反向击穿电压高；③要求耐温高。

（2）选用锗管：要求管压降小。

（3）选用平面型二极管：要求导通电流大。

（4）选点接触型：要求工作频率高。

3. 使用注意事项

（1）使用时注意二极管的极限参数，不要超过极限值。

（2）在电路的应用中要注意二极管的极性。

（3）不同材料的二极管不能互相代替，硅管和锗管不能互相替换。

2.3.5 二极管管脚极性及质量的判断

1. 二极管管脚极性的判断

二极管阳极和阴极一般在二极管的管壳上都注有识别标记，有的印有二极管电路符号。对于玻璃或塑料封装外壳的二极管有色点或黑环一端为阴；对于极性不明的二极管，可用如下方法加以判断。

用数字式万用表检测二极管管脚极性的步骤：

（1）将数字式万用表打在“ ⊣▷|— ”挡进行测量。

（2）数字式万用表红表笔是（表内电源）正极，黑表笔是（表内电源）负极分别接在二极管两端。

（3）若万用表显示值为零点几伏，则说明红表笔接的是二极管的阳极，另外一端是阴极（这是因为在 PN 结完好且正偏时，PN 结两端是正向压降）。

（4）若万用表显示为“¦”，则说明红表笔接的是二极管的阴极，另外一端是阳极。

2. 二极管质量的判断

如图 2.18 所示，用指针式万用表检测：红表笔是（表内电源）负极，黑表笔是（表内电源）正极。在 R×100 或 R×1k 档测量，正反向电阻各测量一次，测量时手不要接触引脚。一般硅管正向电阻为几千欧，锗管正向电阻为几百欧；反向电阻为几百千欧。正反向电阻相差小为劣质管。正反向电阻都是无穷大或零，则二极管内部断路或短路。

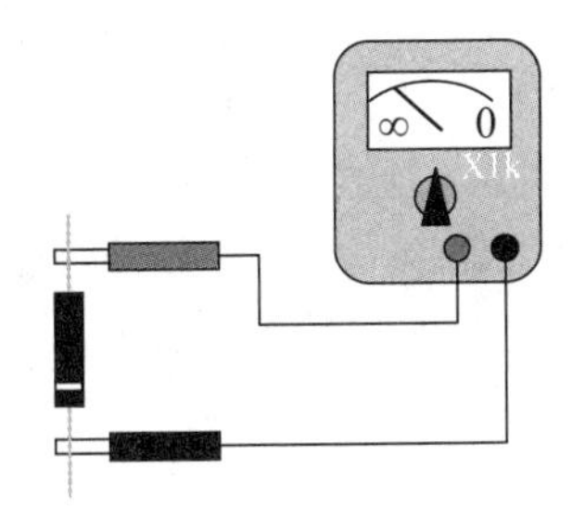

图 2.18　二极管质量的判断

2.4　半导体二极管基本电路的分析方法及应用

二极管是一种常用的非线性器件，本节主要介绍二极管电路的两种分析方法及二极管的一些典型应用。

2.4.1　半导体二极管的分析方法

1. 图解分析法

图解分析法无需理会线性与非线性的问题，简单直观，但前提条件是二极管的伏安特性曲线已知。其步骤为：

第一步：分解电路。把电路分成两个部分，一部分是由二极管组成的非线性电路，另一部分是由电源和线性元件组成的线性电路。

第二步：画曲线。分别画出二极管的伏安特性曲线和线性部分的特性曲线，两条曲线的交点就是电路的工作电压和电流。

【例 2.1】二极管电路及其伏安特性曲线分别如图 2.19（a）（b）所示，已知 R=1kΩ，试求 V_{DD}=1.5V 和 3V 时，二极管两端的电压 v_D 和流过二极管的电流 i_D。

解：首先将电路分成两部分，如图 2.19（a）所示，虚线的左侧为线性电路，虚线的右侧为非线性电路。

其次作图画曲线。虚线右侧的端口电压和电流的关系满足二极管的特性曲

线，因此在 2.19（c）中先画出二极管的伏安特性曲线。虚线左侧电路，由 KVL 可得

$$v_D=V_{DD}-i_DR \tag{2.2}$$

可写成

$$i_D=\frac{1}{R}V_{DD}-\frac{1}{R}v_D \tag{2.3}$$

式（2.3）为线性电路的特性方程，由该方程作线性部分在 V_{DD}=1.5V 和 3V 时的特性曲线，分别如图 2.19（c）中的 AB 和 CD，可见线性部分的特性曲线是一条斜率为-1/R 的直线，称为负载线。显然，电路中的 i_D 和 v_D 的关系既满足二极管的伏安特性曲线又满足式（2.3）的直线方程，因此该直线与特性曲线的交点 Q_1 和 Q_2 即为所求的电压和电流值。Q 点称为电路的工作点。

由图 2.19（c），当 V_{DD}=1.5V 时，v_D=0.7V，i_D=0.8mA；当 V_{DD}=3V 时，v_D=0.8V，i_D=2.2mA；可以看出，二极管工作在正向特性区时，直流电压的变化只改变了二极管的电流，而对其电压影响不大，即二极管正向导通时压降基本不变。

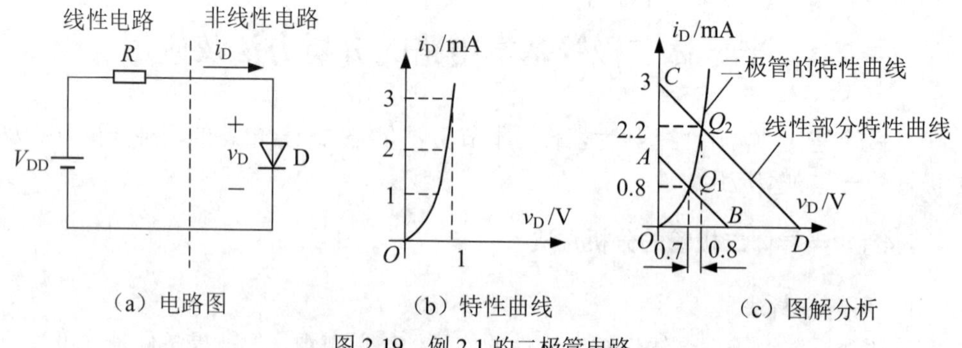

（a）电路图　　（b）特性曲线　　（c）图解分析

图 2.19　例 2.1 的二极管电路

用图解法求解二极管电路比较简单直观，但是前提条件是二极管的伏安特性曲线要已知，这在二极管的实际应用电路中，是不太现实的，而且电路中二极管较多时，作图也会变得比较复杂。因此，对于复杂电路，图解法不太实用。

【微课视频】

半导体二极管的等效模型

2. 等效模型分析法

（1）理想模型。在理想模型中，没有考虑二极管的开启电压，如图 2.20 所示。由图 2.20（a）可见，在正向偏置时，二极管管压降为 0V；而当二极管反向偏置时，电流为 0A，认为此时电阻为无穷大。图 2.20（b）和图 2.20（c）分别为二极管正偏和反偏时的等效模型。在实际电路中，当电源电压远远大于二极管的正向压降时，可用理想模型来近似分析。

（2）恒压降模型。在恒压降模型中需要考虑二极管的开启电压，而且认为其

管压降是恒定的，且不随电流变化，恒压降模型如图 2.21 所示。根据二极管材料不同，硅管一般取 0.7V，锗管取 0.2V。要注意的是，当二极管的电流 i_D 近似等于或大于 1mA 时才是正确的。图 2.21（b）和图 2.21（c）分别为二极管正偏和反偏时的恒压降等效模型。该模型与实际的二极管的伏安特性曲线更加接近，因此应用也较广。

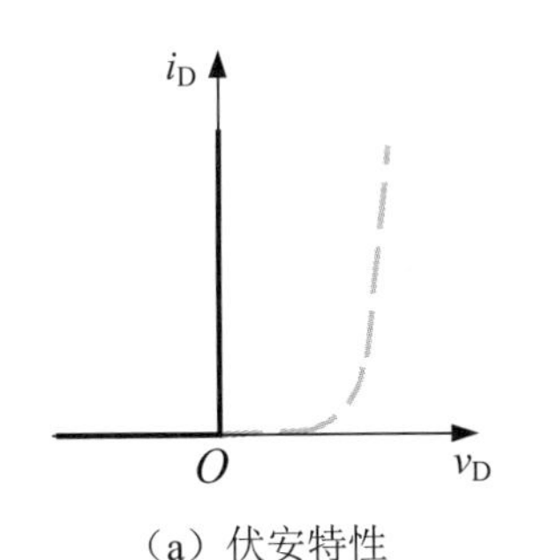

（a）伏安特性

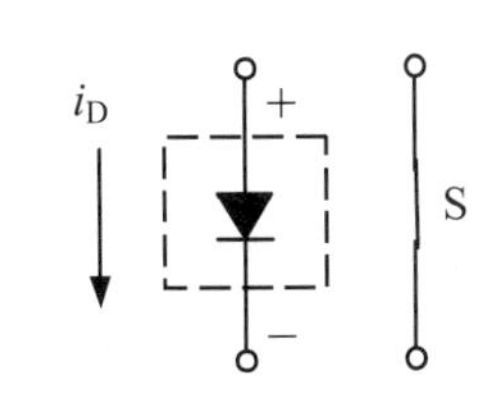

（b）正向偏置时的等效模型

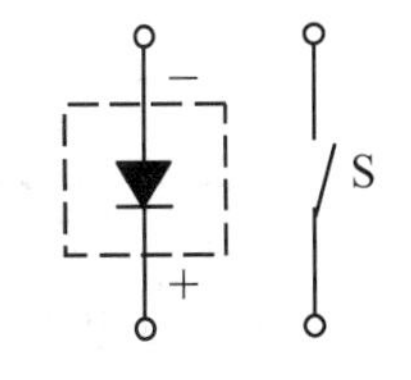

（c）反向偏置时的等效模型

图 2.20　理想模型

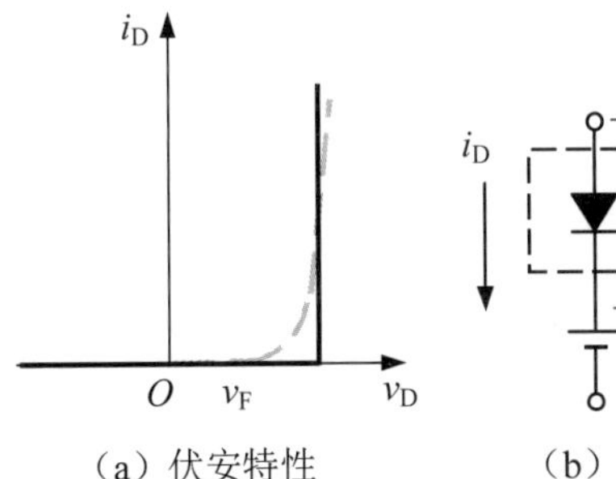

（a）伏安特性

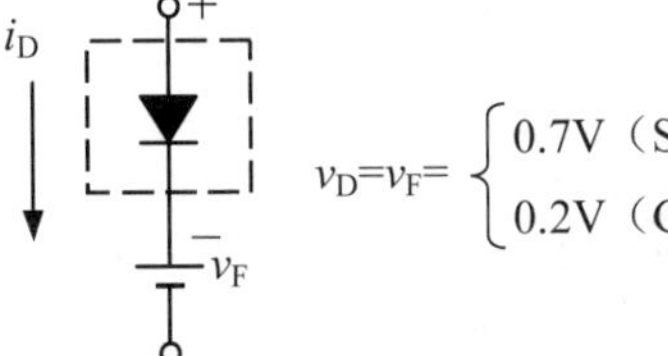

（b）正向偏置时的等效模型

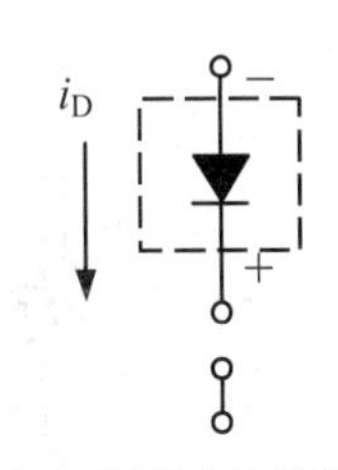

（c）反向偏置时的等效模型

图 2.21　恒压降模型

（3）折线模型。如果二极管导通时电压和正向电阻都不可忽略，则采用折线模型来等效，如图 2.22 所示。这个电池的电压选定为二极管的开启电压 V_{th}，约为 0.5V（硅管）；等效的电阻 r_D 用折线的斜线部分的斜率来表示，即 $i_D = \Delta v_D / \Delta i_D$，它是二极管导通范围内的电压与电流的比值。$r_D$ 的值可以这样来确定，当二极管导通电流为 1mA 时，管压降为 0.7V，于是

$$r_D=(0.7V-0.5V)/1mA=200\Omega$$

以上三种模型都是将二极管伏安特性原本的指数关系近似为两段直线关系，于是，只要能够区分二极管当前工作于哪一段直线上，就可以用线性电路分析方法来分析二极管电路了。

（4）微变等效模型。上述三种模型均反映了二极管正常工作在正偏和反偏的全部特性，因此也称为大信号模型。如果二极管在导通后只工作在某固定值 Q 点的小范围内，则可以采用该固定值 Q 点处的切线来代替二极管工作的特性曲线，如图 2.23 所示。

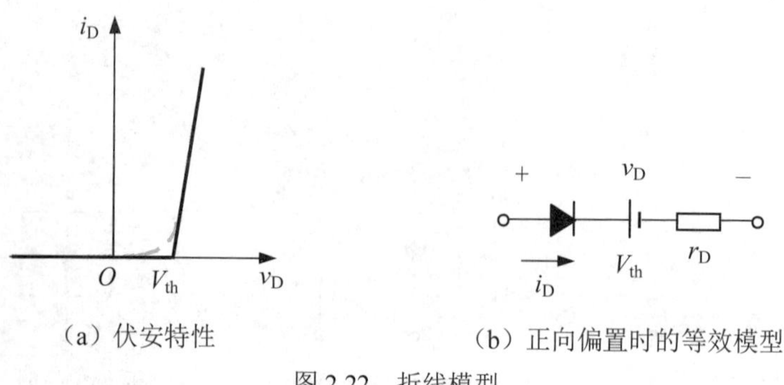

（a）伏安特性　　（b）正向偏置时的等效模型

图 2.22　折线模型

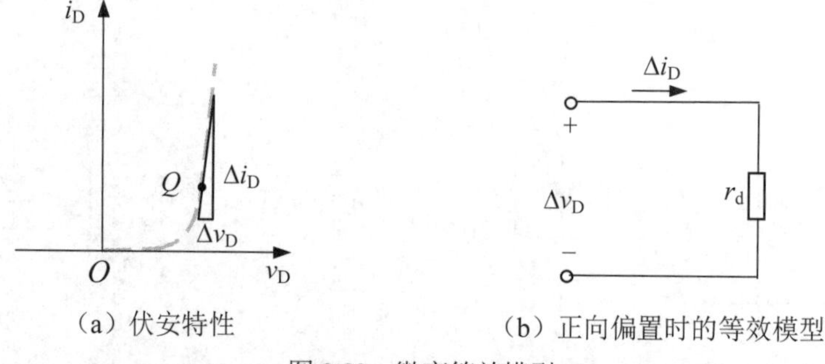

（a）伏安特性　　（b）正向偏置时的等效模型

图 2.23　微变等效模型

过 Q 点的切线斜率的倒数等效成一个微变电阻 r_d，根据式（2.1），在 Q 点处 $v_D>>V_T$=26mV，取 i_D 对 v_D 的微分，可得 Q 点处的微变电导为

$$g_d = \frac{di_D}{dv_D}\Big|_Q = \frac{I_S}{V_T}e^{v_D/V_T}\Big|_Q \approx \frac{i_D}{V_T}\Big|_Q = \frac{I_D}{V_T}\Big|_Q \tag{2.4}$$

由此可得

【微课视频】

半导体二极管的等效模型分析法

$$r_d = \frac{1}{g_d} = \frac{V_T}{I_D} = \frac{26(mV)}{I_D(mA)}\text{（常温下，}T=300K\text{）} \tag{2.5}$$

需要特别注意的是，微变等效模型只适用于小信号工作情况，而且微变电阻 r_d 与静态工作点 Q 有关，静态工作点不同，r_d 的值自然也不相同。

（5）判断二极管的工作状态。无论是用上述哪种模型来分析含有二极管的电路，都要首先判断二极管的工作状态，即二极管是导通还是截止。实质上就是要分析出二极管上所加的电压是正向电压还是反向电压。判断的步骤如下：

1）去二极管：先将二极管去掉，将二极管阳极端和阴极端的电位分别标为 $v_{阳}$ 和 $v_{阴}$。

2）计算电位：处理过的电路中，分别计算 $v_{阳}$ 和 $v_{阴}$ 的大小。

3）判断工作状态：若 $v_{阳}>v_{阴}$，则二极管处于导通状态；若 $v_{阳}<v_{阴}$，则二极管处于截止状态。

【例 2.2】 电路如图 2.24 所示，分别用二极管理想模型、恒压降模型和折线模型分析计算回路中电流 i_D 和输出电压 V_o（设二极管为硅管）。

解：在分析含有二极管的电路时，首先要判断二极管的工作状态。假设二极管断开，如图 2.25 所示，以地为参考点，这时有

$$V_a = -12\ \text{V}$$

$$V_b = -16\ \text{V}$$

因为 $V_a>V_b$，所以二极管正偏导通。

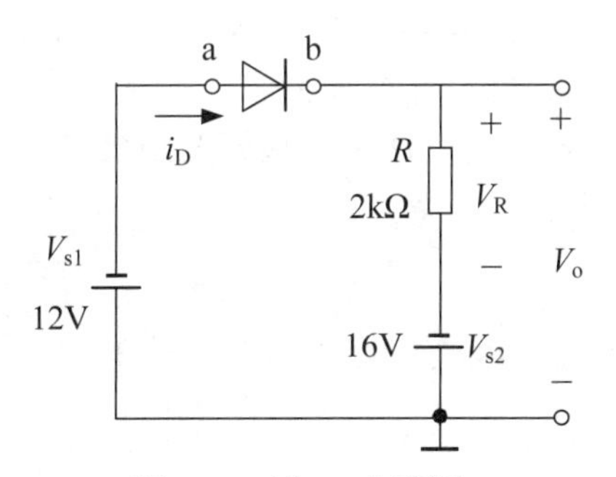

图 2.24　例 2.2 电路图

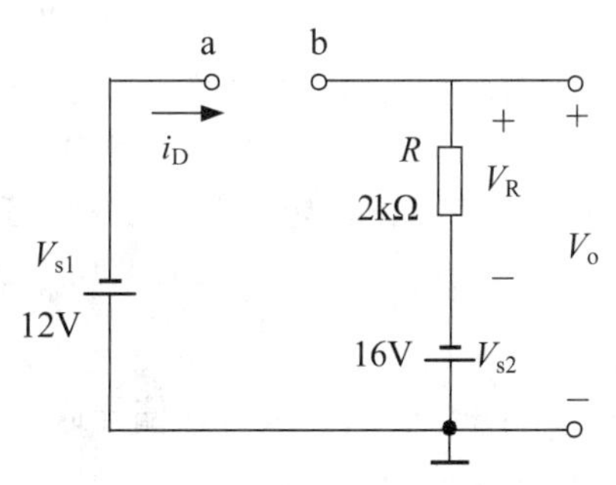

图 2.25　判断二极管工作状态的电路

下面画出二极管的理想模型、恒压降模型和折线模型等效电路如图 2.26 所示。

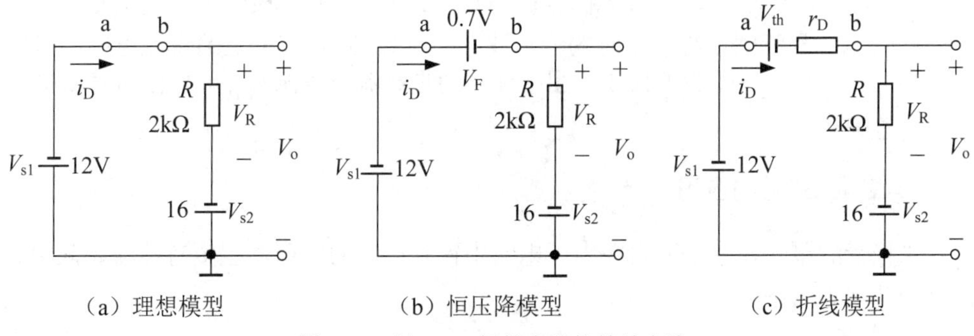

（a）理想模型　（b）恒压降模型　（c）折线模型

图 2.26　例 2.2 二极管电路的等效电路

用理想模型

$$i_D = \frac{V_R}{R} = \frac{V_{S2} - V_{S1}}{R} = \frac{16-12}{2} = 2\text{mA}$$

$$V_o = -V_{S1} = -12\text{V}$$

用恒压降模型

$$V_F = 0.7\text{V}$$

$$i_D = \frac{V_R}{R} = \frac{V_{S2} - V_{S1} - V_F}{R} = \frac{16-12-0.7}{2} = 1.65\text{mA}$$

$$V_o = i_D R - V_{S2} = -12.7\text{V}$$

用折线模型

设 r_D=200Ω，V_{th}=0.5V，可得

$$i_D = \frac{V_{S2} - V_{S1} - V_{th}}{r_D + R} = \frac{16-12-0.5}{0.2+2} = 1.59\text{mA}$$

$$V_o = i_D R - V_{S2} = -12.82\text{V}$$

【例 2.3】 电路如图 2.27（a）所示，已知 $v_i = V_m \sin \omega t$，且 $V_m << V_{DD}$，试用二极管理想模型和恒压降模型分析计算输出电压 v_R。设二极管为硅管。

解： 首先判断二极管的工作状态。因为 $V_m << V_{DD}$，所以二极管的阳极电位由直流电压源 V_{DD} 来决定。假设二极管截止，这时有

$$v_{阳} \approx V_{DD}\text{V}$$

$$v_{阴} = 0\text{V}$$

$v_{阳} > v_{阴}$，所以二极管正偏导通。

因此，由 KVL 可得

采用理想模型时：$v_R = V_{DD} + v_i$

采用恒压降模型时：$v_R = V_{DD} - V_D + v_i$

于是，可画出 v_R 的波形如图 2.27（b），其中 v_{R1} 为二极管理想模型时的输出波形，v_{R2} 为二极管恒压降模型时的输出波形，可见，它是在一定的直流电压的基础上叠加上一个与 v_i 一样的正弦波。图中标注的是直流电压源 V_{DD} 单独作用时二极管的正向压降。

2.4.2 二极管的应用

【微课视频】

半波整流电路

二极管的单向导电性使它在电子电路中得到广泛的应用，主要有整流、限幅、钳位和开关等电路中。

1. 整流电路

所谓整流就是将双极性电压（或电流）变为单极性电压（或电流）的过程，实现

整流的电路称为整流电路。如图 2.28（a）所示，利用的是二极管的单向导电性，正弦交流电正极性时，二极管导通，输出信号；正弦交流负极性时，二极管截止，没有输出信号，于是就将大小和方向都变化的正弦交流电变为单向脉动的直流电了。

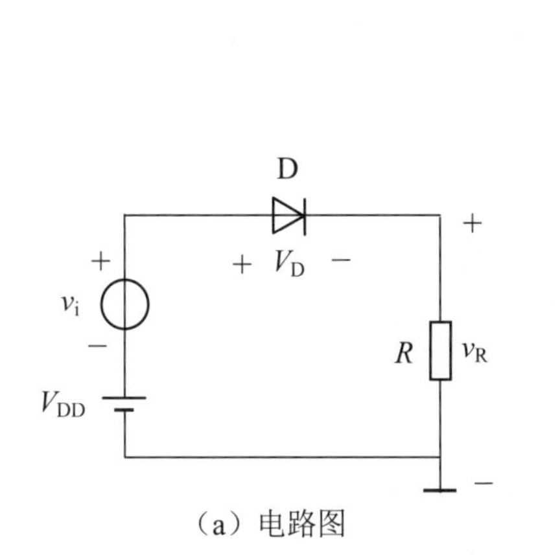

（a）电路图

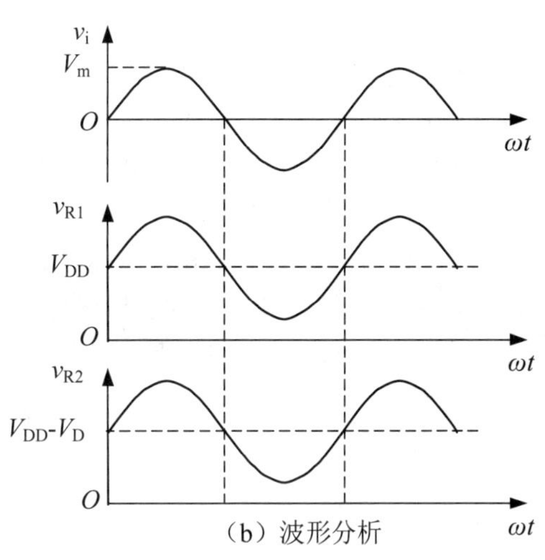

（b）波形分析

图 2.27　直流电压源和交流电压源同时作用的二极管电路

【例 2.4】二极管电路如图 2.28（a）所示，已知 v_i 为正弦波，如图 2.28（b）所示。利用二极管的理想模型，定性的画出 v_o 的波形。

解：利用二极管的理想模型，因此二极管正向导通时管压降为 0。

（1）当 v_i 为正半周时，二极管正向偏置，所以二极管导通，其管压降为 0，因此，根据 KVL，$v_o=v_i$。

（2）当 v_i 为负半周时，二极管反向偏置，二极管截止，电阻中无电流流过，$v_o=0$。

由上分析，可画出 v_o 的波形图，如图 2.28（b）所示。

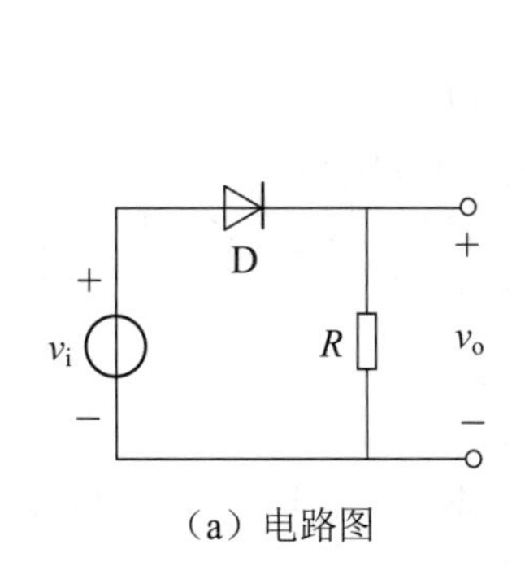

（a）电路图

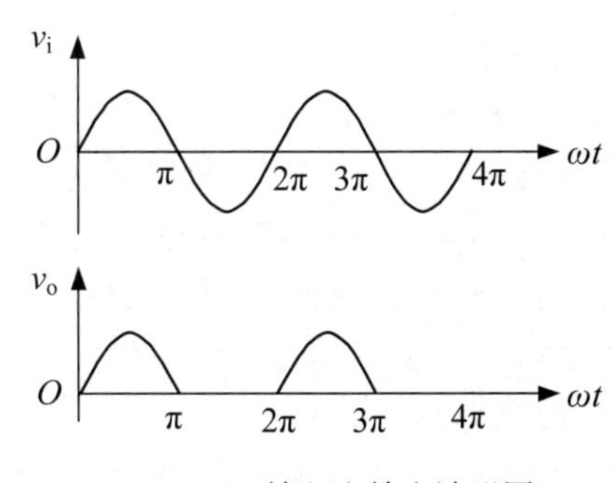

（b）输入和输出波形图

图 2.28　例 2.4 图

该电路称为半波整流电路。单相半波整流只利用了交流电的半个周期，显然是不经济的，因此需要改进电路。最常用的全波整流电路是单相桥式整流电路，这在后续章节还会详细介绍，这里不再赘述。

2. 限幅电路

在电子电路中，常用限幅电路对各种信号进行处理。比如保护某些器件不受大的信号电压作用而损坏，或者是为了满足电路工作的需要而要求降低信号的幅度，我们经常利用二极管的导通和截止来限制信号的幅度，简称限幅。

【例 2.5】二极管电路如图 2.29（a）所示，输入信号为 v_i。二极管为硅管。利用二极管的恒压降模型对电路进行求解：

（1）当 v_i=0V、5V 时，求相应的输出电压 v_o 的值。

（2）当 $v_i=5\sin\omega t$ V 时，画出相应的输出电压 v_o 的波形。

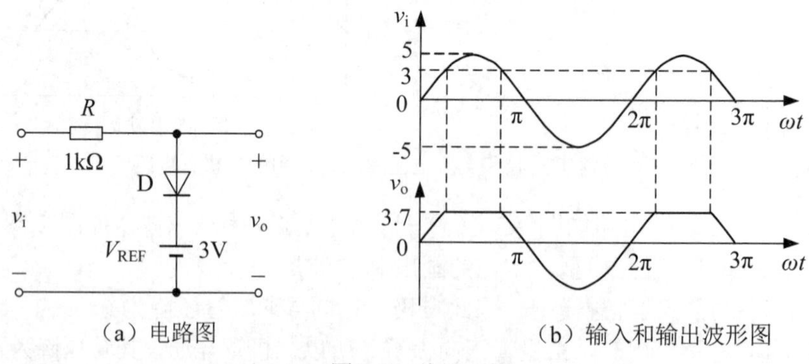

（a）电路图　　（b）输入和输出波形图

图 2.29　例 2.5 图

解：首先判断二极管的工作状态，二极管去掉后，$v_{阳}=v_i$，$v_{阴}$=3V，所以只有 v_i>3V 时，$v_{阳}>v_{阴}$，二极管导通，则 $v_o=V_F+V_{REF}$=0.7+3=3.7V；v_i<3V 时，$v_{阳}<v_{阴}$，二极管截止，则 $v_o=v_i$。

下面具体求解：

（1）当 v_i=0V 时，v_i<3V，二极管截止，则 $v_o=v_i$=0V。

当 v_i=5V 时，v_i>3V，二极管导通，则 $v_o=V_F+V_{REF}$=0.7+3=3.7V。

（2）当 $v_i=5\sin\omega t$ V 时，在图 2.29（b）的输入波形中，过 v_i=3V 做一条虚线，虚线以上，v_i>3V，二极管导通，则 $v_o=V_F+V_{REF}$=3.7V；虚线以下，v_i<3V，二极管截止，则 $v_o=v_i$。由此画出输出波形如图 2.29（b）所示。

3. 钳位电路

钳位电路可以在完整的信号波形中叠加一个直流电平，通常需要与电容器配合使用。

【例 2.6】 二极管电路如图 2.30（a）所示，输入信号 v_i=8sin ωt V，二极管为硅管。利用二极管的恒压降模型绘出稳态时 v_o 的波形。

解： 首先确定二极管什么情况下导通，根据图中二极管的方向，只有在 v_i 的正半周，二极管处于导通状态，此时电容器充电，充电的最高电压为

$$V_C=V_M-V_D=8-0.7=7.3\text{V}$$

当二极管导通时，整个电路的电阻非常小，因此电容器的充电过程非常快，很快达到最大值；但是电容器并无放电回路，所以充电结束后，电路进入稳态，C 上的电压 V_C 保持不变。这时输出电压为

$$v_o=v_i-V_C=v_i-8+0.7=v_i-7.3$$

注意，电路处于稳态时，只有在 v_i 的正峰值电压处，二极管才是导通状态，此时 v_o=0.7V；其他任何时候，二极管均处于反向截止状态，此时的输出电压，根据 KVL 有，$v_o=v_i-7.3$，由此得稳态时的波形如图 2.30（b）所示。

由以上分析，我们看到输出波形相当于输入波形的顶部被钳位在了+0.7V 的直流电平上，而且 v_o 等于在 v_i 中叠加了一个直流电压-V_C。

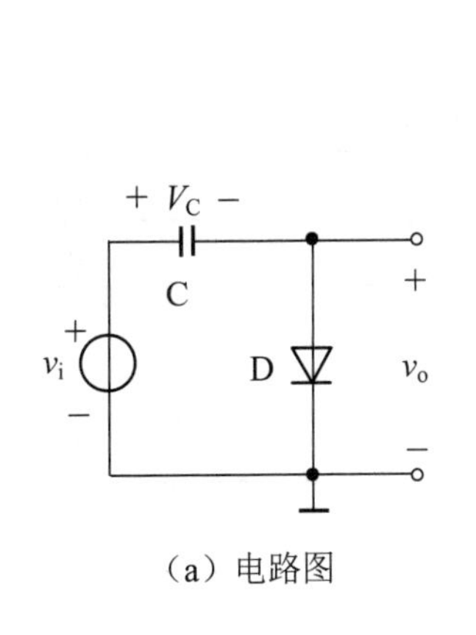

（a）电路图

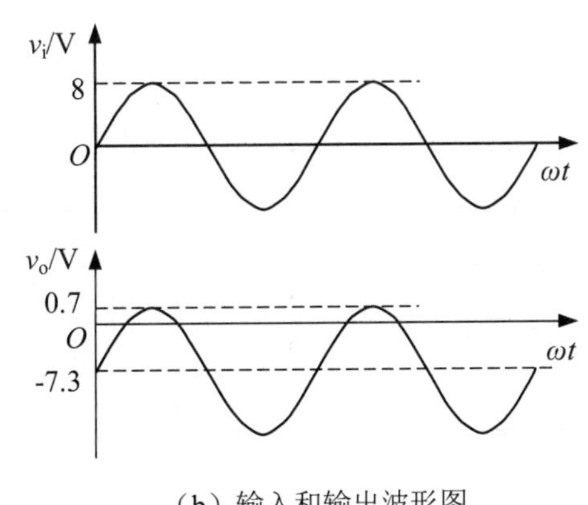

（b）输入和输出波形图

图 2.30　例 2.6 图

4. 开关电路

在数字电路中，经常将半导体二极管作为开关元件来使用，利用的是二极管的单向导电性来接通或断开电路。当二极管导通时，忽略二极管的管压降，二极管相当于导线，这时相当于开关闭合；当二极管处于截止状态时，二极管相当于断路，这时相当于开关断开。二极管的这一特性被广泛地应用到数字电路中。

【例 2.7】 二极管电路如图 2.31 所示。利用二极管的理想模型求解：当 v_{i1} 和 v_{i2} 分别为 0V、5V 的不同组合时，输出电压 v_o 的值。

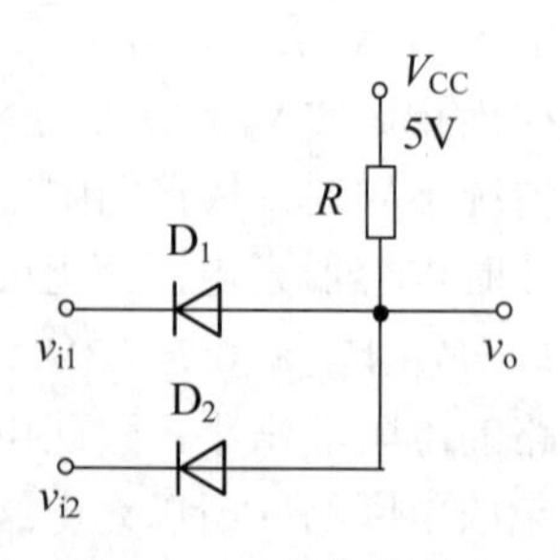

图 2.31 二极管开关电路

解：分析的关键在于判断二极管的状态。设 v_{i1}=5V 和 v_{i2}=0V，去掉二极管 D_1 和 D_2，这时 D_1 两端的电位，$v_{阳}$=5V，$v_{阴}$=5V，所以 $v_{阳}=v_{阴}$，D_1 管截止；D_2 两端的电位，$v_{阳}$=5V，$v_{阴}$=0V，所以 $v_{阳}>v_{阴}$，D_2 管导通。D_2 管导通时，$v_o=v_{i2}$=0V。这时 D_2 起到钳位作用，把 v_o 的电位钳位在 0V。D_1 起到隔断作用，把输入端 v_{i1} 和输出端隔离开。

以此类推，v_{i1} 和 v_{i2} 的其余三种组合下，二极管的工作状态及输出电压列于表 2.1 中。

表 2.1 二极管开关电路的输入与输出

v_{i1}/V	v_{i2}/V	D_1	D_2	v_o/V
0	0	导通	导通	0
0	5	导通	截止	0
5	0	截止	导通	0
5	5	截止	截止	5

2.5 特殊二极管

除前面介绍的普通二极管外，还有若干种特殊二极管，如稳压二极管和光电子器件等。

2.5.1 稳压二极管

稳压二极管又称齐纳二极管，是一种特殊的面接触型半导体硅二极管。由于它在电路中与适当数值的电阻配合后能起到稳定电压的作用，故称为稳压二极管。其电路符号和外形图如图 2.32 所示。

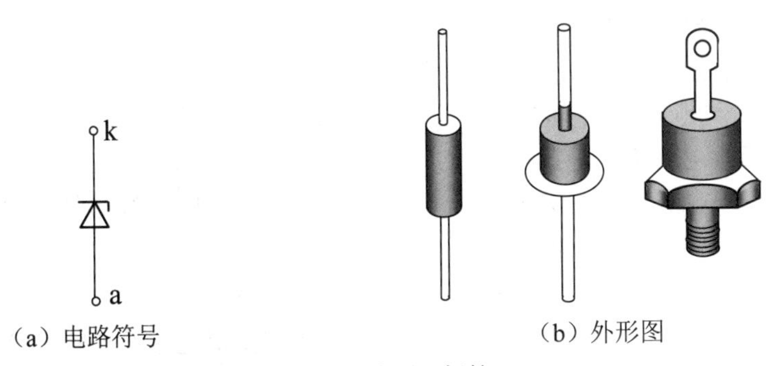

（a）电路符号　　（b）外形图

图 2.32　稳压二极管

稳压二极管的伏安特性曲线如图 2.33 所示，它与普通二极管类似，其差异是稳压二极管的反向特性曲线比较陡，而且稳压管就是工作在反向击穿区。图 2.33 中 V_Z 表示反向击穿电压，即稳压管的稳定电压。

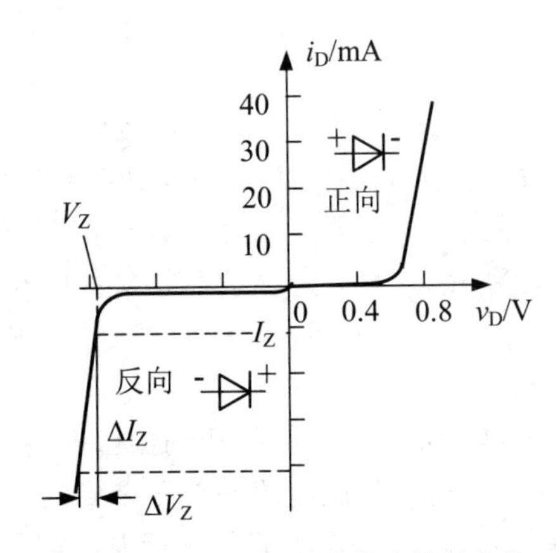

图 2.33　稳压二极管的伏安特性曲线

从反向特性曲线上可以看出，当稳压管的反向电压小于其稳定电压 V_Z 时，反向电流很小，可以认为此时的电流为零。当反向电压继续增加到击穿电压 V_Z 时，反向电流突然急剧增加，稳压二极管反向击穿，稳压管进入反向击穿工作区。在该区内，电流虽然在很大的范围内变化，但管子两端的电压基本不变。利用这一特性，稳压管在电路中能起稳压作用。稳压管的反向特性曲线越陡，动态电阻 $r_Z=\Delta V_Z/\Delta I_Z$ 越小，其稳定性能越好。

稳压管与普通二极管不同，它的反向击穿是可逆的。当去掉反向电压之后，稳压管又恢复正常。但是，如果反向电流超过允许范围，稳压管将会发生热击穿而损坏。

1. 稳压二极管的主要参数

（1）稳定电压 V_Z。稳定电压 V_Z 就是稳压二极管在正常工作下管子两端的电压。其大小是指在电流为一定值 I_Z 时，稳压管两端的反向击穿电压。

（2）稳定电流 I_Z。稳定电流是指工作电压为 V_Z 时的稳定工作电流。稳压二极管的稳定电流只是一个作为依据的参考数值，设计选用时要根据具体情况（例如工作电流的变化范围）来考虑。

（3）电压温度系数 α_V。这是说明稳压值受温度变化影响的系数。当稳压管中流过的电流为 I_Z 时，环境温度每变化 1℃所引起的稳定电压变化的百分比，称为稳定电压的温度系数，即

$$\alpha_V = \frac{\Delta V}{\Delta T} \times 100\% \tag{2.6}$$

（4）动态电阻 r_Z。r_Z 也称为交流电阻，是指稳压管两端电压的变化量 ΔV_Z 与相应电流变化量 ΔI_Z 的比值，即

$$r_Z = \frac{\Delta V_Z}{\Delta I_Z} \tag{2.7}$$

它反映了管子的稳压性能，r_Z 越小，稳压性能越好。

（5）最大工作电流 I_{Zmax}。I_{Zmax} 是指稳压管工作在稳压状态下，管子允许流过的最大工作电流，反向电流大于 I_{Zmax} 时，管子会从电击穿过渡到热击穿而损坏。

（6）最大允许耗散功率 P_{ZM}。P_{ZM} 为管子不致发生热击穿的最大功率损耗，即 $P_{ZM}=V_Z I_{Zmax}$。

2. 稳压管组成的电路

（1）稳压电路。图 2.34 所示为稳压管组成的稳压电路，其中 V_I 为待稳定的直流电源电压，一般是由交流市电经降压整流滤波而得到的，因此波动变化较大；R 为限流电阻，其作用是限制电路的工作电流及进行电压调节；R_L 为负载电阻；V_O 为稳压电路的输出电压，输出为稳压管的稳定电压 V_Z。该电路因负载与稳压管并联，输出电压基本不变，故称为并联式稳压电路。

当输入电压 V_I 波动时，假设 V_I 是脉动的直流电，如图 2.35 所示。稳压管稳定电压的过程是一个负反馈的过程，即

$V_I\uparrow \longrightarrow V_O\uparrow = V_Z\uparrow \longrightarrow I_Z\uparrow$（显著上升）$\longrightarrow I_R\uparrow$（$=I_Z+I_L$）$\longrightarrow V_R\uparrow$（$=I_R R$）

$V_O\downarrow$（$=V_I-V_R$）$\longleftarrow$

特别说明，根据稳压管的伏安特性可知，V_Z 的微小变化将会使流过稳压管的电流发生剧烈的变化，即引起 I_Z 的显著上升，从而使限流电阻的电压上升，因此限流

电阻起到电压调节的作用。同理当 V_I 降低而引起 V_O 减小时，也是因为限流电阻的电压调节作用，使 V_O 增大，从而 V_O 使保持稳定。

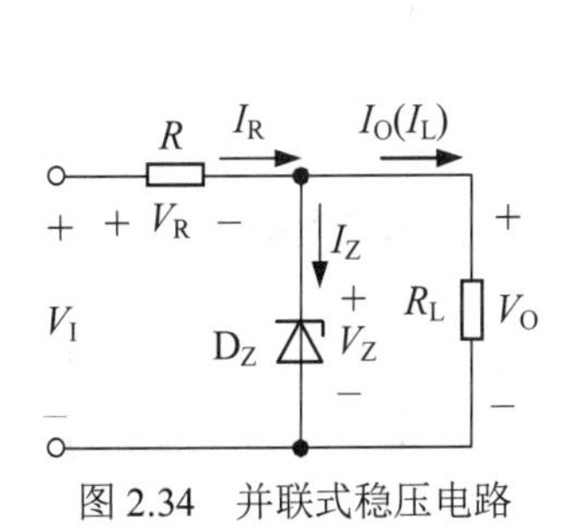

图 2.34　并联式稳压电路

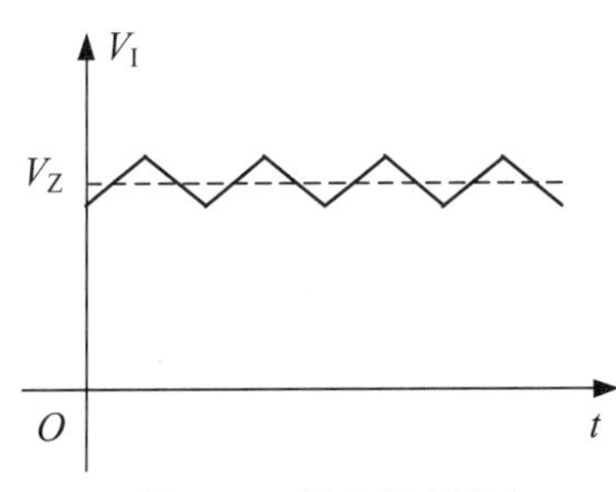

图 2.35　脉动的直流电

【例 2.8】 电路如图 2.34 所示的稳压电路，已知 V_I=10～12V，R_L=1kΩ，稳压管的 V_Z=6V，最小稳定电流 I_{Zmin}=5mA，最大稳定电流 I_{Zmax}=25mA。求限流电阻 R 的取值范围。

解： 在图 2.34 中，有

$$I_L = I_R - I_Z \tag{2.8}$$

$$I_R = (V_I - V_O)/R \tag{2.9}$$

$$I_L = \frac{V_Z}{R_L} = \frac{6\text{V}}{1\text{k}\Omega} = 6\text{mA} \tag{2.10}$$

因为稳压管工作反向击穿区时，其电流 I_Z 要在 I_{Zmin}～I_{Zmax} 之间。

1）当 V_I 为最大值时，若要限流电阻 R 值最小，则 I_R 最大，所以 I_Z 值也最大。因此为了保证管子安全工作，应使

$$I_{R\max} - I_L = \frac{V_{I\max} - V_Z}{R} - I_L \leqslant I_{Z\max} \tag{2.11}$$

由式（2.11）整理可得

$$R \geqslant \frac{V_{I\max} - V_Z}{I_L + I_{Z\max}} = \frac{(12-6)\text{V}}{(6+25)\text{mA}} \approx 194\Omega$$

由此得到限流电阻 R 的取值下限为 $R_{min} = 194\Omega$。

2）当 V_I 为最小值时，若要限流电阻 R 值最大，则 I_R 最小，所以 I_Z 值最小。因此为了保证管子安全工作，应使

$$I_{R\min} - I_L = \frac{V_{I\min} - V_Z}{R} - I_L \geqslant I_{Z\min} \tag{2.12}$$

由式（2.12）整理可得

$$R \leqslant \frac{V_{I\min} - V_Z}{I_L + I_{Z\min}} = \frac{(10-6)\text{V}}{(6+5)\text{mA}} \approx 364\Omega$$

由此得到限流电阻 R 的取值上限为 $R_{max} = 364\Omega$。

所以，限流电阻 R 的取值范围为 $194\Omega \sim 364\Omega$。

（2）限幅电路。为了满足不同负载对输出电压幅值的要求，常利用稳压管组成限幅电路。

【例 2.9】 已知电路如图 2.36（a）所示，已知 $v_i=12\sin\omega t$，双向稳压管 D_Z 的稳定电压的 $V_Z=\pm 6V$，最小稳定电流 $I_{Zmin}=10mA$，最大稳定电流 $I_{Zmax}=30mA$，试画出电压 v_o 的波形，并求限流电阻 R 的最小值和最大值。

解：首先判断稳压管的工作状态：①当 $|v_i|<|V_Z|$，稳压管截止，输出电压 $v_o=v_i$；②当 $|v_i|>|V_Z|$，稳压管热击穿，工作在反向击穿区，输出电压 $v_o=V_Z$，输出电压恒定。v_o 的波形如图 2.36（b）所示。

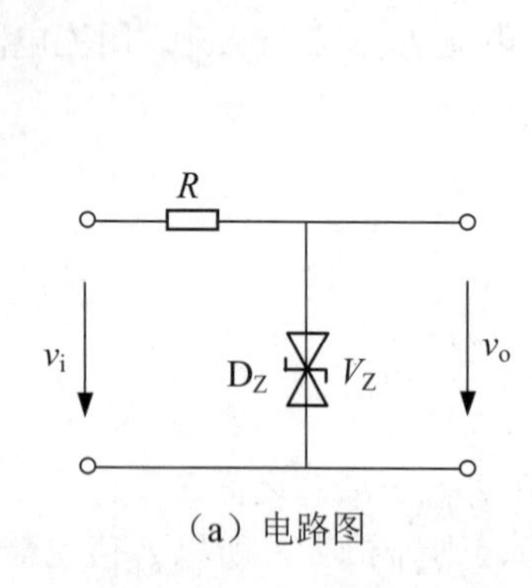

（a）电路图

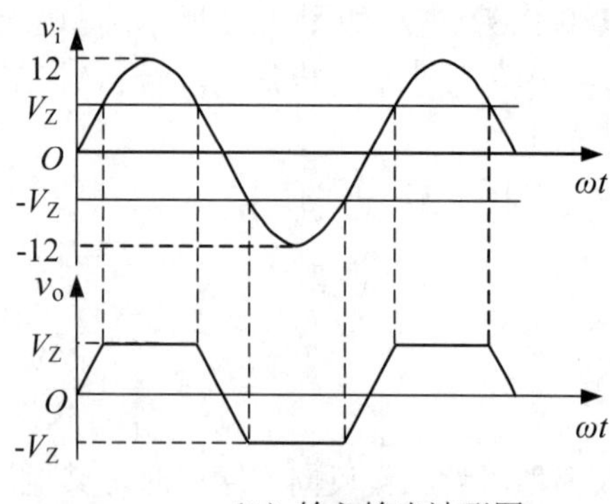

（b）输入输出波形图

图 2.36 例 2.9 图

$$R_{min} = \frac{V_m - V_Z}{I_{Z\max}} = \frac{12-6}{30\times 10^{-3}} = 300\Omega$$

$$R_{max} = \frac{V_m - V_Z}{I_{Z\min}} = \frac{12-6}{10\times 10^{-3}} = 600\Omega$$

因此 R 值可在 300～600Ω之间选取。

2.5.2 光电子器件

1. 发光二极管

发光二极管（Light-Emitting Diode，LED）通常用三价和五价族元素的化合物制成，如砷化镓、磷化镓等。发光二极管属于电光转换器件的一种，是可以将电能直接转换成光能的半导体器件，简称“LED”，其外形图及符号如图 2.37 所示。

发光二极管也具有单向导电性，当外加正向电压导通时，二极管通过电流时会发光，这是因为正偏时电子与空穴复合而释放出的能量所致，其亮度随正向电流的增大而提高。发光二极管的工作电流一般为几毫安到十几毫安之间，因此，要使发光二极管正常工作也需要接入限流电阻。

发出的颜色与发光二极管的材料和掺杂元素有关。发光二极管具有功耗小、体积小、稳定、可靠、寿命长、光输出响应速度快等优点，因此应用十分广泛。一是常用作显示器件，如信号灯指示、七段式显示数码管和矩阵式器件等；二是信号变换，将电信号转换为光信号，通过光缆传输，接收端用光电二极管接收，再现电信号，实现光电耦合、光纤通信等应用。

图 2.37 发光二极管

2. 光电二极管

光电二极管也叫光敏二极管，它的结构与普通二极管类似，但是它的 PN 结是封装在透明的玻璃外壳中且装在管子的顶部，面积较大，以便接受外部光照，而且 PN 结工作在反向偏置状态下。它的反向电流随光照强度的增加而增加。光电二极管的符号和特性曲线如图 2.38 所示。

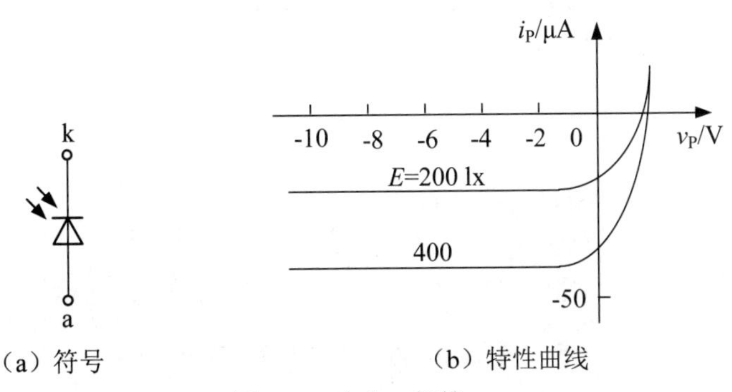

图 2.38 光电二极管

光电二极管几乎都是用硅制成。可用于光测量、光电控制等方面，也常用作将光信号转换为电信号的器件。

2.5.3 其他特殊二极管

1. 变容二极管

由二极管的参数可知，二极管在高频应用时，必须要考虑结电容的影响。变容二极管就是利用二极管的结电容随反向电压的增加而减少的特性而制成的。图 2.39（a）为变容二极管的符号，图 2.39（b）为某种变容二极管的特性曲线。

当二极管反向偏置时，因反向电阻很大，可作电容使用。变容二极管多用于高频电路，如高频振荡和选频电路、*LC* 调谐电路、*RC* 滤波电路、调幅和调相等电路，以及大家熟悉的电视机、收音机和对讲机的电路中。

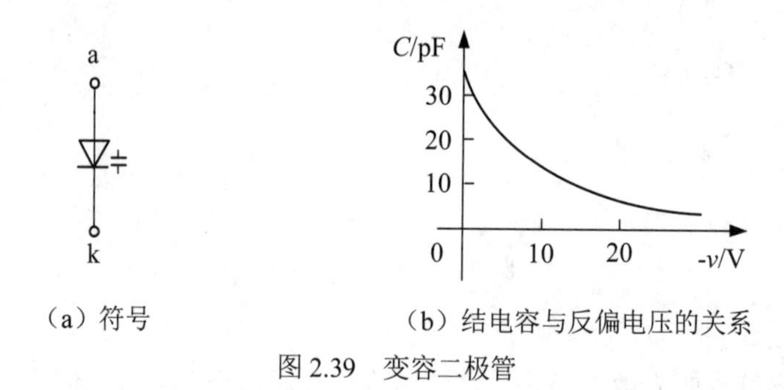

（a）符号 （b）结电容与反偏电压的关系

图 2.39 变容二极管

2. 肖特基二极管

肖特基二极管（Schottky Barrrier Diode，SBD）是利用金属（如金属铝、金、钼、镍和钛）与 N 型半导体接触，在交界面形成势垒二极管，一边是中等掺杂程度的 N 型半导体，另一边是金属材料，因此也称为金属-半导体二极管或表面势垒二极管。图 2.40 是肖特基二极管的符号。

图 2.40 肖特基二极管的符号

肖特基二极管因特殊结构导致其不同于普通二极管。一是其电容效应小，工作速度快，反向恢复时间极短（可以小到几纳秒），适合做高频器件，应用在高频电路中；二是正向导通压降仅为 0.4V，同时反向击穿电压比较低且反向饱和电流比普通二极管大。

小结

本章首先介绍了半导体基本知识，接着讨论了 PN 结的形成和 PN 结的特性，然后介绍了半导体二极管的结构、特性曲线、主要参数和四种等效模型。分析了由二极管组成的几种应用电路，最后介绍了特殊二极管。

（1）硅和锗是两种常用的制造半导体的材料。在纯净的半导体中掺入 5 价或 3 价元素，便可制成 N 型和 P 型半导体。它们的多数载流子分别是电子和空穴，空穴的出现是半导体区别于导体的一个重要特征。

（2）PN 结的形成过程分了三个阶段：多子的扩散，少子的漂移，最后是两种运动达到动态平衡时，PN 结形成。当在 PN 结正向偏置时，PN 结导通，有较大电流流过，呈现低电阻；当在 PN 结上加反向电压时，PN 结反向截止，没有电流流过或电流极小，呈现高电阻，因此，PN 结具有单向导电性。PN 结的另外两个特性是：反向击穿特性和电容效应。

（3）半导体二极管是由 PN 结加上引线和管壳制成，常用伏安特性来描述其电压电流关系，理论表达式为 $i_D = I_S(e^{v_D/v_T} - 1)$，具有正向导通和反向截止的特征。二极管的主要参数有最大整流电流、反向电流和反向击穿电压等。二极管的性能也受温度的影响。

（4）二极管为非线性器件，分析其电路一般是采用简化模型，分析电路的静态或大信号时，根据输入信号的大小，选用理想模型、恒压降模型或折线模型中的一种；当信号很微小时，选用微变等效电路模型。二极管主要应用在整流、限幅、钳位和开关电路中。

（5）稳压二极管工作在反向击穿区，用来稳定直流电压，特别注意限流电阻的选取。

探究研讨——特殊二极管的应用

二极管主要应用在整流、限幅、钳位和开关电路中。特殊二极管的应用也非常广泛。现以汽车收音机作为对象，利用稳压管设计成一个稳压电路，保证其上的电源稳定。试以小组合作形式开展讨论，探究以下内容：

（1）收集两款以上的汽车收音机的直流电源和汽车上的供电电源的数据，以及需要供给收音机的功率的数据。

（2）影响汽车收音机上电压不稳定的原因有哪些？

（3）设计电路时，是否需要考虑电路的通流能力？

（4）如何选用合适的稳压管？

习题

2.1　简述半导体和金属导电的导电机理有什么不同。

2.2　提高半导体导电能力的方法有哪些？

2.3　杂质半导体中的多子和少子的浓度分别取决于什么？

2.4　简述 PN 结的形成及特性。

2.5　PN 结的正向电流和反向电流是如何形成的，各与什么因素有关？

2.6　表现二极管单向导电性能好坏的参数有哪些？

2.7　判断图 2.41 中二极管的导通状态，并标出 V_o 的值。各二极管导通电压 $V_D = 0.7\text{V}$。

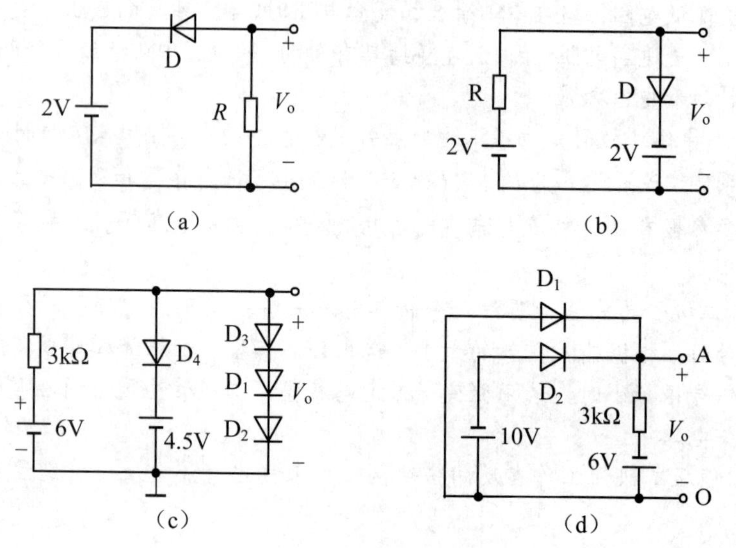

图 2.41　习题 2.7 的图

2.8　在图 2.42 所示的各个电路中，已知直流电压 $v_i = 3\text{ V}$，电阻 $R = 1\text{ k}\Omega$，二极管的正向压降为 0.7V，求 v_o。

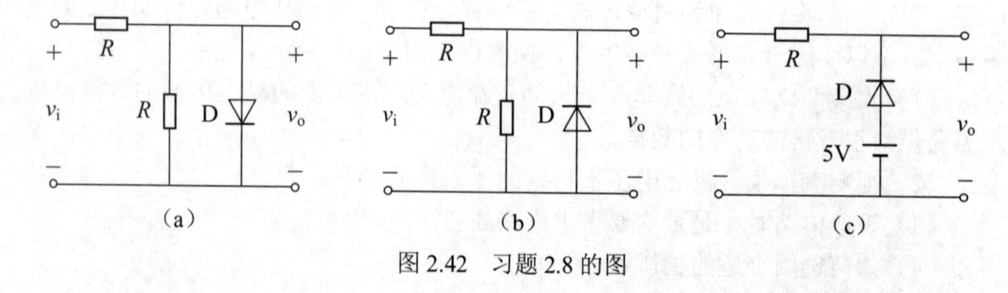

图 2.42　习题 2.8 的图

2.9　试判断图 2.43 所示电路中，二极管的工作状态是导通还是截止，为什么？设二极管为理想的。

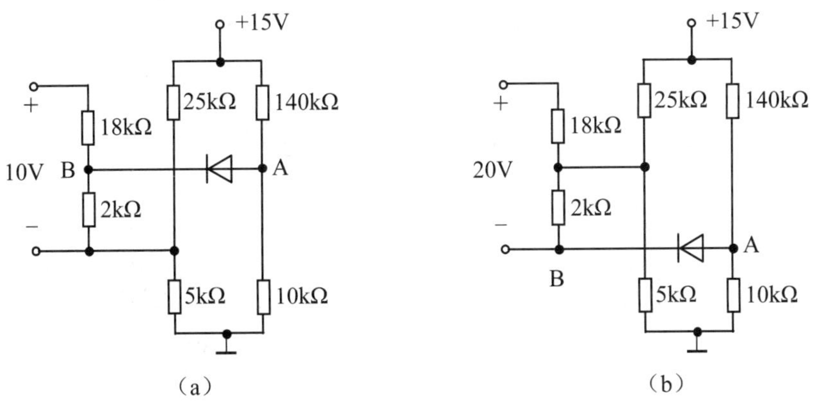

图 2.43　习题 2.9 的图

2.10　二极管电路如图 2.44（a）所示，设二极管为理想二极管，已知输入电压 v_i 的波形如图 2.44（b）所示，试画出输出电压 v_o 的波形。

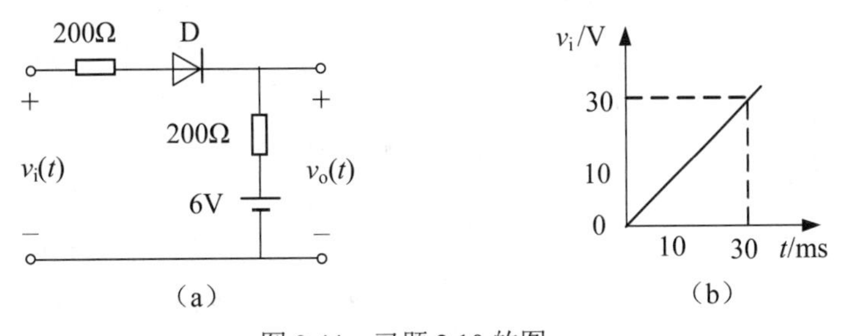

图 2.44　习题 2.10 的图

2.11　在如图 2.45 所示的各个电路中，已知输入电压 $v_i = 10\sin\omega t$ V，二极管的正向压降可忽略不计，试分别画出各电路的输入电压 v_i 和输出电压 v_o 的波形。

2.12　在如图 2.46 所示的电路中，试求下列几种情况下输出端 F 的电位 V_F 及各元件（R、D_A、D_B）中的电流，图中的二极管为理想元件。

（1）$V_A = V_B = 0$ V；（2）$V_A = 3$，$V_B = 0$ V；（3）$V_A = V_B = 3$ V。

2.13　二极管电路如图 2.47 所示，二极管的正向压降为 0.7V，常温下 $V_T \approx 26$mV，电容 C 对交流信号可视为短路；已知输入电压 $v_i = 10\sin\omega t$ V，试问二极管中流过的交流电流有效值为多少？

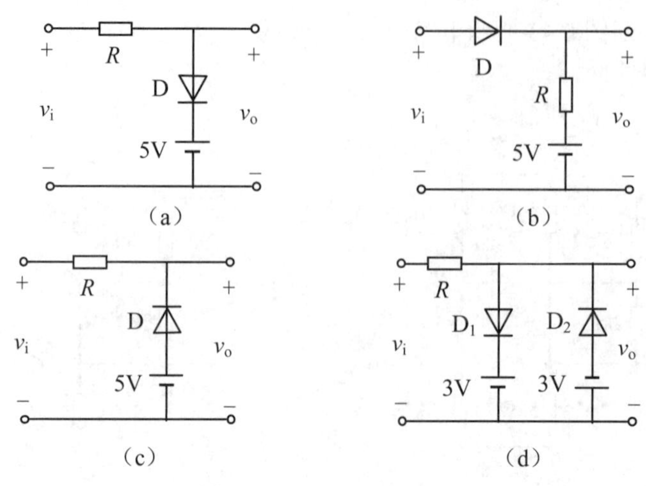

图 2.45 习题 2.11 的图

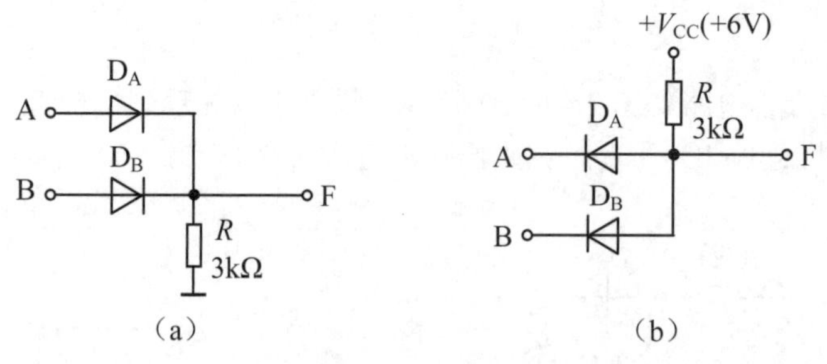

图 2.46 习题 2.12 的图

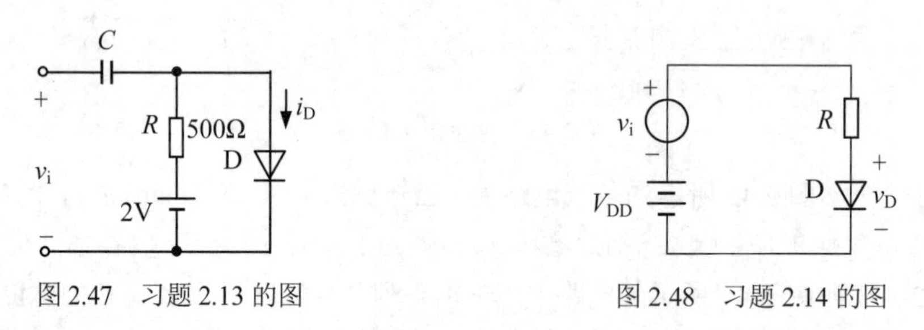

图 2.47 习题 2.13 的图　　　　图 2.48 习题 2.14 的图

2.14 在如图 2.48 所示的电路中，已知 $V_{DD}=10\,\text{V}$，$v_i=30\sin\omega t\,\text{V}$。试用波形图表示二极管上的电压 v_D。

2.15 现有两个稳压管，它们的稳定电压分别为 5V 和 10V，二极管的正向导通压降为 0.7V，试问：（1）将它们串联连接，则可得到几种稳压值？各为多少？（2）将它们并联连接，则可得到几种稳压值？各为多少？

2.16 有两个稳压管 D_{Z1} 和 D_{Z2}，其稳定电压分别为 5.5V 和 8.5V，正向压降都是 0.5V，如果要得到 0.5V、3V、6V、9V 和 14V 几种稳定电压，这两个稳压管（还有限流电阻）应该如何连接，画出各个电路。

2.17　设硅稳压管 D_{Z1} 和 D_{Z2} 的稳定电压分别为 5V 和 10V，求图 2.49 中各电路的输出电压 v_o。已知稳压管的正向压降为 0.7V。要求写出各管的工作状态。

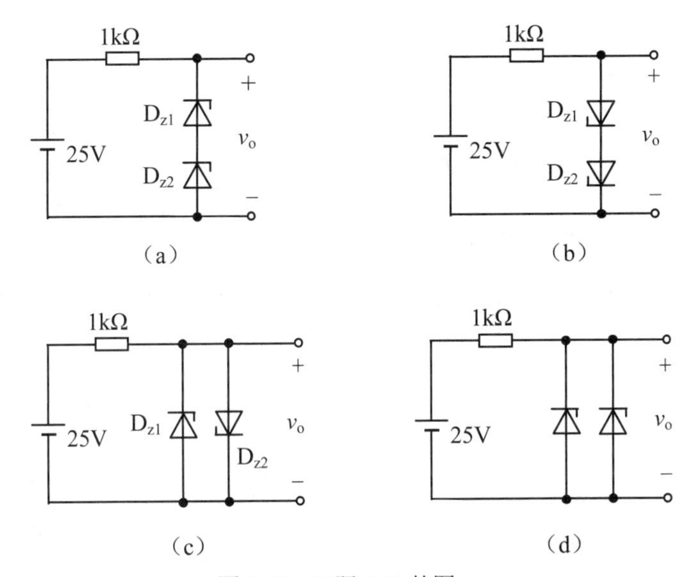

图 2.49　习题 2.17 的图

2.18　在如图 2.50 所示的电路中，已知 $V_{DD}=20\text{ V}$，$R_1=900\Omega$，$R_2=1100\Omega$。稳压管 D_Z 的稳定电压 $V_Z=10\text{ V}$，最大稳定电流 $I_{ZM}=8\text{ mA}$。试求稳压管中通过的电流 I_Z，并判断 I_Z 是否超过 I_{ZM}？如果超过，怎么办？

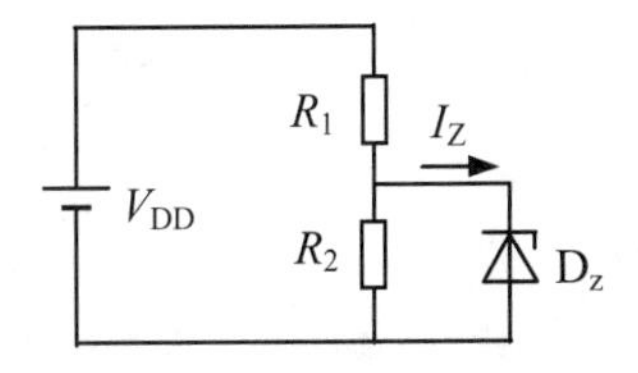

图 2.50　习题 2.18 的图

2.19　稳压管稳压电路如图 2.51 图所示。已知稳压管稳压值为 5V，稳定电流范围为 10mA～50mA，限流电阻 R=500Ω。试求：

（1）当 $v_i=20\text{V}$，$R_L=1\text{k}\Omega$ 时，$v_o=?$

（2）当 $v_i=20\text{V}$，$R_L=100\Omega$ 时，$v_o=?$

2.20 在如图 2.52 所示的电路中，发光二极管的正向导通电压为$V_D = 1.5V$，正向电流在 5～15mA 时才能正常工作，试问：（1）开关 S 在什么位置时，发光二极管才能发光？（2）R 的取值范围是多少？

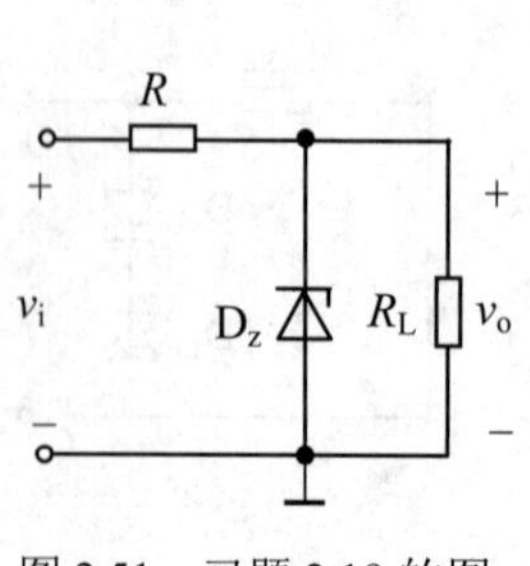

图 2.51 习题 2.19 的图

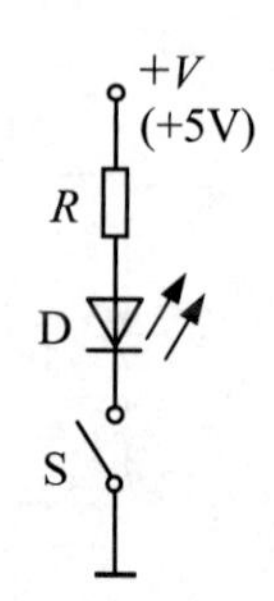

图 2.52 习题 2.20 的图

第3章　三极管及其放大电路

本章课程目标

1. 掌握三极管的放大原理、输入特性曲线、输出特性曲线及其性能检测方法。
2. 掌握基本放大电路的工作原理及放大电路的三种基本偏置方式。
3. 掌握静态工作点、放大电路的小信号模型及其分析方法。
4. 理解放大电路的工作点稳定问题。
5. 理解多级放大电路的分析方法及放大电路的频率响应。

在国民经济各个领域、科学探索与研究以及我们的日常生活中，经常会遇到放大电路（也常称为放大器），其作用是将微弱的电信号（它可以是直接接收到的，也可以是通过各种传感器得到的）放大成幅度足够大且与原来信号变化规律一致的信号，即进行不失真的放大。放大电路具有不同的形式，因此性能指标也不同，但其基本工作原理都是一样的。一个实际的放大电路，常常由多个单管放大器（称为单级放大器）所组成。本章从放大器的放大器件三极管开始讲起，主要讨论由双极结型三极管构成的共射、共集和共基三种基本放大电路，介绍它们的组成、工作原理、分析方法和性能指标。此外，本章还介绍了多级放大电路及各级之间的四种耦合方法，以及放大电路的频率响应。

3.1　半导体三极管

双极结型三极管（Bipolar Junction Transistor，BJT）俗称半导体三极管，又称晶体三极管，简称三极管（或晶体管），后文中经常用BJT来表示三极管。

3.1.1　基本结构

三极管（也称晶体管）在中文含义里面只是对三个引脚的放大器件的统称，全称应为半导体三极管，也称双极型晶体管、晶体三极管，是一种控制电流的半导体器件。其作用是把微弱信号放大成幅度值较大的电信号，也用作无触点开关。

三极管是半导体基本元器件之一，具有电流放大作用，是电子电路的核心元件。三极管是在一块半导体基片上制作两个相距很近的 PN 结，两个 PN 结把整块半导体分成三部分，中间部分是基区，两侧部分是发射区和集电区，排列方式有 PNP 和 NPN 两类。

晶体三极管（以下简称三极管）按材料分有两种：锗管和硅管。而每一种又有 NPN 和 PNP 两种结构形式，但使用最多的是硅 NPN 和锗 PNP 两种三极管，其中，N 是负极（Negative）的意思，而 P 是正极（Positive）的意思，N 型半导体在高纯度硅中加入五价元素磷（或砷、锑等）取代一些硅原子，在电压刺激下产生自由电子导电；P 型半导体是加入三价元素硼（或铝、铟等）取代硅，产生大量空穴导电。两者除了电源极性不同外，其工作原理都是相同的。下面仅介绍 NPN 硅管的电流放大原理。

NPN 型三极管的结构示意图如图 3.1（b）所示，它是由两层 N 型半导体中间夹着一层 P 型半导体所构成，P 型半导体与其两侧的 N 型半导体分别形成 PN 结，整个三极管是两个背靠背 PN 结的三层半导体，中间的一层称为基区，两边分别称为发射区和集电区，从三个区引出的三条引线分别称为基极 b（base）、发射极 e（emitter）和集电极 c（collector）。发射区与基区之间形成的 PN 结称为发射结，而集电区与基区之间形成的 PN 结称为集电结，图中右边的为三极管的电路符号，其中箭头方向表示发射结正偏时发射极电流的实际方向。

PNP 型三极管的结构与 NPN 型相似，也是两个背靠背 PN 结的三层半导体，不过此时管子是两层 P 型半导体夹着一层 N 型半导体，如图 3.1（a）所示，符号中的箭头方向与 NPN 型相反，但意义相同。

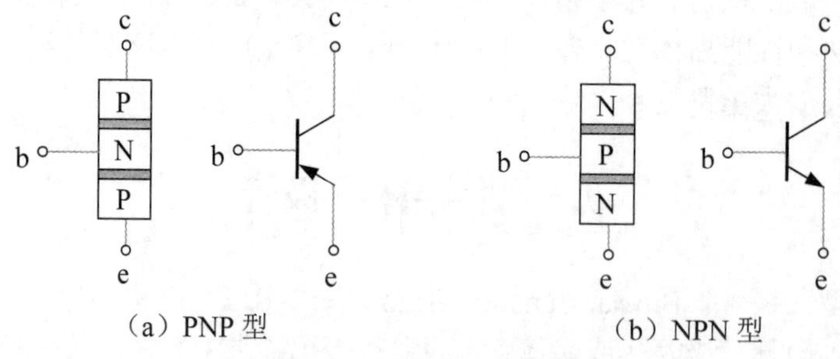

（a）PNP 型　　（b）NPN 型

图 3.1　三极管及其符号

需要指出的是，三极管绝不是两个 PN 结的简单连接，它的制造工艺特点是：基区很薄且杂质浓度低，发射区杂质浓度高，集电结面积大。

3.1.2　电流分配和放大原理

半导体三极管电流分配和放大原理

三极管实现放大作用的外部条件，就是要给它合适的偏置。由于三极管有两个 PN 结，所以偏置的方式有四种：发射结正偏，集电结反偏；发射结反偏，集电结正偏；发射结正偏，集电结正偏；发射结反偏，集电结反偏。为了实现放大作用，首先必须保证有载流子的运动，所以发射结要正偏，使得发射区不断向基区发射（即注入）载流子；其次，集电极电流必须是由发射区越过基区来的发射区多子形成的，而不是集电区本身的多子运动，所以集电结要反偏。通常集电结反向电压较高，以尽可能收集（吸收）到达基区的发射区多子，使其流向集电区。

如图 3.1（b）所示，当 b 点电位高于 e 点电位零点几伏时，发射结处于正偏状态，而 c 点电位高于 b 点电位几伏时，集电结处于反偏状态，集电极电源 V_{CC} 要高于基极电源 V_{BB}。

在制造三极管时，有意识地使发射区的多数载流子浓度大于基区的，同时基区做得很薄，而且，要严格控制杂质含量，这样，一旦接通电源后，由于发射结正偏，发射区的多数载流子（自由电子）及基区的多数载流子（空穴）很容易地越过发射结，互相向对方扩散，但因前者的浓度远远大于后者，所以通过发射结的电流基本上是电子流，这股电子流称为发射极电子流。

如图 3.2 所示，由于基区很薄，加上集电结的反偏，注入基区的电子大部分越过集电结进入集电区而形成集电极电流 I_C，只剩下很少（1%～10%）的电子在基区与空穴进行复合，被复合掉的基区空穴由基极电源 V_{BB} 重新补给，从而形成了基极电流 I_B。根据电流连续性原理得：

$$I_E = I_B + I_C \tag{3.1}$$

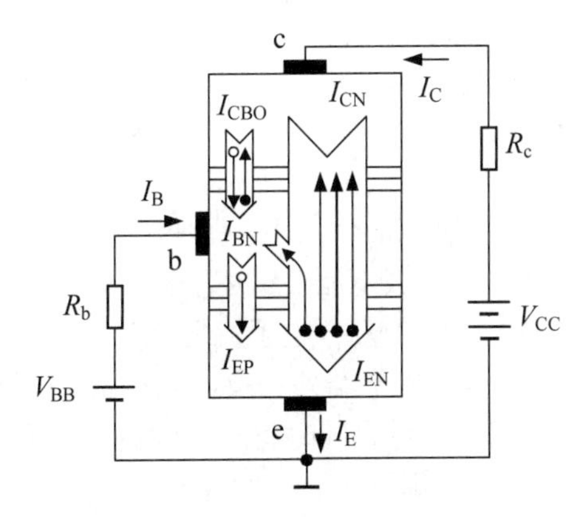

图 3.2　NPN 型三极管内载流子的运动

这就是说，在基极补充一个很小的I_B，就可以在集电极上得到一个较大的I_C，这就是所谓电流放大作用，I_C与I_B是维持一定的比例关系，即

$$\beta_1 = I_C/I_B \tag{3.2}$$

式中，β_1称为直流放大倍数。

集电极电流的变化量ΔI_C与基极电流的变化量ΔI_B之比为

$$\beta = \Delta I_C/\Delta I_B \tag{3.3}$$

式中，β称为交流电流放大倍数，由于低频时β_1和β的数值相差不大，所以有时为了方便起见，对两者不作严格区分，β值约为几十至一百多。

$$\alpha_1 = I_C/I_E \quad （I_C与I_E是直流通路中的电流大小）$$

式中，α_1也称为直流放大倍数，一般在共基极组态放大电路中使用，描述了射极电流与集电极电流的关系。

$$\alpha = \Delta I_C/\Delta I_E \tag{3.4}$$

表达式中的α为交流共基极电流放大倍数。同理α与α_1在小信号输入时相差也不大。

对于两个描述电流关系的放大倍数有以下关系

$$\beta = \frac{\alpha}{1-\alpha} \tag{3.5}$$

三极管的电流放大作用实际上是利用基极电流的微小变化去控制集电极电流的巨大变化。

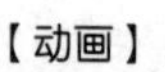

三极管电流分配和放大原理

三极管是一种电流放大器件，但在实际使用中常常通过电阻将三极管的电流放大作用转变为电压放大作用。

所以，三极管的放大可以分为如下三个阶段：

（1）发射区向基区发射电子：电源V_{BB}经过电阻R_b加在发射结上，发射结正偏，发射区的多数载流子（自由电子）不断地越过发射结进入基区，形成发射极电流I_E。同时基区多数载流子也向发射区扩散，但由于基区多数载流子浓度远低于发射区多数载流子浓度，可以不考虑这个电流，因此可以认为发射结主要是电子流。

（2）基区中电子的扩散与复合：电子进入基区后，先在靠近发射结的附近聚集，渐渐形成电子浓度差，在浓度差的作用下，促使电子流在基区中向集电结扩散，被集电结电场拉入集电区形成集电极电流I_C。也有很小一部分电子（因为基区很薄）与基区的空穴复合，扩散的电子流与复合电子流之比例决定了三极管的放大能力。

（3）集电区收集电子：由于集电结外加反向电压很大，这个反向电压产生的电场力将阻止集电区电子向基区扩散，同时将扩散到集电结附近的电子拉入集电区从而形成集电极主电流I_{CN}。另外集电区的少数载流子（空穴）也会产生漂移运动，流向基区形成反向饱和电流，用I_{CBO}来表示，其数值很小，但对温度却异常敏感。

3.1.3　伏安特性

在研究和设计半导体三极管电路时，往往需要了解半导体三极管各极电流与电压之间的关系。半导体三极管的特性曲线就是用来描述这种关系的曲线，简称伏安特性。三极管的特性曲线是它内部载流子运动的外部表现。从使用者来讲，了解三极管的外部特性比了解它的内部载流子运动显得更为重要，因为在分析三极管电路时，我们只要知道它的外部特性而不必涉及它的内部结构。

三极管有三个电极，所以它的特性曲线要比二极管复杂些。常用的是输入特性曲线和输出特性曲线，输入特性曲线反映了三极管输入端的电流与电压的关系，输出特性曲线则反映了三极管输出端的电流与电压的关系。

根据三极管的组态方式，可以分为三种：共射极放大电路、共集电极放大电路和共基极放大电路。三种组态的判别以输入、输出信号的位置为判断依据：信号由基极输入，集电极输出——共射极放大电路；　信号由基极输入，发射极输出——共集电极放大电路；信号由发射极输入，集电极输出——共基极电路。

不同组态的三极管，其特性曲线也不同。下面以常见的 NPN 三极管共发射极电路来说明半导体三极管的输入特性曲线和输出特性曲线。测绘半导体三极管特性曲线的电路如图 3.3 所示。图中的电源 V_{BB} 用来供给发射结正向偏压，而电源 V_{CC} 则用来供给集电结反向偏压。V_{BB} 和 V_{CC} 都是可以调整的，以便可以得到从零到所需值的不同电压。

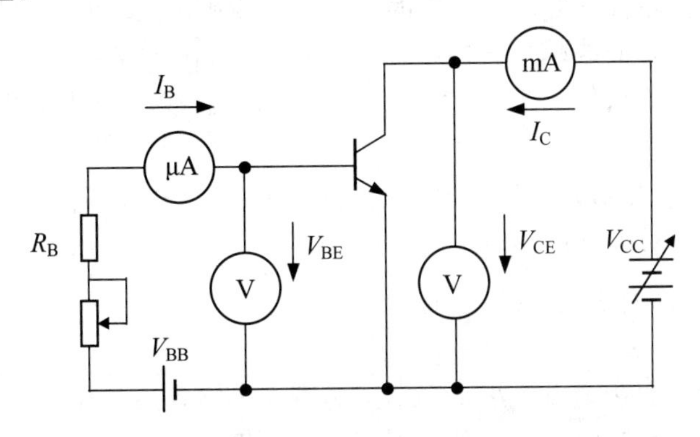

图 3.3　测量三极管共射特性曲线的电路

1. 输入特性曲线

当半导体三极管的集电极与发射极之间的电压 v_{CE} 为某一固定值时，基极电压 v_{BE} 与基极电流 i_B 间的关系曲线称为半导体三极管的输入特性曲线。由于共射组态时三极管的输入电流 i_B 不但取决于输入电压 v_{BE}，还与输出电压 v_{CE} 有关，因此为了能在二维平面上描绘 i_B 与 v_{BE} 的关系，就必须将 v_{CE} 作为参变量。如果将 v_{CE} 固定在不同电压值条件下，然后在调节 V_{BB} 的同时测量不同 i_B 值对应的 v_{BE} 值，便可绘出半导体三极管的输入特性曲线，如图 3.4 所示。

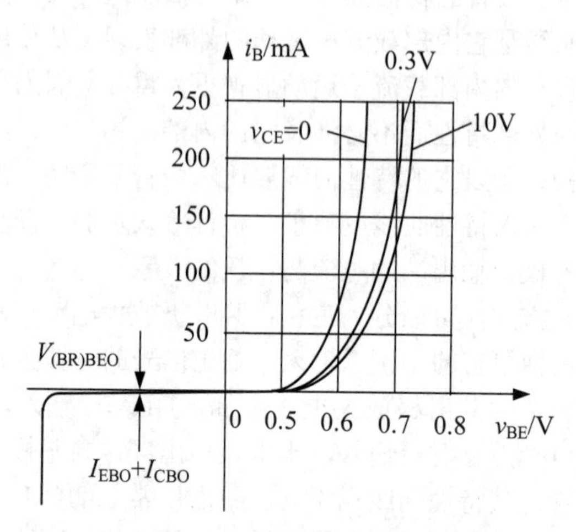

图 3.4 共射输入特性曲线

从输入特性曲线上可以看出：

（1）$v_{CE}=0$V 时，相当于 c、e 极短路，这时三极管可以看作两个二极管正向并联，因此此时的特性曲线与二极管的正向特性曲线相似，但更陡些。

（2）v_{CE} 越大，曲线越往右移，而实际上，当 $v_{CE}>1$V 后，输入特性曲线彼此靠得很近，因此一般只作一条 $v_{CE}>1$V 的输入特性曲线，就可以代替不同 v_{CE} 的输入特性曲线。

（3）与二极管相似，发射结电压 v_{BE} 也存在着一个导通电压（或称死区电压、门槛电压）。对于小功率管，硅管约为 $|v_{BE}|\approx 0.5$V，锗管约为 $|v_{BE}|\approx 0.1$V。

（4）输入特性曲线是非线性的。

2. 输出特性曲线

同样，三极管的输出电流 i_C 不但取决于输出电压 v_{CE}，也与输入电流 i_B 有关。当半导体三极管的基极电流 i_B 为某一固定值时，集电极电压 v_{CE} 与集电极电流 i_C 之间的关系曲线称为半导体三极管的输出特性曲线。对应 i_B 取不同定值时，改变 v_{CE} 并测量对应的 i_C，则可得到半导体三极管的输出特性曲线簇，如图 3.5 所示。

从图中可以看出：

（1）曲线起始部分较陡，且不同的 i_B 曲线的上升部分几乎重合。这表明 v_{CE} 很小时，v_{CE} 略有增大，i_C 就很快增加，i_C 几乎不受 i_B 的影响。

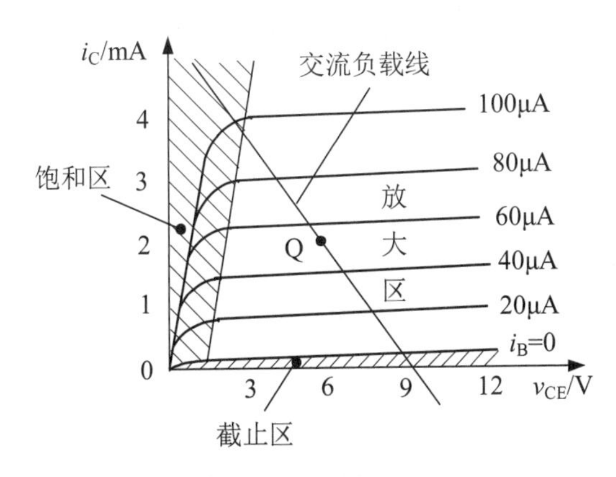

图 3.5 共射输出特性曲线

（2）当 v_{CE} 较大（如大于 1V）后，曲线比较平坦，但略有上翘。这表明 v_{CE} 较大时主要取决于 i_B，而与 v_{CE} 关系不大。

（3）输出特性是非线性的。由于三极管的输入和输出特性都是非线性的，所以它是一个非线性元件。

通常把输出特性曲线，按三极管的工作状态分为三个区域，即放大区、饱和区及截止区。

（1）放大区。在 i_B=0 的那条特性曲线的上面，各条特性曲线起始的陡斜部分右侧的区域为放大区。只有在放大区，i_B 的微小变化才会引起 i_C 很大的变化。同时 i_C 的变化基本上与 v_{CE} 无关，它只受 i_B 的控制。可见，半导体三极管只有工作在这个区域才具有电流放大作用。

（2）饱和区。图 3.5 左边的阴影区所示的区域为饱和区。管子产生饱和区的原因是：在集电极回路中，电源 V_{CC} 固定，通常会接入负载 R_L。当 i_C 增大时，v_{CE}（$=V_{CC}-i_CR_L$）必然下降。当 v_{CE} 下降到 v_{BE} 以下时，i_B 再增大，i_C 基本上不再发生变化，当 i_C 达到饱和程度时，半导体三极管便失去电流放大能力。三极管处于饱和状态时，集电极与发射极之间的电压 v_{CE} 很小，此时的电压称为三极管的饱和压降，以 V_{CES} 表示。小功率硅三极管的 V_{CES} 为 0.3～1V；小功率锗三极管为 0.2～0.3V；大功率三极管为 1～3V。三极管处于饱和工作状态时，虽然失去了放大作用，但由于集电极和发射极之间相当于短接，因而三极管在电路开关中起到“导通”的作用。

（3）截止区。图 3.5 中 i_B=0 的那条输出特性曲线以下的部分称为截止区。处于截止状态的三极管，由于发射结和集电结均反向偏置，相当于集电极与发射极之间断路，它也失去了放大作用，所以此时的三极管可以起电路开关中的“关断”作用。

从上述三个工作区可见，放大电路中的三极管大都工作在放大区。如果将三极管交替应用在截止区和饱和区，它就可以起到电子开关的作用，这在脉冲单元电路中将得到广泛的应用。

3.1.4 主要参数

三极管的参数是用来表征管子性能优劣和适用范围，它是合理选用三极管的依据。由于制造工艺的关系，即使同一型号的管子，其参数的分散性很大，手册上给出的参数仅为一般的典型值。使用时以实测为依据。三极管的参数很多，下面介绍主要的几个。

1. 直流参数

（1）集电极-基极反向饱和电流 I_{CBO}。发射极开路（I_E=0）时，基极和集电极之间加上规定的反向电压 V_{CB} 时的集电极反向电流，它只与温度有关，在一定温度下是个常数，所以称为集电极-基极的反向饱和电流。对于良好的三极管，I_{CBO} 很小，小功率锗管的 I_{CBO} 约为 1～10 微安，大功率锗管的 I_{CBO} 可达数毫安，而硅管的 I_{CBO} 则非常小，是毫微安级。

（2）集电极-发射极反向电流 I_{CEO}（穿透电流）。基极开路（I_B=0）时，集电极和发射极之间加上规定反向电压 V_{CE} 时的集电极电流。I_{CEO} 大约是 I_{CBO} 的 β 倍，即 $I_{CEO}=(1+\beta)I_{CBO}$。I_{CBO} 和 I_{CEO} 受温度影响极大，它们是衡量管子热稳定性的重要参数，其值越小，性能越稳定，小功率锗管的 I_{CEO} 比硅管大。

（3）发射极-基极反向电流 I_{EBO}。集电极开路时，在发射极与基极之间加上规定的反向电压时发射极的电流，它实际上是发射结的反向饱和电流。

（4）直流电流放大系数 β_1。这是指共发射接法，没有交流信号输入时，集电极输出的直流电流 I_C 与基极输入的直流电流 I_B 的比值，即

$$\beta_1 = I_C/I_B \tag{3.6}$$

2. 交流参数

（1）交流电流放大系数 β（或 h_{fe}）。这是指共发射极接法，集电极输出电流的变化量 Δi_C 与基极输入电流的变化量 Δi_B 之比，即

$$\beta = \frac{\Delta i_C}{\Delta i_B} \tag{3.7}$$

一般晶体管的 β 大约在 10～200 之间，如果 β 太小，电流放大作用差，如果 β 太大，电流放大作用虽然大，但性能往往不稳定。

（2）共基极交流放大系数 α（或 h_{fb}）。这是指共基接法时，集电极输出电流的变化量 Δi_C 与发射极电流的变化量 Δi_E 之比，即

$$\alpha = \frac{\Delta i_C}{\Delta i_E} \tag{3.8}$$

因为$\Delta i_C < \Delta i_E$，故$\alpha < 1$。高频三极管的$\alpha > 0.90$就可以使用。

α与β之间的关系：

$$\alpha = \frac{\beta}{1+\beta} \tag{3.9}$$

$$\beta = \frac{\alpha}{1-\alpha} \approx \frac{1}{1-\alpha} \tag{3.10}$$

（3）截止频率f_β、f_α。当β下降到低频时0.707倍的频率，就是共发射极的截止频率f_β，当α下降到低频时的0.707倍的频率，就是共基极的截止频率f_α。f_β和f_α是表明管子频率特性的重要参数，它们之间的关系为

$$f_\beta \approx (1-\alpha) f_\alpha \tag{3.11}$$

（4）特征频率f_T。因为频率f上升时，β就下降，当β下降到1时，对应的f_T是全面地反映晶体管的高频放大性能的重要参数。

3. 极限参数

（1）集电极最大允许电流I_{CM}。当集电极电流i_C增加到某一数值，引起β值下降到额定值的2/3或1/2，这时的i_C值称为I_{CM}。所以当i_C超过I_{CM}时，虽然不致使管子损坏，但β值显著下降，影响放大质量。

（2）集电极-基极击穿电压$V_{(BR)CBO}$。当发射极开路时，集电结的反向击穿电压称为$V_{(BR)CBO}$。

（3）发射极-基极反向击穿电压$V_{(BR)EBO}$。当集电极开路时，发射结的反向击穿电压称为$V_{(BR)EBO}$。

（4）集电极-发射极击穿电压$V_{(BR)CEO}$。当基极开路时，加在集电极和发射极之间的最大允许电压，使用时如果$v_{CE} > V_{(BR)CEO}$，管子就会被击穿。

（5）集电极最大允许耗散功率 P_{CM}。集电极流过电流i_C，温度要升高，管子因受热而引起参数的变化不超过允许值时的最大集电极耗散功率，称为P_{CM}。管子实际的耗散功率等于集电极直流电压和电流的乘积，即 $P_C=V_{CE}\times I_C$。使用时应使$P_C<P_{CM}$。P_{CM}与散热条件有关，增加散热片可提高P_{CM}。

【例 3.1】若测得放大电路中的三个三极管的三个电极对地的电位V_1、V_2、V_3分别为下述数值，试判断它们是硅管还是锗管，是NPN型还是PNP型？并确定e、b、c极。

（1）V_1=2.5V、V_2=6V、V_3=1.8V。

（2）V_1= −6V、V_2= −3V、V_3= −2.8V。

（3）V_1= –1.8V、V_2= –2V、V_3=0V。

解：（1）由于 1、3 脚间的电位差 $V_{13}=V_1-V_3=0.7$V，所以 1、3 脚间为发射结，2 脚为 c，该管为硅管。又 $V_2>V_1>V_3$，故该管为 NPN 型，且 1 脚为 b，3 脚为 e。

（2）由于$|V_{23}|$=0.2V，故 2、3 脚间为发射结，1 脚为 c 极，该管为锗管。又 $V_1<V_2<V_3$，故该管为 PNP 型，且 2 脚为 b，3 脚为 e。

（3）这是 NPN 型锗管，2 脚为 e 极，1 脚为 b 极，3 脚为 e 极。具体推理过程同上，请自行分析。

3.1.5　温度对三极管参数及特性的影响

三极管的一个非常重要的特性是温度特性，几乎所有三极管参数都与温度有关，因而不容疏忽。温度对下列的三个参数影响最大。

（1）对 β 的影响。三极管的 β 随温度的上升将增大，温度每上升 1℃，β 值约增大 0.5%～1%，其效果是在相同的 I_B 状况下，集电极电流 I_C 随温度上升而增大。

（2）对反向穿透电流 I_{CEO} 的影响。I_{CEO} 是由少量载流子漂移运动构成的，它与环境温度关联很大，I_{CEO} 随温度上升会急剧增加。温度上升 10℃，I_{CEO} 将增加一倍。因为硅管的 I_{CEO} 很小，所以，温度对硅管 I_{CEO} 的影响不大。

（3）对发射结电压 V_{BE} 的影响。和二极管的正向特性相同，温度每上升 1℃，V_{BE} 将降低 2～2.5mV。

综上所述，随着温度的上升，β 值将增大，I_C 也将增大，V_{BE} 将降低，这对三极管放大效果不利，运用中应选用相应的方法来抵消温度的影响。

3.2　基本共射极放大电路

共射极放大电路是放大电路中应用最广泛的三极管接法，信号由三极管基极和发射极输入，从集电极和发射极输出。因发射极为输入与输出的共同接地端，故命名为共射极放大电路。

作为最常用的放大电路，我们必须掌握以下内容：

（1）三极管的结构、三极管各极的电流关系、特性曲线、放大条件。

（2）元器件的作用、电路的用途、电压增益、输入和输出的信号电压相位关系、交流和直流等效电路图。

（3）静态工作点的计算、电压增益的计算。

图 3.6 就是共射极放大电路，输入回路与输出回路以三极管的发射极为公共端。输入信号 v_s通过电容 C_1 加到三极管的基极，引起基极电流 i_B 的变化，i_B 的变化又使集电极电流 i_C 发生变化，且 i_C 的变化量是 i_B 变化量的 β 倍。由于有集电极电压，

$v_{CE}=V_{CC}-i_CR_C$，v_{CE}中的变化量经耦合电容C_2传送到输出端，从而得到输出电压v_o。当电路中的参数选择恰当时，便可得到比输入信号大得多的输出电压，以达到放大的目的。

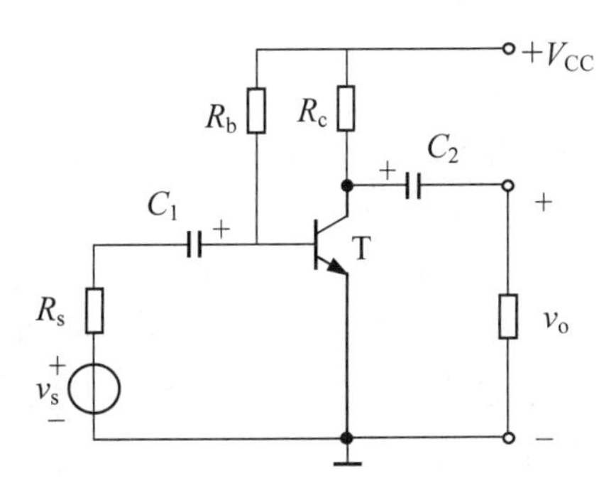

图3.6　基本共射极放大电路

共射极放大电路的结构简单，具有较大的电压增益和电流增益，输入和输出电阻适中，但工作点不稳定，一般用在温度变化小、技术要求不高的情况下。电路特点：

（1）输入信号和输出信号反相。

（2）有较大的电流和电压增益。

（3）一般用作放大电路的中间级。

3.2.1　基本共射极放大电路的组成及元件作用

如图3.6所示，基本共射放大电路由直流电源V_{CC}，基极偏流电阻R_b，集电极负载电阻R_c，耦合电容C_1、C_2、晶体三极管T组成，其中，三极管T是起放大作用的核心元件。

各元器件的作用如下：

- T电流放大元件，可以将微小的基极电流i_B转换为较大的集电极电流i_C。
- V_{CC}直流电源，与R_b、R_c配合，保证管子的发射极正偏、集电极反偏；为输出信号提供能量。
- R_b基极偏置电阻，与V_{CC}配合，为晶体管提供合适的基极电流，其取值一般在十几千欧到几百千欧之间。
- R_c集电极负载电阻，将晶体管T的电流放大作用转化为电压放大作用，其取值一般在几千欧到十几千欧之间。
- C_1、C_2为耦合电容，起“隔直通交”作用：在C_1、C_2中间的电路的直流偏置信号不影响其两边的输入端的信号源与输出端的负载；当C_1、C_2足够大时，它们对交流信号呈现的容抗很小，可近似看作短路，交流信号可以顺利通过；其容量一般为几微法到几十微法。

3.2.2 放大电路的直流通路和交流通路

对放大电路的分析，包括静态分析和动态分析，前者确定管子的静态工作点，后者可以求得放大电路的性能指标。由于三极管电流、电压的非线性关系，线性电路的分析方法就不再适用。放大电路建立正确的静态，是保证动态工作的前提。分析放大电路必须要正确地区分静态和动态，正确地区分直流通道和交流通道。

由于放大电路的一个重要特点是交直流并存，而所谓直流通路，就是放大电路直流电流所通过的路径。对于直流，相当于频率 f=0，所以画直流通路的原则是：耦合电容、旁路电容视为开路，电感视为短路。

所谓交流通路，就是放大电路交流电流所通过的路径。画交流通路的原则是：耦合电容、旁路电容视为短路，由于直流电压源的内阻很小，也可看作短路。

根据上述原则，可将图 3.6 所示的基本共射放大电路的直流通路画成如图 3.7（a）所示，图中，集电极电源 V_{CC} 的负端接地。为了得到交流通路，应将 V_{CC} 短路，因而基极偏置电阻 R_b 并联在三极管的基极与集电极之间、集电极电阻 R_c 并联在发射极和集电极之间，如图 3.7（b）所示。

需要强调的是，由于放大电路中的交直流并存，三极管的工作状态是以工作点 Q 为基点在其附近随信号而变化，因此，在交流通路中的某一瞬间的 i_b<0，只是说明 i_b 小于它的静态值，而不是 i_b 反向。

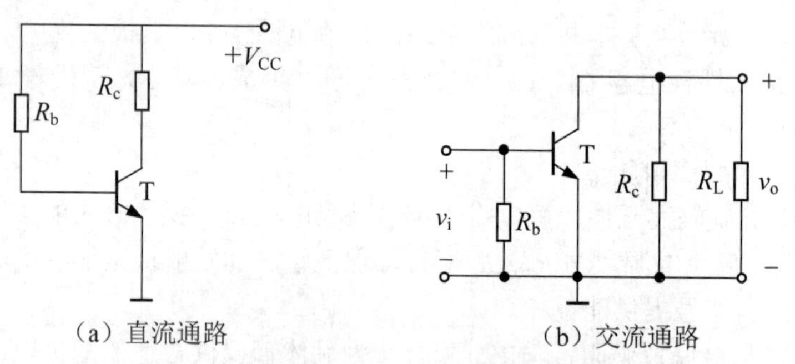

（a）直流通路　　（b）交流通路

图 3.7　放大电路的直流通路和交流通路

3.3　放大电路的静态分析

放大电路静态：只考虑直流信号，即 v_i=0，由于电路中没有变化量，电路中各支路电流、各点电位都不变（直流工作状态）。

直流通路如图 3.7（a）所示。

3.3.1　用放大电路的直流通路确定静态值

【微课视频】

共射放大电路的静态分析

用三极管的电流和电压来表示静态工作点，也有用 Q 点来表示，其参数是：基极电流 I_{BQ}、集电极电流 I_{CQ} 和集射极电压 V_{CEQ}。

静态工作点的估算法，若已知硅管的 V_{BEQ}=0.7V（锗管为 0.3V）以及 β 值，则按照图 3.7（a）可以推出静态工作点：

$$I_{BQ}=\frac{V_{CC}-V_{BEQ}}{R_b} \tag{3.12}$$

如果三极管工作在放大区，且忽略 I_{CEO}，则

$$I_{CQ}\approx\beta I_{BQ} \tag{3.13}$$

由集电极回路得

$$V_{CEQ}=V_{CC}-I_{CQ}R_c \tag{3.14}$$

【例 3.2】如图 3.6 所示电路，电路中各参数为：R_b=300kΩ，R_c=4kΩ，V_{CC}=12V，V_{BEQ}=0.7V，β=40，求 Q 点值。

解：图 3.6 的直流通路如图 3.7（a）所示，由式（3.12）、式（3.13）、式（3.14）得

$$I_{BQ}=\frac{V_{CC}-V_{BEQ}}{R_b}=\frac{12-0.7}{300}\approx 40\mu A$$

$$I_{CQ}\approx\beta I_{BQ}=40\times 40=1600\mu A=1.6mA$$

$$V_{CEQ}=V_{CC}-I_{CQ}R_c=12-1.6\times 4=5.6V$$

3.3.2　用图解法确定静态值

图解分析法（简称图解法）就是利用三极管的输入、输出伏安特性曲线及管外电路的特性，通过作图，定量的对放大电路的静态及动态进行分析。这种方法直观形象，可以清楚地看到放大电路放大信号的物理过程，能帮助我们估算电压、电流增益，合理地设计静态工作点，正确地选择电路参数，了解各级电压、电流的波形及其非线性失真。

具体分析步骤：

（1）用估算法求出基极电流 I_{BQ}。

（2）根据 I_B 值在三极管的输出特性图上找到相应的曲线。

（3）根据 $V_{CEQ}=V_{CC}-I_{CQ}R_c$，作过（0，V_{CC}/R_c）和（V_{CC}，0）两点的直线（即直流负载线），其斜率为-1/R_c。

（4）从图中基极电流 I_{BQ} 与直流负载线的交点，可以确定静态工作点 Q，并从图中确定 I_{CQ} 和 V_{CEQ}。

工作点 Q 既满足输出特性曲线，又满足直流负载线，所以必定在两条线的交点上，如图 3.8 所示。

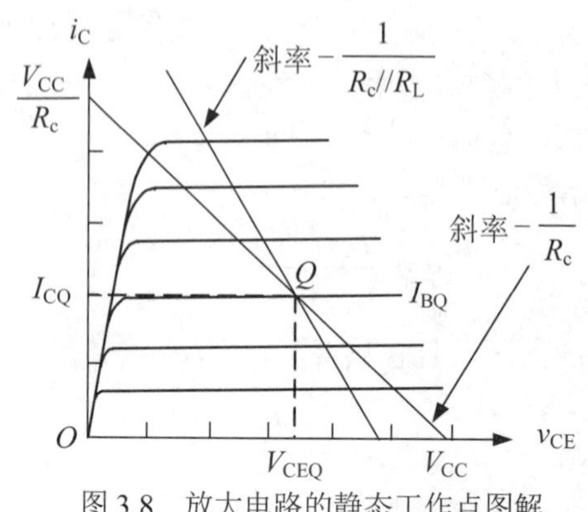

图 3.8 放大电路的静态工作点图解

图解分析法的适用范围：幅度相对较大而工作频率不太高的情况。

图解法的优点：直观、形象；有助于建立和理解交、直流共存，静态和动态等重要概念；有助于理解正确选择电路参数、合理设置静态工作点的重要性；能全面地分析放大电路的静态、动态工作情况。

图解法的缺点：不能分析工作频率较高时的电路工作状态；不能分析放大电路的输入电阻、输出电阻等动态性能指标。

3.4 放大电路的动态分析

【微课视频】

放大电路的动态分析

简单地讲，放大电路动态就是电路中有交流信号通过，此时电路的状态就是动态（交流工作状态）。静态工作点确定后，我们就可以在此基础上进行动态分析了。

交流通路如图 3.7（b）所示。

3.4.1 放大电路的小信号模型分析法

建立小信号模型的意义：由于三极管是非线性器件，所以放大电路的分析非常困难，因此利用小信号模型，以便将非线性器件做线性化处理。

简化分析和设计的先决条件：放大电路静态工作点合理，动态信号是低频且为小信号。在此条件下，三极管在其工作点附近基本上是线性的，因此此时具有非线性特征的三极管可以用一线性电路来代替，称为微变等效电路。由于三极管用等效电路来代替，所以整个放大电路就变成一个线性电路。利用线性电路分析方法，便可以对放大电路进行动态分析，求出它的主要动态指标，这种分析方法就是小信号模型分析法。

小信号模型分析法的具体步骤如下：

（1）画出三极管电路的小信号模型图。建立小信号模型的思路是：当 v_s 很小时，可将其特性曲线近似用直线表示（小范围），从而把非线性器件所组成的电路当作线性电路来处理。

具体分析步骤：

如图 3.9（a）所示，输入端 b-e 两端可等效为一个动态电阻 r_{be}[图 3.9（b）]，其值常用如下公式估算：

$$r_{be} = r_{bb} + (1+\beta)\frac{26\text{mV}}{I_{EQ}} = 300 + (1+\beta)\frac{26\text{mV}}{I_{EQ}} \qquad (3.15)$$

其中 I_{EQ} 单位为 mA。

从输出端 c-e 两端看入，由于 $i_c = \beta i_b$，所以等效为一个受控的电流源；电阻 r_{ce} 因三极管放大时集电结处于反偏状态，很多时候看成断路[图 3.9（b）中的虚线部分]而不画出。

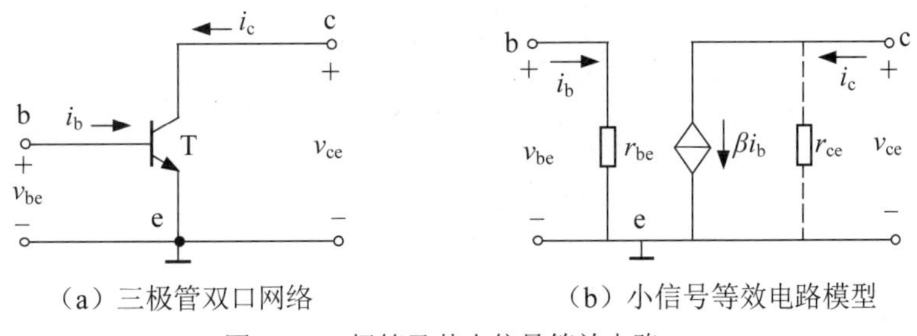

（a）三极管双口网络　　（b）小信号等效电路模型

图 3.9　三极管及其小信号等效电路

（2）动态电压增益。将图 3.6 中的三极管电路用小信号模型来等效，如图 3.10 所示。

空载时（输出端未接 R_L）：

$$A_v = \frac{v_o}{v_i} = \frac{-\beta i_b R_c}{i_b r_{be}} = -\beta\frac{R_c}{r_{be}} \qquad (3.16)$$

若接入负载 R_L，则上式 R_c 用 R_L' 代替，$R_L' = R_L // R_c$。

（3）输入电阻

$$R_i = \frac{v_i}{i_i} = R_b // r_{be} \qquad (3.17)$$

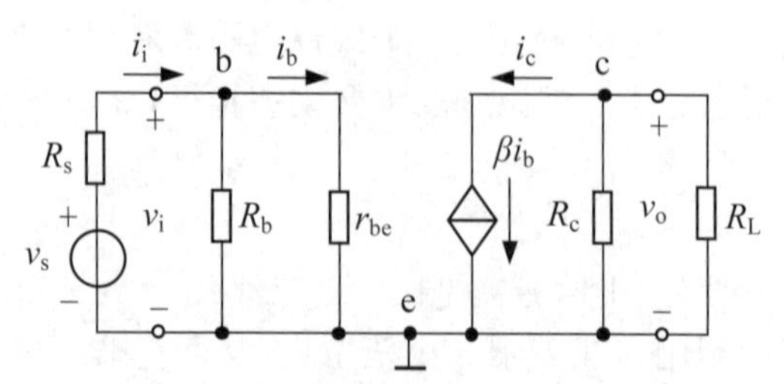

图 3.10　共射极基本放大电路等效电路

（4）输出电阻。由于电流源内阻近乎无穷大，所以

$$R_o \approx R_c \tag{3.18}$$

注意，计算输出电阻时，按空载（无 R_L）。

【例 3.3】图 3.6 的共射放大电路中，若电路参数为 R_b=360kΩ，R_c=4.7kΩ，R_L=7kΩ，V_{CC}=15V，三极管为硅管，其 β=50，r_{bb}=300Ω，试求：

（1）电压增益 A_v，输入电阻 R_i 和输出电阻 R_o。

（2）若外接信号源的内阻 R_s=300Ω，求源电压增益。

解：由于这个电路前面已经做了详细分析，因此我们就不再画图，直接利用式（3.12）、式（3.15）、式（3.16）、式（3.17）、式（3.18）进行计算。

（1）$I_{BQ} = \dfrac{V_{CC} - V_{BEQ}}{R_b} \approx \dfrac{V_{CC}}{R_b} = \dfrac{15}{360} = 0.04\text{mA} = 40\mu\text{A}$

$$r_{be} = 300 + 26/0.04 = 0.95\text{k}\Omega$$

$$A_v = -\beta \frac{R_c}{r_{be}} = -50 \times (4.7 // 4.7)/0.95 \approx -122$$

$$R_i = \frac{v_i}{i_i} = R_b // r_{be} = 0.95 // 360 \approx 0.95\text{k}\Omega$$

$$R_o \approx R_c = 4.7\text{k}\Omega$$

（2）$A_{vs} = \dfrac{R_i}{R_i + R_s} A_v = \dfrac{0.95}{0.95 + 0.3}(-122) = -92.7$

应当指出，以上计算都必须在没有失真的情况下才有意义，三极管应该始终处于放大状态。

3.4.2　放大电路的图解分析法

基本放大器的常见分析方法有：图解法、估算法和等效电路分析法。图解法是利用晶体管输入/输出特性曲线，通过作图分析放大器性能的方法，具有直观、形象、便于观察理解等优点。图解法可以直观地分析放大器的静态设置、动态参数及波形失真等情况。

图解法的基本思路是：

（1）先找出电路中电压和电流的一般关系。

（2）由这些关系定出使用什么曲线。

（3）分别分析无输入信号（静态）和有输入信号（动态）时的情况。

图解法分析放大电路的步骤如下：

（1）由直流通路写出直流负载方程。

（2）在特性曲线上作直流负载线，确定静态工作点，求 I_B、I_C、V_{CE}。

（3）在特性曲线上作交流负载线。

（4）画出输出电压、电流的波形，分析放大过程，求电压增益、动态范围、分析波形失真等。

动态工作情况的图解分析：

如图 3.11 所示，从交流负载线与输入特性曲线的交点静态工作点 Q 处，输入 v_{BE} 信号，对应产生右图的 i_b 信号。我们可以形象地看到，i_B、v_{BE} 都是由静态时的直流量和输入信号交流量叠加而成。

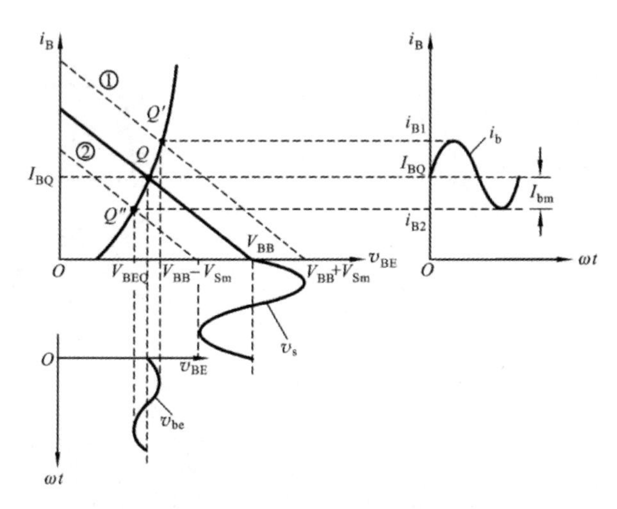

图 3.11　输入动态工作图解

如图 3.12 所示，从输出特性曲线看，由于 $i_c = \beta i_b$，对应 i_c 的变动情况，工作点在 Q' 到 Q'' 范围移动，从而画出下图对应的 v_{ce} 图形，显然图形 v_{ce} 出现翻转倒向，也验证了计算公式中 i_c 与 v_{ce} 的关系。

$$v_{CE} = V_{CC} - i_C R_c \tag{3.19}$$

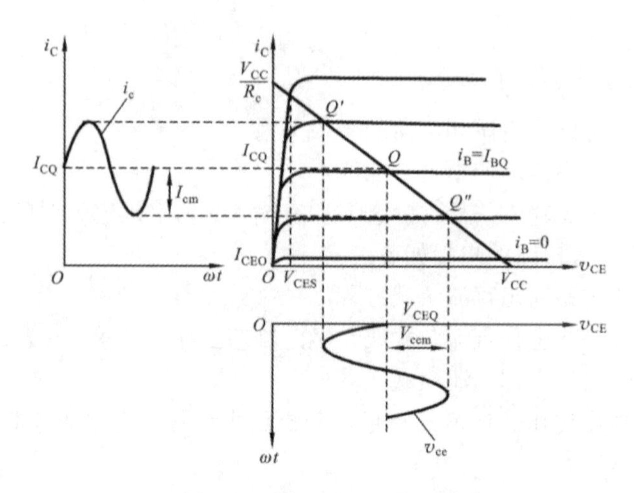

图 3.12 输出动态工作图解

图解法很容易看出静态工作点合适与否，波形失真与否的情况：假如静态工作点 Q 偏低，而信号的幅度相对较大时，虽然输入信号是正弦波，但其负半周的一部分已是进入截止区，i_b 负半周被削去一部分，即出现截止失真，如图 3.13 所示。

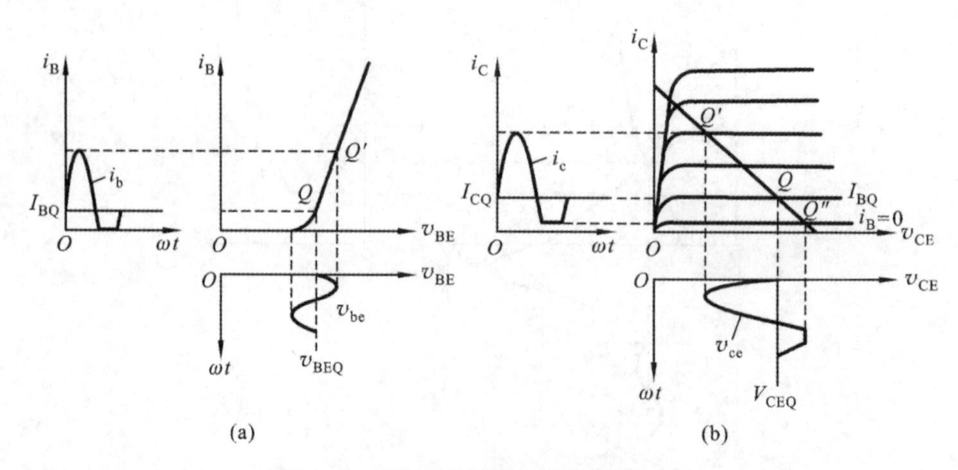

图 3.13 工作点选择不当引起截止失真

在图 3.14 中，由于静态工作点 Q 偏高，而信号的幅度也相对较大时，虽然 i_c 信号是正弦波，但其正半周的一部分已使动态工作点进入饱和区，结果 i_c 的正半周和 v_{ce} 的负半周被削去一部分，也产生严重的失真，即饱和失真。

如上截止失真和饱和失真都是放大电路工作在三极管特性曲线的非线性区域而引起的，所以都是非线性失真。由于三极管是非线性元件，而三极管只能在信号正半周合适的范围内才放大，静态工作点 Q 位置不佳会有失真，所以 Q 点的位置十分重要。

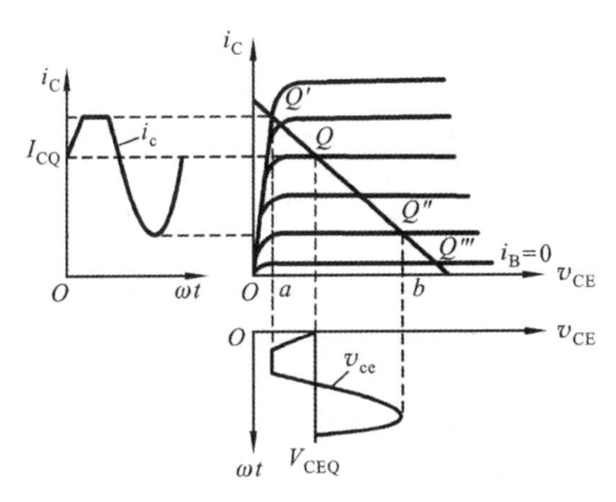

图 3.14　工作点选择不当引起饱和失真

3.5　静态工作点的稳定

对放大电路的最基本要求：一是不失真，二是要能放大。如果输出波形严重失真，所谓的“放大”也就毫无意义了。因此设置合适的静态工作点，以保证放大电路不产生失真非常有必要，此外静态工作点 Q 不仅影响电路是否有失真的问题，而且会影响放大电路几乎所有的动态参数。

由于三极管材料的热敏、光敏等特性，所以当环境变化时，原先的工作点会产生漂移，所以需要采取措施稳定住工作点。

3.5.1　温度对静态工作点的影响

实验表明，温度变化会造成三极管特性参数的变化，例如温度升高，I_{BQ} 会升高，工作点 Q 也相应抬高，如图 3.15 所示。

温度对工作点的影响主要体现在以下四个方面：

（1）温度升高时，三极管的反向饱和电流 I_{CBQ} 会升高，温度每升高 10℃，I_{CBQ} 大约会增大一倍。

（2）温度升高时，三极管输入 b-e 两端的电压 V_{BE} 将会下降，温度每升高 1℃，V_{BE} 大约会减小 2～2.5mV。

（3）温度升高时，三极管的电流放大倍数 β 会增加，温度每升高 1℃，β 大约会增加 0.5%～1.0%，从图形上看，输出特性曲线之间的间距加大（图 3.15）。

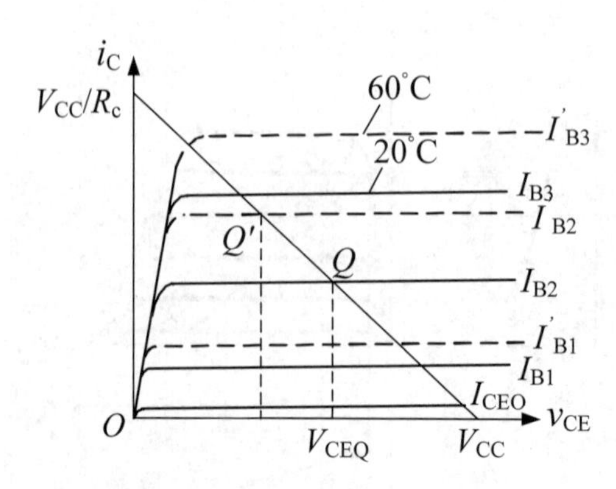

图 3.15 温度对静态工作点的影响

（4）温度升高时，由于雪崩击穿电压具有正温度系数，所以反向击穿电压 $V_{(BE)CEO}$、$V_{(BE)CBO}$ 都会有所提高。

应当指出，在工业上批量生产电子产品时，由于三极管参数的分散性，同一型号的三极管参数（如 β ）将有很大的不同，因此它的影响和温度变化造成的影响很相似。

【微课视频】

射极偏置电路稳定静态工作点的原理

3.5.2 射极偏置电路

如上所述，由于实际应用时，环境温度的变化、电源电压的波动、元器件参数的老化等原因，都会造成静态工作点的不稳定，影响放大电路工作。为了减少调试时间，降低生产成本，我们希望电路对三极管参数具有较好的适用性，即当管子参数变化时，其静态电流 I_C 基本不变，所以必须对图 3.6 电路加以改进。

图 3.16 所示为基极分压式射极偏置电路，电路由基本共射放大电路，基极偏流电阻（基极上偏置电阻 R_{b1}、下偏置电阻 R_{b2}），集电极负载电阻 R_c，发射极电阻 R_e，晶体三极管组成。三极管 T 用于放大；基极电阻 R_{b1} 和 R_{b2} 分压为基极提供偏置电压；集电极电阻 R_c 是晶体管的负载，将集电极电流变化转化为电压变化；R_e 起到电流负反馈作用，保证了静态工作点的稳定。

稳定静态工作点的原理和稳定条件：

分压式射极偏置电路的特点之一是利用 R_{b1} 和 R_{b2} 分压来稳定基极电位 V_B。由于流过基极偏置电阻（R_{b1}）的电流 I_1 远大于基极的电流 I_B（$I_1 \gg I_B$），因此，可以认为基极电位 V_B 只取决于分压电阻的阻值大小，即 $V_B=R_{b2}V_{CC}/(R_{b1}+R_{b2})$，而与三极管参数无关，不受温度影响。

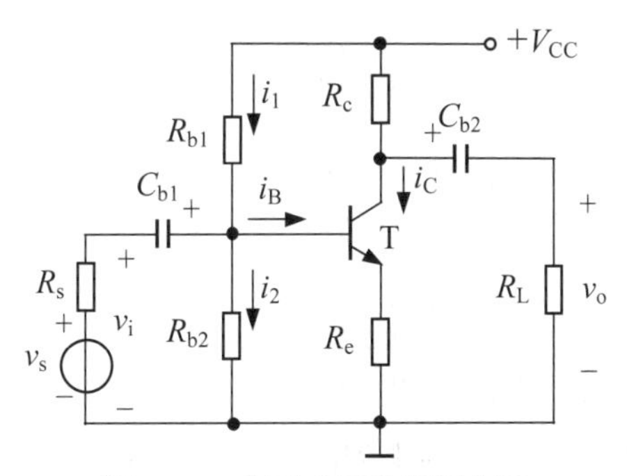

图 3.16 分压式射极偏置电路

分压式射极偏置电路的特点之二是利用发射极电阻 R_e 的负反馈作用来稳定 I_C。静态工作点的稳定是由 V_B 和 R_e 共同作用实现，稳定过程如下：

（假设）温度升高→I_C↑→I_E↑→V_{Re}↑→V_{BE}↓→I_B↓→I_C↓

其中：I_C↑→I_E↑是由并联电路电流方程 $I_E=I_B+I_C$ 得出，I_E↑→V_{BE}↓是由串联电路电压方程 $V_{BE}=V_B-I_E\times R_e$ 得出，I_B↓→I_C↓是由晶体三极管电流放大原理 $I_C=\beta\times I_B$（β 表示三极管的放大倍数）得出。

由上述分析不难得出，分压式偏置电路的稳定条件为 $I_1\gg I_B$ 和 $V_B\gg V_{BE}$。另外，R_e 越大稳定性越好。但事物总是具有两面性，R_e 太大其功率损耗也大，同时 V_E 也会增加很多，使 V_{CE} 减小导致三极管工作范围变窄，降低交流放大倍数。因此 R_e 不宜取得太大。在小电流工作状态下，R_e 值为几百欧到几千欧；大电流工作时，R_e 为几欧到几十欧。

（1）静态分析。将图 3.16 中的耦合电容 C_{b1}、C_{b2} 开路，画出射极偏置电路的直流通路，如图 3.17 所示。

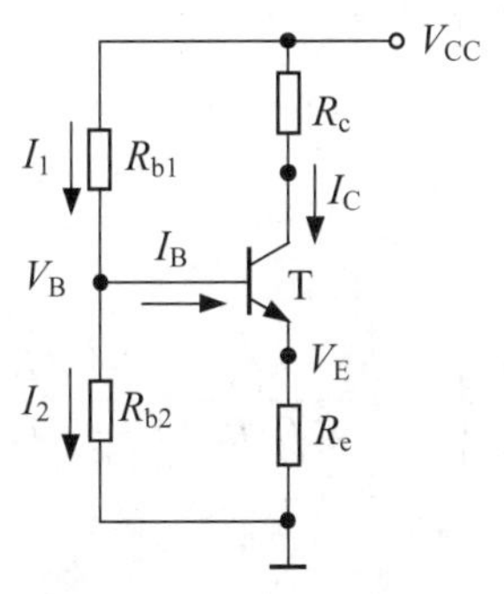

图 3.17 分压式射极偏置电路的直流通路

在 $I_1\gg I_B$，$V_B\gg V_{BE}$ 的条件下，可以认为 $I_1\approx I_2$，$V_B\approx V_E$，于是有静态工作点：

$$V_{BQ} \approx \frac{R_{b2}}{R_{b1}+R_{b2}} \cdot V_{CC} \tag{3.20}$$

$$I_{CQ} \approx I_{EQ} = \frac{V_{BQ}-V_{BEQ}}{R_e} \tag{3.21}$$

$$I_{BQ} = \frac{I_{CQ}}{\beta} \tag{3.22}$$

$$V_{CEQ} = V_{CC} - I_{CQ}R_c - I_{EQ}R_e \approx V_{CC} - I_{CQ}(R_c + R_e) \tag{3.23}$$

（2）动态分析。将图 3.16 中耦合电容 C_{b1}、C_{b2} 短路，电源 V_{CC} 相当于接地，得到图 3.18 所示射极偏置电路的交流通路，即可画出图 3.19 所示小信号等效电路。

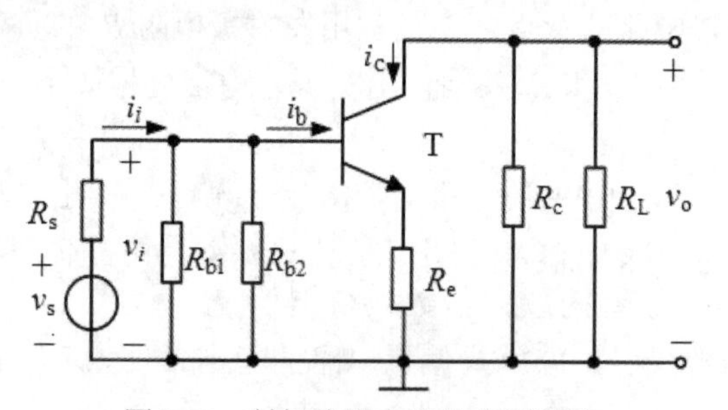

图 3.18　射极偏置电路的交流通路

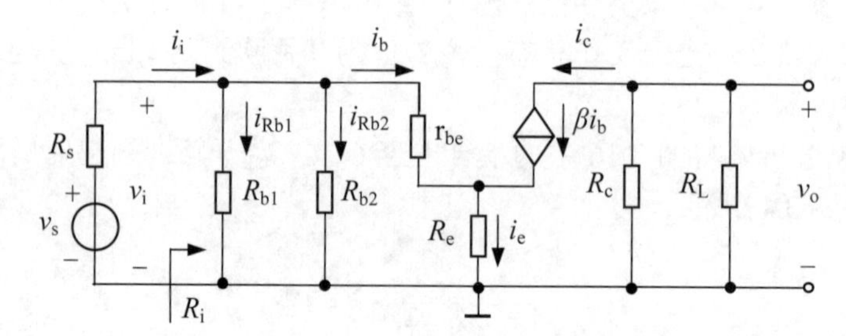

图 3.19　射极偏置电路的小信号等效电路

从上图，我们可以得到：

电压增益：

$$A_v = \frac{v_o}{v_i} = \frac{-\beta i_b (R_c // R_L)}{i_b[r_{be}+(1+\beta)R_e]} = \frac{-\beta(R_c // R_L)}{r_{be}+(1+\beta)R_e} \tag{3.24}$$

输入电阻：

$$R_i = \frac{v_i}{i_i} = R_{b1} // R_{b2} // [r_{be}+(1+\beta)R_e] \tag{3.25}$$

输出电阻：由于恒流源 βi_b 内阻近无穷大，所以

$$R_o \approx R_c \tag{3.26}$$

【例 3.4】电路如图 3.16 所示的分压式偏置电路中，若 R_{b1}=75kΩ，R_{b2}=18kΩ，R_c=R_L=4kΩ，R_e=1kΩ，V_{CC}=9V，V_{BE}=0.7V，β=50，试求其静态工作点，并求电压增益、输入电阻和输出电阻。

解：$V_{BQ} \approx \dfrac{R_{b2}}{R_{b1}+R_{b2}} \cdot V_{CC} = \dfrac{18}{75+18} \times 9 \approx 1.7\text{V}$

$$I_{CQ} \approx I_{EQ} = \frac{V_{BQ}-V_{BEQ}}{R_e} = \frac{1.7-0.7}{1} = 1\text{mA}$$

$$I_{BQ} = \frac{I_{CQ}}{\beta} = \frac{1}{50}\text{mA} = 20\mu\text{A}$$

$$V_{CEQ} \approx V_{CC} - I_{CQ}(R_c + R_e) = 9\text{-}1 \times (4+1) = 4\text{V}$$

$$A_v = -\frac{\beta(R_c \,//\, R_L)}{r_{be}+(1+\beta)R_e} = -\frac{50\times(4\,//\,4)}{0.3+(1+50)\times 1} = -1.9$$

$$R_i = \frac{v_i}{i_i} = R_{b1} \,//\, R_{b2} \,//[r_{be}+(1+\beta)R_e] = 75\,//\,18\,//\,52.6 = 11.38\text{k}\Omega$$

$$R_o \approx R_c = 4\text{k}\Omega$$

3.6 共集电极放大电路和共基极放大电路

我们已经知道，根据输入和输出回路公共端的不同，放大电路有三种基本组态，即有三种基本接法的基本放大电路。前面讨论的都是共射电路，在许多场合还需要共集电极电路和共基极电路。下面分别予以讨论。

3.6.1 共集电极放大电路

共集电极放大电路的输入信号是由三极管的基极与发射极两端输入的，在交流通路里看，输出信号由三极管的发射极两端获得。对交流信号而言，因为（从交流通路里看）集电极是共同端，所以称为共集电极放大电路，典型电路如图 3.20 所示。

在电路结构上，该电路的负载接在发射极上，而集电极直接接电源 V_{CC}，对交流信号而言，集电极相当于接地，成为输入、输出的公共端，因此该电路称为共集电极放大电路。因为输出电压从发射极取出，因此该电路也叫射极输出器或射极电压跟随器。它引入了电压串联负反馈，输入电阻较大，而输出电阻很小。其实共集电极放大电路也有两种常见形式：共集电极基本放大电路和固定偏压式的共集电极放大电路。后一种电路形式基极电位 V_B 固定不变，故该电路静态工作点无疑是稳定的，无需过多讨论。

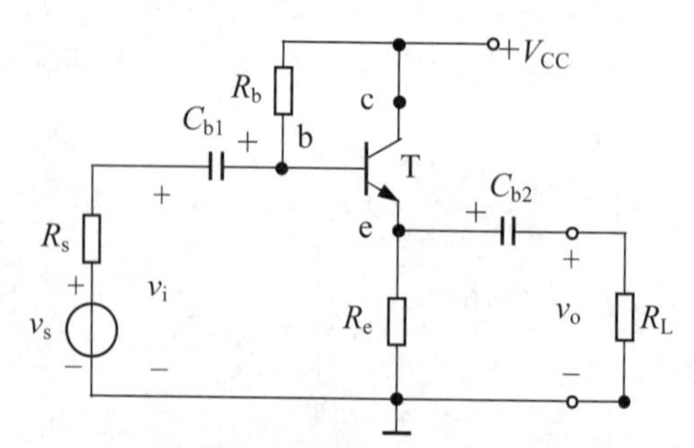

图 3.20 共集电极电路（射极输出器）

电路静态工作点是否稳定问题的争议，主要有两类观点：

（1）该电路静态工作点稳定的观点认为：将其与共射极固定偏压电路的稳定静态工作点原理简单对比，二者在发射极都接入了射极偏置电阻 R_e，作用是在直流通路中引入直流负反馈，从而稳定静态工作点。

（2）该电路静态工作点不稳定的观点认为：该电路的基极电位 V_B 是不稳定的，不属于固定偏压电路，所以以上所述的直流负反馈达不到其应有的效果，故静态工作点是不稳定的。

该电路有如下特性：

（1）输入信号与输出信号同相。

（2）共集电极放大电路的输入电阻比共发射极放大电路的输入电阻大得多，可达到数十千欧姆到数百千欧姆。放大电路的输入电阻越大，电路从信号源吸取的电流就越小，信号源的负担就越轻，同时电路从信号源获得的电压越大。因此共集电极放大电路通常用在多级放大电路的输入级。共集电极放大电路的输出电阻很小，当负载改变时，输出电压变动很小，故有很好的带负载能力，实际应用中常用在多级放大电路的输出级，用来提高电路的带负载能力。根据共集电极放大电路的输入电阻很大，输出电阻很小的特点，实际应用中还常用在多级放大电路的中间级，实现阻抗变换，使前后级放大电路阻抗匹配，实现信号的最大功率传输。

（3）电流增益高，输入回路中的电流 $i_B \ll$ 输出回路中的电流 i_E 和 i_C。

（4）有功率放大作用。

（5）适用于做功率放大和阻抗匹配电路。

（6）在多级放大器中常被用作缓冲级和输出级。

（7）射极输出器的输出电阻与共射放大电路相比是较低的，一般在几欧到几十欧。

1. 静态分析

画出图 3.20 的直流通路，见图 3.21。

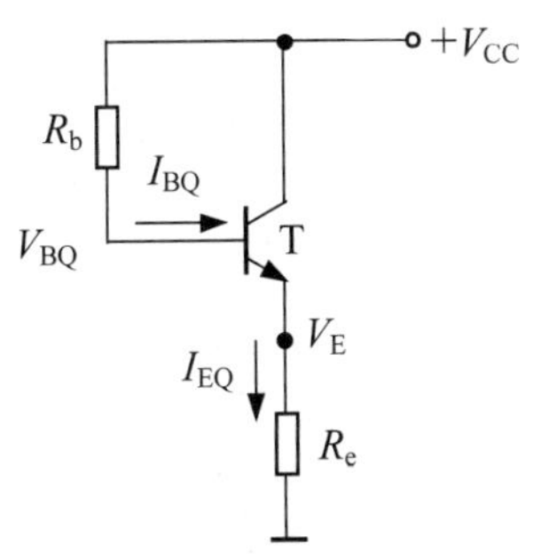

图 3.21　射极输出器的直流通路

由直流通路的输入回路可得

$$I_{BQ}=\frac{V_{CC}-V_{BEQ}}{R_b+(1+\beta)R_e} \tag{3.27}$$

由三极管的电流分配关系可得

$$I_{CQ}=\beta I_{BQ}\approx I_{EQ} \tag{3.28}$$

由直流通路的输出回路可得

$$V_{CEQ}=V_{CC}-I_{EQ}R_e\approx V_{CC}-I_{CQ}R_e \tag{3.29}$$

2. 动态分析

（1）画出交流通路和小信号等效电路图，如图 3.22 和图 3.23 所示。

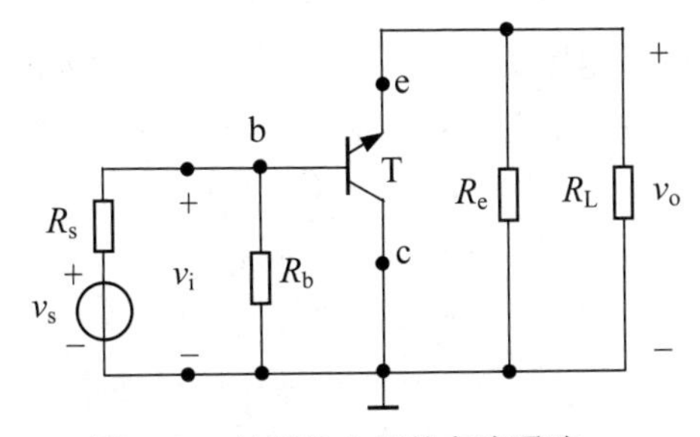

图 3.22　射极输出器的交流通路

（2）电压增益。由图 3.23 可分别写出 v_i 和 v_o 的表达式

$$v_i=i_b r_{be}+v_o=i_b\left[r_{be}+(1+\beta)R_L'\right] \tag{3.30}$$

其中

$$R'_L = R_e // R_L$$

$$v_o = i_b(1+\beta)R'_L \tag{3.31}$$

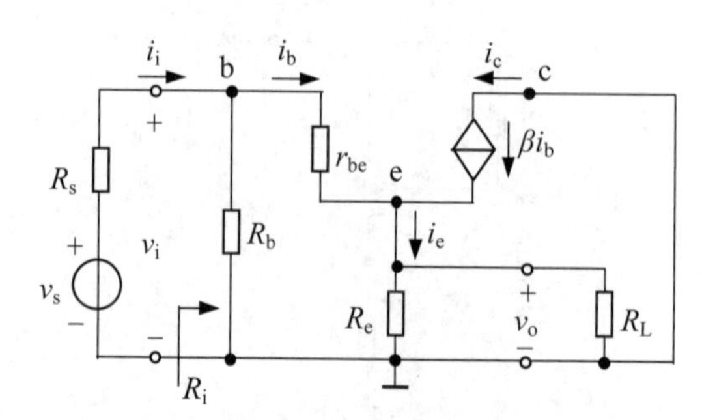

图 3.23 射极输出器的小信号等效电路

电压增益为

$$A_v = \frac{v_o}{v_i} = \frac{i_b(1+\beta)R'_L}{i_b[r_{be}+(1+\beta)R'_L]} = \frac{(1+\beta)R'_L}{r_{be}+(1+\beta)R'_L} \tag{3.32}$$

从上式可以看出，一般$\beta R'_L \gg r_{be}$，则电压增益接近于 1 且小于 1，即 $A_v \approx 1$；输出电压 v_o 与输入电压 v_i 相位相同、幅度相近，输出电压随着输入电压的变化而变化，因此又称为射极电压跟随器。

（3）输入电阻

$$\begin{aligned} R_i = \frac{v_i}{i_i} &= \frac{v_i}{\dfrac{v_i}{R_b} + \dfrac{v_i}{r_{be}+(1+\beta)R'_L}} \\ &= R_b // [r_{be}+(1+\beta)R'_L] \end{aligned} \tag{3.33}$$

显然，共集电极放大电路的输入电阻较大，且与负载相关。

（4）输出电阻。由图 3.24 可列出电路方程

$$\begin{cases} i_t = i_b + \beta i_b + i_{R_e} \\ v_t = i_b(r_{be} + R'_s) \\ v_t = i_{R_e} R_e \end{cases}$$

其中

$$R'_s = R_s // R_b$$

由此可得输出电阻为

$$R_o = \frac{v_t}{i_t} = R_e // \frac{R'_s + r_{be}}{1+\beta} \tag{3.34}$$

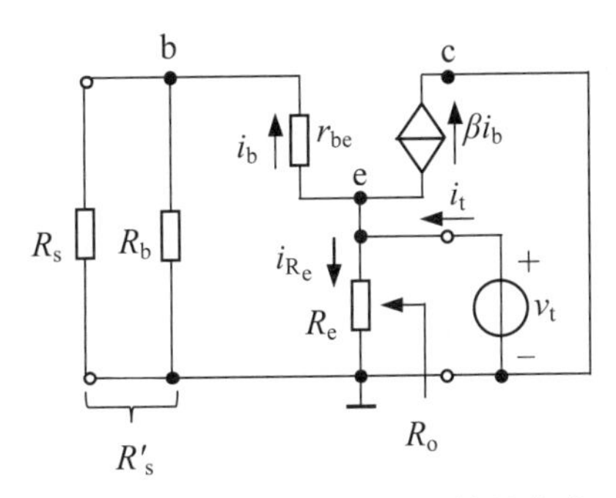

图 3.24　射极输出器求 R_o 的等效电路

通常，$R_e \gg \frac{R'_s + r_{be}}{1+\beta}$，$R_o = \frac{R'_s + r_{be}}{1+\beta}$。显然，输出电阻是比较低的，且与信号源内阻有关。

综上所述，射极输出器的主要特点是：电压增益略小于 1，输出电压与输入电压同相，输出电阻低，输入电阻高。输入电阻高，意味着射极输出器可以减少向信号源（或前级）索取的信号电压；输出电阻低，意味着射极输出器带负载的能力强，即可减少负载变动对电压增益的影响。另外，射极输出器对电流仍有较大的放大作用。由于具有上述优点，所以尽管此电路没有电压放大作用，却获得了广泛的应用。

利用输入电阻高和输出电阻低的特点，射极输出器被用作多级放大器的输入级、输出级和中间级。射极输出器作中间级时，可以隔离前后级的影响，所以又称为缓冲级，起着阻抗变换的作用。

3.6.2　共基极放大电路

图 3.25 是共基极放大电路的原理图，其中 R_c 为集电极电阻，R_{b1}、R_{b2} 为基极分压偏置电阻，基极所接的大电容 C_b 保证基极对地交流短路。图 3.26 是它的交流通路图。从图 3.26 中可以看出输入信号 v_i 加在发射极和基极之间，输出信号 v_o 由集电极和基极之间取出，基极是输入输出共有端，顾名思义为共基极放大电路。

1. 静态分析

图 3.27 是图 3.25 所示共基极放大电路的直流通路，与分压式射极偏置电路的直流通路一样（图 3.17），所以静态工作点也同样方法计算，见式（3.20）、式（3.21）、式（3.22）和式（3.23）。

2. 动态分析

（1）小信号等效电路图。将图 3.26 中的三极管用小信号模型取代，即可得到共基极放大电路的小信号等效电路，如图 3.28 所示。

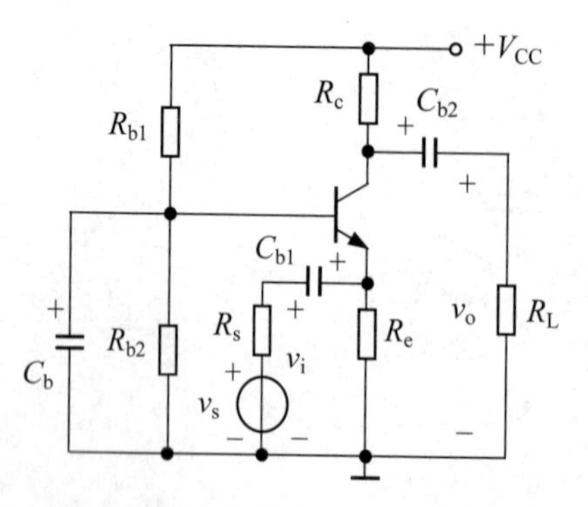

图 3.25 共基极放大电路的原理图

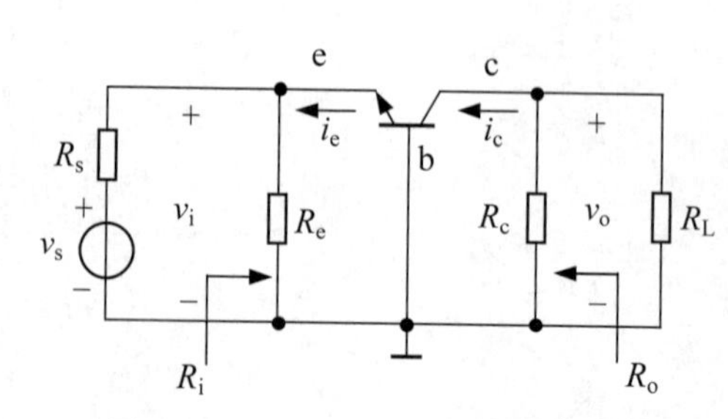

图 3.26 共基极放大电路的交流通路

（2）电压增益。由图 3.28 可分别写出 v_i 和 v_o 的表达式

$$v_{\mathrm{i}} = -i_{\mathrm{b}} r_{\mathrm{be}}$$

$$v_{\mathrm{o}} = -\beta i_{\mathrm{b}} R_{\mathrm{L}}'$$

其中

$$R_{\mathrm{L}}' = R_{\mathrm{c}} // R_{\mathrm{L}}$$

所以，电压增益为

$$A_v = \frac{v_{\mathrm{o}}}{v_{\mathrm{i}}} = \frac{\beta R_{\mathrm{L}}'}{r_{\mathrm{be}}} \tag{3.35}$$

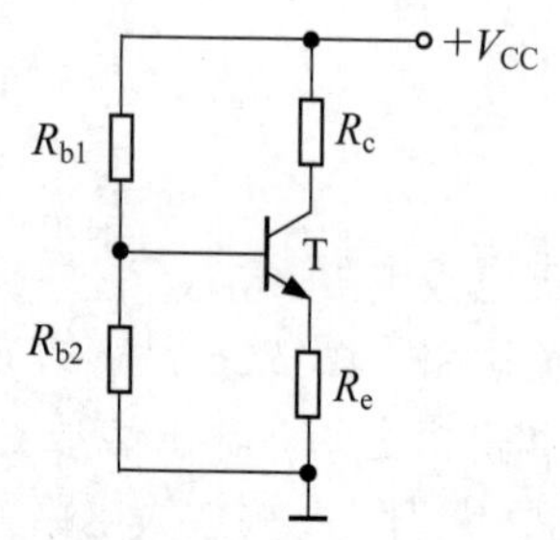

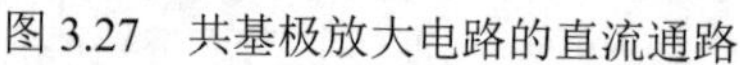
图 3.27 共基极放大电路的直流通路

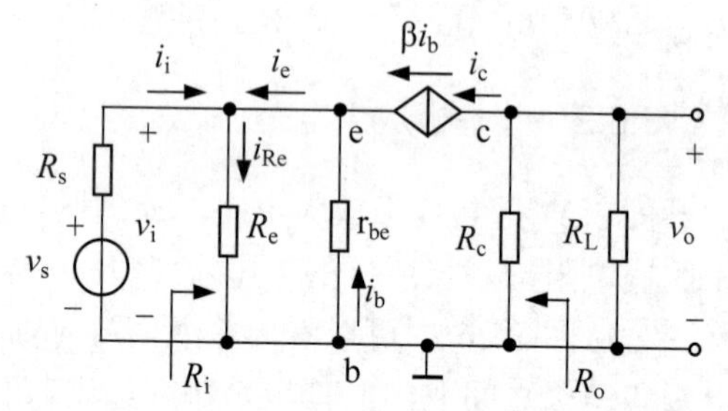

图 3.28 共基极放大电路的小信号等效电路

可见，其电压增益在数值上与共射极放大电路相同，只差了一个负号。这是由于共基极电路的输出电压 v_o 和输入电压 v_i 同相，而共射极电路是反相的缘故。

（3）输入电阻

$$i_i = i_{\mathrm{R_e}} - i_{\mathrm{e}} = i_{\mathrm{R_e}} - (1+\beta) i_{\mathrm{b}}$$

$$i_{\mathrm{R_e}} = v_{\mathrm{i}} / R_{\mathrm{e}}$$

$$i_{\mathrm{b}} = -v_{\mathrm{i}} / r_{\mathrm{be}}$$

$$R_i = \frac{v_i}{i_i} = v_i \Bigg/ \left(\frac{v_i}{R_e} - (1+\beta)\frac{-v_i}{r_{be}} \right) = R_e // \frac{r_{be}}{1+\beta} \tag{3.36}$$

显然，共基极放大电路的输入电阻远小于共射极放大电路与共集电极放大电路的输入电阻，且与负载无关。

（4）输出电阻。图 3.28 中对节点 e 进行电流分析，由 KCL 可知

$$i_i + i_{R_e} + i_b + \beta i_b = 0$$

即 $$\frac{v_{be}}{R_s} + \frac{v_{be}}{R_e} + \frac{v_{be}}{r_{be}} + \frac{\beta v_{be}}{r_{be}} = 0$$

这说明 $v_{be}=0$，也即 $i_b=0$，受控电流源$\beta i_b=0$，所以

$$R_o = \frac{v_t}{i_t} \approx R_c \tag{3.37}$$

可见，它的输出电阻较高。

应当指出，共基极电路的输入电流为 i_e，输出电流为 i_c，所以没有电流放大作用。但是，由于共基极电路高频特性好，适用于高频或宽频带场合。

3.6.3　三种组态电路的比较

1. 三种组态的比较

综合上面分析所得的结果，我们把放大电路的三种基本组态的特性列于表 3.1 中，用以比较。

表 3.1　放大电路三种组态的主要特性

特性	共射极电路	共集电极电路	共基极电路
电路图	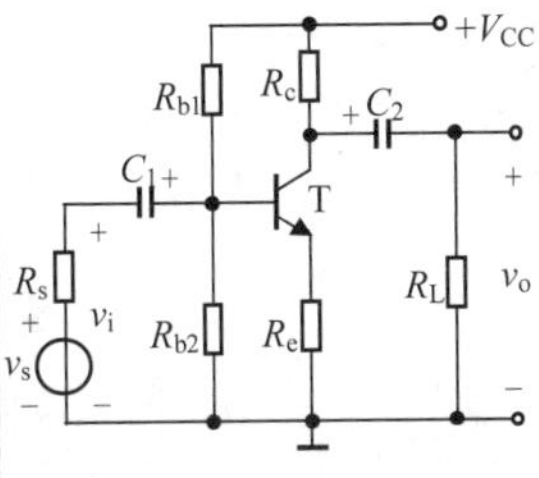	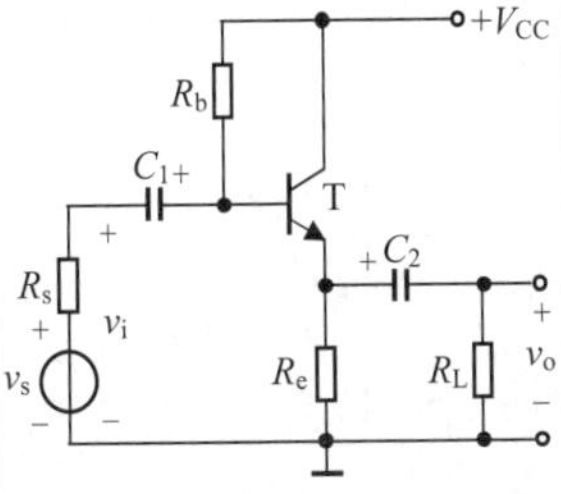	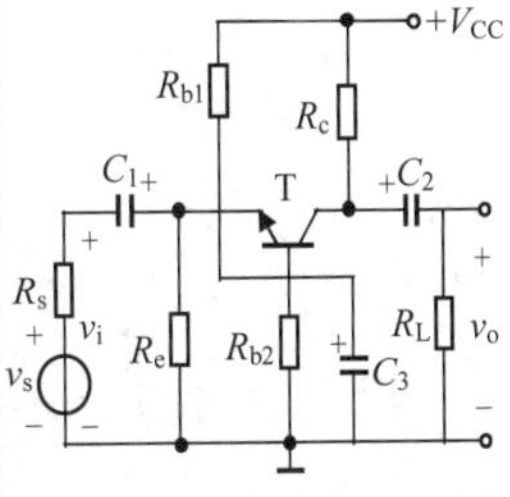
电压增益 A_v	$A_v = -\frac{\beta R'_L}{r_{be} + (1+\beta)R_e}$ $(R'_L = R_c // R_L)$	$A_v = \frac{(1+\beta)R'_L}{r_{be} + (1+\beta)R'_L}$ $(R'_L = R_c // R_L)$	$A_v = \frac{\beta R'_L}{r_{be}}$ $(R'_L = R_c // R_L)$

续表

特性	共射极电路	共集电极电路	共基极电路
v_o与v_i的相位关系	反相	同相	同相
最大电流增益A_i	$A_i \approx \beta$	$A_i \approx 1+\beta$	$A_i \approx \alpha$
输入电阻	$R_i = R_{b1} // R_{b2} // [r_{be} + (1+\beta)R_e]$	$R_i = R_b // [r_{be} + (1+\beta)R'_L]$	$R_i = R_e // \frac{r_{be}}{1+\beta}$
输出电阻	$R_o \approx R_c$	$R_o = \frac{r_{be} + R'_s}{1+\beta} // R_e$ $(R'_s = R_s // R_b)$	$R_o \approx R_c$
用途	多极放大电路的中间级	输入级、中间级、输出级	高频或宽频带电路

2. 三种组态的特点及用途

共射极放大电路：电压和电流增益都大于 1，输入电阻在三种组态中居中，输出电阻与集电极电阻有很大关系。适用于低频情况下，作多级放大电路的中间级。

共集电极放大电路：只有电流放大作用，没有电压放大，有电压跟随作用。在三种组态中，输入电阻最高，输出电阻最小，频率特性好，可用于输入级、输出级或缓冲级。

共基极放大电路：只有电压放大作用，没有电流放大，有电流跟随作用，输入电阻小，输出电阻与集电极电阻有关，高频特性较好，常用于高频或宽频带低输入阻抗的场合，模拟集成电路中亦兼有电位移动的功能。

3.7 多级放大电路

单级放大电路的电压增益一般可以达到几十倍，然而，在许多实际应用场合，这样的增益是不够用的，常需要把若干个单管放大电路串接起来，组成多级放大器，把信号经过多次放大，从而得到所需的增益。

3.7.1 多级放大电路的耦合

实际电路中，为了得到足够大的增益或考虑到输入电阻、输出电阻等特殊要求，放大器往往由多级电路组成。图 3.29 所示为多级放大器的组成框图，其中的输入级主要完成与信号源的衔接并对信号进行放大；中间级主要用于电压放大，将微弱的输入电压放大到足够的幅度；输出级则主要是完成信号的功率放大，以达到满足输出负载需要的功率，并要求和负载相匹配。

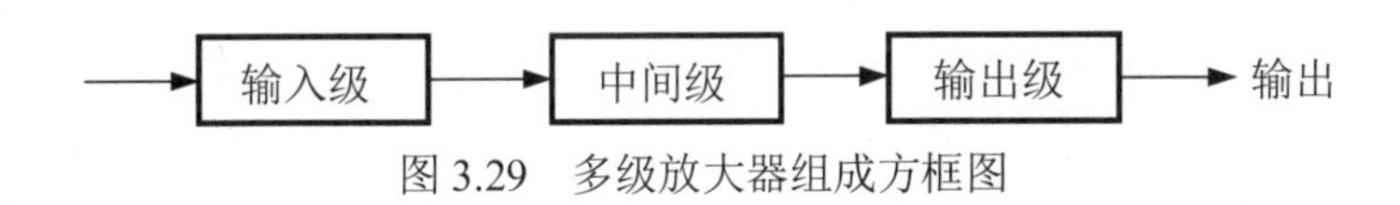

图 3.29　多级放大器组成方框图

多级放大器中每个单管放大电路称为“级”，级与级之间的连接称为耦合。多级放大电路的耦合方式有：直接耦合、阻容耦合、变压器耦合和光电耦合。多级放大器无论采用何种耦合方式，都必须满足下列几个基本要求，才能正常地工作。

（1）保证信号能顺利地由前级传送到后级。

（2）连接后仍能使各级放大器有正常的静态工作点。

（3）信号在传送过程中失真要小，级间传输效率要高。

1. 阻容耦合方式

将放大电路的前级输出端通过电容接到后级输入端，后级放大器的输入电阻充当了前级放大器的负载，故称为阻容耦合。图 3.30 所示为两级阻容耦合放大电路。直流分析：由于电容对直流量的电抗为无穷大，因而阻容耦合放大电路各级之间的直流通路不相通，各级的静态工作点相互独立互相不影响，有利于放大器的设计、调试和维修。交流分析：只要输入信号频率较高，耦合电容容量较大，前级的输出信号可几乎没有衰减地传递到后级的输入端。阻容耦合方式电路的体积小、质量轻，在多级放大器中得到广泛的应用。它的缺点是信号在通过耦合电容加到下一级时会大幅度衰减，阻容耦合方式不适合传递直流信号，低频特性差，不能放大直流信号。另外在集成电路中制造大电容很困难，所以阻容耦合只适合分立元件电路。

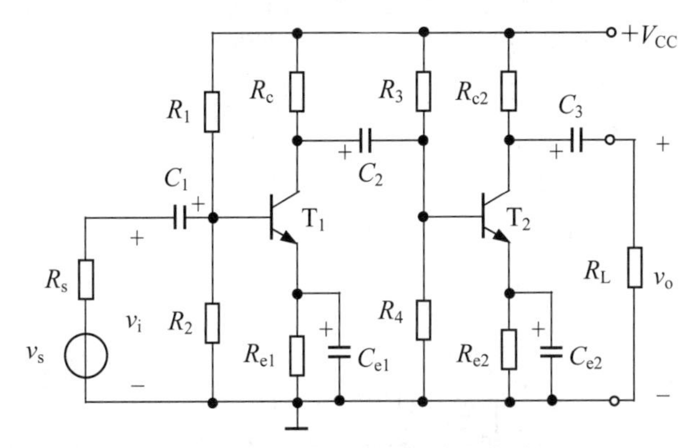

图 3.30　两级阻容耦合放大电路

2. 变压器耦合

利用变压器实现级间耦合的放大电路如图 3.31 所示。变压器 T_1 将第一级放大器的输出信号传递给第二级放大器，变压器 T_2 将第二级放大器的输出信号耦合给负载。由于变压器的一次侧、二次侧之间无直接联系，所以采用变压器耦合方式的放大器，其各级静态工作点是独立的。这样便于设计、调试和维修。这种耦合方式的最大优点在于其能实现电压、电流和阻抗的变换，特别适合于放大器之间、放大器与负载之间的匹配，这在高频信号的传递和功率放大电路的设计中为重点考虑的问题。变压器耦合的缺点是体积大，且不能放大直流信号，不能集成化，再由于频率特性差，一般只应用于低频功率放大和中频调谐电路中。

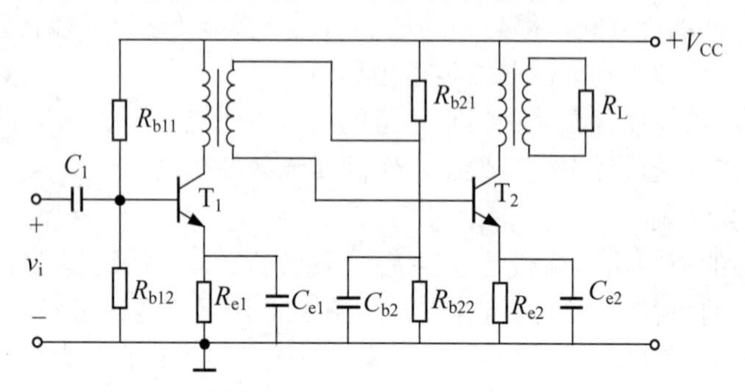

图 3.31 两级变压器耦合放大电路

3. 直接耦合

由于前两种耦合方式都存在放大器频率特性不好的缺点，为了解决这个问题，人们设计了直接耦合放大电路，将前一级的输出端直接连接到后一级的输入端，电路如图 3.32 所示。直接耦合放大电路不但能放大交流信号，还能放大直流信号，其频率特性是最好的。但直接耦合放大电路的直流通路是互相连通的，各级放大器的静态工作点互相影响，不易求取，也不便于调试和维修。直接耦合放大电路还有一个最大的问题，就是零点漂移。零点漂移使人们无法分清放大电路的输出是有用信号还是无用信号，这个问题必须加以解决，否则直接耦合放大电路就没法使用。由于直接耦合放大电路便于集成，是集成电路中普遍采用的耦合方式。直接耦合方式的优点：具有良好的低频特性，可以放大变化缓慢的信号；由于电路中没有大容量电容，易于将全部电路集成在一片硅片上，构成集成电路。

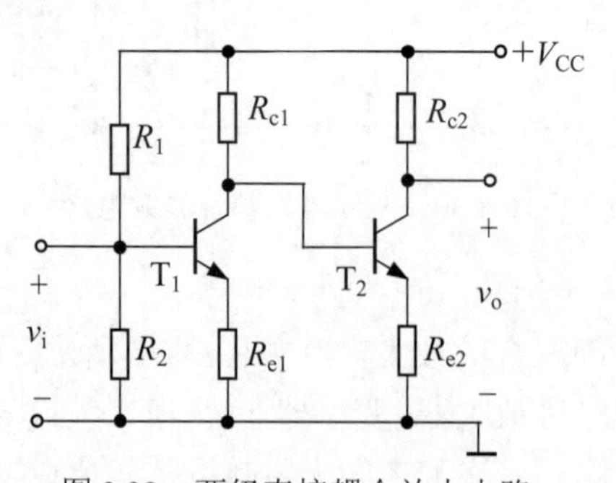

图 3.32 两级直接耦合放大电路

4. 光电耦合

光电耦合放大电路框图如图 3.33 所示，两级之间的耦合是通过光电耦合器件来实现的。光电耦合器件常用发光二极管或光敏三极管组成的。电路中前级的负载就是发光二极管，前级输出电流的变化影响二极管的发光强弱。通过光耦合，使光电三极管的输出电流也发生变化，经后级放大后就有被放大的信号输出。由于光电耦合是通过电-光-电的转换来实现级间的耦合的，两级电路处于电隔离状态。光电耦合器件及其前后级的放大器都便于集成，因此得到广泛应用。

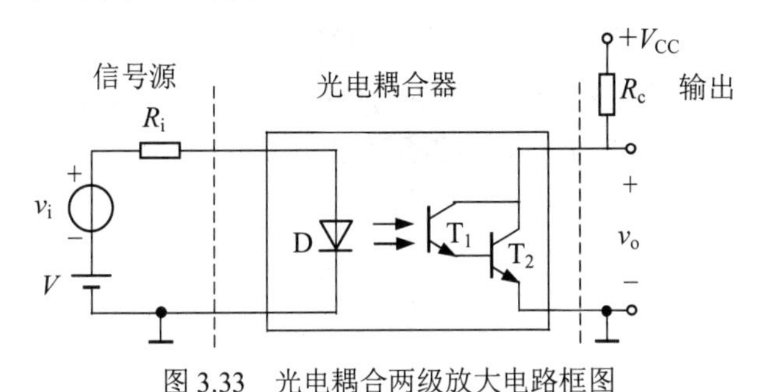

图 3.33　光电耦合两级放大电路框图

3.7.2　共射-共基放大电路

将共射电路与共基电路组合起来，既保持共射放大电路电压放大能力较强的特点，又获得共基放大电路高频特性较好的优点。图 3.34 所示是共射-共基两级放大电路的原理图，其中 T_1 管构成共发射极组态，T_2 管构成基极组态；图 3.35 是图 3.34 的交流通路。

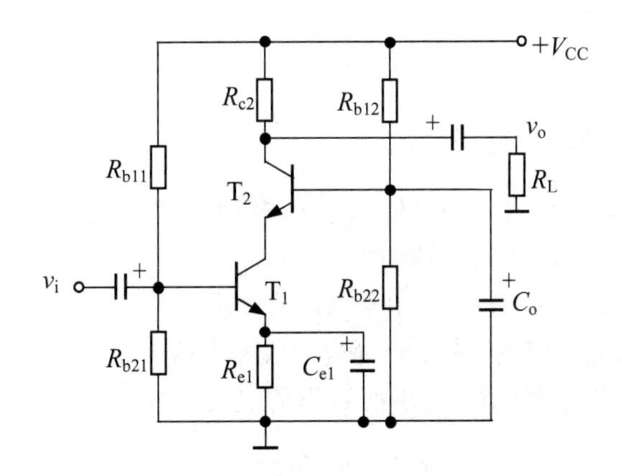

图 3.34　共射-共基放大电路原理图

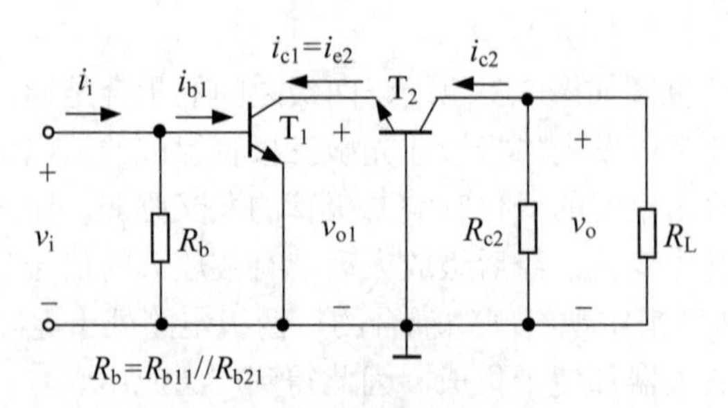

图 3.35 共射-共基放大电路交流通路

由于 T_1 管以输入电阻小的共基电路为负载，使 T_1 管集电极电容对输入回路的影响减少，从而使共射电路高频特性得到改善。

从图 3.34 可以导出电压增益 A_v 的表达式

$$A_v=\frac{v_o}{v_i}=\frac{v_{o1}}{v_i}\cdot\frac{v_o}{v_{o1}}=A_{v1}\cdot A_{v2} \tag{3.38a}$$

其中

$$A_{v1}=-\frac{\beta_1 R'_L}{r_{be1}}=-\frac{\beta_1 r_{be2}}{r_{be1}(1+\beta_2)}$$

$$A_{v2}=\frac{\beta_2 R'_{L2}}{r_{be2}}=\frac{\beta_2(R_{c2}//R_L)}{r_{be2}}$$

所以 $A_v=-\dfrac{\beta_1 r_{be2}}{r_{be1}(1+\beta_2)}\cdot\dfrac{\beta_2(R_{c2}//R_L)}{r_{be2}}$

因为 $\beta_2>>1$，$\beta_2\approx 1+\beta_2$，所以

$$A_v=-\frac{\beta_1(R_{c2}//R_L)}{r_{be1}} \tag{3.38b}$$

因此与单管共射放大电路的 A_v 相同。

3.7.3 共集-共集放大电路

图 3.36 为共集-共集放大电路的原理图，其中 T_1 和 T_2 管一起构成复合管，现在已有集成的复合管产品，称为达林顿管。

图中复合管可以等效为一个 NPN 管。在实际应用中，为了进一步改善放大器的性能，通常用多只三极管构成复合管来取代基本放大电路中的一只三极管组成复合管放大电路，目的是增加β、减小前级驱动电流。复合管有多种组合形式，下面介绍几种类型。

图 3.37 和图 3.38 是同类型复合管，组成的原则是前一只的 e 极接到后一只的 b

极，实现两次电流放大，确保两管都在放大区。复合后等效为一只管子，导电类型与 T_1 相同。

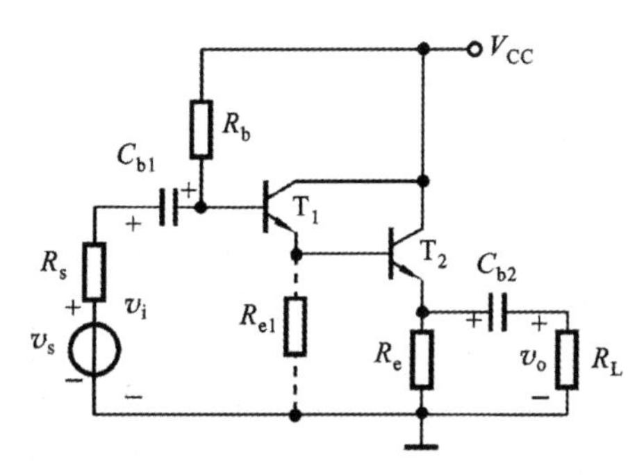

图 3.36　共集-共集放大电路原理图

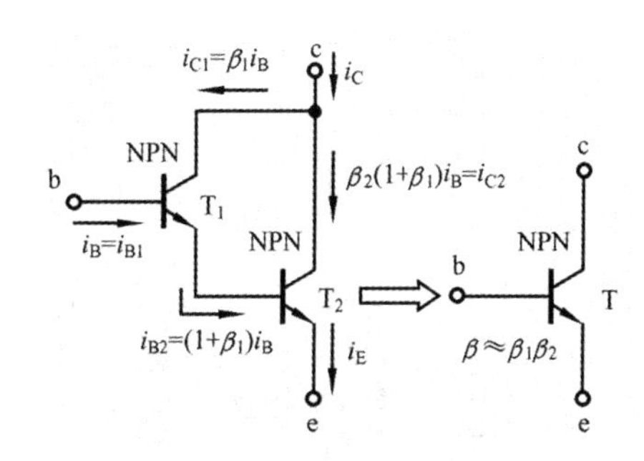

图 3.37　两只 NPN 型三极管组成的复合管

其中

$$r_{be} = r_{be1} + (1+\beta_1)r_{be2} \tag{3.39}$$

图 3.39 和图 3.40 是不同类型复合管，前一只的 c 极接到后一只的 b 极，实现两次电流放大作用；同样需要保证两只管子工作在放大区。复合后也等效为一只管子，导电类型与 T_1 相同。

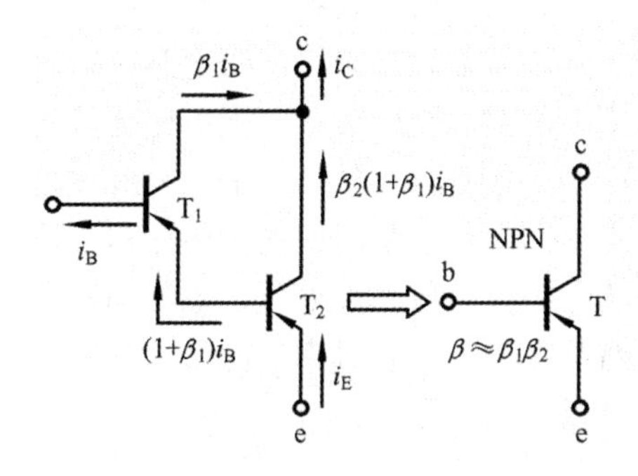

图 3.38　两只 PNP 型三极管组成的复合管

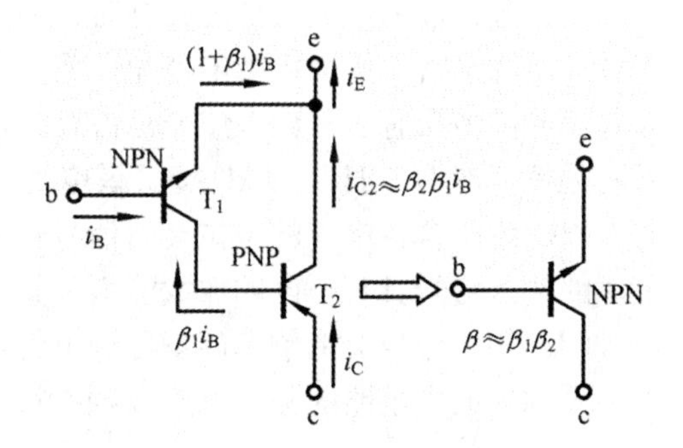

图 3.39　NPN 与 PNP 型三极管组成的复合管

其中

$$r_{be} = r_{be1} \tag{3.40}$$

将图 3.36 转画为交流通路，如图 3.41 所示，共集-共集放大电路的 A_v、R_i、R_o 为

$$A_v = \frac{v_o}{v_i} = \frac{(1+\beta)R'_L}{r_{be} + (1+\beta)R'_L} \tag{3.41}$$

式中，$\beta \approx \beta_1\beta_2$，$r_{be} = r_{be1} + (1+\beta_1)r_{be2}$，$R'_L = R_e // R_L$。

$$R_i = R_b // \left[r_{be} + (1+\beta) R'_L \right] \tag{3.42}$$

$$R_o = R_e // \frac{R_s // R_b + r_{be}}{1+\beta} \tag{3.43}$$

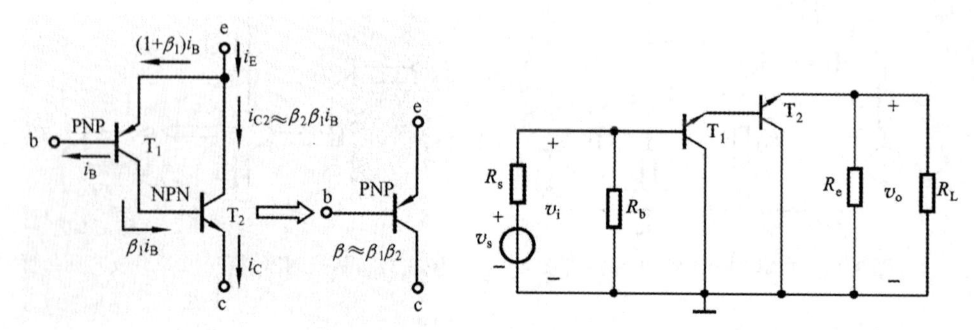

图 3.40　PNP 与 NPN 型三极管组成的复合管

图 3.41　共集-共集放大电路交流通路

3.8　放大电路的频率响应

前面分析放大电路的性能指标时，都假设电路的输入信号为单一频率的正弦波信号，而且电路中所有耦合电容和旁路电容对交流信号都视为短路。而电路实际的输入信号大多含有多种频率成分，占有一定的频率范围，例如广播电视中语言及音乐的频率范围为 20Hz～20kHz，卫星电视信号的频率范围为 3.7～4.2GHz 等。因此，放大电路中所含各电容的容抗会随信号频率的变化而变化，从而使放大电路对不同频率的输入信号具有不同的放大能力，其增益的大小会随频率而变化，输出与输入信号间的相位差也会随频率而变化，也就是说增益是输入信号频率的函数。这种函数关系称为放大电路的频率响应或频率特性。

3.8.1　频率响应概述

由于放大电路中的每只电容只对频谱的一段产生重要影响，因此手工分析频率响应时，可将输入信号的频率划为三个区域：中频区、低频区和高频区。在中频区（f_L～f_H之间），如前小信号等效分析法，增益基本上是常数，输出与输入信号间的相位差也是常数。在 $f<f_L$ 的低频区，电路中的负载电容及分布电容仍可视为开路，而耦合电容和旁路电容的容抗增加，故不能再视为短路，由于它们对信号的衰减（即分压）作用，此时的增益会随信号频率的降低而减小，输出与输入信号间的相位差也会发生明显变化。在 $f>f_H$ 的高频区，电路中的耦合电容和旁路电容可视为短路，而负载电容及分布电容则不可视为开路，电路的高频小信号等效电路中应包含这些电容，由于它们对信号的衰减（即分流）作用，此时的增益也会随信号频率的增加而减小，输出与输入信号间的相位差增大。

可见，放大电路对不同频率的放大特性是不同的，电压增益也不是常数，而是与频率 f 有关。由于必须考虑电抗性元件（如耦合电容、极间电容等）的影响，使得放大电路的电压和电流的相位不再是简单的同相和反相的关系，而产生了一定的相移。

所以，分别利用三个频段的小信号等效电路的近似分析，可以大致定性放大电路的频率响应。

换句话说，针对具体放大电路来讲，由于电抗元器件（电容、电感等）及半导体极间电容的存在，当输入信号的频率过低或过高时，不但增益会变小，而且还会产生超前或滞后相移，说明增益是信号频率的函数，也就是频率响应。

对于任何一个具体的放大电路都有一个确定的通频带，因此在设计电路时，必须要首先了解信号的频率范围，以便使所设计的电路具有适应该信号频率范围的通频带。

（1）耦合电容影响下限频率：耦合电容构成高通通路，阻止低频信号通过。对于高通电路，频率越低，衰减越大，相移越大；只有当信号频率远高于下限截止频率时，输出才约等于输入信号。

（2）极间电容影响上限频率：极间电容构成低通通路，阻止高频信号通过。对于低通电路，频率越高，衰减越大，相移越大；只有当信号频率远低于上限截止频率时，输出才约等于输入信号。

（3）通频带 f_{bw}：放大电路的上限频率 f_H 与下限频率 f_L 之差就是其通频带 f_{bw}，即 $f_{bw}=f_H-f_L$。

3.8.2　BJT 的高频等效模型及高频参数

前面已经指出，高频时半导体三极管的极间电容的影响已不能忽略。因此在高频条件下，必须考虑三极管（BJT）的发射结电容和集电结电容的影响，由此原来的微变等效电路在高频时不再适用，为此，本节将建立三极管的高频等效电路，才能分析放大器的高频响应。常用的高频等效电路是根据三极管内部发生的物理过程来拟定的，因此是属于物理参数模型的高频等效电路，于是得到如图 3.42 所示三极管等效的高频小信号模型。

现对模型中各个参数做简要说明：

（1）基区体电阻 $r_{bb'}$。图中 b′是为了分析方便而虚拟的基区内的等效基极，$r_{bb'}$ 表示基区体电阻。不同类型的 BJT，其 $r_{bb'}$ 的值相差很大，器件手册中常给出 $r_{bb'}$ 的值，在几十到几百欧之间。

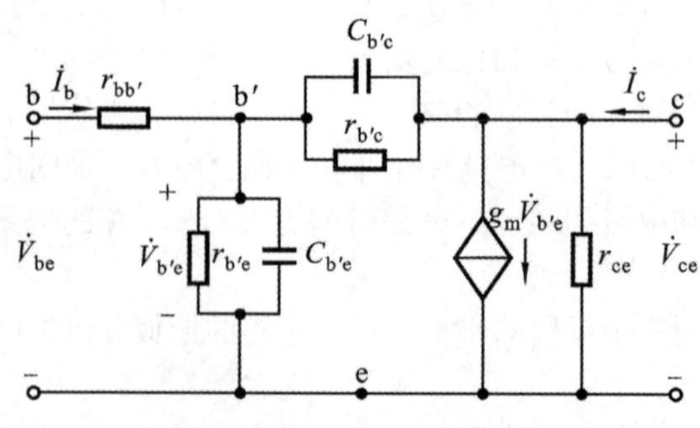

图 3.42　三极管的高频小信号模型

（2）电阻 $r_{b'e}$ 和电容 $C_{b'e}$。$r_{b'e}$ 是发射结正偏电阻 r_e 折算到基极回路的等效电阻，$r_{b'e}=(1+\beta)r_e=(1+\beta)V_T/I_{EQ}$。$C_{b'e}$ 是发射结电容，由于三极管在放大区时发射结正偏，所以 $C_{b'e}$ 主要是扩散电容，数值较大，对于小功率管，$C_{b'e}$ 在几十至几百皮法的范围。

（3）集电结电阻 $r_{b'c}$ 和电容 $C_{b'c}$。在放大区内集电结处于反向偏置，因此 $r_{b'c}$ 的值很大，一般在 100kΩ～10MΩ范围。$C_{b'c}$ 主要是势垒电容，数值较小，在 2～10pF 范围内。

（4）受控电流源 $g_m V_{b'e}$。由图 3.42 可见，由于结电容的影响，三极管中受控电流源不再完全受控于基极电流 $\dot{I}_b$，因而不再用 $\beta\dot{I}_b$ 表示。而当三极管工作在放大区时，三个电极的电流实质上受控于发射结上所加的电压，因而在高频小信号模型中，受控电流源要改用受 $\dot{V}_{b'e}$ 控制的电流源 $g_m\dot{V}_{b'e}$ 表示，这里的互导 g_m 表明发射结电压对受控电流 $\dot{I}_c$ 的控制能力，定义为

$$g_m=\frac{\partial i_C}{\partial v_{B'E}}|_{v_{CE}}=\frac{\Delta i_C}{\Delta v_{B'E}}|_{v_{CE}} \tag{3.44}$$

对于高频小功率的三极管，约为几十毫西。

由上述各元件的参数可知，$r_{b'c}$ 数值很大，在高频时远大于 $1/(\omega C_{b'c})$，与 $C_{b'c}$ 并联可视作为开路；另外 r_{ce} 与负载电阻 R_L 相比，一般 $r_{ce}\gg R_L$，因此 r_{ce} 可视为开路，这样便可得到图 3.43 所示的简化模型。因其形状像 π，各元件参数具有不同的量纲，故又称为 BJT 的混合 π 型高频小信号模型。

由图 3.43 的简化模型可以看出

$$\dot{\beta}=\frac{\dot{I}_c}{\dot{I}_b}|_{\dot{V}_{ce}=0} \tag{3.45}$$

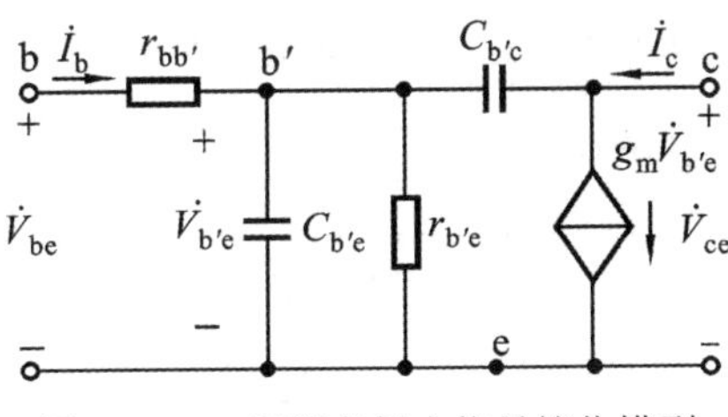

图 3.43　三极管高频小信号简化模型

可以推出，$\dot{I}_c=(g_m-j\omega C_{b'c})\dot{V}_{b'e}$，$\dot{I}_b=(\frac{1}{r_{b'e}}+j\omega C_{b'e}+j\omega C_{b'c})\dot{V}_{bc}$，而在如上模型的有效范围内，有 $g_m>\omega C_{b'c}$，整理可得

$$\dot{\beta}\approx\frac{\beta_0}{1+j\omega(C_{b'e}+C_{b'c})r_{b'e}} \tag{3.46}$$

令 f_β 为 $\dot{\beta}$ 的截止频率，即

$$f_\beta\approx\frac{1}{2\pi(C_{b'e}+C_{b'c})r_{b'e}} \tag{3.47}$$

则可以得到

$$\dot{\beta}=\frac{\beta_0}{1+j\dfrac{f}{f_\beta}} \tag{3.48}$$

所以，$\dot{\beta}$ 的幅频响应为

$$|\dot{\beta}|=\frac{\beta_0}{\sqrt{1+(f/f_\beta)^2}} \tag{3.49}$$

$\dot{\beta}$ 的相频响应为

$$\varphi=-\arctan\frac{f}{f_\beta} \tag{3.50}$$

式中，f_β 为共发射极截止频率。

由上式可以画出 $\dot{\beta}$ 的波特图，如图 3.44 所示。

其特征频率为

$$f_T=\beta_0 f_\beta=\frac{g_m}{2\pi(C_{b'e}+C_{b'c})}\approx\frac{g_m}{2\pi C_{b'e}} \tag{3.51}$$

共基极截止频率为

$$f_\alpha=(1+\beta_0)f_\beta\approx f_\beta+f_T \tag{3.52}$$

三极管的三个频率参数的数量关系为 $f_\beta \ll f_T < f_\alpha$。这三个参数在评价三极管的高频性能时是等价的，但用的最多的是特征频率 f_T，f_T 越高，表明三极管的高频

性能越好，由它构成的放大电路的上限频率就越高。

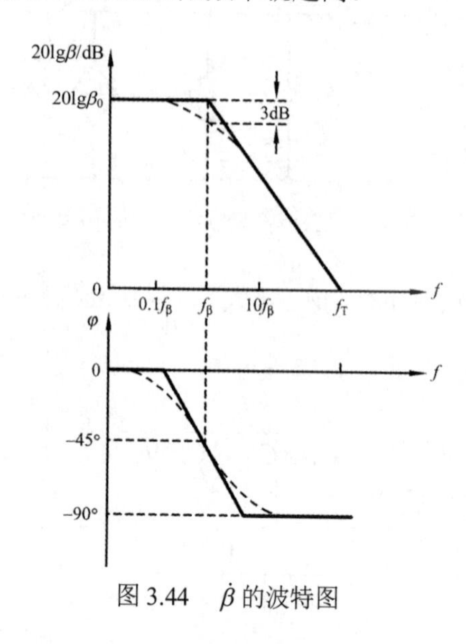

图 3.44　$\dot{\beta}$ 的波特图

3.8.3　共发射级基本放大电路的频率响应

放大电路的种类很多，要对每种放大电路的频率响应都做详尽的分析，既不可能也无必要，所以我们就分析一下典型的电路，分析方法也适用于其他电路。

1. 高频响应

以图 3.45 所示共射放大电路为例，讨论其高频特性。在高频范围内，图中 C_{b1}、C_{b2}，旁路电容 C_e 的容抗都非常小，完全可视为短路。但是，$C_{b'e}$、$C_{b'c}$ 的容抗也变小，它们将对信号起分流作用，使高频时电压增益下降。因此，可以画出图 3.46 的高频小信号等效电路。

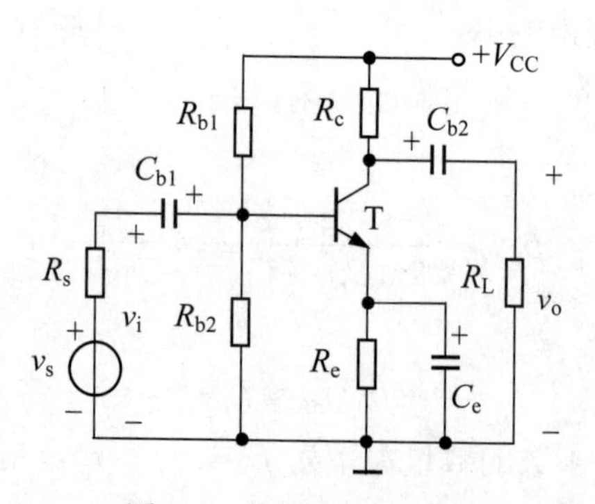

图 3.45 共射电路原理图

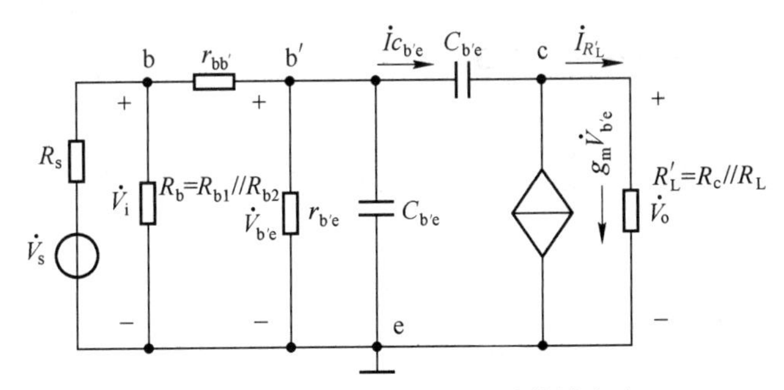

图 3.46　图 3.45 的高频小信号等效电路

对节点 c 列 KCL 得

$$g_m\dot{V}_{b'e}+\frac{\dot{V}_o}{R'_L}+(\dot{V}_o-\dot{V}_{b'e})j\omega C_{b'c}=0$$

由于输出回路电流比较大，所以可以忽略 $C_{b'e}$ 的分流，得

$$\dot{V}_o\approx -g_mR'_L\dot{V}_{b'e} \tag{3.53}$$

而输入回路电流比较小，所以不能忽略 $C_{b'c}$ 上的电流。又因为

$$\dot{I}_{Cb'c}=(\dot{V}_{b'e}-\dot{V}_o)j\omega C_{b'c}$$

$$Z_M=\frac{\dot{V}_{b'e}}{\dot{I}_{Cb'c}}=\frac{1}{(1+g_mR'_L)j\omega C_{b'c}}$$

相当于在 b′和 e 之间存在一个电容若用 C_{M1} 表示，则

$$C_{M1}=(1+g_mR'_L)C_{b'c} \tag{3.54}$$

式中，C_{M1} 称为密勒电容。

同理，在 c、e 之间也可以求得一个等效电容 C_{M2}，且 $C_{M2}\approx C_{b'c}$。等效后断开了输入与输出之间的联系，如图 3.47 所示。

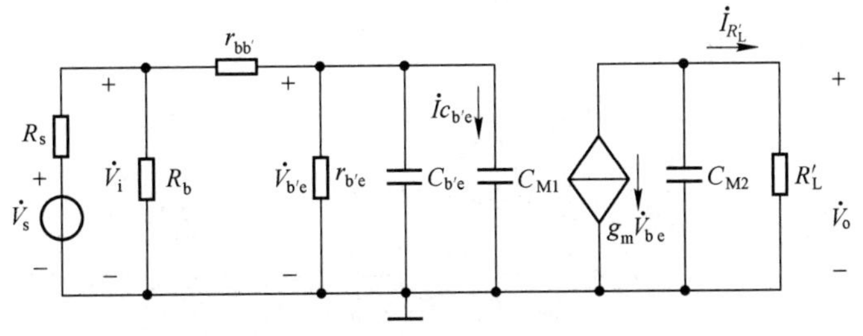

图 3.47　图 3.46 的密勒等效电路

由于 $C_{M2}\ll C_{M1}$，输出回路的时间常数远小于输入回路时间常数，考虑高频响应时可以忽略 C_{M2} 的影响，于是可简化为图 3.48 所示的电路。

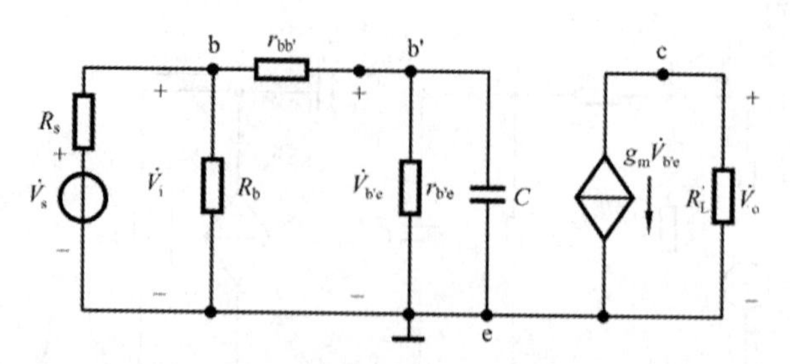

图 3.48　图 3.47 的简化电路

其中

$$C = C_{b'e} + C_{M1}$$

利用戴维南定理进一步变换，可得图 3.49 所示的等效电路。

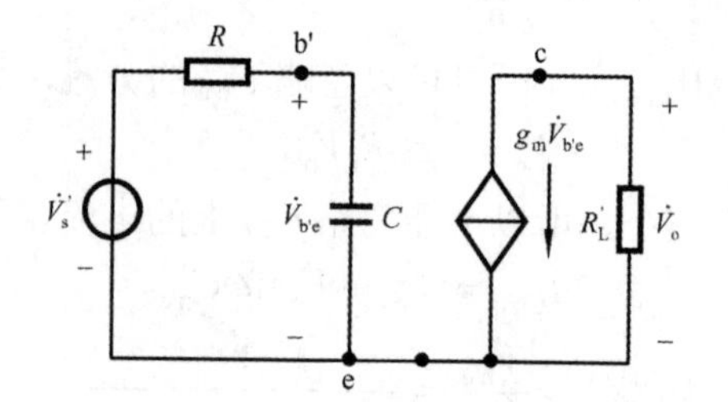

图 3.49　图 3.48 的等效电路

比较图 3.48 和图 3.49 可知：

$$R = (R_s \,//\, R_b + r_{bb'}) \,//\, r_{b'e}$$

$$V_s' = \frac{r_{b'e}}{r_{be}} \cdot \frac{R_b \,//\, r_{be}}{R_s + R_b \,//\, r_{be}} \dot{V}_s$$

$$r_{be} = r_{bb'} + r_{b'e}$$

由图 3.49 电路，可得

$$\dot{V}_{b'e} = \frac{1}{1 + j\omega RC} \dot{V}_s \tag{3.55}$$

$$\dot{V}_o = -g_m R_L' \dot{V}_{b'e} \tag{3.56}$$

$$\dot{V}_s' = \frac{r_{b'e}}{r_{be}} \cdot \frac{R_b \,//\, r_{be}}{R_s + R_b \,//\, r_{be}} \dot{V}_s \tag{3.57}$$

利用式（3.55）、式（3.56）、式（3.57），于是可求得图 3.45 所示共射电路的高频源电压增益为

$$\dot{A}_{vsH} = \frac{\dot{V}_o}{\dot{V}_s} = -g_m R_L' \cdot \frac{r_{b'e}}{r_{be}} \cdot \frac{R_b \,//\, r_{be}}{R_s + R_b \,//\, r_{be}} \cdot \frac{1}{1 + j\omega RC} = \frac{\dot{A}_{vsM}}{1 + j(f / f_H)} \tag{3.58}$$

其中中频增益（或通带源电压增益）

$$\dot{A}_{vsM}=-g_{m}R_{L}'\cdot\frac{r_{b'e}}{r_{be}}\cdot\frac{R_{b}//r_{be}}{R_{s}+R_{b}//r_{be}}=-\frac{\beta_{0}R_{L}'}{r_{be}}\cdot\frac{R_{b}//r_{be}}{R_{s}+R_{b}//r_{be}} \tag{3.59}$$

上限频率 f_H 为

$$f_{H}=\frac{1}{2\pi RC}$$

所以，共射放大电路

$$\dot{A}_{vsH}=\dot{A}_{vsM}\cdot\frac{1}{1+j(f/f_{H})} \tag{3.60}$$

RC 低通电路

$$\dot{A}_{vH}=\frac{1}{1+j(f/f_{H})} \tag{3.61}$$

频率响应曲线如图 3.50 所示。

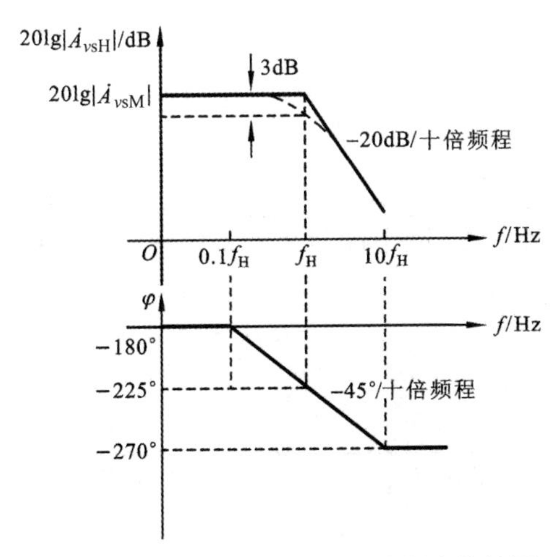

图 3.50　共射放大 RC 低通电路频率特性图

幅频响应为

$$20\lg|\dot{A}_{vsH}|=20\lg|\dot{A}_{vsM}|+20\lg\frac{1}{\sqrt{1+(f/f_{H})^{2}}} \tag{3.62}$$

相频特性为

$$\varphi=-180^{\circ}-\arctan(f/f_{H}) \tag{3.63}$$

2. 低频响应

低频时，图 3.45 可简化为图 3.51。

由于 R_b=（R_{b1} // R_{b2}）远大于 R_1'，而 $\frac{1}{\omega C_e} << R_e$，$\dot{I}_e \approx \dot{I}_c$，图 3.51 可以简化为图 3.52。

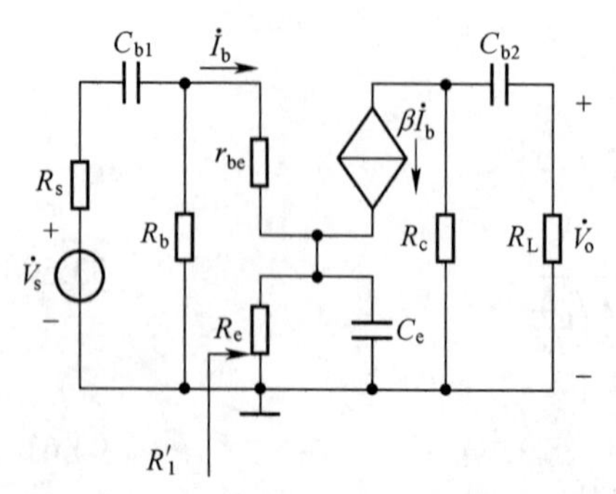

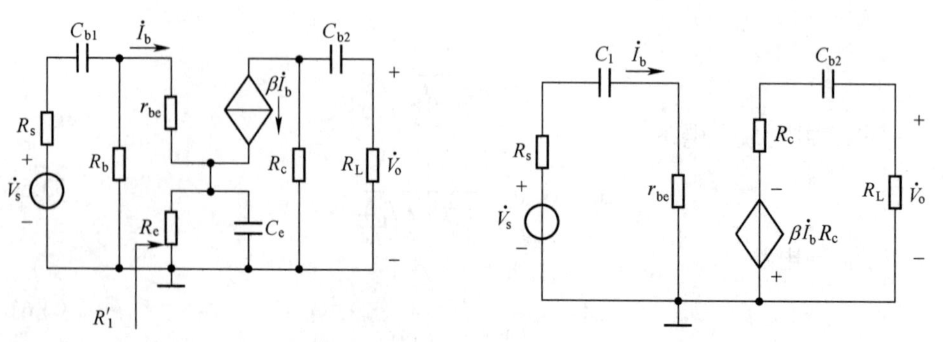

图 3.51　图 3.45 的低频小信号等效电路　　　图 3.52　图 3.51 的等效电路

图中

$$C_1 = \frac{C_{b1}C_e}{(1+\beta)C_{b1}+C_e}$$

所以

$$\dot{A}_{vsL} = \frac{\dot{V}_o}{\dot{V}_s} = -\frac{\beta R_L'}{R_s + r_{be}} \cdot \frac{1}{1 - j/\omega C_1(R_s + r_{be})} \cdot \frac{1}{1 - j/\omega C_{b2}(R_c + R_L)} \tag{3.64}$$

当中频区时，源电压增益为

$$\dot{A}_{vsM} = -\frac{\beta R_L'}{R_s + r_{be}} \tag{3.65}$$

$$f_{L1} = \frac{1}{2\pi C_1(R_s + r_{be})}, f_{L2} = \frac{1}{2\pi C_{b2}(R_c + R_L)}$$

则

$$\dot{A}_{vsL} = \frac{\dot{A}_{vsM}}{[1 - j(f_{L1}/f)][1 - j(f_{L2}/f)]} \tag{3.66}$$

当 $f_{L1} > 4f_{L2}$ 时，下限频率取决于 f_{L1}。

$$\dot{A}_{vsL} = \dot{A}_{vsM} \cdot \frac{1}{1 - j(f_{L1}/f)} \tag{3.67}$$

其频率特性图如图 3.53 所示。

其幅频响应为

$$20\lg|\dot{A}_{vsL}| = 20\lg|\dot{A}_{vsM}| + 20\lg\frac{1}{\sqrt{1+(f_{L1}/f)^2}} \tag{3.68}$$

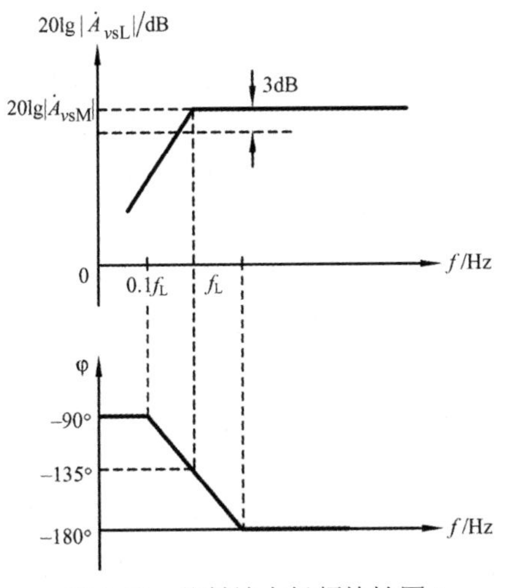

图 3.53　共射放大低频特性图 1

相频响应为

$$\varphi = -180^{\circ} - \arctan(-f_{L1}/f) = -180^{\circ} + \arctan(f_{L1}/f) \tag{3.69}$$

若 f_{L2} 与 f_{L1} 接近，则其幅频响应图如图 3.54 所示。

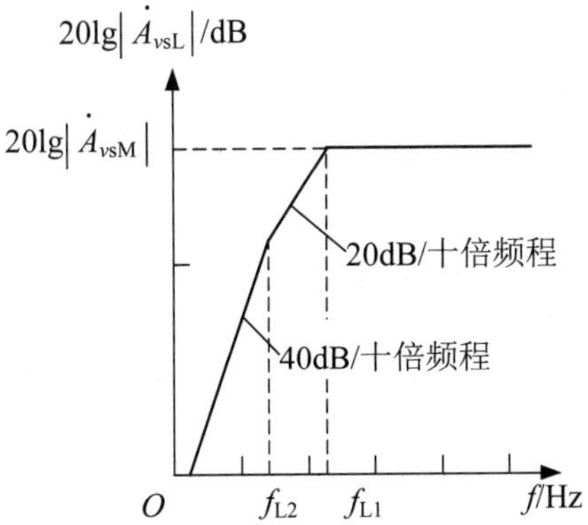

图 3.54　共射放大低频特性图 2

小结

本章从半导体三极管的基本知识开始，介绍了三极管的工作原理、特性曲线、主要参数和等效电路，放大和放大电路的基本概念，介绍了放大电路的静态分析与动态分析的两种基本分析方法——图解法和小信号模型电路法，分析三极管的共射、共集和共基电路，讨论了多级放大电路以及放大电路的频率响应，为以后的应用打下良好的基础。本章内容十分重要，不但分析了几种重要的放大电路，而且详细介绍了电路的分析方法，是学习和分析后面各章的基础。

（1）半导体三极管是由两个PN结构成的三端有源器件，分PNP和NPN两种类型，根据材料的不同有硅管和锗管之分。它具有放大作用需要两个条件：内部条件（高掺杂的发射区和低掺杂、极薄的基区）和外部条件（发射结正偏和集电结反偏）。所谓放大作用，实际上是一种能量控制作用，三极管是一种电流控制器件，它工作在放大状态时，具有受控特性（指i_C与i_B的关系）和恒流特性（指i_C与v_{CE}的关系）。作为双极性的半导体器件，三极管的特性受温度的影响较大。

（2）对放大电路的要求是能够不失真地进行放大，但实际上失真是不可避免的。为了衡量放大电路的优劣，引入性能指标，如增益（衡量放大能力）、输入电阻（反映放大电路对信号源的影响程度）、输出电阻（反映放大电路带负载能力）、上限截止频率和下限截止频率（反映放大电路对信号频率的适应能力）、最大不失真输出幅值（反映放大电路的最大输出能力）、非线性失真系数（衡量放大电路对输入信号的保真程度）等。

（3）为了实现放大，放大电路必须包含有源器件，如本章的三极管和下章的场效应管，并且保证有源器件能正常工作，也就是说要有合适的工作点，又要使变化的信号能输入、能放大、能输出，且基本不失真。

（4）由于所加的电压极性和大小的不同，三极管的工作区域分为截止区、放大区和饱和区，放大电路相应的状态也分别称为截止状态（发射结零偏或反偏+集电结反偏）、放大状态（发射结正偏+集电结反偏）和饱和状态（发射结正偏+集电结正偏）。在放大电路设计时，必须使放大电路工作在放大状态。

（5）放大电路存在两种状态：未输入信号时的静态和输入信号时的动态。静态值在特性曲线上的点为静态工作点，动态时交流信号叠加在静态值上，其动态工作点不能超出三极管的放大区，否则会产生明显的非线性失真。合理设置静态工作点，使三极管在动态时始终工作在线性区域，就能大大减少非线性失真。

（6）对放大电路的定量分析，一是确定静态工作点，二是求出动态时的性能指标。分析方法主要有估算法、图解法和小信号等效电路法，方法各有优缺点和一定适用范围，在使用时要取长补短，互相配合。值得注意的是，在计算时经常会忽略次要因素，从而简化计算步骤，使物理概念更明确，这就是工程估算的思路。对电子线路的精确定量计算，既很困难，也没必要。

（7）实际的放大电路大多采用负反馈电路，以克服温度和其他因素对工作点的影响，提高电路的稳定性。分压式射极偏置电路便是其中的一例。

（8）三极管放大电路有共射、共集和共基三种组态，不同的组态的直流电路可以相同，但交流通路完全不同，它们的特点各不相同，分别应用于不同场合。

（9）多级放大电路的各级之间的耦合方式有：阻容耦合、变压器耦合、直接耦合和光电耦合四种。前两种耦合放大电路各级直流状态相互独立，工作点可以分别计算，能克服零漂，但低频响应差，不便于集成；直接耦合放大电路虽然存在各级之间的工作点相互影响和零漂等问题，但可以采用差动放大电路加以解决，且便于集成；光电耦合放大电路隔离性能好、抗干扰性能强，具有较高的线性度。在多级放大电路进行动态分析时，常常把后级的输入电阻作为前级的负载进行处理。

（10）放大电路的幅度放大倍数在高频区下降的主要原因是三极管的极间电容和实际连线的分布电容，在低频区下降的主要原因是耦合电容和射极旁路电容。电压增益与频率的关系，从一个侧面描述了放大器的频率响应，它分为幅频特性和相频特性，描述方法常用波特图。高频时，适用于低频的小信号等效电路法将不再适用，要用高频等效电路来分析。

探究研讨——BJT 放大电路研究探讨

BJT 放大电路如图 3.55 所示，是一个常用的分压式偏置放大电路。试以小组合作的形式，展开课外拓展，研究电路中各元器件究竟会对放大器的静态工作点、增益、输入电阻和输出电阻有什么影响？并就以下内容进行交流讨论：

（1）上偏置电阻 R_{b1} 和下偏置电阻 R_{b2} 分别增加、减小，对基极输入电流 i_B 的影响。

（2）电阻 R_c 增加和减小，对电路静态工作点、增益、输入输出电阻的影响。

（3）温度变化时对电路静态工作点的影响。

（4）电阻 R_e 增加和减小，对电路增益的影响；假如加旁路电容（或 R_e 分成两个电阻，其中一个加旁路电容），会有什么影响？

（5）若此放大电路在低频段放大很稳定，当 v_s 信号大小不变，频率升高到中频，升高到高频，输出信号 v_o 会有什么变化？

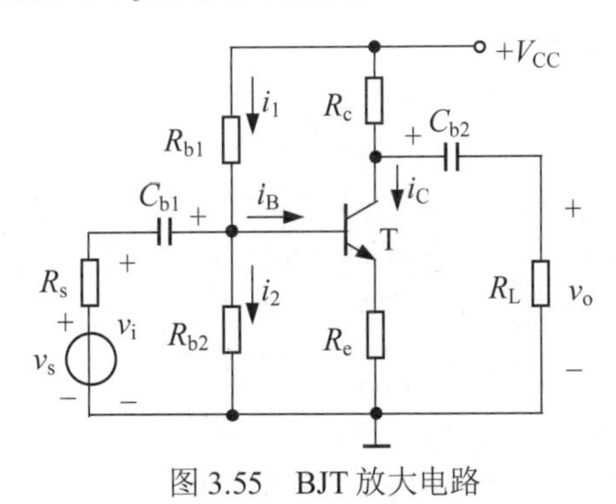

图 3.55　BJT 放大电路

习题

在线测试

3.1　三极管的发射极和集电极的半导体材料相同，它们是否可以互换？为什么？

3.2　为使 NPN 型管和 PNP 型管工作在方法状态，应分别在外部加怎样的电压？

3.3　若测得某三极管的 I_B=20μA，I_C=1mA，问能否确定它的电流放大系数？为什么？

3.4　用直流电压表测得放大电路中的三极管的三个电极电位分别是下列各组数据，判断三极管是什么类型的三极管？是硅管还是锗管？三个电位值分别对应的是哪个电极？

（1）V_1=2.8V，V_2=2.1V，V_3=12V。

（2）V_1=3V，V_2=2.8V，V_3=12V。

（3）V_1=6V，V_2=11.3V，V_3=12V。

（4）V_1=6V，V_2=11.8V，V_3=12V。

3.5　假设有两个三极管，已知第一个管子的 $\beta_1 = 0.99$，则 α_1 等于多少？当该管的 I_{B1}=10μA 时，其 I_{C1} 和 I_{E1} 分别等于多少？已知第二个管子的 α_2=0.95，则 β_2 等于多少？当该管的 I_{E1}=1mA 时，其 I_{C2} 和 I_{B2} 分别等于多少？

3.6　测得某电路中几个三极管各极的电位如图 3.56 所示，判断各三极管分别工作在截止区、放大区还是饱和区。

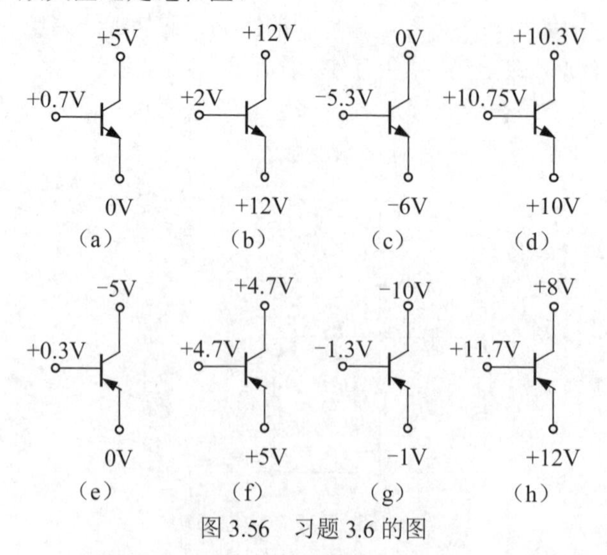

图 3.56　习题 3.6 的图

3.7　测得放大电路中六只晶体管的直流电位如图 3.57 所示。在圆圈中画出管子，并说明它们是硅管还是锗管。

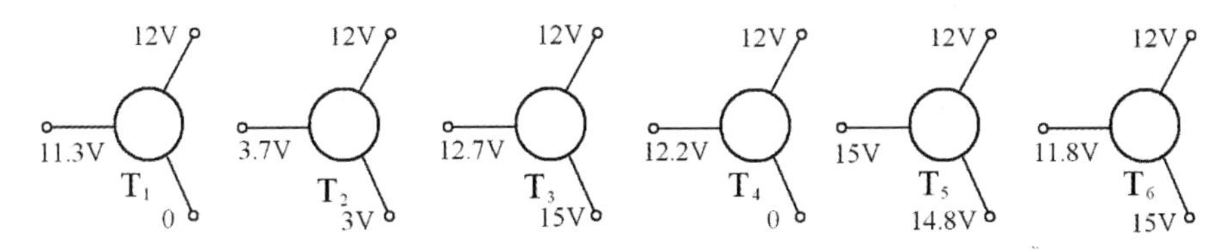

图 3.57　习题 3.7 的图

3.8　放大电路中直流电源的作用是什么？

3.9　三极管放大电路中的输入电阻和输出电阻是高点好还是低点好？为什么？

3.10　已知图 3.58 中元器件的参数β=60，V_{CC}=6V，R_c=5kΩ，R_b=530kΩ，R_L=5MΩ。

试求：（1）估算静态工作点 Q。

（2）求 r_{be} 值。

（3）求电压增益 A_v，输入电阻 R_i 和输出电阻 R_o。

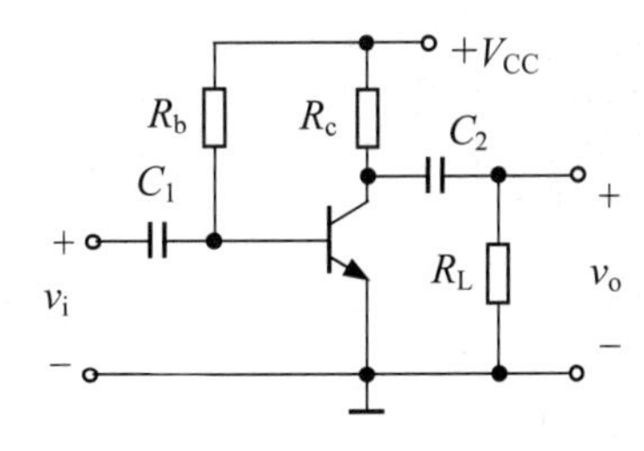

图 3.58　习题 3.10 的图

3.11　电路如图 3.59（a）所示，图 3.59（b）是晶体管的输出特性，静态时 $V_{BEQ}=0.7V$。利用图解法分别求出 $R_L=\infty$ 和 $R_L=3k\Omega$ 时的静态工作点和最大不失真输出电压 V_{om}（有效值）。

3.12　放大电路如图 3.60 所示：

（1）R_b起何作用？

（2）当 R_b 的阻值变小时，对直流工作点有何影响？

（3）R_e 及 R_L 变化时，对电压增益有何影响？

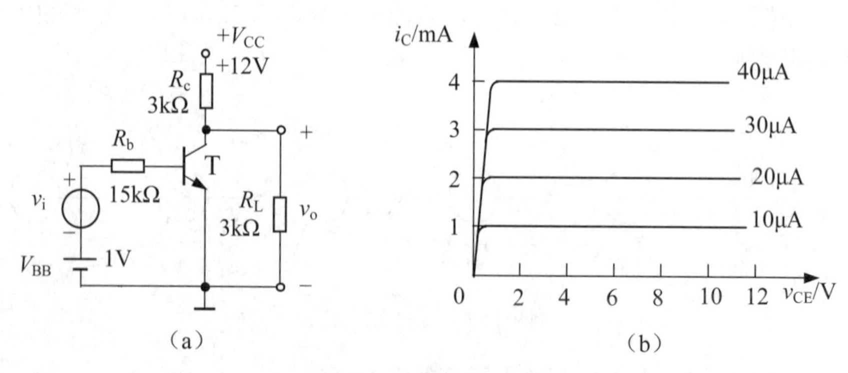

图 3.59 习题 3.11 的图

3.13 如图 3.61 所示，已知晶体管的 $\beta = 60$，$r'_{bb} = 100\Omega$，求解静态工作点 Q，电压增益 A_v，输入电阻 R_i 和输出电阻 R_o（不用求解数值，只需写出表达式）。

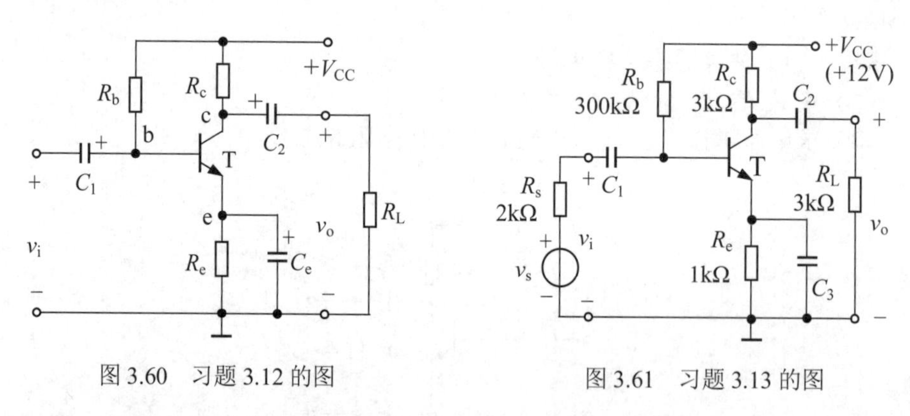

图 3.60 习题 3.12 的图

图 3.61 习题 3.13 的图

3.14 如图 3.62 电路中，设 $\beta = 50$，$V_{BEQ} = 0.6\text{V}$。

求（1）估算静态工作点 Q。

（2）画出放大电路的微变等效电路。

（3）电压增益 A_v，输入电阻 R_i 和输出电阻 R_o。

3.15 已知图 3.63 所示电路中晶体管的 $\beta = 80$，$r_{be} = 2.7\text{k}\Omega$，$V_{BEQ} = 0.7\text{V}$。

（1）估算电路静态工作点：I_{BQ}、I_{CQ}、V_{CEQ}。

（2）画出简化 h 参数交流等效电路图，并求电压增益 A_v，输入电阻 R_i 和输出电阻 R_o。

3.16 放大电路如图 3.64 所示，试按照图中参数在 b 图中：

（1）画出直流负载线。

（2）定出 Q 点（设 $V_{BE}=0.7V$）。

（3）画出交流负载线。

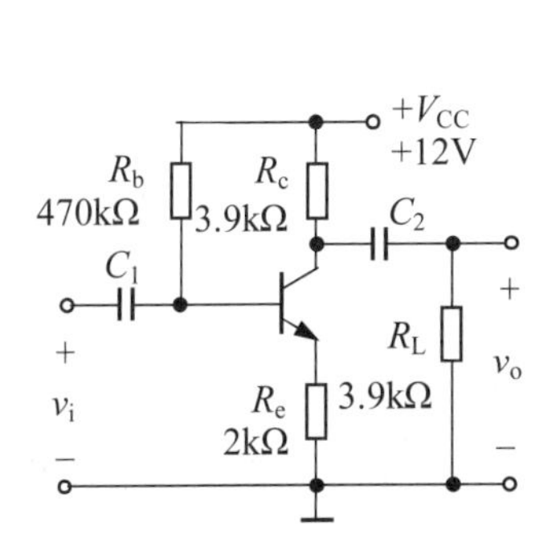

图 3.62　习题 3.14 的图

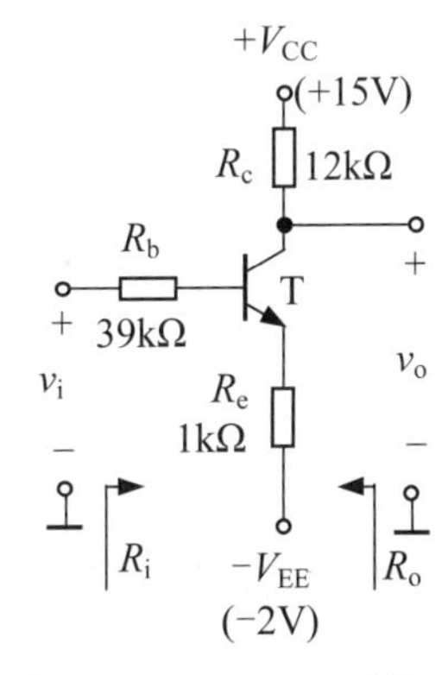

图 3.63　习题 3.15 的图

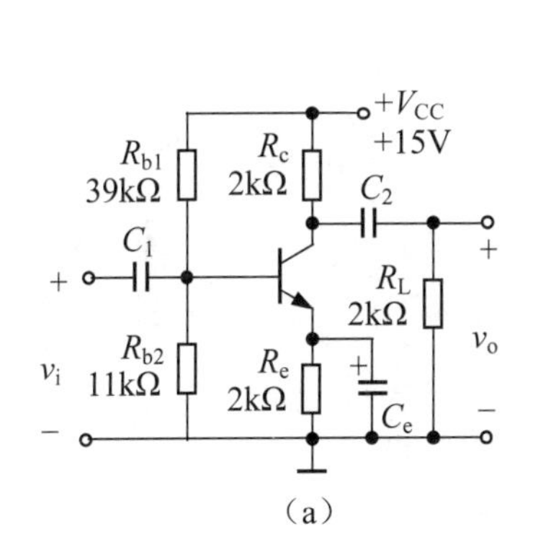

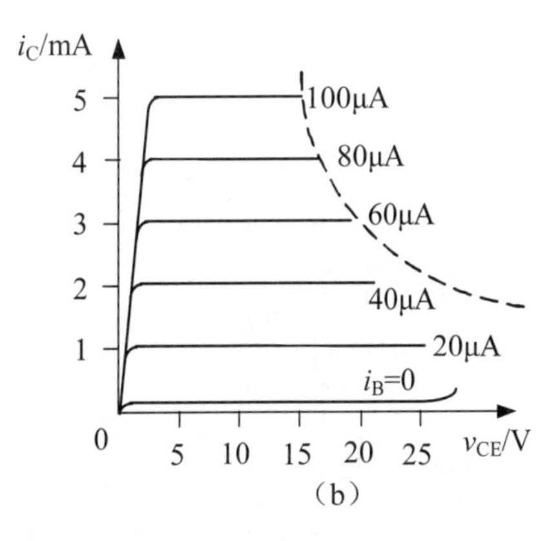

图 3.64　习题 3.16 的图

3.17　电路如图 3.65 所示，已知：V_{CC}=12V，R_s=10kΩ，R_{b1}=120kΩ，R_{b2}=30kΩ，R_c=3.3kΩ，R_e=1.7kΩ，R_L=3.9kΩ，$V_{BE}=0.7V$，电流放大系数 $\beta=50$，电路中电容容量足够大，试求：

（1）静态工作点 I_{BQ}、I_{CQ}、V_{CEQ}。

（2）晶体管的输入电阻 r_{be}。

（3）放大器的电压增益 A_v、输入电阻 R_i 和输出电阻 R_o。

3.18　电路如图 3.66 所示，晶体管 $\beta=100$，$r'_{bb}=100\Omega$。

求：（1）电路的 Q 点、电压增益 A_v、输入电阻 R_i 和输出电阻 R_o。

（2）若改用 $\beta=200$ 的晶体管，则 Q 点如何变化？

（3）若电容 C_e 开路，则将引起电路的哪些动态参数发生变化？如何变化？

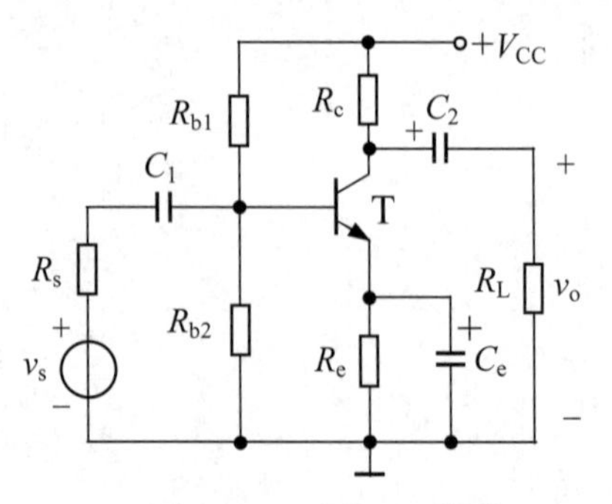

图 3.65 习题 3.17 的图

3.19 电路如图 3.67 所示，晶体管的 $\beta = 80$，$r_{be} = 1\text{k}\Omega$，求解静态工作点 Q，电压增益 A_v，输入电阻 R_i 和输出电阻 R_o。（不用求解数值，只需写出表达式）

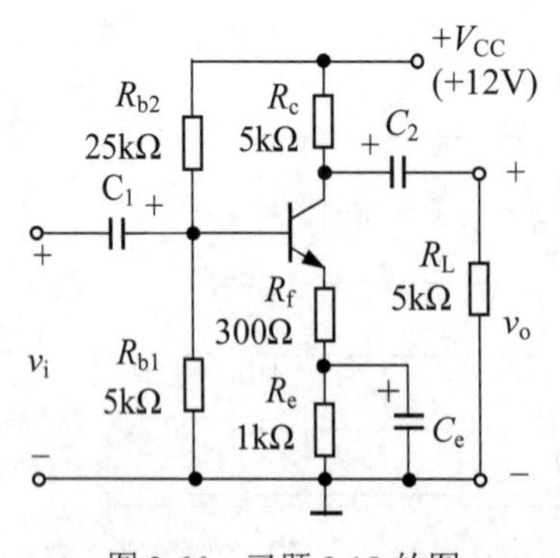

图 3.66 习题 3.18 的图

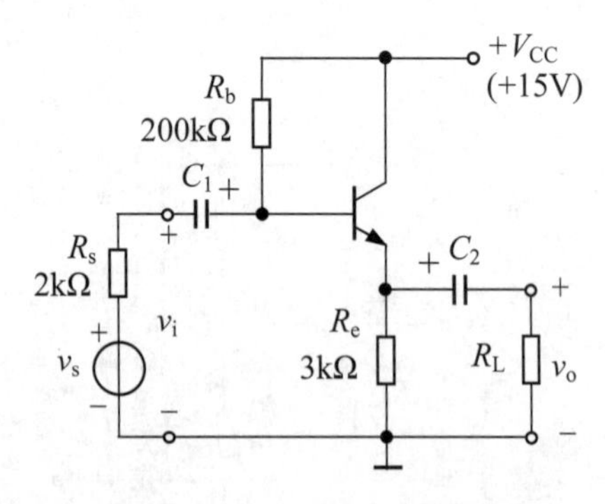

图 3.67 习题 3.19 的图

3.20 何为多级放大电路的耦合方式？常用的有哪几种？

3.21 直接耦合的多级放大电路的优缺点各是什么？

3.22 如图 3.68 所示为一个两级放大电路，已知电路中各元件的参数为：V_{CC}=15V，R_{b1}=360kΩ，R_{c1}=5.6kΩ，R_{c2}=2kΩ，R_{e2}=750 Ω，$\beta_1 = 50$，$\beta_2 = 30$。

求：（1）第一级和第二级的静态工作点。

（2）放大电路的动态参数：电压总增益 A_v、输入电阻 R_i 和输出电阻 R_o。

3.23 如图 3.69 所示为一个两级放大电路，已知电路中各元件的参数为 V_{CC}=12V，R_{b11}=91kΩ，R_{b12}=30kΩ，R_{c1}=12kΩ，R_{e1}=5.1kΩ，R_{b2}=180kΩ，R_{e2}=3.6kΩ，R_{e2}=750 Ω，$\beta_1 = \beta_2 = 100$，r_{be1}=6.2kΩ，r_{be2}=1.6kΩ。

求：（1）输入电阻 R_i 和输出电阻 R_o。

（2）不带负载和带负载时的总电压增益 A_v。

（3）若没有第二级，其不带负载和带负载时的总电压增益 A_v。

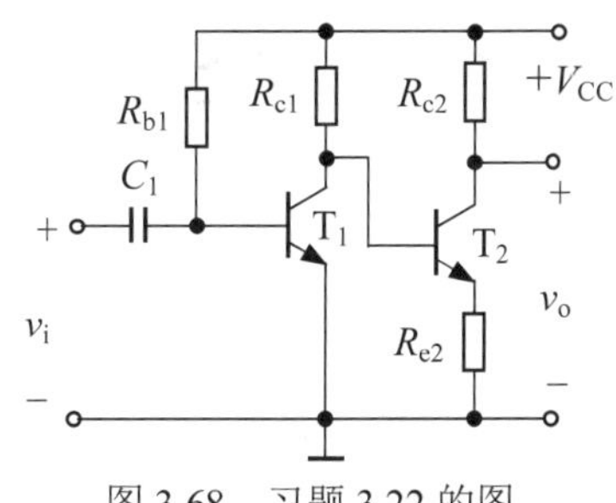

图 3.68　习题 3.22 的图

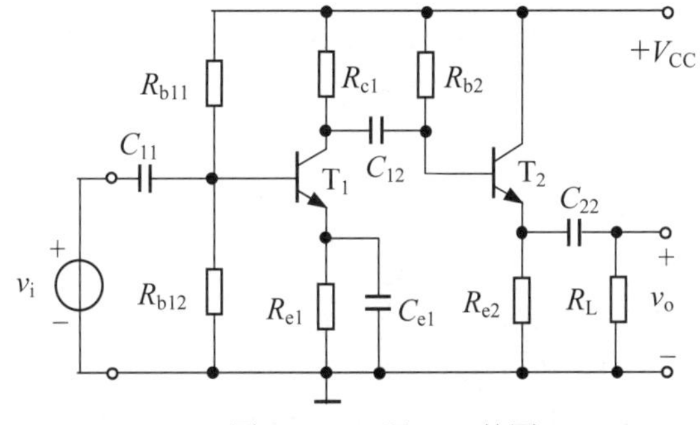

图 3.69　习题 3.23 的图

3.24　什么是频率失真？某放大器的 f_L=100Hz，f_H=1MHz，现输入频率为 2MHz 的正弦波，问输出信号有没有失真？若输入信号是由 100kH$_Z$ 和 2MHz 两种频率分量组成的，问输出信号波形有没有失真？

3.25　电路如图 3.70 所示。已知：V_{CC}=12V；晶体管的 C_μ=4pF，f_T=50MHz，$r'_{bb}=100\Omega$，$\beta_0=80$。试求：（1）中频电压增益 $\dot{A}_{vsM}$；（2）C'_π；（3）f_L 和 f_H；（4）画出波特图。

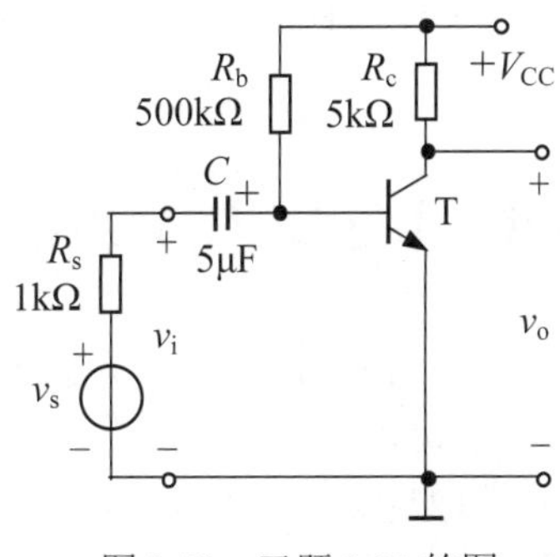

图 3.70　习题 3.25 的图

第4章　场效应管及其放大电路

本章课程目标

1. 了解结型、绝缘栅型场效应管的结构及其类型，理解各种类型场效应管的工作原理、特性，掌握各种类型场效应管的主要参数。
2. 掌握各种组态场效应管放大电路的组成形态、分析方法及其性能。

场效应管（Field Effect Transistor，FET）是利用电场效应来控制其输出电流的大小，从而实现放大作用。它是伴随着集成电路的发展而出现的一种半导体器件，其制造工艺简单、集成度高、体积小，因而广泛应用于大规模和超大规模集成电路。

BJT 工作时，两种载流子都参与导电，因此被称为双极型晶体管。而场效应管工作时只有多数载流子参与导电，因此被称为单极型晶体管。FET 根据结构不同，可以将其分为两类：金属-氧化物-半导体场效应管（Metal-Oxide-Semiconductor Field Effect Transistor，MOSFET）和结型场效应管（Junction Field Effect Transistor，JFET）。MOSFET 又可分为增强型和耗尽型两大类。每一类型 FET 都分为 N 沟道和 P 沟道两种。所谓增强型是指常态下不存在导电沟道，只有当$|v_{GS}|$大于某值时才能形成导电沟道；而耗尽型是指常态下（$v_{GS}=0$）管子中已经存在导电沟道，在 v_{DS} 的作用下能够产生电流 i_D。

本章首先介绍 MOSFET 的结构、工作原理、特性曲线和主要参数，然后以共源级放大电路为例分析其组成及工作原理，利用小信号模型分析放大电路的主要性能指标。最后介绍结型场效应管（JFET）及其放大电路。

4.1　金属-氧化物-半导体（MOS）场效应三极管

金属-氧化物-半导体场效应管（MOSFET）是一种利用电场效应来控制其电流大小的半导体器件，是由金属（Metal，铝）、氧化物（Oxide，二氧化硅）和半导体（Semiconductor）材料构成的，栅极和半导体之间有氧化物绝缘层，故 MOSFET 也称为绝缘栅场效应管，简称 MOS 管。

本节以 N 沟道为例，分别介绍耗尽型和增强型场效应管的结构、工作原理、特性曲线、特性方程和主要参数。

4.1.1　增强性 MOSFET

【微课视频】

N 沟道增强型 MOSFET 的工作原理

1. 结构及电路符号

N 沟道增强型 MOSFET 的结构如图 4.1（a）所示。它是以一块掺杂浓度较低、电阻率较高的 P 型硅半导体薄片作为衬底，利用扩散的方法在 P 型硅中形成两个高掺杂的 N^+区，并在两个 N^+区的表面分别安装一个金属铝电极，作为 MOS 管的源极 s 和漏极 d；然后在 P 型硅衬底的表面制作一层很薄 SiO_2 氧化物绝缘层，并在其表面安装一个铝电极作为 MOS 管的栅极 g，这就形成了 N 沟道增强型的 MOSFET。B 为从 P 型硅衬底引出的金属电极，工作时，一般衬底与源极相连。

由于栅极与源极、漏极之间均无电接触，故称为绝缘栅极，其电路符号如图 4.1（b）所示。箭头方向表示 P（衬底）指向 N（沟道），电路符号中的垂直短画线表示沟道，垂直短画线的三根线的“断开”表明 $v_{GS}=0$ 时，漏极和源极之间的导电沟道不存在。

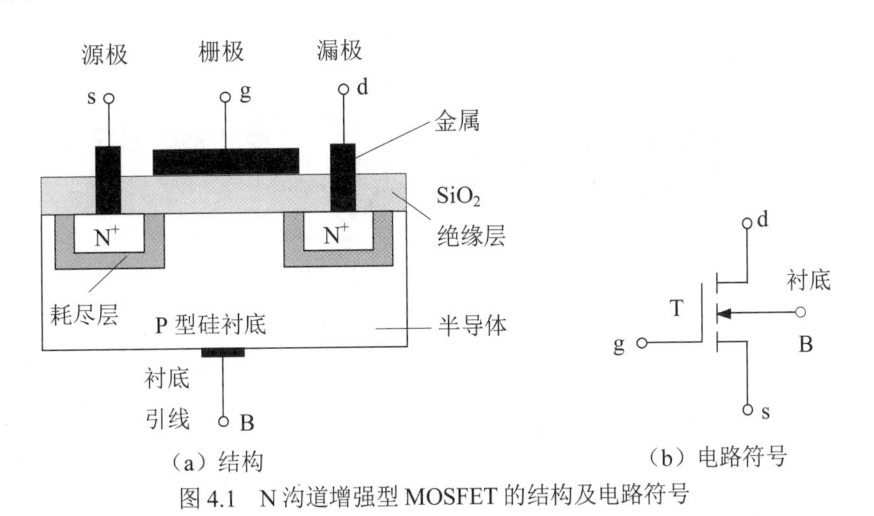

（a）结构　　（b）电路符号

图 4.1　N 沟道增强型 MOSFET 的结构及电路符号

【动画】

MOS 场效应管的工作原理

2. 工作原理

（1）$0<v_{GS}<V_T$，没有导电沟道。在图 4.2（a）中，当 $v_{DS}=0$，栅源电压 $0<v_{GS}<V_T$，这时除了两个 N^+区与 P 型半导体形成 PN 结（耗尽层）外，在栅极和 P 型硅片间相当于以 SiO_2 为介质的平板电容器，由于栅极的电位高，因此在 SiO_2 介质中产生了一个垂直于半导体表面的，由栅极指向 P 型硅衬底的电场，v_{GS} 产生的电场排斥 P 区的多子，留下不能移动的负离子，形成耗尽层。此时即使加上一定的漏源电压 v_{DS}，

流过管子的仍是一个很小的 PN 结反向电流，漏极电流 i_D=0，也就是说，漏极和源极之间没有形成导电沟道。

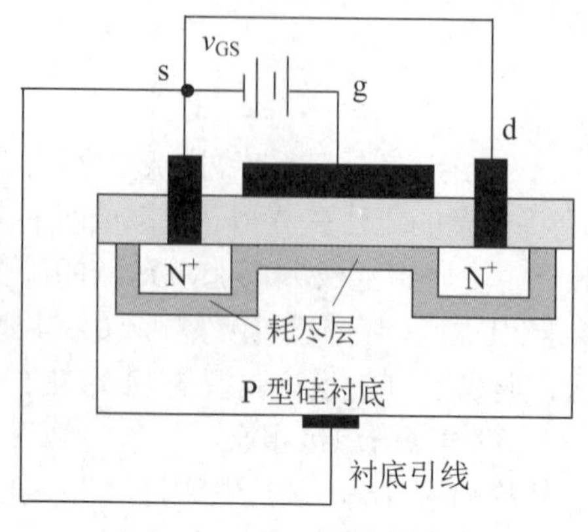

（a）$0<v_{GS}<V_T$，没有导电沟道

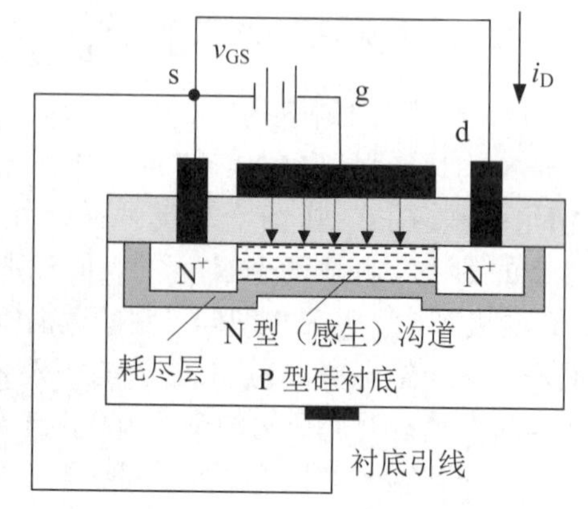

（b）$v_{GS}>V_T$，$v_{DS}=0$，出现 N 型导电沟道

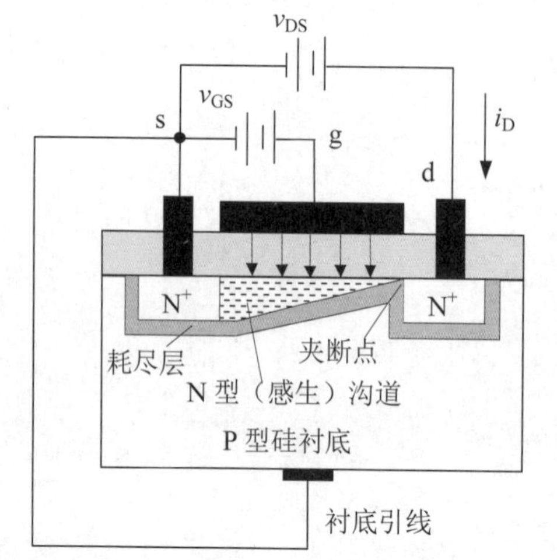

（c）$v_{GS}>V_T$，$0<v_{DS}<(v_{GS}-V_T)$，形成可变电阻区

（d）$v_{GS}>V_T$，$v_{DS}>(v_{GS}-V_T)$，形成饱和区

图 4.2　N 沟道增强型 MOSFET 的工作原理

（2）$v_{GS}>V_T$，$v_{DS}=0$，出现 N 型导电沟道。当 $v_{GS}>V_T$，$v_{DS}=0$ 时，如图 4.2（b）所示，此时因为正的 v_{GS} 达到一定数值，即 $v_{GS}>V_T$，产生的电场足够强，已能吸引足够多的 P 型硅衬底中的自由电子到栅极下的衬底表面，被吸引到 P 型硅衬底表面的自由电子的数目超过了空穴的数目，则在 P 型硅表面就出现了一个 N 型的区域，称为电子反型层，这个反型层将两个 N^+区连接在一起，实际上就形成了漏、源两极间的 N 型导电沟道。此时，在 v_{DS} 的作用下，将有漏极电流 i_D 产生。使 N 型 MOSFET

形成导电沟道时的 v_{GS}，称为开启电压 V_T。显然，v_{GS} 的值越大，N 型导电沟道将越厚，沟道的电阻值将越小。可见，v_{GS} 对沟道宽度具有控制作用。这种在 $v_{GS}=0$ 时没有导电沟道，在 $v_{GS}>V_T$ 时才形成导电沟道的 FET 称为增强型 FET。

（3）可变电阻区的形成。当 $v_{GS}>V_T$，$v_{DS}>0$ 时，如图 4.2（c）所示，外加较小的 v_{DS} 时，开始产生流过导电沟道的电流 i_D。随着 v_{DS} 上升，因为 v_{DS} 在沟道内引起的电位是右边高、左边低，而栅极电位沿沟道长度方向是相同的，使得绝缘层两侧的电位差从右到左逐渐增大，因此电场从右到左逐渐增强，从而使沟道的截面积靠近源端厚，靠近漏端薄，即沟道呈楔形。当 $v_{DS}<v_{GS}-V_T$ 时，沟道截面积的不均匀性不明显，电流 i_D 将随 v_{DS} 的上升而迅速增大，如图 4.3（b）所示的输出特性曲线的 OM 段，该段的斜率较大，称为可变电阻区。但是当 v_{DS} 上升到一定数值时，即 $v_{DS}=v_{GS}-V_T$ 时，g、d 方向的电压差下降到小于开启电压，在沟道的右端靠近漏极处出现预夹断，沟道截面呈三角形状。

（4）饱和区的形成。当 $v_{GS}>V_T$，$v_{DS}>v_{GS}-V_T$ 时，夹断点向源极方向移动，将形成一个夹断区，如图 4.2（d）所示。之后，管子工作在恒流区，电流 i_D 几乎不随 v_{DS} 的增加而增大，如图 4.3（b）所示的输出特性曲线的 MN 段，该段的斜率为 0，称为饱和区。需要注意的是，虽然沟道被夹断，但是因为夹断区的长度远小于沟道长度，而且夹断区的电场强度很大，所以仍能将电子拉过夹断区形成漏极电流 i_D。随着 v_{DS} 的继续增加，v_{DS} 增加的部分主要降落在夹断区，而降落在导电沟道上的电压基本不变，因此 v_{DS} 虽然继续上升，电流 i_D 几乎不变，i_D 趋于饱和。

3. 特性曲线及特性方程

（1）输出特性曲线及特性方程。N 沟道增强型 MOSFET 的输出特性是指在栅源电压 v_{GS} 一定的情况下，漏极电流 i_D 与漏源电压 v_{DS} 之间的关系，即

$$i_D = f(v_{DS})\Big|_{v_{GS}=\text{常数}} \tag{4.1}$$

其输出特性曲线如图 4.3（b）所示。

输出特性曲线的参变量为 v_{GS}，即对应每一个 v_{GS}，都有一条曲线，因此输出特性为一簇形状相近的曲线。输出特性可分为三个不同的区域，下面分别进行讨论。

1）截止区。当 $0<v_{GS}<V_T$ 时，还没有形成导电沟道，$i_D=0$，管子处于截止工作状态。

2）可变电阻区。当 $v_{GS}>V_T$，且 $v_{DS}<v_{GS}-V_T$ 时，根据预夹断的条件：$v_{DS}=v_{GS}-V_T$，可以画出预夹断轨迹如图 4.3（b）中左边虚线所示，虚线以左的区域为可变电阻区。如前所述，当 v_{GS} 一定时，且 v_{DS} 较小时，电流 i_D 与漏源电压 v_{DS} 近似呈线性关系，该段曲线的斜率受 v_{GS} 的控制，因此场效应管 d、s 间相当于一个受电压 v_{GS} 控制的可变电阻，其电阻值为相应曲线上升段斜率的倒数。很显然，v_{GS} 不同，上升段斜率不同，体现出的电阻也不同，故名为可变电阻区。

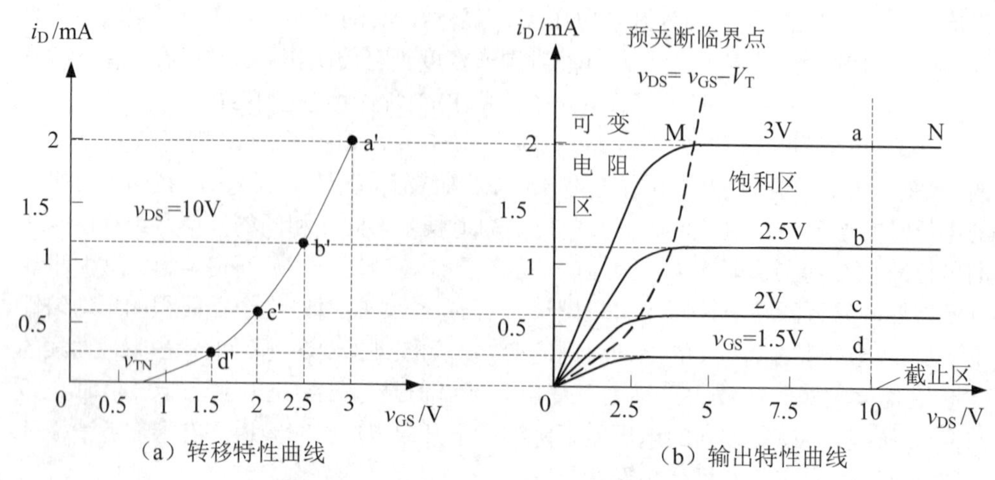

图 4.3 N 沟道增强型 MOSFET 的特性曲线

3）饱和区。当 $v_{GS}>V_T$，且 $v_{DS}>v_{GS}-V_T$ 时，管子进入饱和区。饱和区内的曲线近似为平行于横轴的直线簇，i_D 不随 v_{DS} 变化而趋于饱和，因此把该区域称为饱和区。在此区域，MOSFET 的 d、s 间相当于一个受电压 v_{GS} 控制的电流源，故也称为恒流区。此外，MOSFET 用于放大时，就工作在该区域，因此也被称为放大区。其伏安特性可近似表示为

$$i_D = K_n(v_{GS} - V_T)^2 = K_n V_T^2 (\frac{v_{GS}}{V_T} - 1)^2 = I_{D0}(\frac{v_{GS}}{V_T} - 1)^2 \tag{4.2}$$

式中，K_n 为电导常数，单位是 mA/V^2；$I_{D0}=K_n V_T^2$，I_{D0} 是 $v_{GS}=2v_T$ 时的 i_D。

（2）转移特性曲线。FET 是电压控制器件，由于栅极与源极、漏极之间均无电接触，因此栅极输入端电流近似为 0，所以讨论它的输入特性是没有意义的。转移特性曲线是在漏源电压 v_{DS} 一定时，栅源电压 v_{GS} 对漏极电流 i_D 的控制特性，即

$$i_D = f(v_{GS})\Big|_{v_{DS}=\text{常数}} \tag{4.3}$$

由于输出特性与转移特性都是反映 FET 工作的同一物理过程，所以转移特性直接由输出特性曲线上用作图法求出。例如，在图 4.3（b）所示的输出特性曲线中，作 v_{DS}=10V 的一条垂线，此垂线与各条输出特性曲线的交点分别为 a、b、c、d，读出各点对应的 i_D 与 v_{GS} 的值，将每一组值画在 i_D–v_{GS} 的直角坐标系中，分别为 a'、b'、c'、d'，连接各点就可得到转移特性曲线，如图 4.3（a）所示。

P 沟道管工作原理和特性与 N 沟道管是相似的，区别是电压（v_{GS}，v_{DS}，V_T）极性与 N 沟道管是相反的。当 $v_{GS}<V_T$ 时，已经有沟道存在。漏极电流 i_D 的方向也与 N 沟道管相反，其特性曲线见表 4.1。

表 4.1　绝缘栅型场效应管的特性比较

沟道类型	结构类型	电源极性		符号及电流方向	转移特性	漏极特性
		v_{DS}	v_{GS}			
N	耗尽型	+	−	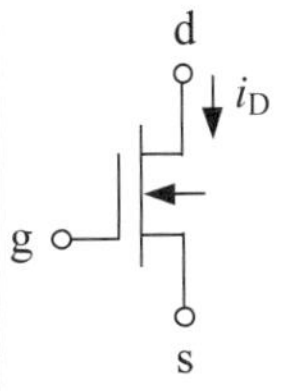 d, i_D, g, s	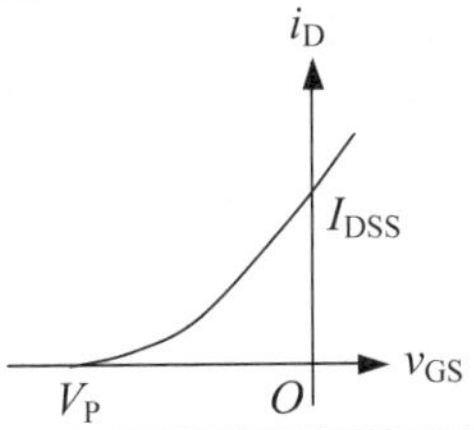 i_D, I_{DSS}, V_P, O, v_{GS}	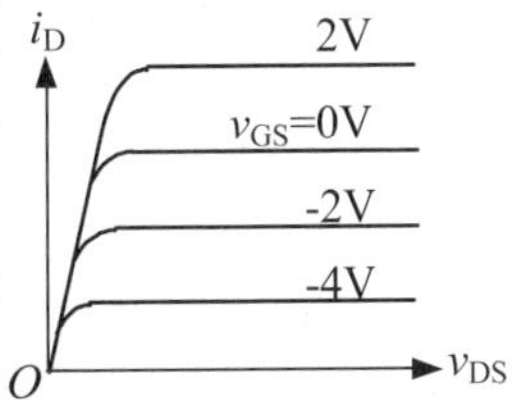 i_D, 2V, v_{GS}=0V, -2V, -4V, O, v_{DS}
N	增强型	+	+	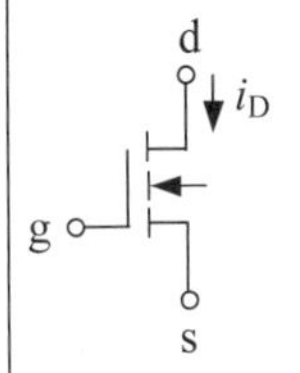 d, i_D, g, s	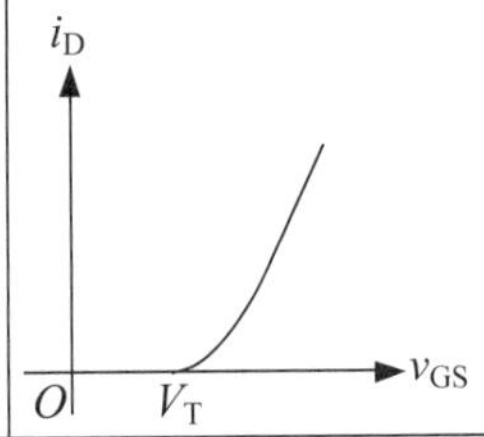 i_D, O, V_T, v_{GS}	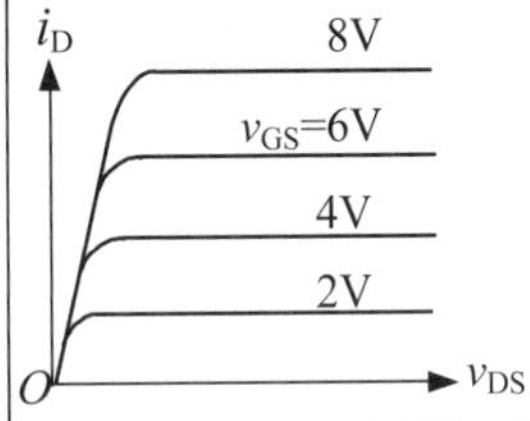 i_D, 8V, v_{GS}=6V, 4V, 2V, O, v_{DS}
P	耗尽型	−	−	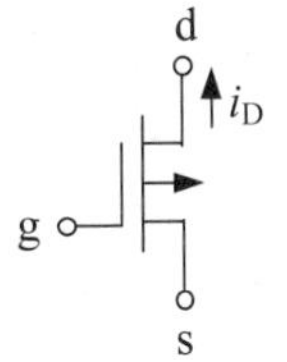 d, i_D, g, s	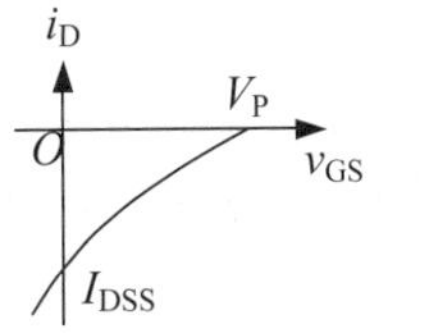 i_D, O, V_P, v_{GS}, I_{DSS}	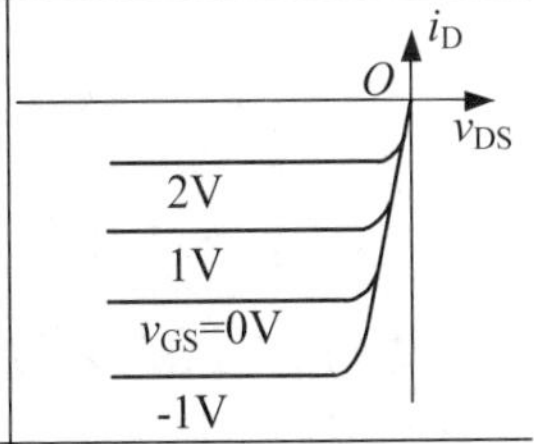 i_D, O, v_{DS}, 2V, 1V, v_{GS}=0V, -1V
P	增强型	−	−	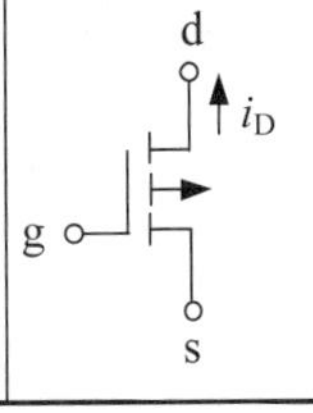 d, i_D, g, s	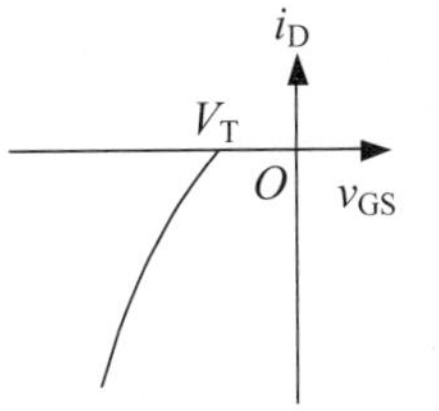 i_D, V_T, O, v_{GS}	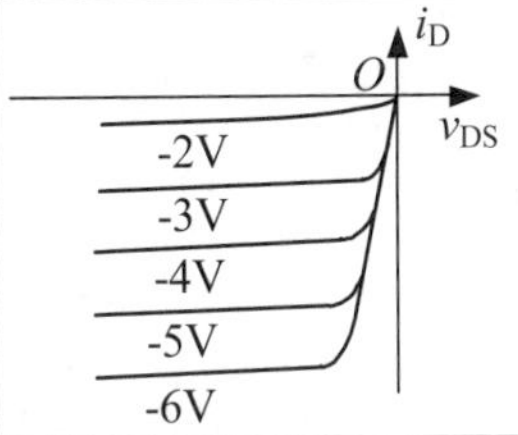 i_D, O, v_{DS}, -2V, -3V, -4V, -5V, -6V

4.1.2　耗尽型 MOSFET

N 沟道耗尽型 MOSFET 的结构与前面讨论的 N 沟道增强型 MOSFET 的结构基本相同，唯一的区别在于制造耗尽型管子时，在二氧化硅绝缘层中掺入了大量的正离子。大量正离子的作用相当于增强型管子接入栅-源电压并使 $v_{GS}>V_T$，这是因为大量正离子能在源区（N^+层）和漏区（N^+层）的中间的 P 型衬底上感应出较多的电子，从而形成 N 沟道，将源极和漏极连通，如图 4.4（a）所示。v_{GS}=0 时，导电沟道已经存在，因此称为耗尽型 MOSFET，其电路符号如图 4.4（b）所示，符号中的长竖线代表源极与漏极之间的沟道。

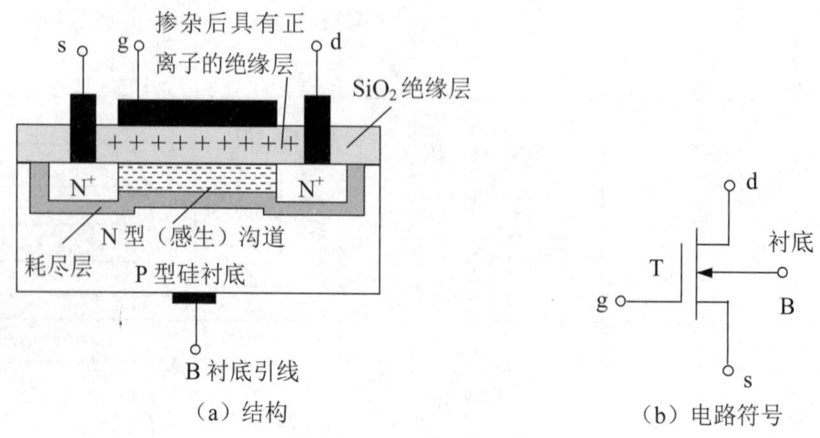

（a）结构　　（b）电路符号

图 4.4　N 沟道耗尽型 MOSFET

当 $v_{GS}>0$ 时，与增强型的管子一样，栅源电压在沟道中感生出更多的电子，因为沟道在 $v_{GS}=0$ 时已经存在，因此感生出的电子使沟道变宽，从而在同样 v_{DS} 作用下，将产生更大的漏极电流。同样由于 SiO_2 绝缘层的存在，栅极不会产生电流 i_G。当 $v_{GS}<0$ 时，则 v_{GS} 产生的电场（由下向上）与正离子产生的电场（由上向下）相反，因而将使感应的自由电子减少，从而使沟道变窄，因此使 i_D 减小。当 v_{GS} 为负电压达到一定值时，沟道消失，这时即使有漏源电压 v_{DS}，也不会产生漏极电流 i_D。此时的栅源电压称为夹断电压 V_P。N 沟道耗尽型 MOSFET 的输出特性曲线和转移特性曲线如图 4.5 所示。需要特别注意的是，其夹断电压 V_P 是负值。

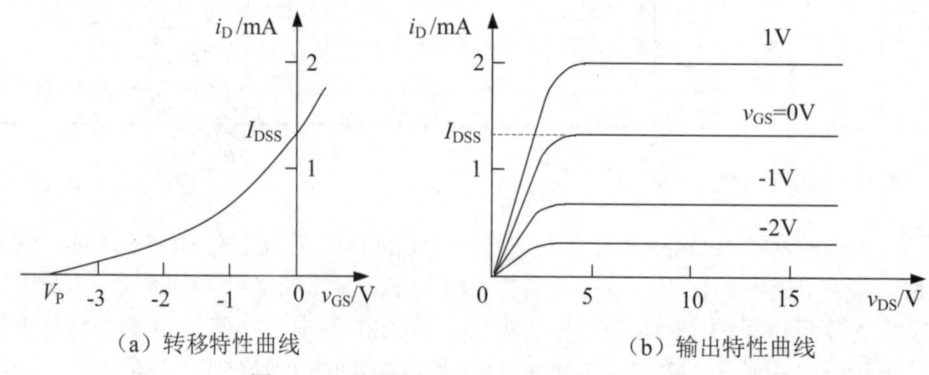

（a）转移特性曲线　　（b）输出特性曲线

图 4.5　N 沟道耗尽型 MOSFET 的特性曲线

P 沟道管工作原理和特性与 N 沟道管是相似的，区别是电压（v_{GS}，v_{DS}，V_P）的极性与 N 沟道管是相反的。当 $v_{GS}<V_P$（P 沟道耗尽型管 $V_P>0$）时，沟道存在。漏极电流 i_D 的方向也与 N 沟道管相反，其特性曲线如表 4.1 所示。

N 沟道耗尽型 MOSFET 工作在饱和区（恒流区）时，电流方程为

$$i_D = I_{DSS}(1-\frac{v_{GS}}{V_P})^2 \tag{4.4}$$

式中，I_{DSS} 是 v_{GS}=0 时的 i_D，称为饱和漏极电流。

4.1.3　MOSFET 的主要参数

1. 直流参数

（1）开启电压 V_T。当 v_{DS} 为一定值时，使增强型 MOSFET 漏极电流 i_D 等于一微小电流（例如 10μA）时的栅源间的电压 v_{GS}，称为开启电压 V_T。

（2）夹断电压 V_P。令 v_{DS} 为一定值（例如 10V）时，改变 v_{GS}，使耗尽型 MOSFET 漏极电流 i_D 很小（例如 20 μA）时，栅源间的电压 v_{GS}，称为夹断电压 V_P。

（3）饱和漏极电流 I_{DSS}。当管子工作在饱和区时，v_{GS}=0 时的漏极电流 i_D，称为饱和漏极电流 I_{DSS}，是耗尽型 FET 的参数。通常取 v_{DS}=10V，v_{GS}=0V 时测量出的 $i_D=I_{DSS}$。

（4）直流输入电阻 R_{GS}。在漏源之间短路的条件下，栅源之间所加电压 v_{GS} 与产生的栅极电流 i_G 之比是直流输入电阻 R_{GS}。由于栅极是绝缘的，MOS 管的 R_{GS} 可达 10^9～10^{15}Ω，最大可达 10^{16}Ω。

2. 交流参数

（1）跨导 g_m。在 v_{DS} 等于常数时，栅源电压的微小变化 Δv_{GS} 将引起漏极电流的变化 Δi_D，g_m 定义为 Δi_D 与 Δv_{GS} 之比，即

$$g_m = \frac{\partial i_D}{\partial v_{GS}}\bigg|_{v_{DS}} \tag{4.5}$$

跨导反映了 v_{GS} 对 i_D 的控制能力。它等于转移特性曲线上静态工作点处切线的斜率。单位为 ms 或μs。g_m 的大小一般在 0.1 至几毫西，特殊可达 100ms，其大小随 v_{DS} 而变化的。

对于耗尽型管，根据式（4.5）利用式（4.4）可求出 g_m 为

$$g_m = -\frac{2I_{DSS}(1-\frac{v_{GS}}{V_P})}{V_P} \tag{4.6}$$

对于增强型管，根据式（4.5）利用式（4.2）可推出 g_m 为

$$g_m = 2K_n(v_{GS} - V_T) = \frac{2}{V_T}\sqrt{I_{DO}i_D} \qquad (4.7)$$

（2）输出电阻 r_{ds}。输出电阻 r_{ds} 是输出特性曲线上某一点上切线斜率的倒数。

$$r_{ds} = \frac{\partial v_{DS}}{\partial i_D}\bigg|_{V_{GS}} \qquad (4.8)$$

在饱和区，输出特性曲线的斜率几乎为零，因此 r_{ds} 随 v_{DS} 改变很小，而且 r_{ds} 的数值很大，一般在几十千欧到几百千欧之间。

3. 极限参数

（1）漏-源击穿电压 $V_{(BR)DS}$。$V_{(BR)DS}$ 是指发生雪崩击穿，i_D 开始急剧上升时的 v_{DS} 值。

（2）栅-源击穿电压 $V_{(BR)GS}$。$V_{(BR)GS}$ 是 PN 结被击穿，栅源间反向电流开始急剧增加时的 v_{GS} 值。

（3）最大耗散功率 P_{DM}。耗散功率 $P_{DM}=v_{DS}i_D$。FET 工作过程中，为了限制它的温度不要升的太高，其消耗的功率不允许超过此值，否则管子会因过热而烧坏。

4.1.4 FET 的使用注意事项

（1）选用 MOSFET 时，不能超过其极限参数。

（2）MOSFET 通常制成源极和漏极可以互换。但有些产品出厂时已将源极和衬底连在一起，只有 3 个引脚时，源极和漏极不能互换。

（3）使用时 JFET 的栅源电压不能接反，如对 PN 结接正偏，将造成栅极电流过大，使管子损坏。不使用时三个电极可以开路存放。

（4）存放 MOS 管时，要将 3 个电极引线短接；焊接时，电烙铁必须有外接地线，并按漏极、源极、栅极的顺序进行焊接；测试时，测量仪器和电路本身都要良好接地，要先接好电路再去除电极之间的短接；测试结束后，要先短接电极在撤出仪器。

4.2 MOSFET 共源极放大电路

场效应管和双极型晶体管都是组成模拟信号放大电路的常用器件，而且都可作为放大电路的核心器件，都具有放大作用。FET 和 BJT 组成的放大电路的分析方法和分析过程也完全一样，即①静态分析，求静态工作点；②动态分析，求解放大电路的各种性能指标。场效应管有三个电极，构成放大电路时有三种接法：共源极放大电路、共栅极放大电路和共漏极放大电路。本节主要介绍 N 沟道 MOSFET 管组成的共源极放大电路。

4.2.1　共源极放大电路的组成

场效应管是电压控制器件，需要为其各电极设置合适的工作电压。因此其组成的放大电路有两类偏置电路，即自偏压电路和分压式偏置电路，分压式偏置电路适用于各种类型 FET 组成的放大电路，这里只介绍分压式偏置电路，如图 4.6 所示。

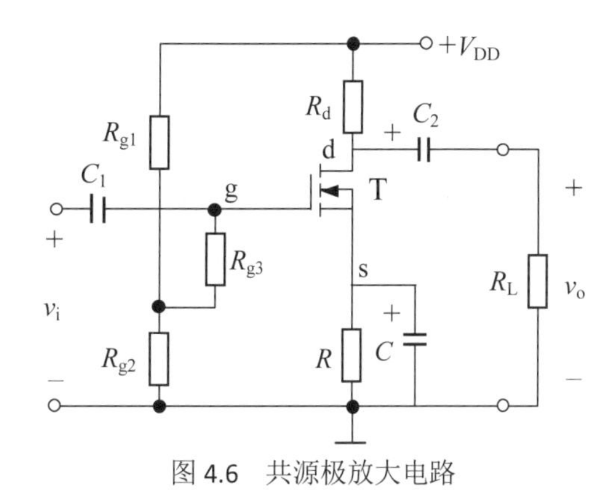

图 4.6　共源极放大电路

在图 4.6 所示的共源极放大电路中，源极作为公共端，信号从栅极输入，被放大后从漏极输出。T 为 N 沟道增强型 MOSFET，起放大作用，是核心器件。外围电阻 R_{g1}、R_{g2} 和 R 为偏置电阻，外围电容起隔直/耦合或旁路作用，电阻 R_d 是将漏极电流 i_D 的变化转换为电压的变化后再送到输出端。

4.2.2　共源极放大电路的静态分析

图 4.7 是场效应管共源极放大电路的直流通路。R_{g1} 和 R_{g2} 组成串联分压电路，V_{DD} 经分压后通过 R_{g3} 供给栅极电压 V_G，则栅源之间电压 $V_{GS}=V_G-I_DR$，所以通过设置不同的分压电阻，便可得到不同的 V_{GS}。因为栅极电流为 0，因此 R_{g3} 上没有压降，串入 R_{g3} 的目的是提高输入电阻。

放大电路的作用是将微弱的输入信号不失真的进行放大，所以放大电路中的 FET 必须始终工作在饱和区。因此放大电路必须设置合适的静态工作点，静态分析的主要目的就是要求出 FET 的静态工作点，即确定 Q（V_{GSQ}、I_{DQ}、V_{DSQ}）。

由式（4.2）有

$$I_D = K_n(v_{GS} - V_T)^2 = I_{D0}(\frac{v_{GS}}{V_T} - 1)^2 \tag{4.9}$$

由图 4.7 所示直流通路的输入回路可得

$$V_{GS}=\frac{R_{g2}}{R_{g1}+R_{g2}}V_{DD}-I_{D}R \tag{4.10}$$

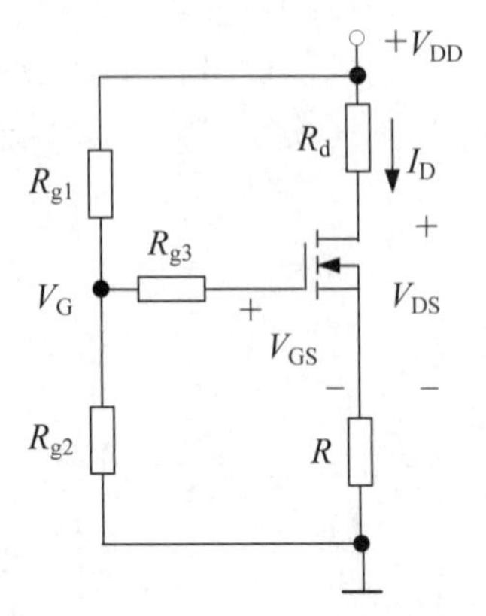

图 4.7　共源极放大电路直流通路

联立式（4.9）和式（4.10），可求出 I_{DQ} 和 V_{GSQ}。

由输出回路可求 V_{DSQ} 为

$$V_{DS}=V_{DD}-I_{D}(R+R_{d}) \tag{4.11}$$

4.2.3　共源极放大电路的动态分析

场效应管同 BJT 一样是非线性器件，但是在输入信号电压幅值较小的情况下，可将 FET 当成线性电路来处理，利用 FET 小信号模型来进行分析。

1. FET 小信号模型

通常 FET 做放大用时可看成一个双口网络，栅极与源极看成入口，漏极与源极看成出口。如果输入小信号时，则 FET 对信号进行线性放大，此时 FET 做线性化处理，与 BJT 的做法类似，可以推导出 FET 的低频小信号模型，如图 4.8（b）所示。

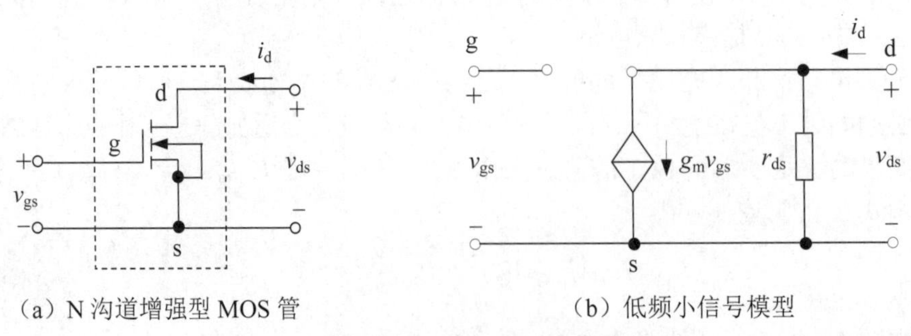

（a）N 沟道增强型 MOS 管　　（b）低频小信号模型

图 4.8　共源极 MOS 管的低频小信号模型

模型中 g_m 为 FET 的跨导，单位为 ms。r_{ds} 为输出电阻，数量级在几百千欧以上，因此当 R_d 远远小于 r_{ds} 时，模型中 r_{ds} 也可以视为开路。

2. 动态分析

用小信号模型分析放大电路的过程是，首先画出放大电路的交流通路，再画出放大电路的微变等效电路，然后按照线性化处理的电路求出动态指标：放大电路的电压增益 A_v、输入电阻 R_i 和输出电阻 R_o。

下面通过一实例来说明。

【例 4.1】 共源极放大电路如图 4.6 所示。已知 V_{DD}=20V，R_d=3kΩ，R_{g1}=300kΩ，R_{g2}=100kΩ，R_{g3}=1MΩ，R=1kΩ，R_L=5kΩ，MOS 管参数为 V_T=1V，K_n=0.2mA/V^2。试求：（1）静态工作点 Q；（2）求放大电路的电压增益 A_v、输入电阻 R_i 和输出电阻 R_o。

解：（1）静态分析。画直流通路如图 4.7 所示，根据式（4.9）、式（4.10）有

$$I_D = K_n(V_{GS} - V_T)^2 = 0.2(V_{GS} - 1)^2$$

$$V_{GS} = \frac{R_{g2}}{R_{g1} + R_{g2}}V_{DD} - I_D R = \frac{100}{300+100} \times 20 - I_D \times 1 = 5 - I_D$$

联立上两式可求得

$$I_D = 0.275\text{mA}\,,\quad V_{GS} = 4.725\text{V}$$

$$V_{DS} = V_{DD} - I_D(R + R_d) = 20 - 0.275 \times (1+4) = 18.625\text{V}$$

因为 $v_{GS}>V_T$，$v_{DS}>(v_{GS}-V_T)$=3.725V，所以 MOSFET 工作在饱和区。

（2）动态分析。因为 r_{ds} 一般在几十千欧至在几百千欧，所以 R_d<<r_{ds}，将 FET 小信号模型中 r_{ds} 视为开路，则画出图 4.6 的微变等效电路如图 4.9 所示。

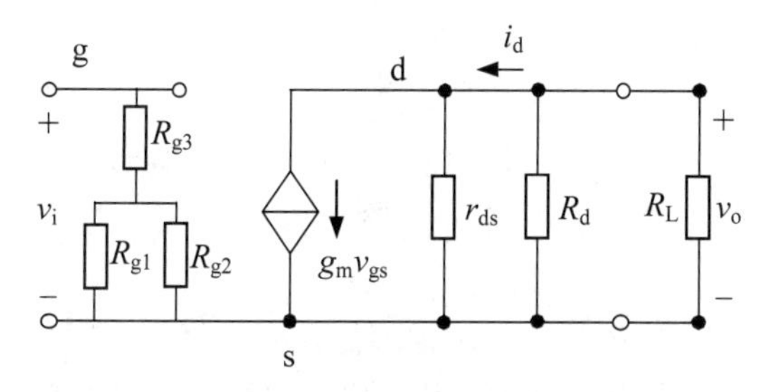

图 4.9　分压式共源极放大电路的微变等效电路

1）求电压增益 A_v。

由图 4.9 有

$$v_{\mathrm{i}} = v_{\mathrm{gs}}$$

$$v_{\mathrm{o}} = -g_{\mathrm{m}} v_{\mathrm{gs}} (R_{\mathrm{d}} // R_{\mathrm{L}})$$

由式（4.7）可求出

$$g_{\mathrm{m}} = 2K_{\mathrm{n}}(v_{\mathrm{GS}} - V_{\mathrm{T}}) = 2 \times 0.2 \times (4.33 - 1) = 1.33\mathrm{ms}$$

故电压增益为

$$A_v = \frac{v_{\mathrm{o}}}{v_{\mathrm{i}}} = -g_{\mathrm{m}}(R_{\mathrm{d}} // R_{\mathrm{L}}) = -1.33 \times (3 // 5) = -2.49$$

式中 A_v 带负号，表示输出电压与输入电压的相位相差 180°。

2）求输入电阻

$$R_{\mathrm{i}} = \frac{v_{\mathrm{i}}}{i_{\mathrm{i}}} = R_{\mathrm{g3}} + R_{\mathrm{g1}} // R_{\mathrm{g2}} = 1.032\mathrm{M\Omega}$$

3）求输出电阻 R_{o}。利用外加测试电压法，求输出电阻 R_{o}。首先画出求输出电阻的电路，如图 4.10 所示。

由图 4.10 可得

$$i_{\mathrm{t}} = v_{\mathrm{t}} / R_{\mathrm{d}}$$

$$R_{\mathrm{o}} = \frac{v_{\mathrm{t}}}{i_{\mathrm{t}}}\bigg|_{v_{\mathrm{i}}=0, i_{\mathrm{L}}=\infty} \approx R_{\mathrm{d}} = 3\mathrm{k\Omega}$$

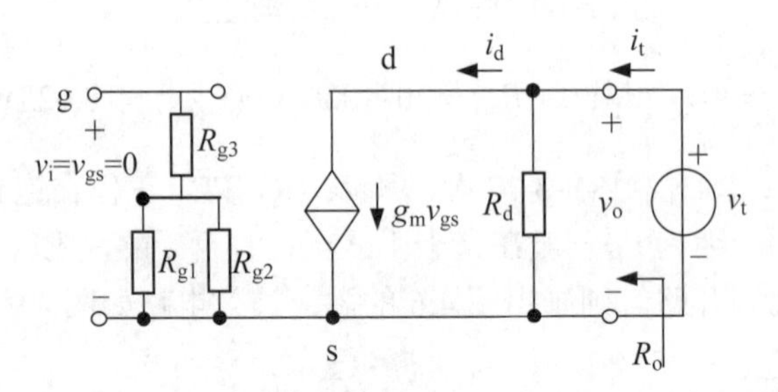

图 4.10　求分压式共源极放大电路的输出电阻

由上例共源极放大电路的分析可见，MOSFET 共源极放大电路与 BJT 共射极放大电路的性能相似：均有放大能力；输出电压与输入电压的相位相反；输出电阻较高。

上例中接入源极电阻 R 的作用是稳定静态工作点，同时为了不影响电压增益，给源极电阻 R 并联一个旁路电容 C，利用电容对交流信号的短路作用，消除 R 对动态电压增益的影响。

共栅极和共漏极放大电路的分析过程与共源极放大电路的分析过程一样，限于篇幅，这里就不再赘述。表 4.2 给出了三种场效应管放大电路的比较。

表 4.2　三种场效应管放大电路的比较

特性	共源极电路	共漏极电路	共栅极电路
电路			
A_v	$-g_m(R_d // R_L)$	$\dfrac{g_m(R_d // R_L)}{1+g_m(R_d // R_L)}$	$g_m(R_d // R_L)$
R_i	$R_{g3}+(R_{g1} // R_{g2})$	$R_{g3}+(R_{g1} // R_{g2})$	$R // \dfrac{1}{g_m}$
R_o	R_d	$R // \dfrac{1}{g_m}$	R_d
特点	反相放大器 $\lvert A_v \rvert>1$ R_i很大，R_o较大	同相放大器 $\lvert A_v \rvert<1$ R_i很大，R_o很小	同相放大器 $\lvert A_v \rvert>1$ R_i很小，R_o较大
类比	共射极放大电路	共集电极放大电路	共基极放大电路

4.3　结型场效应管（JFET）及其放大电路

【微课视频】

JFET 的工作原理

结型场效应管（JFET）是利用半导体内的电场效应进行工作的，分为 N 沟道和 P 沟道两种，其结构和工作原理是类似的，本节主要以 N 沟道 JFET 为例，介绍其结构、工作原理、特性曲线和主要参数。

4.3.1　JFET 的结构和工作原理

1. 结构

N 沟道 JFET 的结构示意图如图 4.11（a）所示。其制造过程是在一块 N 型半导体材料两边扩散高浓度的 P 区（用 P^+表示），形成两个 PN 结（耗尽层）。从两边的 P^+区引出两个接触电极并连在一起称为栅极 g，在 N 型半导体材料的上下两端各引出一个接触电极，分别称为源极 s 和漏极 d。两个 PN 结中间的 N 型区域是多数载流子流动的通道（电流的通道），称为导电沟道，这种结构的 FET 称为 N 沟道 JFET。图 4.11（b）是它的电路表示符号，符号中的短竖线代表沟道，符号中的箭头的方向代表 PN 结的方向，表示栅结正向偏置时，栅极电流的方向是由 P 指向 N。因此在识别管子时，可根据箭头方向判别 d、s 间是 N 沟道还是 P 沟道。

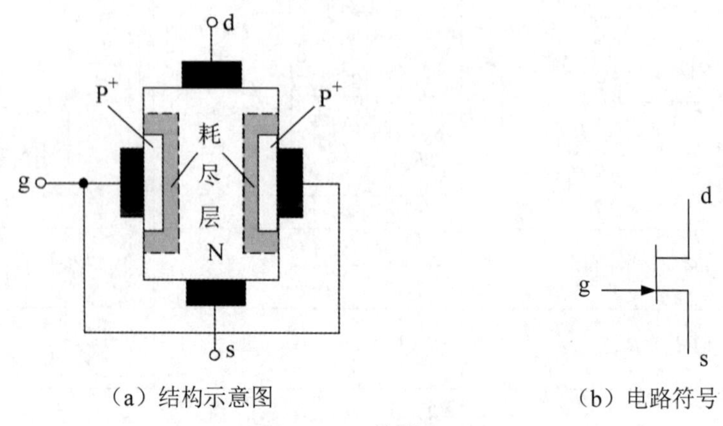

（a）结构示意图 （b）电路符号

图 4.11 N 沟道 JFET

2. 工作原理

第一章曾介绍过加载效应，造成加载效应的其中一个原因是放大电路与输入源相连时，信号源内阻 R_s 降掉了一些电压，因而放大电路从信号源得到的输入电压会减小，从而削弱放大电路的放大能力。因为在输入端口信号源内阻 R_s 与放大电路的输入电阻 R_i 有一个分压作用，因此为了减少这方面的加载效应，我们需要提高放大电路的输入电阻 R_i。

为了提高输入电阻，N 沟道 JFET 工作时，在栅极与源极间加一负电压（$v_{GS}<0$），偏置电路如图 4.12 所示，从而使两边栅极和沟道间的 PN 结反偏，栅极电流约为 0，场效应管呈现出高达 $10^7 \sim 10^9\Omega$ 以上的输入电阻。在漏极与源极间加一正电压（$v_{DS}>0$），使 N 沟道中的多数载流子（电子）在 v_{DS} 的作用下由源极向漏极运动，形成漏极电流 i_D。

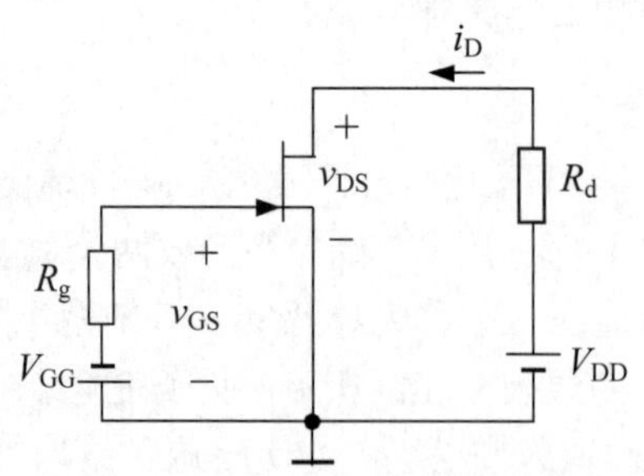

图 4.12 N 沟道 JFET 的偏置电路

下面以 N 沟道 JFET 为例，讨论 v_{GS} 对 i_D 的控制作用和 v_{DS} 对 i_D 的影响。

（1）v_{GS} 对 i_D 的控制作用。先设 $v_{DS}=0$，当反偏电压由零负向增大时，栅极和沟道间的两个 PN 结的耗尽层将加宽，使导电沟道变窄，沟道电阻增大，如图 4.13（a）所示。当$|v_{GS}|$进一步增大到某一值时，两侧的耗尽层在中间合拢，沟道全部被夹断，如图 4.13（b）所示，此时沟道电阻将趋于无穷大，相应的栅源电压称为夹断电压 V_P。

【动画】

结型场效应管工作原理

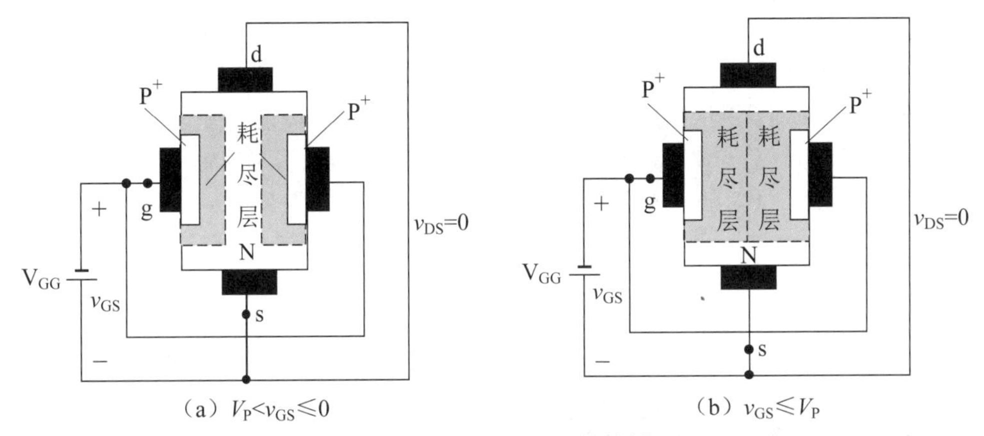

（a）$V_P<v_{GS}\leqslant 0$　　　（b）$v_{GS}\leqslant V_P$

图 4.13　$v_{DS}=0$，v_{GS} 对 i_D 的控制作用

由上述分析可见，改变$|v_{GS}|$的大小，可以有效地控制沟道的宽度和沟道电阻的大小。若在漏源极间加上固定的正向电压 v_{DS}，则漏极电流 i_D 将受 v_{GS} 的控制，$|v_{GS}|$增大时，沟道宽度变窄，沟道电阻增大，i_D 减小。

（2）v_{DS} 对 i_D 的影响。在 $V_P<v_{GS}\leqslant 0$ 时，沟道存在，显然，当 $v_{DS}=0$ 时，$i_D=0$。随着 v_{DS} 的逐渐增加，导电沟道将发生变化，下面详细说明。

1）$V_P<v_{GS}\leqslant 0$，$v_{DS}<v_{GS}-V_P$，形成可变电阻区。当 v_{DS} 逐渐增加，一方面，沟道电场强度加大，有利于漏极电流 i_D 的增加。但是，另一方面，有了 v_{DS}，就会在漏极到源极的沟道中产生一个电位梯度，使得沟道中各点的电位不再相等，于是沟道中各点与栅极间的电位差不再相等，也就是加在 PN 结上的反向偏置电压不再相等；由于 N 沟道的电位从漏端到源端是逐渐降低的（假设源极为零电位，则漏极电位是 v_{DS}），因此加在靠近漏端的 PN 结上的反向电压最大，而加在靠近源端的 PN 结上的反向电压最小，这就使得耗尽层从漏极到源极逐渐变窄，使靠近漏极处的导电沟道比靠近源极处的要窄，导电沟道从上到下不等宽，呈楔形状，如图 4.14（a）所示。所以增加 v_{DS}，又阻碍了漏极电流 i_D 的提高。但在 v_{DS} 较小时，靠近漏端区域的导电沟道仍较宽，这种阻碍因素是次要的，故 i_D 随 v_{DS} 几乎成正比的升高，形成输出

特性曲线的上升段，如图 4.15（b）的 OA 段。

2）$V_P<v_{GS}\leqslant 0$，$v_{DS}=v_{GS}-V_P$，沟道预夹断，开始进入饱和区。当 v_{DS} 增加到一定值时，使得两耗尽层增宽并在 A 点相遇，称为预夹断，如图 4.14（b）所示。此时，A 点耗尽层两边的电位差用夹断电压 V_P 来描述，即 $V_P=v_{GD}=v_{GS}-v_{DS}$，因此有

$$v_{DS}=v_{GS}-V_P \tag{4.12}$$

也就是说，v_{DS} 增加到（$v_{GS}-V_P$）时，沟道在 A 点预夹断。

3）$V_P<v_{GS}\leqslant 0$，$v_{DS}>v_{GS}-V_P$，形成饱和区。沟道预夹断后，随着 v_{DS} 的上升，夹断长度不断增加，即自 A 点向源极方向延伸，如图 4.14（c）所示。沟道虽然被夹断，但是由于夹断处电场很强，仍能将电子拉过夹断区（即耗尽层）形成漏极电流。而在源极到夹断处之间的沟道上，电场基本上不随 v_{DS} 的改变而变化。所以 i_D 基本上不随 v_{DS} 增加而上升，因此夹断后漏极电流 i_D 趋于饱和，形成输出特性曲线的水平段，如图 4.15（b）的 AB 段。

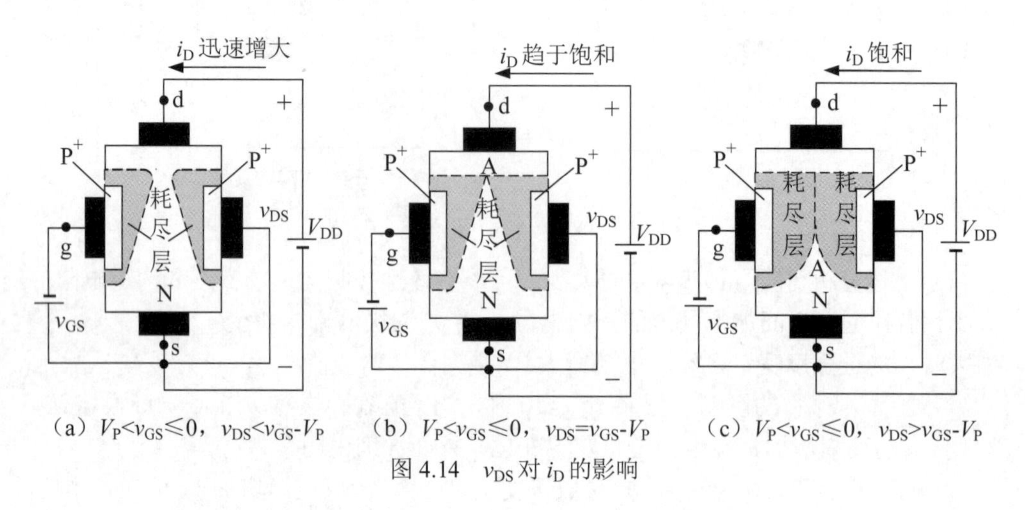

（a）$V_P<v_{GS}\leqslant 0$，$v_{DS}<v_{GS}-V_P$ （b）$V_P<v_{GS}\leqslant 0$，$v_{DS}=v_{GS}-V_P$ （c）$V_P<v_{GS}\leqslant 0$，$v_{DS}>v_{GS}-V_P$

图 4.14 v_{DS} 对 i_D 的影响

综上分析可知：

（1）JFET 工作时，应使栅极和沟道之间的 PN 结反向偏置，因此栅极电流近似为 0，故输入电阻很大。

（2）v_{GS} 对 i_D 进行控制，因此 JFET 是电压控制电流器件。

（3）预夹断前，i_D 与 v_{DS} 呈近似线性关系；预夹断后，i_D 趋于饱和。

4.3.2 JFET 特性曲线及参数

由于 JFET 栅极基本上无输入电流，所以讨论它的输入特性是没有意义的。因此这里讨论 JFET 的输出特性和转移特性。

1. 输出特性曲线

输出特性是指在栅源电压 v_{GS} 一定的情况下，漏极电流 i_D 与漏源电压 v_{DS} 之间的关系，即

$$i_D = f(v_{DS})\Big|_{v_{GS}=常数} \tag{4.13}$$

在 JFET 栅极与源极间接一可调负电源 v_{GS}，当 $V_P<v_{GS}\leqslant 0$ 的情况时，导电沟道存在，这时以 v_{GS} 为参变量，对应每一个 v_{GS}，都存在一条曲线，于是改变 v_{GS} 可得到一簇形状相近的曲线，即输出特性曲线，如图 4.15（b）所示。

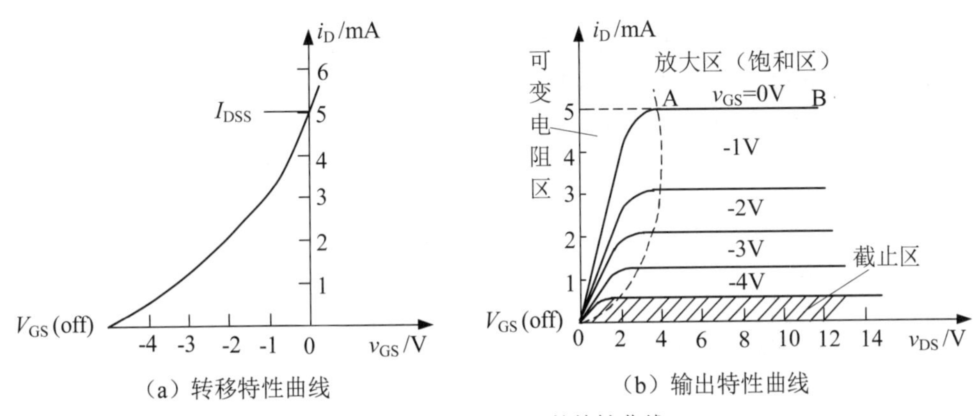

图 4.15　N 沟道 JFET 的特性曲线

由前面的分析可知，管子的工作情况可分为三个区域。

（1）截止区。当 $v_{GS}\leqslant V_P$，导电沟道完全被夹断，$i_D=0$。

（2）可变电阻区。当 $v_{DS}\leqslant v_{GS}-V_P$，且 $V_P<v_{GS}\leqslant 0$ 情况时，对每一个固定的 v_{GS} 值，当 v_{DS} 较小时，电流 i_D 与漏源电压 v_{DS} 近似呈线性关系，其电阻值为相应曲线上升段斜率的倒数。很显然，v_{GS} 不同，上升段斜率不同，体现出的电阻也不同，故名为可变电阻区。根据预夹断的条件（$v_{DS}=v_{GS}-V_P$），可以画出预夹断轨迹如图 4.15（b）中虚线所示，虚线以左的区域为可变电阻区。

（3）饱和区（放大区）。当 $V_P<v_{GS}\leqslant 0$，$v_{DS}>v_{GS}-V_P$ 时，i_D 不随 v_{DS} 变化而趋于饱和，管子进入饱和区。饱和区内的曲线近似为平行于横轴的直线簇，如图 4.15（b）中虚线以右的区域。JFET 用于放大时，就工作在该区域，因此也被称为放大区。其伏安特性可近似表示为

$$i_D = I_{DSS}\left(1-\frac{v_{GS}}{V_P}\right)^2 \tag{4.14}$$

2. 转移特性曲线

JFET 的转移特性直接由输出特性曲线上用作图法求出。其作图方法与画 MOSFET 的转移特性曲线一样，作图过程如图 4.15（a）所示，所得曲线即为转移特性曲线。

4.3.3 JFET 共源极放大电路

JFET 放大电路的分析过程与 MOSFET 放大电路的分析过程完全一样，JFET 的小信号等效模型也与前述的 MOSFET 的小信号模型一样，如图 4.8（b）所示。下面通过一实例来说明。

【例 4.2】JFET 放大电路如图 4.16（a）所示。已知，V_{DD}=20V，R_g=2MΩ，R_d=3kΩ，R=2kΩ，R_L=10kΩ，V_P= −8V，I_{DSS}=7mA。试求：（1）静态工作点 Q；（2）求放大电路的电压增益 A_v、输入电阻 R_i 和输出电阻 R_o。

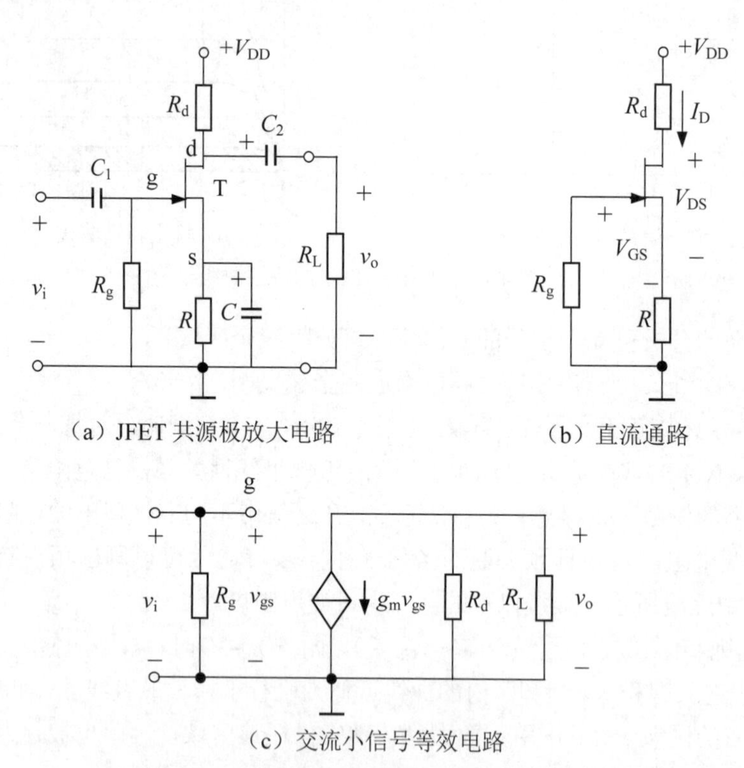

（a）JFET 共源极放大电路　　（b）直流通路

（c）交流小信号等效电路

图 4.16　JFET 放大电路及其小信号等效电路

解：（1）静态分析。

根据式（4.4）有

$$I_D = I_{DSS}(1-\frac{V_{GS}}{V_P})^2 = 7(1-\frac{V_{GS}}{-8})^2 \text{mA}$$

画直流通路如图 4.16（b）所示，根据图 4.16（b）可得

$$V_{GS} = -I_D R = -I_D \times 2\text{k}\Omega$$

联立解上述两方程式可求出

$$I_{D1}=8\text{mA}（舍去），I_{D2}=1.57\text{mA}$$

因为 I_D 不应大于 I_{DSS}，所以 I_D=1.57mA，V_{GS}=–3.14V

$$V_{DS} = V_{DD} - I_D(R + R_d) = 20 - 1.57\text{mA}(3\text{k}\Omega + 2\text{k}\Omega) = 12.14\text{V}$$

因为 $V_{GS}>V_P$，$V_{DS}>(V_{GS}-V_P)$=2.86V，所以 JFET 工作在饱和区。

（2）动态分析。因为 r_{ds} 一般在几十千欧至在几百千欧，所以 $R_d<<r_{ds}$，将 FET 小信号模型中 r_{ds} 视为开路，则画出图 4.16（a）的交流小信号等效电路如图 4.16（c）所示。

1）求电压增益 A_v。由图 4.16（c）有

$$v_i = v_{gs}$$

$$v_o = -g_m v_{gs}(R_d // R_L)$$

其中 g_m 由式（4.6）可求出

$$g_m = -\frac{2I_{DSS}(1-\frac{v_{GS}}{V_P})}{V_P} = 1.063\text{mS}$$

故电压增益为

$$A_v = \frac{v_o}{v_i} = -g_m(R_d // R_L) = -2.46$$

2）求输入电阻

$$R_i = \frac{v_i}{i_i} = R_g = 2\text{M}\Omega$$

3）求输出电阻

$$R_o \approx R_d = 3\text{k}\Omega$$

4.4　场效应管与晶体管及其基本放大电路性能的比较

场效应管的源极 s、栅极 g、漏极 d 分别对应于 BJT 的发射极 e、基极 b、集电极 c。它们的作用相似，但是工作原理却不相同。表 4.3 对增强型 NMOS 管和 NPN

型 BJT 的一些重要特性进行了比较。

表 4.3 MOSFET 与 BJT 比较

	增强型 NMOS 管	NPN 型 BJT
电路符号	d i_D 衬底 g s	c i_C b e
参与导电的载流子	只有一种极性载流子（多子）参与导电，故又称为单极型晶体管	两种载流子（电子和空穴）共同参与导电，故又称为双极型晶体管
控制方式	电压控制器件：利用栅源电压 v_{GS} 控制漏极电流 i_D	电流控制器件：利用基射极间的电压 v_{BE} 控制基极电流电流 i_B，然后通过 i_B 实现对 i_C 的控制
类型	N 沟道和 P 沟道两种	NPN 型和 PNP 行两种
工作在放大区的条件	$v_{GS}>V_T$，生成沟道； $v_{DS}>(v_{GS}-V_T)$，沟道出现夹断点 工作在饱和区（放大区）	（1）$v_{BE} \geqslant V_{th}$，发射结正偏 （2）$v_{CE} \geqslant 0.3V$，集电结反偏 工作在放大区
栅极及基极电流	栅极电流 $i_G=0$	基极电流 $i_B \neq 0$
放大参数	$g_m=1\sim5ms$	$\beta=20\sim200$
输入电阻	输入电阻很大 $r_{gs}=10^7\sim10^{14}\Omega$	输入电阻较小 $r_{be}=10^2\sim10^4\Omega$
输出电阻	r_{ds} 很大	r_{ce} 很大
两极是否可换	漏极和源极可以互换	发射极和集电极一般不能互换
热稳定性	好	差
制造工艺	简单、成本低，便于集成	较复杂
种类	种类多，使用灵活，耗尽型 MOS 管，栅源电压 v_{GS} 可正、可负，可为零，均能实现对漏极电流的控制	种类少
对应电极	栅极-基极，发源极-射极，漏极-集电极	
用途	可用于放大电路和开关电路	

小结

本章主要讲述的是场效应管的结构、工作原理、伏安特性曲线及其由场效应管组成的放大电路的分析和计算。

（1）FET 是电压控制器件，只依靠一种载流子导电，因而属于单极型器件。

（2）FET 有金属-氧化物-半导体场效应管（MOSFET）和结型场效应管（JFET）两大类，每一类都有 N 沟道和 P 沟道管。其放大电路中，工作在放大区时，V_{DS} 的极性决定于沟道的性质，N 沟道时为正，P 沟道时为负。JFET 的偏置电压 V_{GS} 与 V_{DS} 极性相反。增强型 MOSFET 的 V_{GS} 与 V_{DS} 同极性，耗尽型 MOSFET 的 V_{GS} 可正、可负或为零。

（3）FET 的伏安特性可用输出特性曲线表示，分为三个区：可变电阻区、饱和区（放大区）和截止区。可变电阻区内曲线的斜率不同，体现出的电阻也不同，相当于一个可变电阻。在饱和区，v_{GS} 对 i_D 具有控制作用，常用转移特性来表示。

（4）FET 与 BJT 一样属于三端器件，因此也有三种组态，共源极放大电路、共栅极放大电路和共漏极放大电路。分析过程是，首先在直流工作状态确定静态工作点，再画出放大电路的微变等效电路，然后按照线性化处理的电路求出动态指标。

探究研讨——MOSFET 管的其他用途探讨

在集成电路中，常采用负载管代替纯电阻做放大管的负载，试以小组合作的形式，展开课外拓展，就以下内容进行交流讨论：

（1）用负载管代替纯电阻做放大管的负载，此时的负载线有什么特点？

（2）试举出两个以上的实际电路的例子，并说明该电路的优点。

习题

在线测试

4.1　MOS 管有哪些特性优于 BJT？而 BJT 又有哪些特性优于 MOS 管？

4.2　简述绝缘栅 N 沟道耗尽型场效应管的工作原理。

4.3　绝缘栅 N 沟道耗尽型与增强型场效应管有何不同？

4.4　已知放大电路中一只 N 沟道 FET 的三个极①②③的电位分别是 4V、8V、12V，管子工作在饱和区。试分析它可能是哪种管子（MOS 管、结型管、耗尽型、增强型），并说明①②③分别是什么极？

4.5 一个 MOSFET 的转移特性如图 4.17 所示，请说明：（1）该管是增强型还是耗尽型？（2）该管属于何种沟道？（3）从转移特性曲线上可求出该 FET 的夹断电压 V_P，还是开启电压 V_T？并求出该值。

4.6 已知某 MOSFET 的输出特性曲线如图 4.18 所示，分别画出 v_{DS}=3V、6V、9V 时的转移特性曲线。

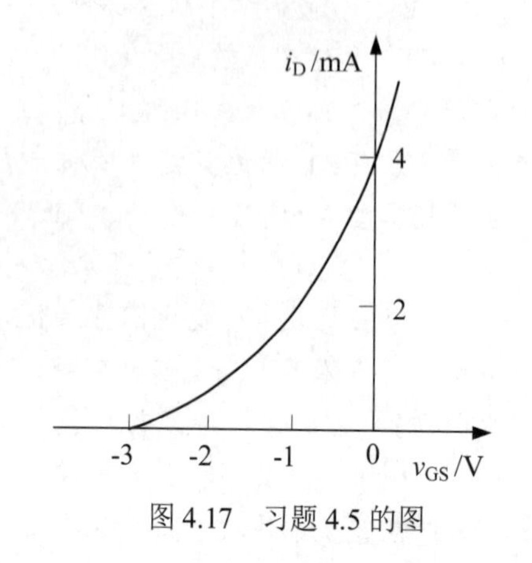

图 4.17 习题 4.5 的图

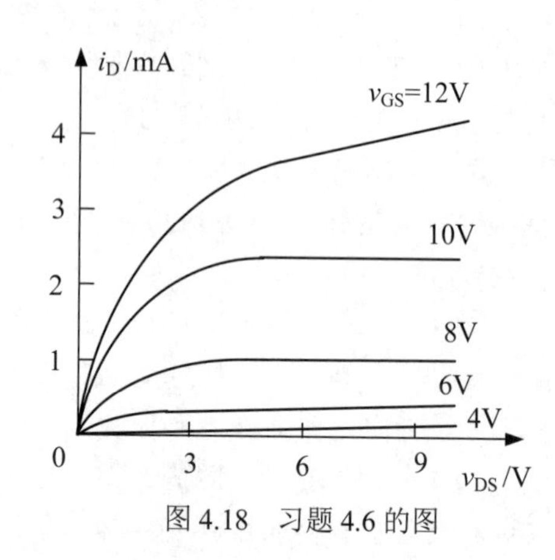

图 4.18 习题 4.6 的图

4.7 电路及其场效应管的输出特性如图 4.19 所示，分析 v_i 分别为 4V、8V、12V 三种情况下，场效应管分别工作在什么区域？

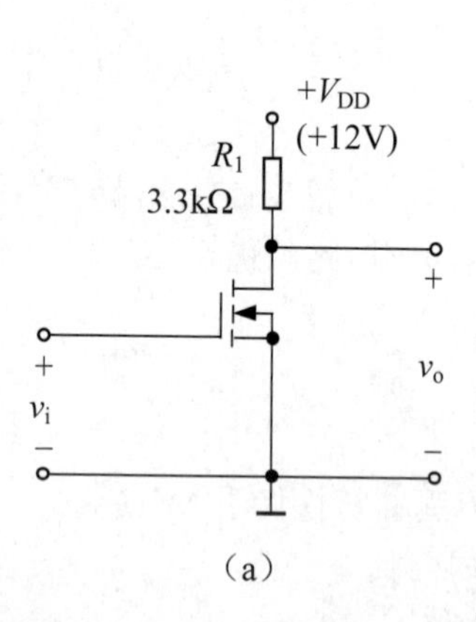

（a）

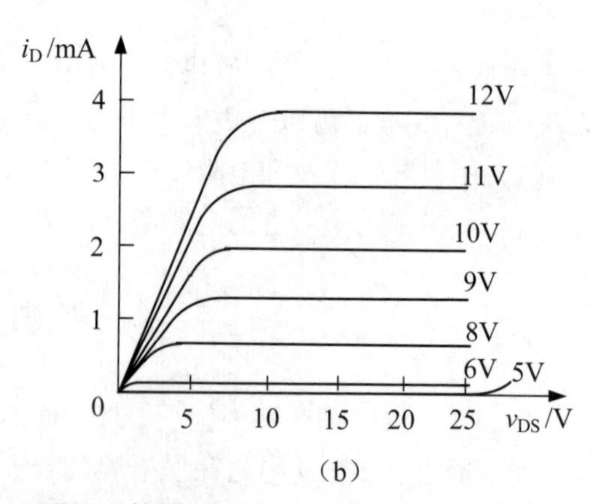

（b）

图 4.19 习题 4.7 的图

4.8 电路如图 4.20 所示，分别判断各电路中的场效应管是否有可能工作在饱和区（恒流区）。

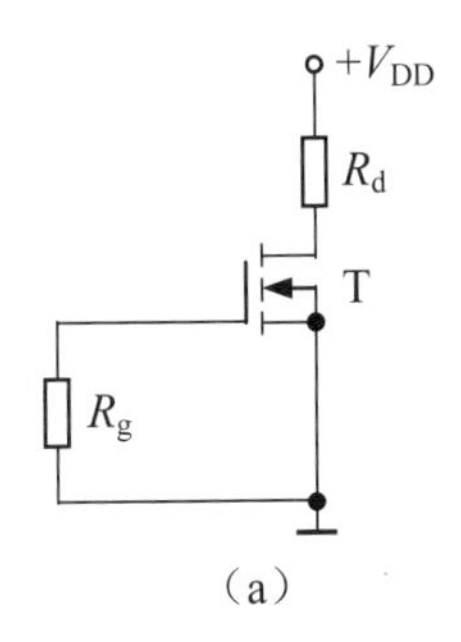

（a）

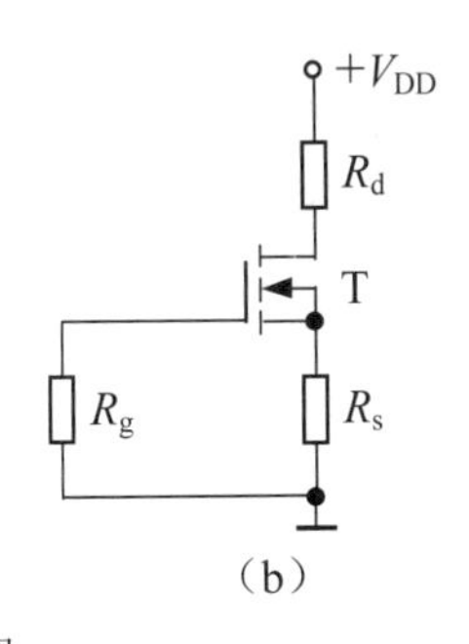

（b）

图 4.20 习题 4.8 的图

4.9 电路及其场效应管的转移特性如图 4.21 所示，求解电路的静态工作点 Q 和电压增益 A_v。

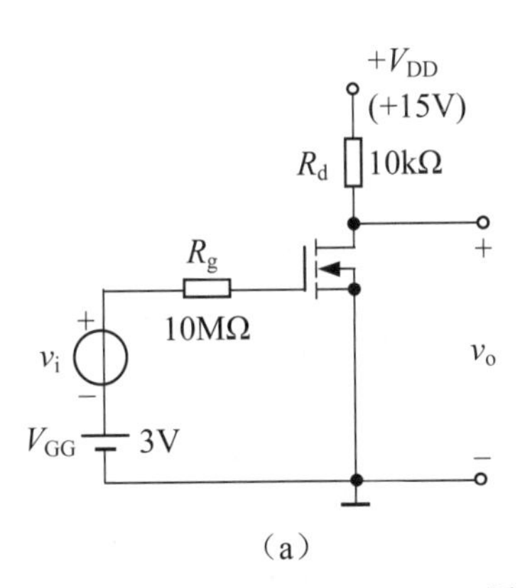

（a）

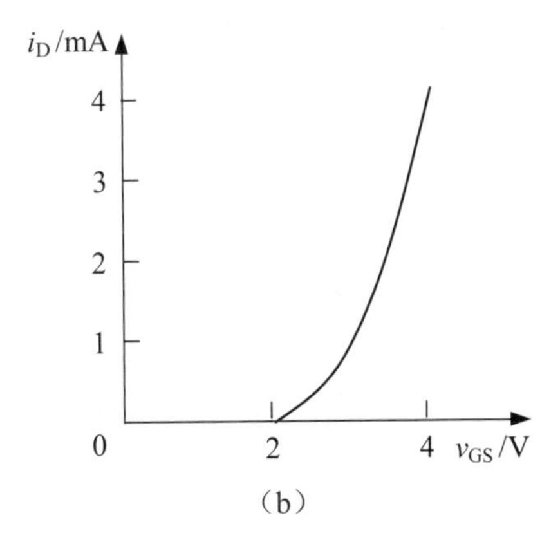

（b）

图 4.21 习题 4.9 的图

4.10 在如图 4.22 所示的共源极放大电路中，已知 $V_{DD}=12\text{V}$，$R_d=10\,\text{k}\Omega$，$R_S=10\,\text{k}\Omega$，$R_L=10\,\text{k}\Omega$，$R_g=1\,\text{M}\Omega$，$R_{g1}=300\,\text{k}\Omega$，$R_{g2}=100\,\text{k}\Omega$，$g_m=5\text{mA/V}$。

（1）求静态值 I_D、V_{DS}。

（2）画出微变等效电路。

（3）求输入电阻 R_i 和输出电阻 R_o。

（4）求电压增益 A_v。

4.11 试分析图 4.23 所示各电路对正弦交流信号有无放大作用，并简述理由。若不能放大正弦交流信号，请改正错误，要求保留电路原来的共源极或共漏极接法。

4.12 在如图 4.24 所示的放大电路中，已知 $V_{DD}=12\text{ V}$，$R_{g1}=2\text{ M}\Omega$，

$R_{g2}=1\,\text{M}\Omega$，$R_S=5\,\text{k}\Omega$，$R_d=R_L=5\,\text{k}\Omega$，场效应管的 $g_m=5\,\text{mA/V}$。

（1）求静态值 I_D、V_{DS}。

（2）画出微变等效电路。

（3）求输入电阻 R_i 和输出电阻 R_o。

（4）求电压增益 A_v。

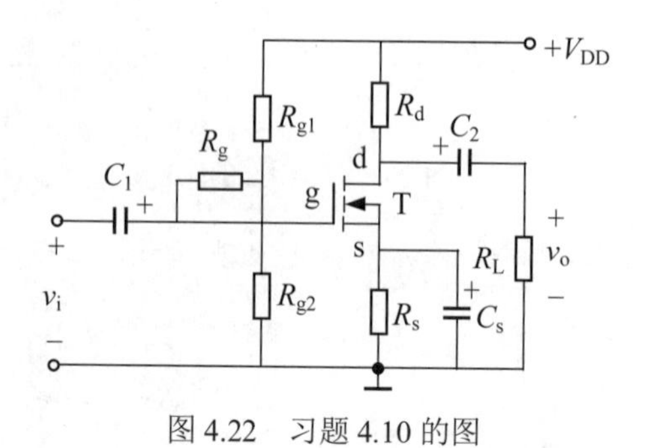

图 4.22　习题 4.10 的图

（a）

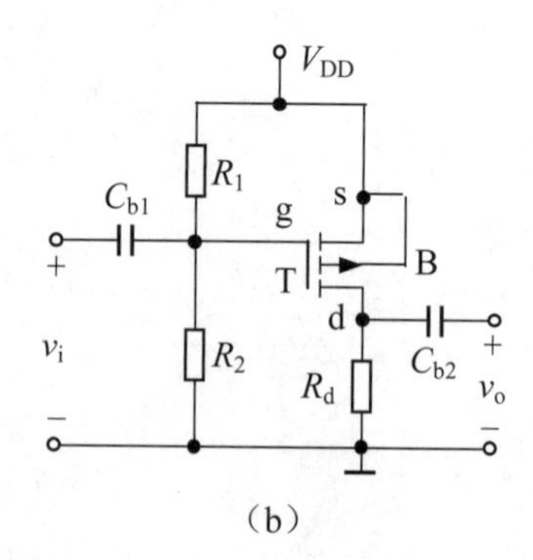

（b）

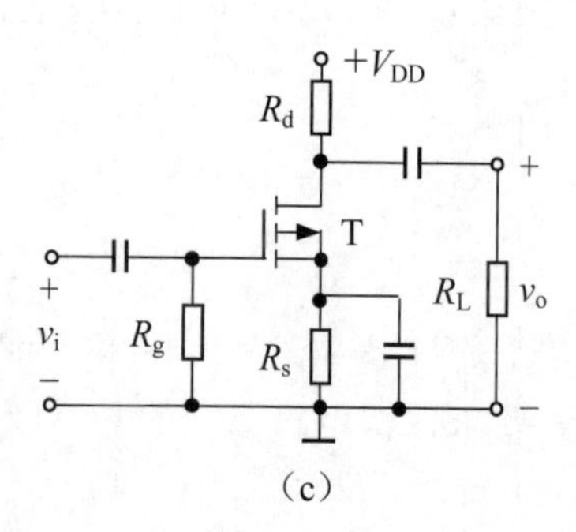

（c）

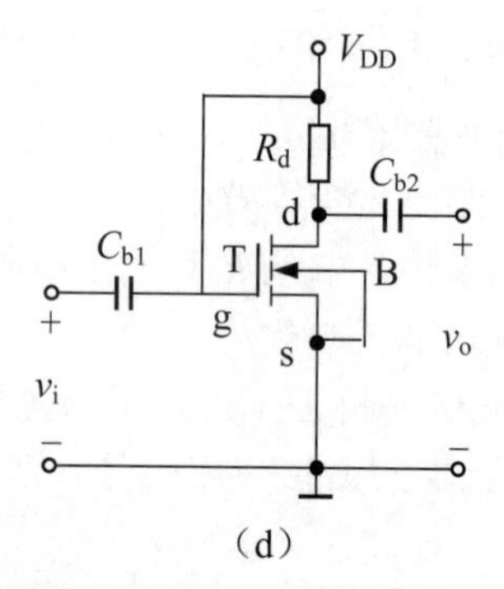

（d）

图 4.23　习题 4.11 的图

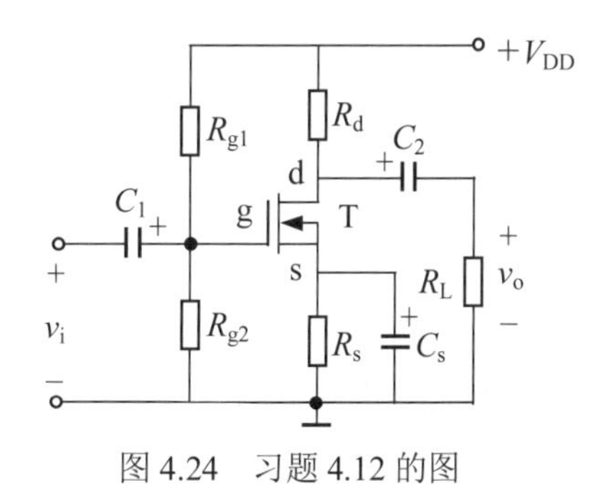

图 4.24　习题 4.12 的图

4.13　在如图 4.25 所示的放大电路中，已知 $V_{DD}=20\,V$，$R_d=10\,k\Omega$，$R_g=2\,M\Omega$，$R_{g1}=300\,k\Omega$，$R_{g2}=100\,k\Omega$，$R_1=2\,k\Omega$，$R_2=10\,k\Omega$，场效应管的 $g_m=1\,mA/V$，设 $r_{ds}>>R_d$。

（1）画出微变等效电路。

（2）求输入电阻 R_i 和输出电阻 R_o。

（3）求电压增益 A_v。

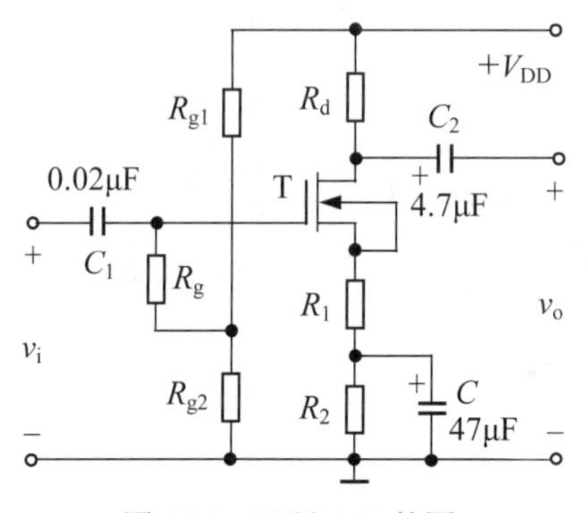

图 4.25　习题 4.13 的图

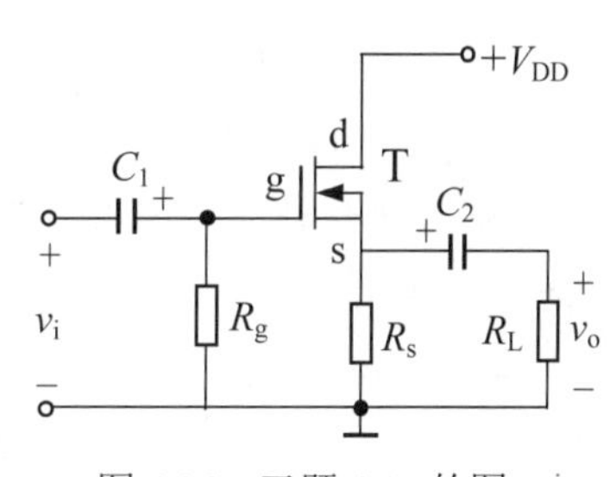

图 4.26　习题 4.14 的图

4.14　如图 4.26 所示电路为源极输出器，已知 $V_{DD}=12\,V$，$R_g=1\,M\Omega$，$R_s=12\,k\Omega$，$R_L=12\,k\Omega$，$g_m=5\,mA/V$。求输入电阻 R_i、输出电阻 R_o 和电压增益 A_v。

4.15　电路如图 4.27 所示，试问：

（1）若输出电压波形的顶部失真，可采取什么措施？

（2）若输出电压波形的底部失真，可采取什么措施？

（3）若欲提高电压增益 A_v，需采取什么措施？

4.16　多级放大电路参数如图 4.28 所示，场效应管参数为 I_{DSS}=2mA，$g_m=1\,mA/V$；三极管的参数 $r_{bb'}$=86，β=80。

（1）求静态值。

（2）求该两级放大电路的输入电阻 R_i、输出电阻 R_o 和电压增益 A_v。

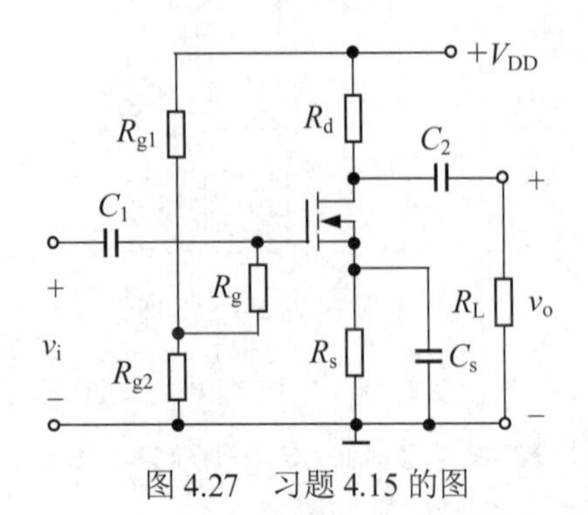

图 4.27　习题 4.15 的图

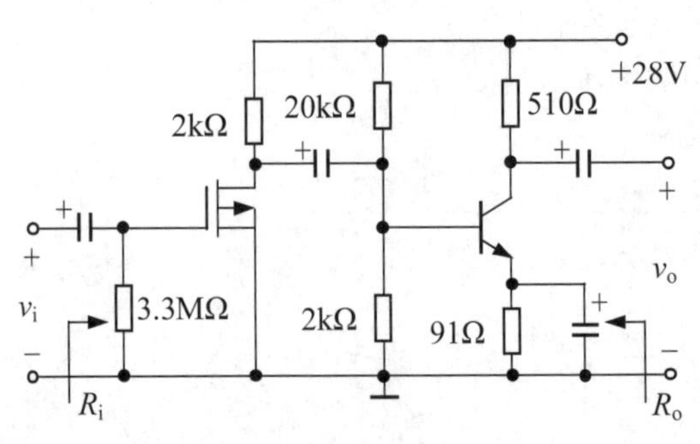

图 4.28　习题 4.16 的图

4.17　简述 N 沟道结型场效应管的工作原理。

4.18　图 4.29 所示的 FET，其 V_P=4V，试问 FET 工作在什么区？

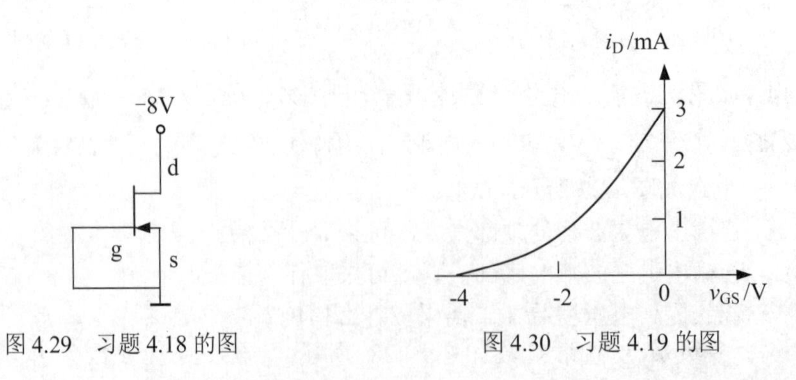

图 4.29　习题 4.18 的图　　　　图 4.30　习题 4.19 的图

4.19　一个 JFET 的转移特性曲线如图 4.30 所示，试问：（1）它是 N 沟道还是

P 沟道的 FET？（2）它的夹断电压 V_P 和饱和漏极电流 I_{DSS} 各是多少？

4.20　场效应管的转移特性曲线如图 4.31 所示，试判断管子的类型（N 沟道还是 P 沟道，增强型还是耗尽型，结型还是绝缘栅型）。

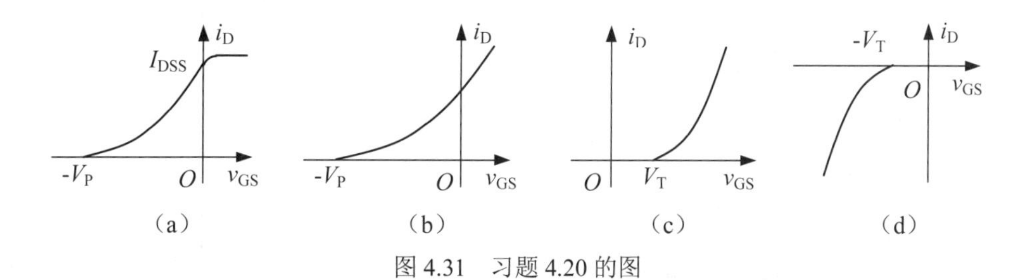

图 4.31　习题 4.20 的图

4.21　在图 4.32 所示的电路中，已知 $V_{DD}=20\,V$，$V_{GS}=-2\,V$，管子参数 I_{DSS}=4mA，V_P=-4V。如果要求直流电位 V_D=10V，画出直流通路并求电阻 R_1 的阻值。

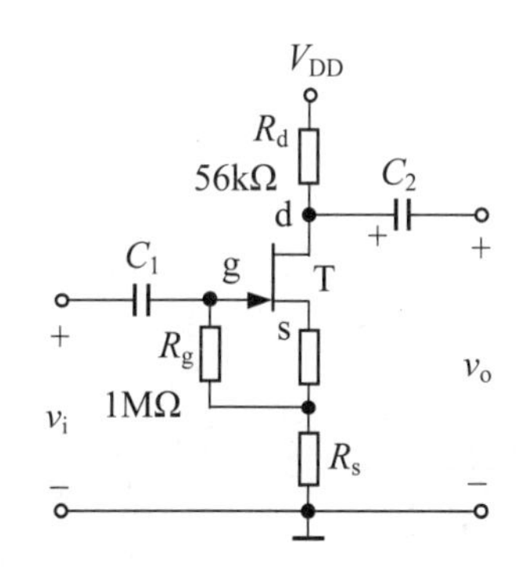

图 4.32　习题 4.21 的图

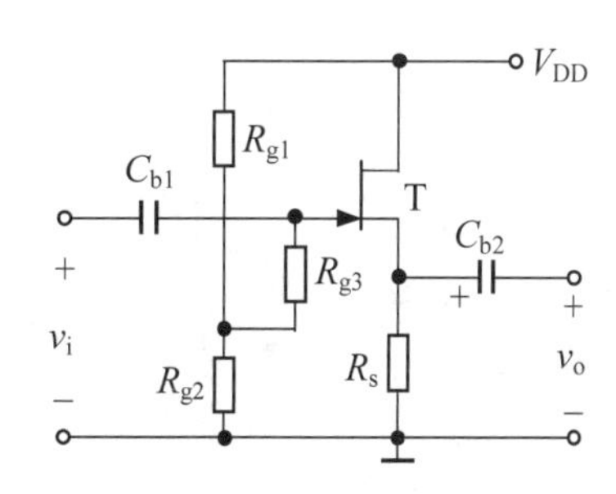

图 4.33　习题 4.22 的图

4.22　源极输出器电路如图 4.33 所示。已知 $V_{DD}=12\,V$，$R_{g1}=300\,k\Omega$，$R_{g2}=100\,k\Omega$，$R_{g3}=2\,M\Omega$，$R_s=12\,k\Omega$，FET 工作点上的互导 g_m=0.9mS。

（1）画出微变等效电路。

（2）求输入电阻 R_i 和输出电阻 R_o。

（3）求电压增益 A_v。

4.23　已知如图 4.34（a）所示电路中结型场效应管的转移特性和输出特性分别如图 4.34（b）（c）所示。

（1）利用图解法求静态工作点（Q 点）。

（2）利用微变等效电路法求输入电阻 R_i、输出电阻 R_o 和电压增益 A_v。

4.24　共源极放大电路如图 4.35 所示。已知 JFET 的参数为：I_{DSS}=4.5mA，

V_P=-3V，r_{ds}可忽略不计。试求：（1）静态工作点；（2）电压增益 A_v、输入电阻 R_i 和输出电阻 R_o。

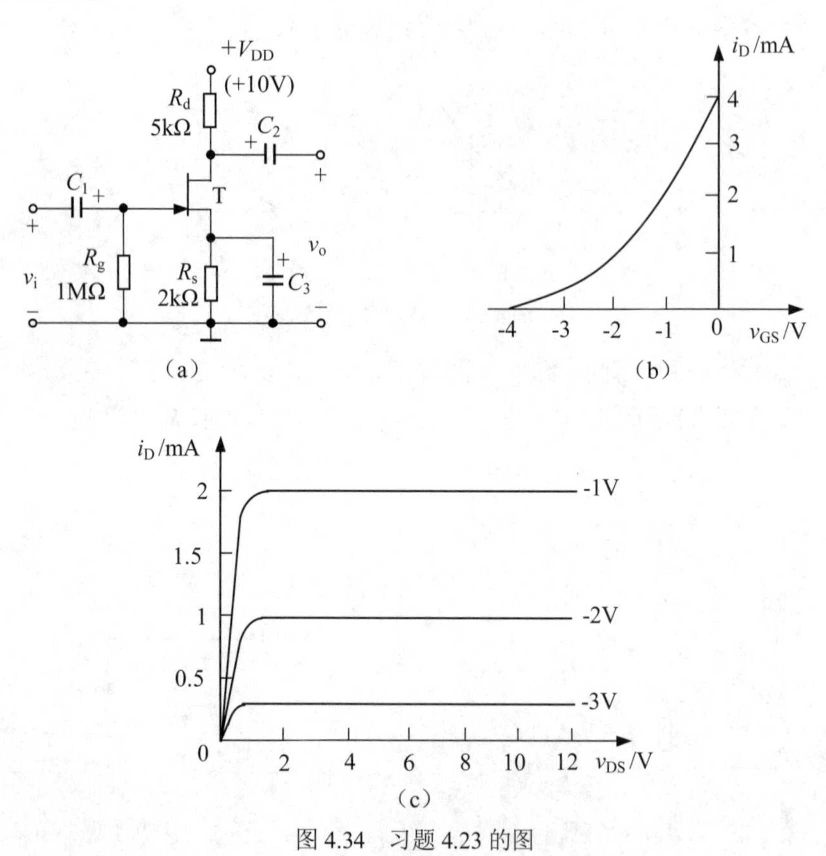

图 4.34　习题 4.23 的图

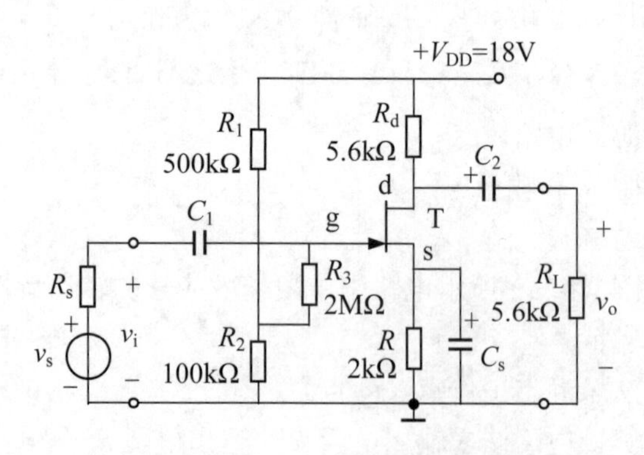

图 4.35　习题 4.24 的图

第5章 模拟集成电路

本章课程目标

1. 了解集成电路的特点与分类。
2. 理解模拟集成电路中的直流偏置技术。
3. 掌握差分式放大电路的结构、分析方法和传输特性。
4. 了解各类集成运算放大器的主要参数和应用中的实际问题；了解放大电路中的噪声与干扰。

多级放大电路若采用分立元件电路在实际应用中会出现一系列的问题，比如电路连线复杂、调试困难等。集成电路简单，组装和调试的难度小，而且重量轻、体积小，能耗较小、性价比高、可靠性强，故障率低，因此得到了广泛普遍的使用和高速的发展。

集成电路就是利用半导体制作工艺，以半导体晶体材料为基片，把整个电路的元件、有源器件以及它们的连线集成在一块基片上，并具有一定功能的微型化电子电路。

5.1 集成电路的特点与分类

1. 集成电路的特点

（1）在同一块半导体基片上，用相同工艺制作出来的元器件的特性一致性好，对称性好，相邻元器件的温度差别小，同一元器件的温度特性一致。

（2）集成电阻及电容的数值范围窄，而且数值较大的电阻和电容占硅片面积大，大容量电容不能集成，因而采用有源器件代替大电阻等无源元器件，电路均采用直接耦合的方式。电感目前不能集成。

（3）二极管大多由三极管构成。

（4）元器件性能参数的绝对误差大，但是同类元器件性能参数的比值比较精确。

2. 集成电路的分类

集成电路的种类相当多。

（1）按制作工艺来分。按制作工艺来分，集成电路可分为三大类，即半导体集成电路、膜集成电路及混合集成电路。

目前世界上应用最广、生产最多的就是半导体集成电路。半导体集成电路有双极型和场效应两大系列。

双极型集成电路有两种载流子参与导电，因而得名，根据应用领域不同，有两大系列，54 系列主要应用在军品，74 系列主要应用在一般工业设备和消费类电子产品中。74 系列是国际上通用的标准电路，分为六大类：

1）标准型：74XX。

2）肖特基型：74SXX。

3）低功耗肖特基型：74LSXX。

4）先进肖特基型：74ASXX。

5）先进低功耗肖特基型：74ALSXX。

6）高速型：74FXX。

这六大类功能完全相同。

场效应集成电路只用一种载流子导电，有 NMOS 电路、PMOS 电路以及 NMOS 和 PMOS 复合起来组成的 CMOS 电路。CMOS 集成电路静态功耗几乎为零，因而是使用的最多的集成电路，主要有 4000 系列和高速的 74 系列。

（2）按功能来分。在电子设备中，集成电路按其功能不同又可分为模拟集成电路和数字集成电路两大类。

在模拟电路中信号为连续变化的物理量，模拟集成电路用来产生、放大和处理各种模拟信号，这类集成电路有功率放大器、集成稳压器、运算放大器及专用集成电路等。

在数字电路中信号为断续变化的物理量，因此数字集成电路用来产生、放大和处理各种数字信号，常用的有各种门电路、译码器、计数器、存储器、寄存器以及触发器等。

除了上述两类集成电路外，随着科学技术的不断发展，还出现了许多数字电路和模拟电路混合的集成电路及使用更为方便的专用集成电路。

（3）按集成度来分。若按集成度来分，集成电路又可分为小规模、中规模、大规模及超大规模等四种类型。集成 50 个以下元器件的为小规模集成电路（SSIC）。集成 50～100 个元器件的为中规模集成电路（MSIC）。集成 100～10000 个元器件的为大规模集成电路（LSIC），集成 10000 个以上元器件的称为超大规模集成电路（VLSIC）。目前的集成电路因其明显的优势仍在高速的发展。

3. 集成运算放大器

集成电路运算放大器（IC-OPA）是一个具有高的电压增益、高输入电阻、低输出电阻的多级放大电路，简称集成运放。集成运放广泛应用于信号的放大、处理、测量、变换、运算、信号的产生和电源电路，还广泛用于开关电路中。图 5.1 表示集成运放的内部结构框图，由四个部分组成：输入级、中间级、输出级和偏置电路。

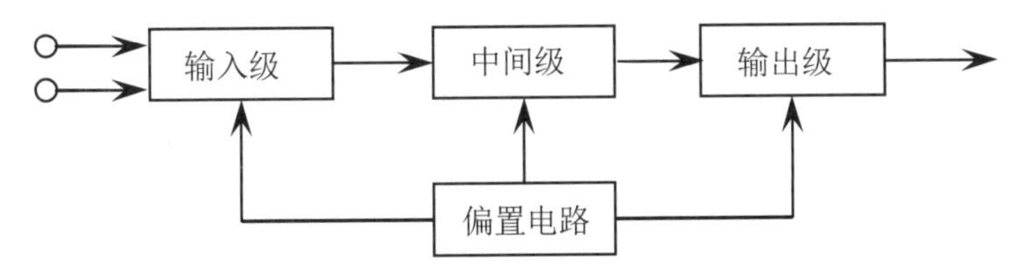

图 5.1　集成运放的内部结构框图

集成运放级间耦合一般采用直接耦合，利于集成，实际应用也没有局限性。但是直接耦合的最大问题是无法抑制零点漂移的问题，因此为了达到集成运放的高性能，在设计时，各级都有明确的目的。

输入级由差分放大电路构成，目的是利用电路的对称性抑制放大电路的零点漂移、提高输入电阻；中间级可由一级或多级放大电路组成，目的是提高整个电路的电压增益；输出级由互补对称功率放大电路组成，目的是为负载提供一定的功率、减小输出电阻。偏置电路由各种恒流源电路组成，目的是为上述各级电路提供稳定的、合适的偏置电流，为各级提供合适的静态工作点。

5.2　差分放大电路

【微课视频】

差分放大电路抑制零点漂移和静态分析

在直接耦合的多级放大电路中，常会发生输入信号为零时，输出信号却不为零的现象，而且多级放大电路的增益越高，这种现象就越严重。产生这种现象的主要原因是温度的变化引起了半导体器件的参数变化，这种现象被称之为零点漂移，简称零漂。所谓零点漂移是指，当输入信号为零时，由于环境温度的变化，输出端还有缓慢的、无规则变化的输出电压信号。严重时，零点漂移信号将淹没有效信号，影响放大电路的工作。

差分放大电路具有抑制零点漂移的能力。

5.2.1　差分放大电路的基本结构

图 5.2 是由两个对称的 BJT 组成的差分放大电路。采用两个输入电压信号，输出信号从 BJT 的集电极间取出，输入输出方式比较灵活。电路采用对称结构，在理想情况下，静态工作点必然一样。

5.2.2　静态分析

静态时（$v_{i1} = v_{i2} = 0$），由于电路完全对称，两边的集电极电流相等，集电极电位也相等，即：$I_{CQ1}=I_{CQ2}$，$V_{CQ1}=V_{CQ2}$，所以输出电压$v_o=V_{CQ1}-V_{CQ2}=0$。当环境温度变化时，由于电路的对称性，引起的两管的变化也必然相同，所以$\Delta V_{CQ1}=\Delta V_{CQ2}$，这时虽然两管都产生了零点漂移，但是两只管子的零点漂移相互抵消，输出电压仍然为零，即 $v_o=V_{CQ1}+\Delta V_{CQ1}-(V_{CQ2}+\Delta V_{CQ2})=0$。这样零点漂移就被完全抑制了。

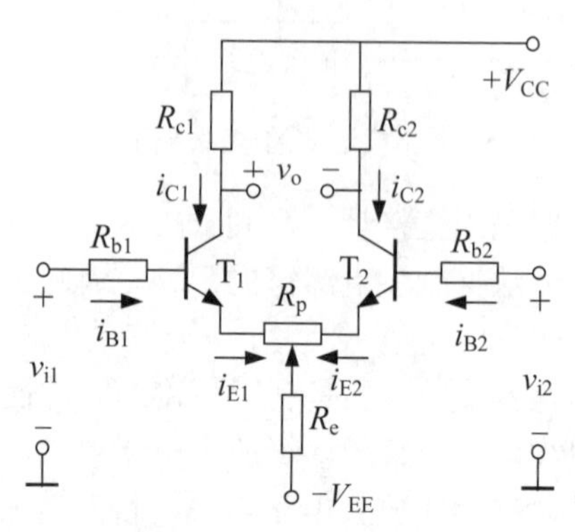

图 5.2 差分放大电路

在实际的电路中，由于要做到两边电路完全对称是很困难的，这样静态时的输出电压不一定为零，因此，图 5.2 中有一电位器 R_P 用来对两管的电流进行调节，作调零用。其值很小，一般是几十欧到几百欧。当采用单端输出时，这时不能利用电路的对称性使零点漂移相互抵消，也能利用 R_P 的调节作用较好的减小零点漂移。

在静态时，设 $I_{B1}=I_{B2}=I_B$，$I_{C1}=I_{C2}=I_C$，则根据基尔霍夫电压定理由基极回路可列出（因 R_P 阻值较小，因此忽略）：

$$R_b I_B + V_{BE} + 2R_e I_E = V_{EE} \tag{5.1}$$

式中，I_E 远大于 I_B，故第三项较前两项大很多，因此前两项可略去，则

$$I_C \approx I_E \approx \frac{V_{EE}}{2R_e} \tag{5.2}$$

因此得出发射极电位 $V_E \approx 0$，所以每管的基极电流和集-射极电压为

$$I_B = \frac{I_C}{\beta} = \frac{V_{EE}}{2\beta R_e} \tag{5.3}$$

$$V_{CE} = V_{CC} - R_c I_C \approx V_{CC} - \frac{V_{EE} R_c}{2R_e} \tag{5.4}$$

【微课视频】

差分放大电路的动态分析

5.2.3 动态分析

由于差分放大电路有两个输入，当有输入信号时，电路的工作情况有以下三种

输入方式。

1. 共模输入

两个输入端的信号大小相等，极性相同，即$v_{i1}=v_{i2}=v_{ic}$，则称它们为共模信号，用v_{ic}表示，这种工作情况称共模输入。

当环境温度变化或外界电磁干扰时，对放大电路的影响相当于在输入端加入了共模信号，因两侧电路完全对称，增益也相等，即：$A_{v1}=A_{v2}=A_v$，因此共模输入信号产生的输出电压相同，即 $v_{o1}=v_{o2}=A_v v_{ic}$，若采用双端输出，则输出电压为零，即 $v_o=v_{o1}-v_{o2}=0$。因此共模电压增益为

$$A_{vc}=\frac{v_{oc}}{v_{ic}}=0 \tag{5.5}$$

所以差分放大电路对共模信号没有放大能力。因此，共模增益越小，就反映了它对零点漂移的抑制能力越强，说明放大电路的性能越好。

如果采用单端输出（输出电压从任一管子的集电极与“地”之间取出），就不能利用电路的对称性抵消漂移，但是由于发射极公共电阻R_e对两管的电流有自动调节作用，仍能较好的降低每个管子的零漂。R_e对两管的电流的自动调节作用曾在前面章节的稳定静态工作点的电路中讨论过，R_e起直流反馈作用，当有温度引起的共模信号时，两管的集电极电流同时增大，R_e上的电压也增大，即发射极的电位升高，迫使两管的V_{BE}减小，进而限制了两管的集电极电流增大，所以单端输出时的零漂也大为减小，因此R_e也被称为共模抑制电阻。

2. 差模输入

两个输入端的信号大小相等，而极性相反，则称它们为差模信号。用v_{id}表示，这种工作情况称差模输入，如图5.3所示。

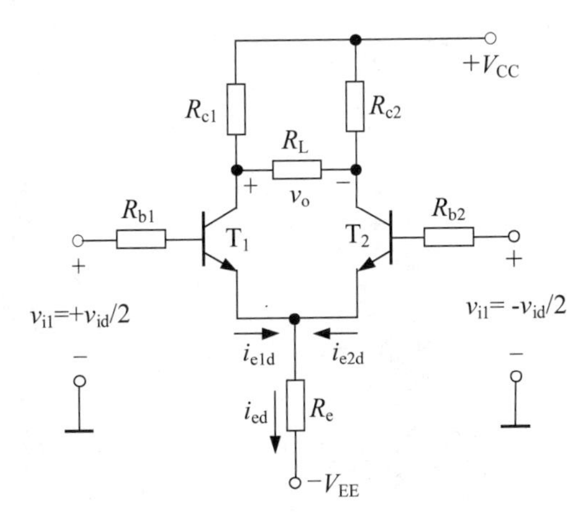

图5.3　差模输入电流情况

当输入差模信号时，设 v_{i1}>0，v_{i2}<0，则 v_{i1} 使 T_1 管的集电极电流增大了 Δi_{c1}，v_{i2} 使 T_2 管的集电极电流减小了 Δi_{c2}，在电路完全对称的情况下，$\Delta i_{c1} = \Delta i_{c2}$，因此，两管的发射极电流 $i_{e1d} = -i_{e2d}$，所以流过 R_e 的差模电流 $i_{ed}=i_{e1d}+i_{e2d}=0$，R_e 两端无差模电压降，发射极电位 v_e 相当于一个固定电位，在画差模交流通路时可将 R_e 视为短路。双端输出时，负载 R_L 接在两个三极管的集电极之间，因为差模输入信号引起的两管的集电极电流大小相等，极性相反，因此 T_1 管的集电极电位降低，而 T_2 管的集电极电位升高，使流过负载 R_L 两端的电流大小相等，极性相反，因此在负载 R_L 的中间位置点的电位保持不变，也就是说，在 $R_L/2$ 处相当于交流接“地”，每管各带一半负载电阻。故交流通路如图图 5.4（a）所示，图 5.4（b）为其微变等效电路。

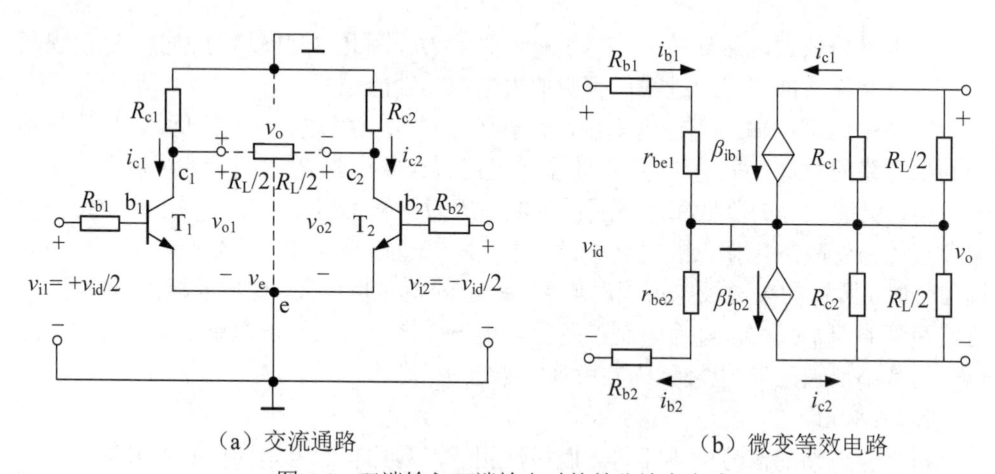

（a）交流通路　　（b）微变等效电路

图 5.4　双端输入双端输出时的差分放大电路

$$A_{vd1} = \frac{v_{o1}}{v_{i1}} = \frac{-\beta i_b R_L'}{i_b(R_b + r_{be})} = -\frac{\beta R_L'}{(R_b + r_{be})} \tag{5.6}$$

式中 $R_L' = R_C // R_L / 2$。

同理可得

$$A_{vd2} = \frac{v_{o2}}{v_{i2}} = -\frac{\beta R_L'}{(R_b + r_{be})} = A_{vd1} \tag{5.7}$$

双端输出电压为

$$v_o = v_{o1} - v_{o2} = A_{vd1} v_{i1} - A_{vd2} v_{i2} = A_{vd1}(v_{i1} - v_{i2}) \tag{5.8}$$

差模电压增益：

$$A_{vd} = \frac{v_o}{v_{id}} = \frac{A_{vd1}(v_{i1} - v_{i2})}{v_{i1} - v_{i2}} = A_{vd1} = -\frac{\beta R_L'}{(R_b + r_{be})} \tag{5.9}$$

综上所述，差分放大电路在双端输入-双端输出的情况下，其电压增益等于单管放大电路的电压增益。因此该电路用多一倍的元件换取了抑制共模信号的能力。

差模输入电阻：

$$\begin{aligned}R_{id}&=\frac{v_{id}}{i_{id}}=\frac{v_{i1}-v_{i2}}{i_{b1d}}=\frac{i_{b1d}(R_{b1}+r_{be})-i_{b2d}(R_{b2}+r_{be})}{i_{b1d}}\\&=\frac{i_{b1d}(R_{b1}+r_{be})+i_{b1d}(R_{b1}+r_{be})}{i_{b1d}}=2(R_{b1}+r_{be})\end{aligned}\tag{5.10}$$

差模输出电阻：

$$R_{od}=\frac{v_{od}}{i_{od}}=2R_C\tag{5.11}$$

【例 5.1】电路如图 5.2 所示，已知 V_{CC}=12V，V_{EE}=-12V，R_{c1}=R_{c2}=R_c=10kΩ，R_{b1}=R_{b2}=R_b=20kΩ，R_e=10kΩ，R_P=100Ω，R_L=20kΩ，三极管 $\beta_1=\beta_2=\beta=50$，$r_{bb1}=r_{bb2}=r_{bb}=300\Omega$。试求：（1）电路的静态工作点；（2）差模电压增益 A_{vd}，差模输入电阻 R_{id}，差模输出电阻 R_{od}。

解：（1）静态工作点及 r_{be}

$$I_C\approx I_E\approx\frac{V_{EE}}{2R_e}=\frac{12}{2\times10\times10^3}=0.6\text{mA}$$

$$I_B=\frac{I_C}{\beta}=\frac{0.6}{50}=0.012\text{mA}=12\mu\text{A}$$

$$V_{CE}=V_{CC}-R_cI_C=12-10\times10^3\times0.6\times10^{-3}=6\text{V}$$

$$r_{be}=r_{bb}+(1+\beta)\frac{26}{I_C}=300+(1+50)\frac{26}{0.6}=2.51\text{k}\Omega$$

（2）首先画出放大电路的微变等效电路，如图 5.5 所示。

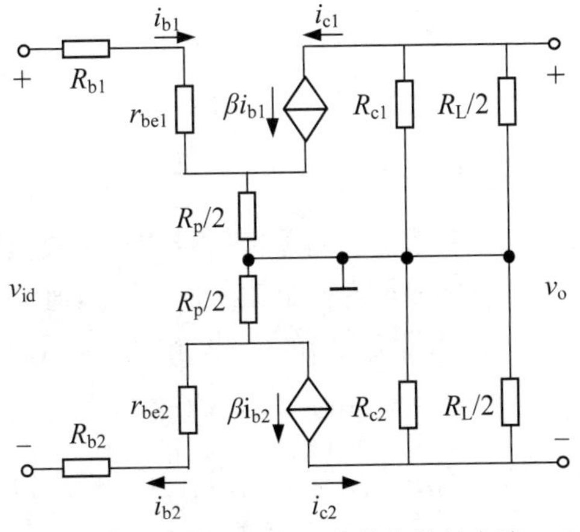

图 5.5 图 5.2 电路的微变等效电路

$$R_L' = R_c // R_L / 2 = 5\text{k}\Omega$$

$$A_{vd} = -\frac{\beta R_L'}{(R_b + r_{be} + (1+\beta)\dfrac{R_P}{2})} = -\frac{50\times 5}{20+2.51+2.55} \approx 9.9$$

$$R_{id} = 2(R_{b1} + r_{be} + (1+\beta)\frac{R_p}{2}) = 2\times(20+2.51+2.55) = 50.12\text{k}\Omega$$

$$R_{od} = 2R_c = 20\text{k}\Omega$$

因调零电阻 R_P 阻值很小，忽略 R_P，得其微变等效电路如图 5.4（b）所示，再计算差模电压增益 A_{vd}，差模输入电阻 R_{id}，差模输出电阻 R_{od}。

$$A_{vd} = -\frac{\beta R_L'}{(R_B + r_{be})} = -\frac{50\times 5}{20+2.51} \approx 11.1$$

$$R_{id} = 2(R_{b1} + r_{be}) = 2\times(20+2.51) = 45.02\text{k}\Omega$$

$$R_{od} = 2R_c = 20\text{k}\Omega$$

比较调零电阻 R_P 忽略前后的计算结果，可见当调零电阻 R_P 阻值较小时，计算时忽略对结果影响不大。

3. 比较输入

两个输入信号既非共模信号，又非差模信号，其大小和相对极性都是任意的，这种输入方式称为比较输入方式。常作为比较放大来运用，在自动控制系统中是常见的。为了便于分析和处理，常将比较输入信号分解为共模分量和差模分量。在这种输入情况下可将 v_{i1} 和 v_{i2} 改写成如下形式：

$$v_{i1} = \frac{v_{i1}+v_{i2}}{2} + \frac{v_{i1}-v_{i2}}{2},\ v_{i2} = \frac{v_{i1}+v_{i2}}{2} - \frac{v_{i1}-v_{i2}}{2} \tag{5.12}$$

令

$$v_{ic} = \frac{v_{i1}+v_{i2}}{2},\ v_{id} = v_{i1} - v_{i2} \tag{5.13}$$

所以

$$v_{i1} = v_{ic} + \frac{v_{id}}{2},\ v_{i2} = v_{ic} - \frac{v_{id}}{2} \tag{5.14}$$

因此任意输入信号都可以分解为一对差模信号和一对共模信号。其中共模分量为两个输入信号的平均值，差模分量为两个输入信号的差值。例如，任意输入信号 v_{i1}=−8mV，v_{i2}=2mV，将该信号分解为共模分量和差模分量，可得 $v_{ic} = \frac{-8+2}{2} = -3\text{mV}$，$v_{id} = -8-2 = -10\text{mV}$，$v_{i1} = (-3-\frac{10}{2})\text{mV}$，$v_{i2} = (-3+\frac{10}{2})\text{mV}$。

对于线性差分放大电路，输出电压可以利用叠加定理求得

$$v_{o1} = A_{vc}v_{ic} + A_{vd}v_{id},\ v_{o2} = A_{vc}v_{ic} - A_{vd}v_{id}$$

$$v_o = v_{o1} - v_{o2} = 2A_{vd}v_{id} = A_{vd}(v_{i1} - v_{i2}) \tag{5.15}$$

上式表明，输出电压的大小仅与输入电压的差值有关，即只与差模分量有关，而与信号本身的大小无关。

对于差分放大电路来说，差模信号是有用信号，要求对差模信号有较大的增益；而共模信号是干扰信号，因此对共模信号的增益越小越好，抗共模干扰的能力越强。

综上，无论差分放大电路的输入是哪种类型，都可以认为它是在共模信号和差模信号驱动下工作的。

5.2.4 共模抑制比

差分放大电路既能有效的放大差模信号，又能很好的抑制共模信号，共模抑制比（Common Mode Rejection Ratio）K_{CMRR}用来衡量差分放大电路对差模信号的放大能力及对共模信号的抑制能力，定义为，

$$K_{CMRR} = \left|\frac{\text{差模电压增益}}{\text{共模电压增益}}\right| = \left|\frac{A_{vd}}{A_{vc}}\right|$$

或用对数形式表示，单位为分贝（dB），即

$$K_{CMRR} = 20\lg\left|\frac{A_{vd}}{A_{vc}}\right| (\text{dB})$$

可以把这一性能指标看成是输出有用信号与干扰信号的对比。其值越大，说明差分放大电路抗干扰能力越强，受共模干扰的影响越小。

在理想情况下，$A_{vc}=0$，K_{CMRR}为∞。实际电路中，要做到差分放大电路两边完全对称是很困难的，所以A_{vc}不可能为零，那么K_{CMRR}也不可能为∞。

如果增大R_e，A_{vc}就减小，K_{CMRR}就相应增大，抑制共模信号的效果越好。但是随着R_e值的增大，R_e上的直流电压也增大，在保持集电极电流不变的情况下，要使e 点的电位接近“地”电位，必然要增大负电源电压值，例如，差分放大电路发射极电流$I_E = 1\text{mA}$，当R_e=10kΩ时，$-V_{EE}=2I_E R_e=-20\text{V}$；而当$R_e$=30kΩ时，$-V_{EE}=-60\text{V}$，很显然，太高的电源电压是不合适的。

为了在较低的电源电压下得到和高R_e值相同的效果，发射极电阻R_e可用恒流源代替。

5.2.5 采用恒流源式的差分放大电路

图 5.6 为用恒流源电路代替了R_e的差分放大电路。该电路中，因为恒流源的内阻很高，正好达到了在保持电源电压一定时提高发射极电阻的目的，可以得到较好

的抑制共模信号的效果。

电路中恒流源具有近似的恒流，可以基本不受温度变化的影响，因此当温度变化时，恒流源支路电流I_o保持稳定，而两个三极管的集电极电流i_{C1}和i_{C2}之和近似等于I_o，所以i_{C1}和i_{C2}也不会受到温度变化的影响，因此恒流源还给晶体管提供了更稳定的静态偏置电流，抑制了共模信号的变化。

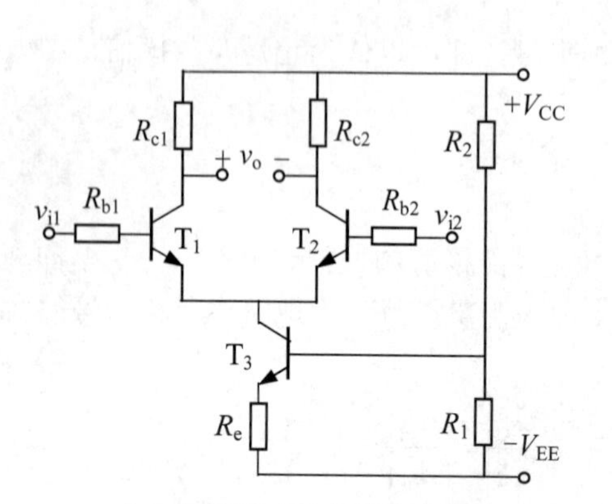

（a）恒流源式差分放大电路

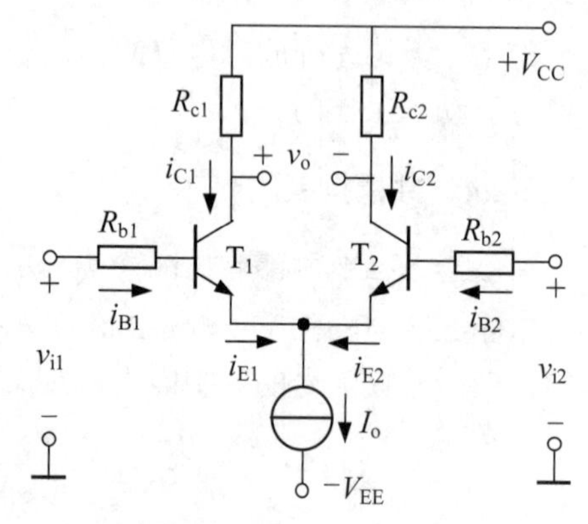

（b）恒流源式差分放大电路的简化表示法

图 5.6　恒流源式差分放大电路

1. 静态分析

估算恒流源式差分放大电路的静态工作点时，从恒流源的电流开始。

$$I_{CQ1} = I_{CQ2} = \frac{I_o}{2} \tag{5.16}$$

$$I_{BQ1} = I_{BQ2} = \frac{I_{CQ1}}{\beta} \tag{5.17}$$

$$V_{CQ1} = V_{CQ2} = V_{CC} - I_{CQ1}R_{c1} \tag{5.18}$$

$$V_{BQ1} = V_{BQ2} = -I_{BQ1}R_{b1} \tag{5.19}$$

2. 动态分析

动态分析时，恒流源等效为一个很高的动态电阻r_o，其交流通路和微变等效电路与图 5.4 相同，因此，差模电压增益A_{vd}、差模输入电阻R_{id}和差模输出电阻R_{od}的计算也相同，读者可自行分析。

此外，差分放大电路可以双端输入，也可以单端输入（另一端接“地”）；可以双端输出，也可以单端输出（只从一个管的集电极输出）。图 5.3 所示的是双端输入-双端输出的差分放大电路。其四种典型电路的电路图如图 5.7 所示，技术指标和用途见表 5.1。

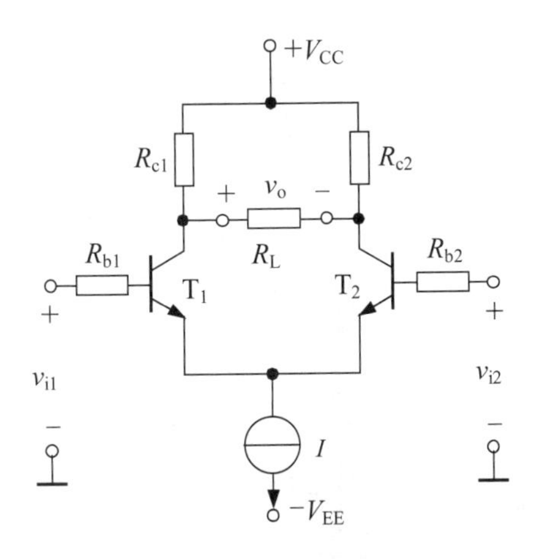

（a）双端输入-双端输出形式

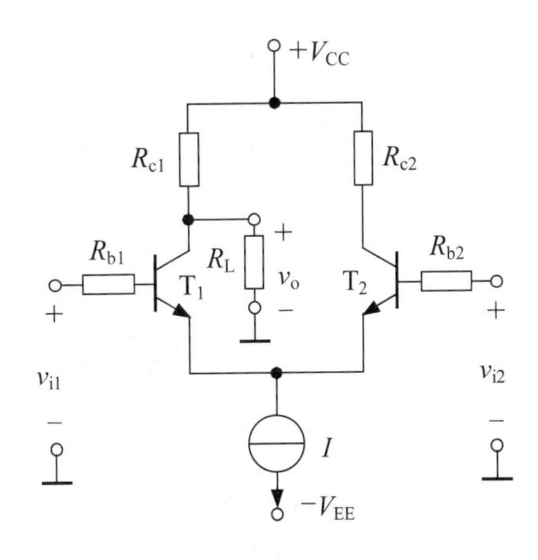

（b）双端输入-单端输出形式

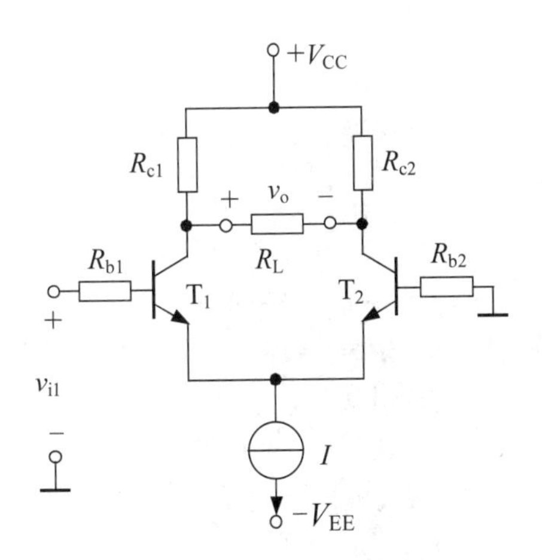

（c）单端输入-双端输出形式

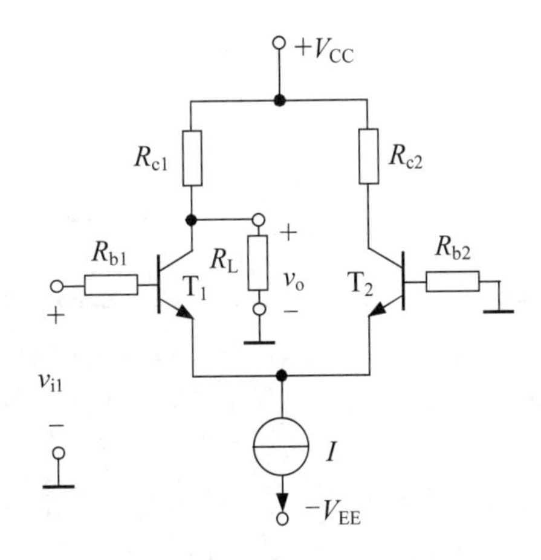

（d）单端输入-单端输出形式

图 5.7　四种典型差分放大电路

表 5.1　四种典型差分放大电路性能指标比较

输入方式	双端		单端	
输出方式	双端	单端	双端	单端
差模电压增益 A_{vd}	$-\dfrac{\beta(R_c // \frac{R_L}{2})}{R_b + r_{be}}$	$-\dfrac{1}{2}\dfrac{\beta(R_c // R_L)}{R_b + r_{be}}$	$-\dfrac{\beta(R_c // \frac{R_L}{2})}{R_b + r_{be}}$	$-\dfrac{1}{2}\dfrac{\beta(R_c // R_L)}{R_b + r_{be}}$

续表

输入方式	双端		单端	
输出方式	双端	单端	双端	单端
共模电压增益 A_{vc}	$A_{vc}\to 0$	$A_{vc}=-\dfrac{\beta(R_c//R_L)}{R_b+r_{be}+(1+\beta)2r_0}$	$A_{vc}\to 0$	$A_{vc}=-\dfrac{\beta(R_c//R_L)}{R_b+r_{be}+(1+\beta)2r_0}$
共模抑制比 K_{CMRR}	$K_{CMRR}\to\infty$	$\dfrac{R_b+r_{be}+(1+\beta)2r_0}{2(R_b+r_{be})}$	$K_{CMRR}\to\infty$	$\dfrac{R_b+r_{be}+(1+\beta)2r_0}{2(R_b+r_{be})}$
差模输入电阻 R_{id}	$2(R_b+r_{be})$	$2(R_b+r_{be})$	$2(R_b+r_{be})$	$2(R_b+r_{be})$
输出电阻 R_o	$2R_c$	R_c	$2R_c$	R_c
用途	用于输入输出不需要一端接地时，常用于运放电路的输入级、中间级	将双端输入转换为单端输出，常用于运放电路的输入级和中间级	将单端输入转换为双端输出，常用于运放电路的输入级	用于放大电路输入和输出电路均需要一端接地的电路中

【例 5.2】 电路如图 5.6（b）所示，已知 $R_{b1}=R_{b2}=R_b=1\text{k}\Omega$，$R_{c1}=R_{c2}=R_c=10\text{k}\Omega$，$R_L=5.1\text{k}\Omega$，$V_{CC}=12\text{V}$，$V_{EE}=-6\text{V}$；三极管 $\beta_1=\beta_2=\beta=100$，$r_{be1}=r_{be2}=r_{be}=2\text{k}\Omega$，$V_{BE}=0.7\text{V}$；$I_o=1\text{mA}$。试求：（1）电路的静态工作点；（2）计算差模电压增益 A_{vd}，差模输入电阻 R_{id}，差模输出电阻 R_{od}；（3）若将电路改成由 T_1 的集电极单端输出，如图 5.7（b）所示，当电流源的 $r_o=83\text{k}\Omega$ 时，求 A_{vd1}、A_{vc1} 和 K_{CMRR1}。

解：（1）静态工作点

$$I_{CQ1}=I_{CQ2}=\frac{I_o}{2}=0.5\text{mA}$$

$$I_{BQ1}=I_{BQ2}=\frac{I_{CQ1}}{\beta}=\frac{0.5\text{mA}}{100}=5\mu\text{A}$$

$$V_{CQ1}=V_{CQ2}=V_{CQ}=V_{CC}-I_{CQ1}R_{c1}=(12-0.5\times 10)=7\text{V}$$

$$v_{i1}=v_{i2}=0\text{，}\ V_E=-V_{BE}=-0.7\text{V}$$

$$V_{CEQ1}=V_{CEQ2}=V_C-V_E=(7-(-0.7))=7.7\text{V}$$

（2）双端输入双端输出时，计算动态参数，利用式（5.9）、式（5.10）和式（5.11），可得

$$R_L' = R_c // R_L / 2 = 2.04\text{k}\Omega$$

$$A_{vd} = -\frac{\beta R_L'}{(R_b + r_{be})} = -\frac{100 \times 2.04}{1+2} \approx -68$$

$$R_{id} = 2(R_{b1} + r_{be}) = 2 \times (1+2) = 6\text{k}\Omega$$

$$R_{od} = 2R_c = 20\text{k}\Omega$$

（3）双端输入单端输出时，计算 A_{vd1}、A_{vc1} 和 K_{CMRR1}。当差模信号作用时，画出图 5.7（b）所示电路的微变等效电路，如图 5.8 所示。当差模信号作用时，由于 T_1 管与 T_2 管中的电流大小相等且方向相反，所以发射极相当于接地，因此差模电压增益为

$$A_{vd1} = -\frac{1}{2}\frac{\beta(R_c // R_L)}{R_b + r_{be}} = -\frac{1}{2}\frac{100 \times \dfrac{10 \times 5.1}{10 + 5.1}}{1+2} = -56$$

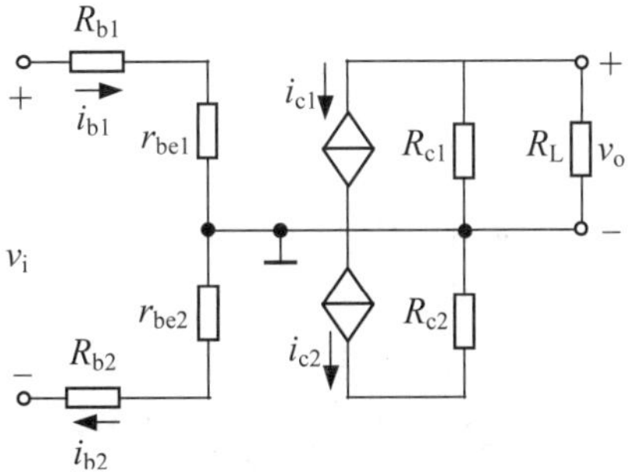

图 5.8　图 5.7（b）所示电路对差模信号的等效电路

当输入共模信号时，由于两边电路的输入信号大小相等且极性相同，两管的射极电流 i_e 变化趋势相同，且都流过发射极公共支路，发射极公共支路电流为 $2i_e$，因此发射极电位为 $2i_e r_o$（r_o 为动态时电流源的输出电阻）；对于每只管子而言，可以认为是 i_e 流过阻值为 $2r_o$ 所造成的，如图 5.9（a）所示。因为电路对称，这里只画出与输出电压相关的 T_1 管一边电路对共模信号的微变等效电路，如图 5.9（b）所示。从图上可以求出

$$A_{vc1} = -\frac{\beta(R_c // R_L)}{R_b + r_{be} + (1+\beta)2r_o} = -\frac{100 \times \dfrac{10 \times 5.1}{10 + 5.1}}{1 + 2 + 2 \times (1+100) \times 83} = -0.02$$

因此，可得共模抑制比为

$$K_{CMRR1} = \left|\frac{A_{vd1}}{A_{cd1}}\right| = \frac{R_b + r_{be} + (1+\beta)2r_o}{2(R_b + r_{be})} = 2800$$

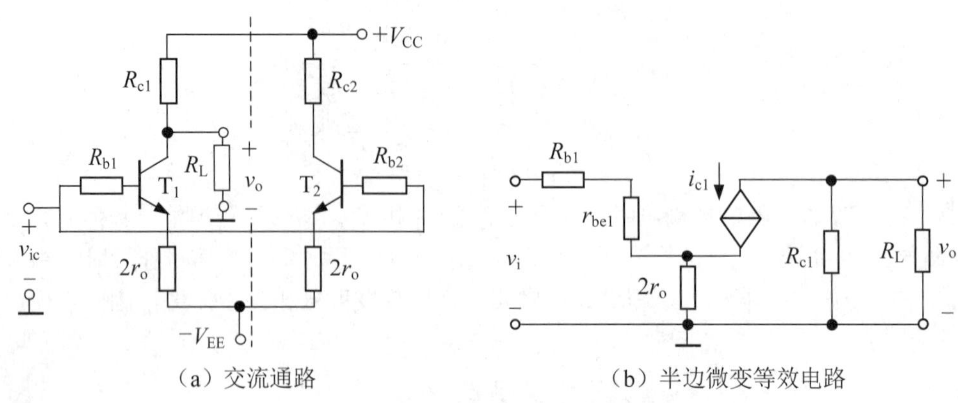

（a）交流通路　　（b）半边微变等效电路

图 5.9　图 5.7（b）所示电路对共模信号的等效电路

【微课视频】

电流源电路

5.3　恒流源电路

电流源电路是模拟集成电路的主要单元电路，作为偏置电路给各级放大电路提供合适且稳定的静态工作点。前面讨论的分立元件电路中，一般是利用电阻分压实现偏置的，但是集成电路中制造一个三端器件比制造一个电阻所占用芯片面积小且经济，因此集成电路中普遍采用 BJT 或 FET 制成恒流源电路，为各级放大电路提供稳定的直流偏置。此外，电流源电路由于有高的动态电阻，在差分放大电路中，可以作为有源负载代替发射极电阻 R_e 来提高抑制共模信号的能力，也即提高共模抑制比。这里主要讨论 BJT 构成的电流源。

5.3.1　基本 BJT 电流源电路

1. 镜像电流源

电路如图 5.10 所示。电路中，设核心器件 T_1、T_2 的参数完全相同，即 $\beta_1=\beta_2=\beta$，$V_{BE1}=V_{BE2}=V_{BE}$，两管的基极和发射极分别直接相接，因此 $I_{B1}=I_{B2}=I_B$，$I_{E1}=I_{E2}=I_E$，根据每管集电极和发射极电流近似相等，所以 $I_{C1}=I_{C2}=I_C$，这样两边的性能都相同，如同照镜子一样，因此该电路被称为镜像电流源。

当 β 值较大时，基极电流 I_B 可忽略，所以

$$I_o=I_{C2}=I_{C1}=I_{REF}-2I_B\approx I_{REF} \tag{5.20}$$

而

$$I_{REF}=\frac{V_{CC}-V_{BE}-(-V_{EE})}{R}\approx\frac{V_{CC}+V_{EE}}{R} \tag{5.21}$$

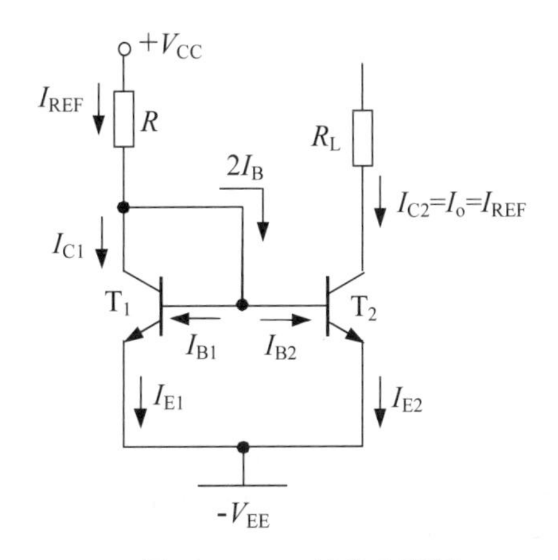

图 5.10　BJT 镜像电流源

可见只要电路的正负电源确定，则通过调整电阻 R 值，电流 I_{REF} 即可确定，电流源的输出 I_o 始终与 I_{REF} 一致，则电流源输出 I_o 向各级放大电路提供的偏置电流即可得到，故 I_{REF} 被称为基准电流。

电路的输出电阻 r_o 为电流源输出特性中 $i_{C2}=f(v_{CE})$ 电流恒定段斜率的倒数，即

$$r_o = \left(\frac{\partial v_{CE2}}{\partial i_{C2}}\right)\Big|_{I_{B2}} = r_{CE2} \tag{5.22}$$

此外，T_1 和 T_2 具有温度补偿的作用，这是因为由于温度升高，T_1 的 V_{BE} 将减小，使得 T_2 的 V_{BE} 也减小，进而限制了 I_{C2} 的增加，因此 I_{C2} 的温度稳定性好。从上面的推导发现，基准电流 I_{REF} 受电源波动的影响比较大，即导致电流源提供的直流偏置电流也会受较大影响，因此要求电源要稳定。

镜像电流源电路提供的电流 I_o 的数量级比较大，主要适用于较大工作电流（毫安级）的场合。如果将 I_o 降低到正常的偏置电流值（例如微安级），就要增加基准电阻 R 的值，太大的基准电阻在集成电路中不利于集成。因此，需要改进型的电流源。

2. 微电流源

集成电路中有很多晶体管需要很小（微安级）的基极偏置电流，又不能用大的电阻，图 5.11BJT 微电流源电路是在镜像电流源的基础上进行了改进，可以实现此目的。与图 5.10 相比，在元件 T_2 的发射极电路接入一电阻 R_{e2}。

由两个发射结和电阻 R_{e2} 回路，可得

$$V_{BE1} = V_{BE2} + I_{E2}R_{e2} \tag{5.23}$$

所以

$$I_o = I_{C2} \approx I_{E2} = \frac{V_{BE1} - V_{BE2}}{R_{e2}} = \frac{\Delta V_{BE}}{R_{e2}} \tag{5.24}$$

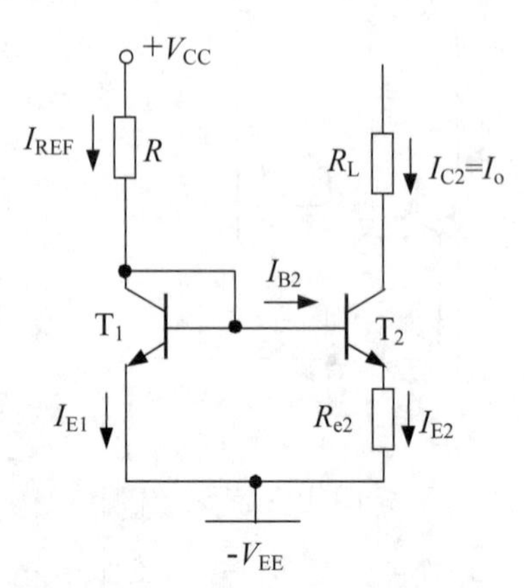

图 5.11　BJT 微电流源电路

PN 结电流方程式：

$$I_D \approx I_s e^{V_D / V_T} \tag{5.25}$$

在三极管中同样也有这个方程式，即：

$$I_{REF} = I_{C1} \approx I_s e^{V_{BE1} / V_T} \tag{5.26}$$

$$I_o = I_{C2} \approx I_s e^{V_{BE2} / V_T} \tag{5.27}$$

利用式（5.26）和（5.27）可得

$$I_o = \frac{V_{BE1} - V_{BE2}}{R_{e2}} = \frac{V_T}{R_{e2}} \ln \frac{I_{REF}}{I_o} \tag{5.28}$$

式（5.27）中，因 $V_T \approx 26\text{mV}$，故用不大的电阻，就可以获得 μA 级的电流 I_o，故称为微电流源。可以看出该电流源是利用两管的基-射级电压差来控制输出电流 I_o。

与镜像电流源电路相同，由于 T_1 和 T_2 具有温度补偿的作用，所以 I_{C2} 的温度稳定性好。该电路的输出电阻 $r_o \approx r_{ce2}(1 + \frac{\beta R_{e2}}{r_{be2} + R_{e2}})$，因 r_o 很大，使 I_o 具有很高的恒定性。

此外，由于引入了发射极电阻 R_{e2}，一方面 R_{e2} 起到了直流电流负反馈的作用，使 I_{C2} 稳定性更好；另一方面，R_{e2} 的值一般为数千欧，由式(5.23)可知，$V_{BE2} << V_{BE1}$，所以 T_2 管的 V_{BE2} 值很小，T_2 管工作在三极管的输入特性的弯曲部分，而 T_1 管工作在三极管的输入特性的线性部分，当电源 V_{CC} 波动时，I_{C2} 的变化远远小于 I_{REF} 的

变化，因此电源电压波动对微电流源输出 I_o（或 I_{C2}）的影响不大。

3. 比例电流源

在集成电路的电流偏置电路中，有时需要提供与基准电流 I_{REF} 成一定比例关系的偏置电流 I_o，图 5.12 比例电流源电路可以实现这样的功能。

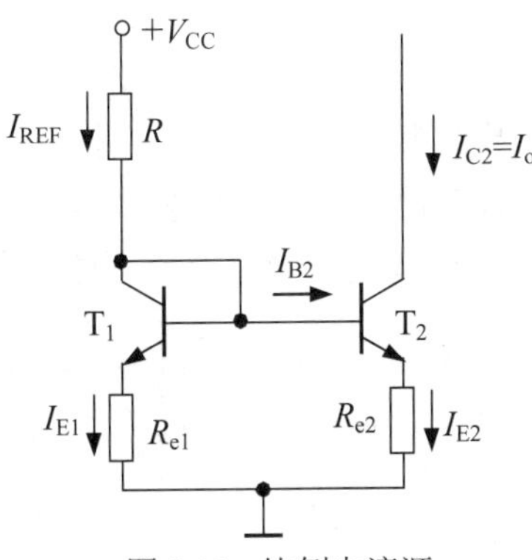

图 5.12　比例电流源

图 5.12 改变了镜像电流源中 $I_o = I_{C2} \approx I_{REF}$ 的关系，分析该电路可得

$$V_{BE1} + I_{E1}R_{e1} = V_{BE2} + I_{E2}R_{e2} \tag{5.29}$$

当 $\beta >> 1$ 时，$I_E \approx I_C$，可得

$$V_{BE1} + I_{C1}R_{e1} = V_{BE2} + I_{C2}R_{e2} \tag{5.30}$$

利用式（5.26）可得

$$V_{BE1} = V_T \ln \frac{I_{C1}}{I_S} \tag{5.31}$$

$$V_{BE2} = V_T \ln \frac{I_{C2}}{I_S} \tag{5.32}$$

所以

$$I_o = I_{C2} = \frac{1}{R_{e2}}(I_{C1}R_{e1} + (V_{BE1} - V_{BE2})) = \frac{1}{R_{e2}}(I_{C1}R_{e1} + V_T \ln \frac{I_{C1}}{I_o}) \tag{5.33}$$

一般情况下，$I_{C1}R_{e1} >> V_T \ln \frac{I_{C1}}{I_o}$，且 $\beta >> 1$，$I_{C1} \approx I_{REF}$，因此可得

$$I_o = \frac{R_{e1}}{R_{e2}} I_{C1} = \frac{R_{e1}}{R_{e2}} I_{REF} \tag{5.34}$$

式（5.34）说明 I_o 与 I_{REF} 成比例关系，各种比例关系可以通过改变 R_{e1} 和 R_{e2} 的的比值获得，因此该电流源也称为比例电流源。

输出电阻 r_o 可以利用微变等效电路进行计算，这里直接给出估算式

$$r_o \approx r_{ce2}(1+\frac{\beta R_{e2}}{R_{e2}+r_{be2}+R'}) \tag{5.35}$$

式中，$R'=(r_{be1}+R_{e1})//R=\dfrac{(r_{be1}+R_{e1})R}{r_{be1}+R_{e1}+R}$。

4. 多路电流源

在一个集成电路中，每一级放大电路都需要设置合适的静态工作点。因此在集成运放电路中往往使用一个基准电流I_{REF}获得多个输出电流，为各级放大电路提供适合的、不同比例关系的直流偏置电流，具有这种功能的电流源就是多路电流源。图5.13多路电流源电路是由双极性晶体管组成的，可以实现此目的。

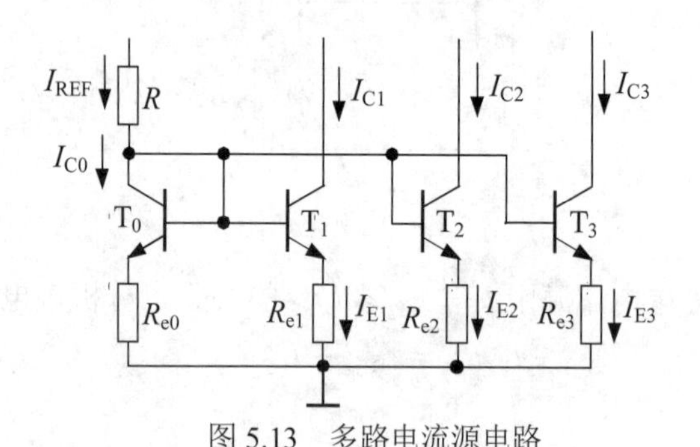

图5.13 多路电流源电路

与分析比例电流源电路方法类似，可以近似认为，

$$I_{E0}R_{e0} \approx I_{E1}R_{e1} \approx I_{E2}R_{e2} \approx I_{E3}R_{e3} \tag{5.36}$$

当$\beta >> 1$时，$I_E \approx I_C$，则$I_{C0}R_{e0} \approx I_{C1}R_{e1} \approx I_{C2}R_{e2} \approx I_{C3}R_{e3}$。当$I_{E0}$确定后，多路电流源可以根据各级放大电路所需要的静态电流，来选取合适的发射极电阻的阻值。

5. 高输出阻抗电流源

图5.14为高输出阻抗电流源，也称为威尔逊（Wilson）电流源，它是镜像电流源的改进电路。由图5.14知，电路的基准电流为

$$I_{REF}=\frac{V_{CC}-V_{BE2}-V_{BE3}+V_{EE}}{R} \tag{5.37}$$

由于T_1、T_2管构成镜像电流源，它的输出电阻r_{o2}串联在T_3管的发射极，其作用与射极偏置电路中射极电阻R_e稳定静态工作点的原理一样，可使输出电流$I_o(=I_{C3})$高度稳定。由于T_1、T_2电路的输出电阻大，使得该电路的动态输出电阻r_o要比微电流源的动态输出电阻高很多。后面的分析我们可以看到，高输出阻抗的电流源在差分放大电路中代替射极电阻，大大地提高了共模抑制比。

【例 5.3】图 5.15 是 BJT 的多路电流源电路，设电路中 T_1～T_6的工艺参数和特性相同，设 $V_{BE(n)}=-V_{BE(p)}=0.7V$，试求：（1）电路的基准电流？（2）电路有几种类型的电流源？根据流向确定电流源和电流阱。

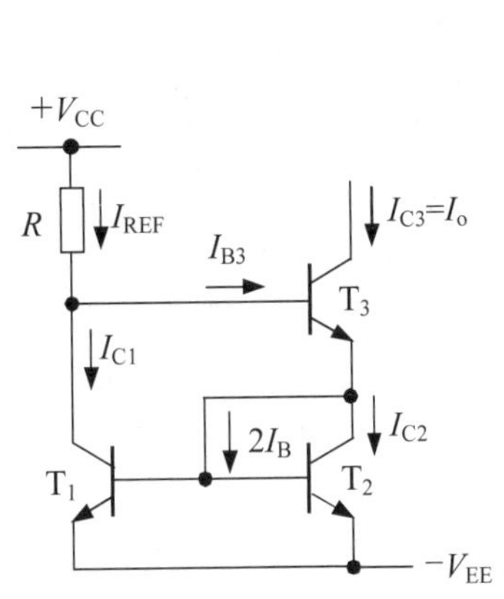

图 5.14　高输出阻抗电流源

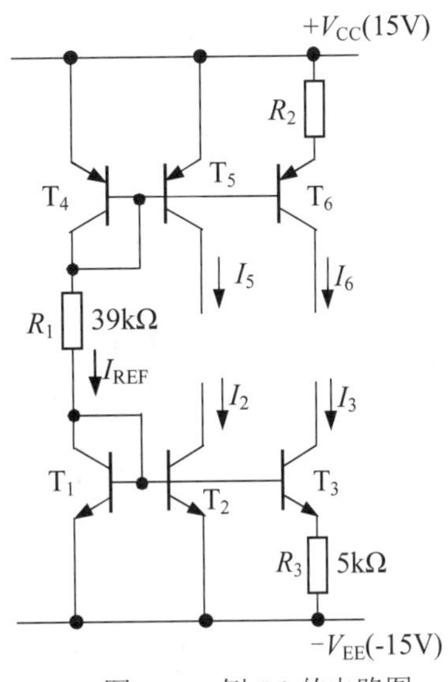

图 5.15　例 5.3 的电路图

解：（1）首先确定偏置电路，在图 5.15 中，T_4、R_1和 T_1组成主偏置电路，确定电路的基准电流为

$$I_{REF}=\frac{V_{CC}-V_{BE4}-V_{BE1}-(-V_{EE})}{R_1}=\frac{(15+15-2\times0.7)V}{39k\Omega}=0.73mA$$

（2）电路有 2 种类型的电流源。T_1和 T_2、T_4和 T_5构成镜像电流源，而 T_1和 T_3、T_4和 T_6构成为电流源。电路中由 PNP 管组成的电流源电路，电流 I_5和 I_6是流入负载，称为电流源电路；而由 NPN 管组成的电流源电路，电流 I_2和 I_3是由负载流入电流源的，称为电流阱电路。

此外，由 FET 同样可以构成镜像电流源、微电流源、比例电流源和多路电流源等。这里不再赘述。

5.3.2　电流源电路的应用

电流源的应用主要有三方面，下面一一介绍。

（1）作为偏置电路给各级放大电路提供合适且稳定的偏置电流。图 5.16 为 LM741 集成运算放大器的偏置电路。图中由 $+V_{CC}\rightarrow T_{12}\rightarrow R_5\rightarrow T_{11}\rightarrow -V_{EE}$ 构成主偏置电路，决定偏置电路的基准电流 I_{REF}。主偏置电路中的 T_{11}（$I_{REF}\approx I_{C11}$）和

T_{10}组成微电流源电路。I_{C10}为微安级电流，I_{C10}远小于I_{REF}。T_8和T_9构成镜像电流源，$I_{E8}=I_{E9}=I_{C10}$，为输入级提供合适且稳定的偏置电流。T_{12}和T_{13}构成双端输出的镜像电流源，一路输出为T_{13B}的集电极，为中间级提供静态偏置电流，T_{13}同时也作为中间级的有源负载。另一路输出为T_{13A}的集电极，为输出级提供静态偏置电流。

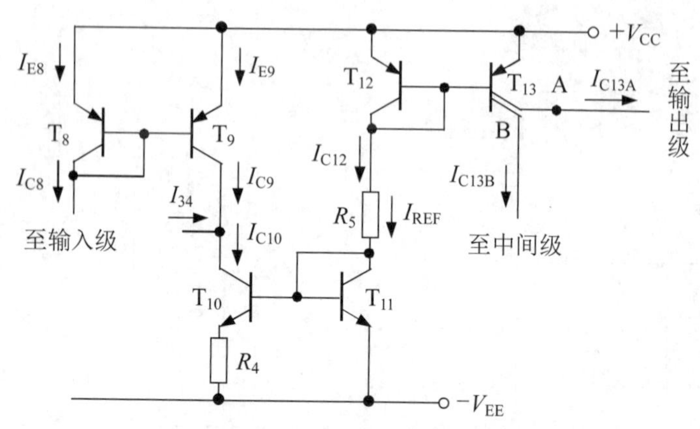

图 5.16　LM741 集成运算放大器的偏置电路

（2）作为有源负载取代大阻值电阻，提高电压增益。由于电流源具有直流电阻小而交流动态电阻很大的特点，相当于大电阻，因此在集成电路中作为有源负载取代大电阻从而增强放大能力，明显提高电路的电压增益。

例如图 5.17 所示电路中，以T_1为核心元件构成共射放大电路，T_2、T_3是两个特性完全相同的 PNP 型管，构成镜像电流源。有两个作用：一是为T_1管提供静态偏置，而是替代集电极电阻R_c作为有源负载。

由静态分析知：$\beta >> 2$时，则T_1管的集电极电流为

$$I_{CQ11} \approx I_{REF} = \frac{V_{CC}-V_{EB3}}{R} \tag{5.38}$$

对放大电路进行动态分析可得电压增益为

$$A_v = -\beta \frac{r_{ce1} // r_{ce2} // R_L}{R_b + r_{be}} \tag{5.39}$$

式中r_{ce1}、r_{ce2}分别为T_1、T_2管 c-e 间的动态电阻，其值非常大，大大提高了电压增益。

当$r_{ce1} // r_{ce2} >> R_L$时，$A_v \approx -\beta \dfrac{R_L}{R_b + r_{be}}$，说明集电极动态电流几乎全部流向负载电阻，增大了带负载能力。

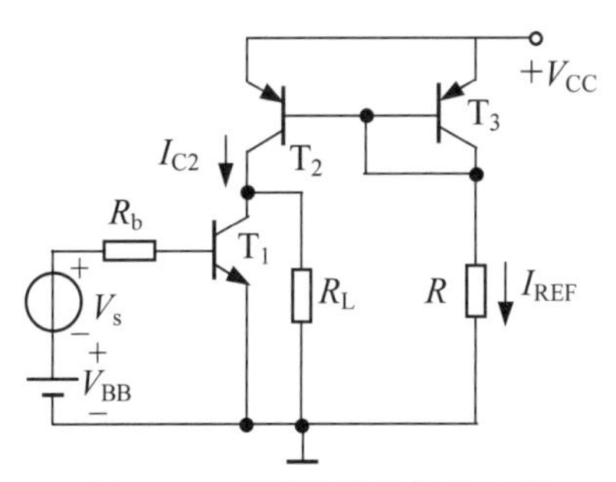

图 5.17　有源负载共射放大器

（3）在差分放大电路中代替射极电阻，提高共模抑制比。电流源不影响差模增益，但是影响共模增益，使共模电压增益减小，从而使共模抑制比提高，理想的电流源动态时相当于阻值为无穷大的电阻，所以共模抑制比为无穷大。

图 5.18 是以电流源作为有源负载的差分放大电路。T_1 和 T_2 管是差分放大对管，T_3 和 T_4 管组成镜像电流源代替了集电极电阻作为 T_1、T_2 的有源负载工作，T_5 和 T_6 管和 R_{e5}、R_{e6}、R 构成电流源为电路提供静态偏置，并代替射极电阻，提高共模抑制比。

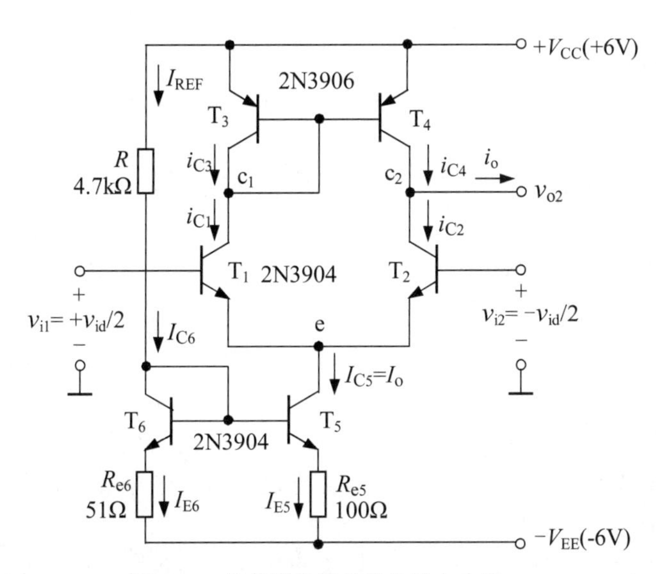

图 5.18　带有源负载的差分放大电路

（1）静态时，有

$$I_{E6} \approx I_{REF} = \frac{V_{CC} + V_{EE} - V_{BE6}}{R + R_{e6}} \tag{5.40}$$

所以电流源的电流

$$I_o = I_{E5} = I_{E6}\frac{R_{e6}}{R_{e5}} \tag{5.41}$$

因此差分电路的静态偏置电流 $I_{C1} = I_{C2} \approx I_{C3} = I_{C4} = \frac{I_o}{2}$，此时输出电流 $i_o = I_{C4} - I_{C2} = 0$，没有输出电流。

（2）动态时，电路有差模输入信号，$\Delta i_{c1} = -\Delta i_{c2}$，$\Delta i_{c4} = \Delta i_{c3} = \Delta i_{c1}$，因此，$\Delta i_o = \Delta i_{c4} - \Delta i_{c2} \approx \Delta i_{c1} - \Delta i_{c2} \approx 2\Delta i_{c1}$。可见负载电阻上的动态电流是 T_1 管集电极电流变化量的 2 倍，因此差模电压增益为

$$A_{vd2} = \frac{v_{o2}}{v_{id}} = \frac{\beta(r_{ce2} // r_{ce4})}{r_{be}} \tag{5.42}$$

当电流源的动态输出电阻为 r_{o5} 时，电路的共模增益为 $A_{vc2} \approx -\frac{r_{ce4}}{\beta r_{o5}}$，共模抑制比为 $K_{CMRR} \approx \frac{\beta(r_{ce2} // r_{ce4})}{r_{be}} \times \frac{\beta r_{o5}}{r_{ce4}}$。

由于电流源的动态输出电阻为 r_{o5} 较大，因此共模增益非常小。另一方面，单端输出的差模增益有双端输出的效果，因此有很高的差模电压增益，从而能获得很高的共模抑制比。

因此，电流源动态电阻的数值越大，抑制共模信号的能力越强。

5.4 集成运算放大器

集成运算放大器是由集成工艺制成的，具有高增益、高输入电阻和低输出电阻的直接耦合放大电路，并且具有很强的抑制零点漂移的能力。在制作集成电路时，并不会因为电路的复杂造成工艺的复杂，因此集成电路大多为复杂的电路，以达到优良的性能。虽然集成电路复杂，但就通用型集成运放而言，产品不断发展，但是几代产品的内部结构基本没变，均是由抑制零漂的输入级、高电压增益的中间级、具有强的带负载能力的输出级和提供静态电流的偏置电路四部分组成。在分析集成电路时一般按下面三个步骤进行：

第一步：合理分块。化整为零，把集成运放分为四块，首先根据偏置电路的特点找出电流源电路，其次找到能抑制零漂的差分放大电路，即输入级，然后根据信号的传递方向，找出中间级和输出级。

第二步：分析原理。分别分析四块电路的工作原理。偏置电路电流源的构成，输入级差分放大电路的输入输出方式和提高共模抑制比的方法，中间级是一级还是

多级以及各级提高放大能力的措施，输出级功率放大电路如何消除交越失真等。

第三步：分析性能。通观整体，研究各级及各部分电路的相互联系，进而分析整个电路的性能。

5.4.1　集成运算放大器的电路结构

本小节以高增益的通用Ⅲ型 F007 为例，简要分析集成电路 F007 的组成部分和工作原理，其内部原理电路如图 5.19 所示。图中虚线将电路划分成四个组成部分，分别为偏置电路、输入级、中间级和输出级。图中的数字为集成电路引脚序号。其简化等效电路如图 5.20 所示。

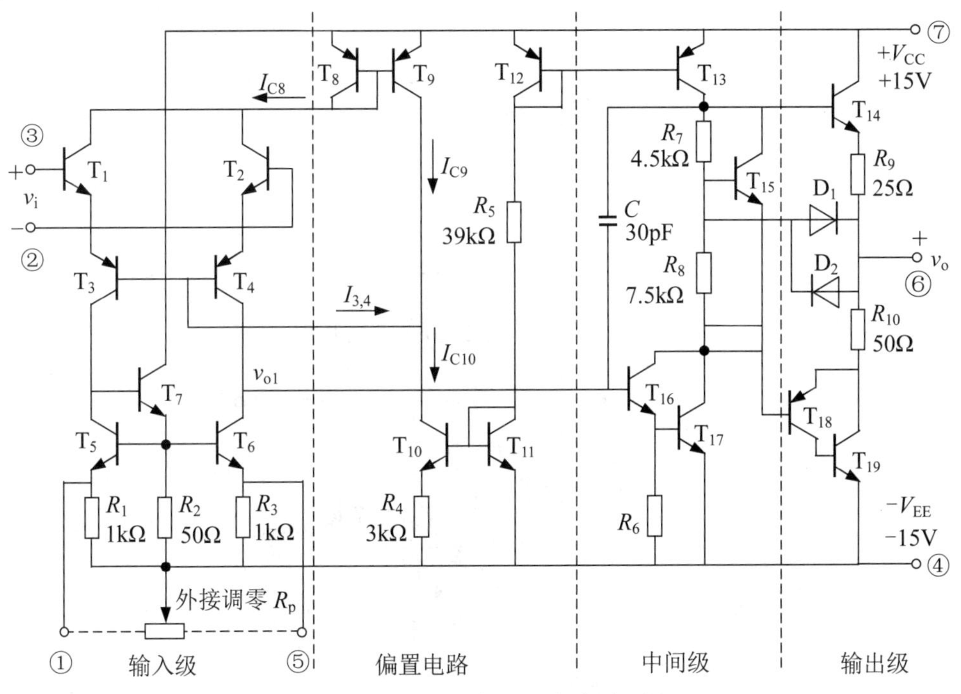

图 5.19　集成运放 F007 电路原理图

1. 偏置电路

对于集成运放，首先是找出为运放各级放大电路提供静态偏置电流的偏置电路。图 5.21 为 F007 的偏置电路。

在偏置电路中，首先估算由 T_{12}、R_5、T_{11} 产生的基准电流 I_{REF}，

$$I_{REF}=\frac{V_{CC}-V_{BE12}-V_{BE11}+V_{EE}}{R_5} \tag{5.43}$$

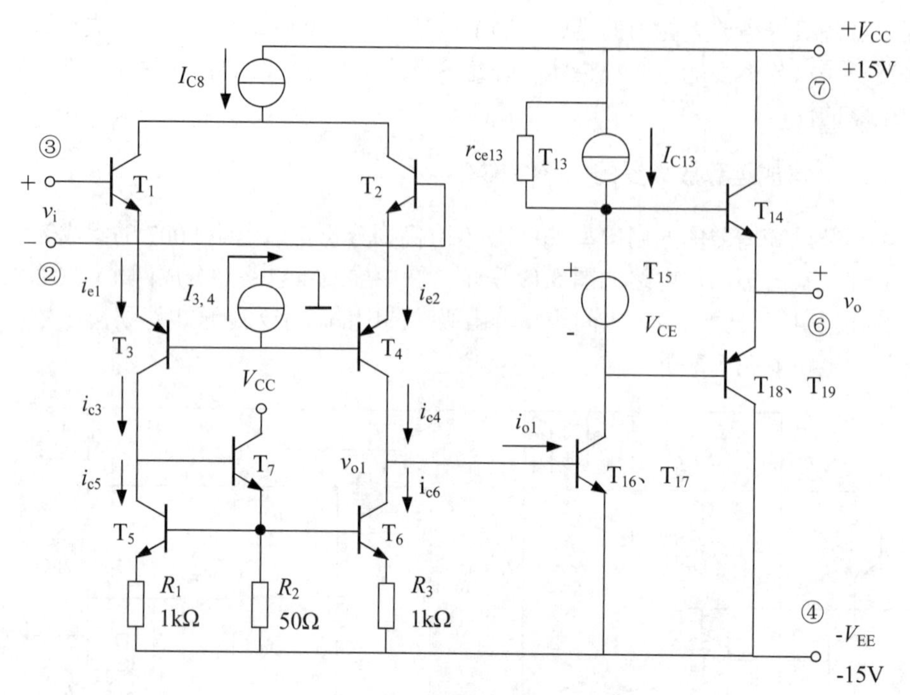

图 5.20 集成运放 F007 的简化电路

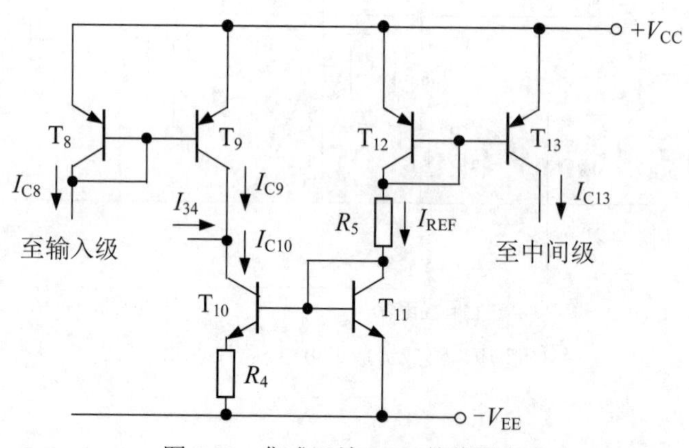

图 5.21 集成运放 F007 的偏置电路

其他电流源电流都与 I_{REF} 成比例。下面在分析输入级、中间级和输出级的偏置电流。

（1）输入级偏置电流。T_{10} 和 T_{11} 构成微电流源 I_{C10}，且 $I_{C10} << I_{REF}$，由图 5.21 可以看出

$$I_{34} = I_{C10} - I_{C9} \tag{5.44}$$

输入级差分放大电路的偏置电流由 I_{34} 决定。

T_8 和 T_9 构成镜像电流源，所以 $I_{C8} \approx I_{C9}$，若忽略 T_1 和 T_2 的基极电流，则有

$$I_{C8} = (\beta_{1,2} + 1)I_{34} \approx \beta_{1,2} I_{34} \tag{5.45}$$

联立式（5.44）和式（5.45）可得

$$I_{C8} = \frac{\beta}{\beta + 1} I_{C10} \tag{5.46}$$

从式（5.46）看出 T_8 相当于二极管。此外，T_8 和 T_9 还与 T_{10} 和 T_{11} 组成的微电流源构成共模负反馈，对于提高差分放大电路的共模抑制比大有益处。

（2）中间级和输出级偏置电流。T_{12} 和 T_{13} 构成镜像电流源 I_{C13}，为中间级和输出级提供静态偏置电流，T_{13} 同时也作为中间级的有源负载。

2. 输入级

图 5.22 为 F007 的输入级电路，由 T_1 和 T_3、T_2 和 T_4 构成共集-共基级复合的双入-单出的差分放大电路。共集形式，输入电阻大，允许的共模输入电压幅值大。共基形式频带宽。T_5 和 T_6 构成镜像电流源，同时分别作为 T_3 和 T_4 的有源负载。T_7 的作用是放大差模信号，抑制共模信号。T_6 和 T_7 实现信号由双端输出转换到单端输出。

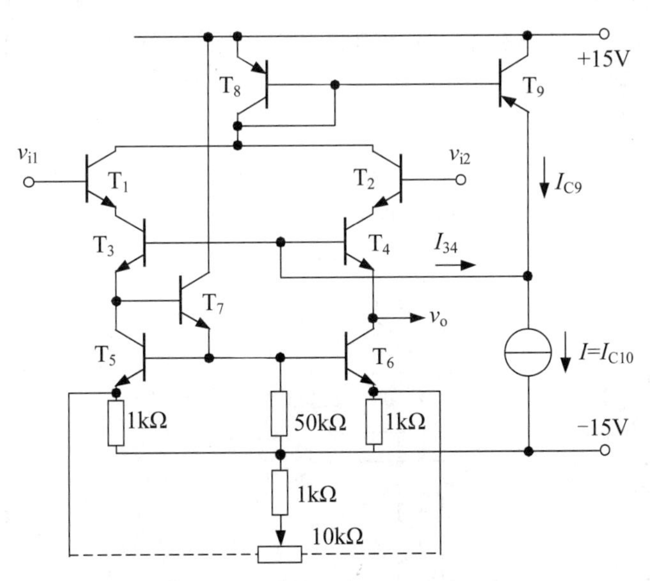

图 5.22　集成运放 F007 的输入级

电路中 1、5 脚外接调零电位器 R_p，当输入信号为零时，调节 R_p，使输出电压为零。

输入级特点：输入阻抗大、输入端耐压高、较强的抑制零漂的能力、很高的共模抑制比和信号双入-单出的转换。

3. 中间级

F007 的中间级是由 T_{16} 和 T_{17} 复合型三极管构成单级共射极放大电路。采用复合管，等效的电流增益为 $\beta \approx \beta_{16}\beta_{17}$。$T_{13}$ 是电流源，同时也是复合三极管集电极的有源负载，其等效阻抗很高，因此动态电流几乎全部流入输出级，本级电压增益很大。

4. 输出级

F007 的输出级采用准互补功率放大电路，如图 5.23 所示。T_{18} 和 T_{19} 构成 PNP 型复合三极管，与 T_{14} 共同构成互补输出级。R_7、R_8 和 T_{15} 构成恒压电路，为互补输出级提供静态偏压以消除交越失真。关于功率放大电路的工作原理第六章详细介绍。

此外，输出级电路里还设置了由 R_7、R_8、R_9、R_{10} 和 D_1、D_2 构成的过电流保护电路。D_1 和 D_2 管起过电流保护作用，在电路正常时两管均截止。由于

$$V_{D1} = V_{BE14} + I_o R_9 + V_{R7} \tag{5.47}$$

当输出电压为正且电流 i_o 过大时，则 R_9 上电压过大，导致 D_1 通过 R_7 导通，从而对 T_{14} 的基极电流进行分流，所以限制了输出电流继续增大，达到过电流保护的作用。

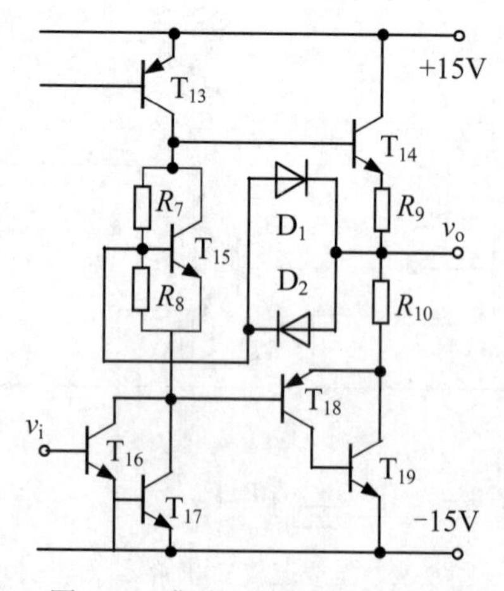

图 5.23 集成运放 F007 的输出级

5.4.2　典型的 CMOS 集成运算放大器

图 5.24 是一种全部由增强型 MOS 管组成的 CMOS 集成运算放大器 MC14573 的原理电路。图中虚线将电路划分成三个组成部分，分别为偏置电路、输入级和输出级。该电路的输入级电压增益很高，因而省略了中间电压增益级。

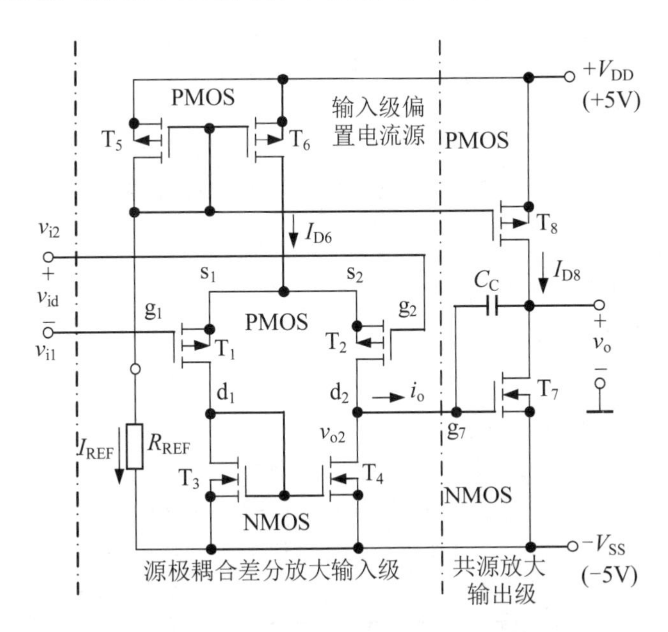

图 5.24　MC14573 集成运放原理电路

1. 偏置电路

对于由 MOS 构成的集成运放，首先还是找出为运放各级放大电路提供静态偏置电流的偏置电路。图 5.25 为 MC14573 的偏置电路，该电路为镜像电流源。

在偏置电路中，首先估算由 T_5、R_{REF}、T_6 产生的基准电流 I_{REF}，

$$I_{REF}=I_{D6}=\frac{V_{DD}-V_{SG5}+V_{SS}}{R_{REF}}=\frac{V_{DD}+V_{GS5}+V_{SS}}{R_{REF}} \tag{5.48}$$

$$I_{REF}=K_{P5}(V_{GS5}-V_{TP})^2 \tag{5.49}$$

联立式（5.48）和式（5.49）可求出基准电流 I_{REF}，输入级和输出级的偏置电流都与 I_{REF} 相等，即 $I_{D6}=I_{D8}=I_{REF}$，其中 I_{D6} 为输入级提供偏置电流，I_{D8} 为输出级提供偏置电流。

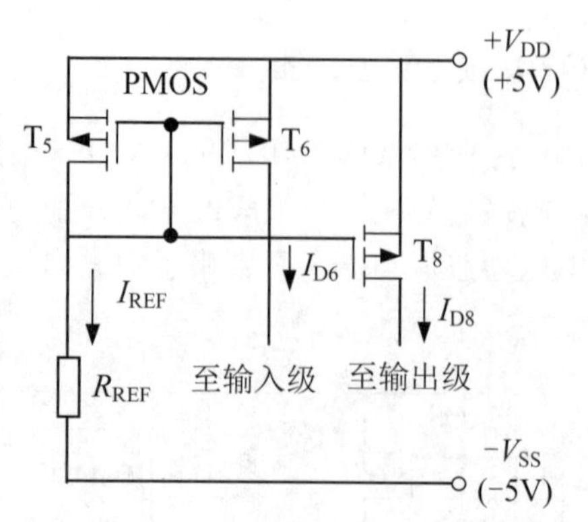

图 5.25 集成运放 MC14573 的偏置电路

2. 输入级

图 5.26 为 MC14573 的输入级电路，是由 PMOS 管 T_1 和 T_2 组成源极耦合差分放大电路，NMOS 管 T_3 和 T_4 作为 T_1 和 T_2 的有源负载。I_{D6} 为输入级提供偏置电流。输入信号 v_{id} 由 v_{i1}、v_{i2} 经输入级差分放大后由 T_2 管的漏极输出，用以驱动输出级。输入级的电压增益很高，因此该电路省略了中间级，可提高电路的稳定性和高频带宽。

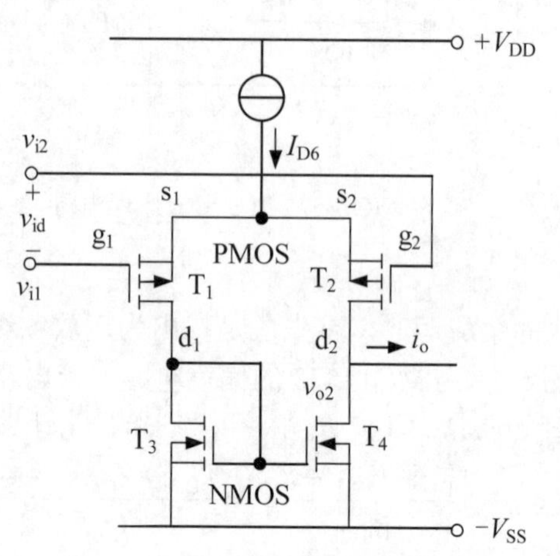

图 5.26 集成运放 MC14573 的输入级

3. 输出级

MC14573 的输出级如图 5.27 所示。输出级由 T_7 组成的共源放大电路，PMOS 管 T_5、T_6 和 T_8 组成多路电流源，I_{D8} 为输出级提供偏置电流，同时 PMOS 管 T_8 作为 T_7 的有源负载。

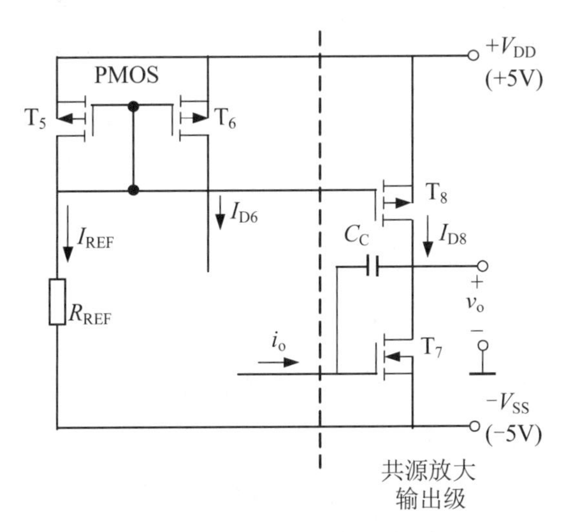

图 5.27 集成运放 MC14573 的输出级

5.5 实际集成运算放大器的主要参数

合理的选取和使用集成运放，了解其特性参数是非常必要的，因此还是应该以性能参数值作为选择器件的标准。限于篇幅，本节主要介绍集成运放的重要参数。

1. 输入失调电压 V_{IO}

一个理想的集成运放，当输入信号为零时，输出电压也应该为零。但是实际的集成运放的差分输入级要做到完全对称是很困难的，因此，当输入信号为零时，由于环境温度的变化，输出端还有缓慢的、无规则变化的输出电压信号。

在标准室温（25℃）及标准电源电压下，输入电压为零时，为了使集成运放的输出电压也为零，而在输入端加的补偿电压的大小叫作输入失调电压 V_{IO}。

实际上是指当输入电压 V_I 为零时，输出电压折算到输入端的电压的负值，即

$$V_{IO} = -\frac{V_o|_{VI=0}}{A_{Vo}} \tag{5.50}$$

V_{IO} 的大小反映了运放制造中电路的对称程度，V_{IO} 越大，内部电路的对称程度越差，一般运放 V_{IO} 为 $\pm(1\sim10)$ mV。高精度运放要求 $V_{IO}<1$mV，超低失调电压的运放为 $0.5\sim20\mu$V。

2. 输入偏置电流 I_{IB}

由 BJT 集成的运放，其两个输入端是差分对管的基极，需要一定的静态偏置电

流（同相端I_{BP}和反相端I_{BN}），如图 5.28 所示。输入偏置电流I_{IB}是指输入电压为零时，两个输入端静态电流的平均值，即

$$I_{IB}=(I_{BN}+I_{BP})/2 \tag{5.51}$$

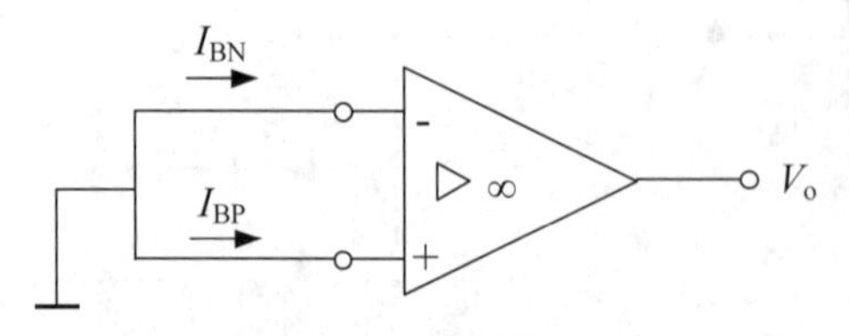

图 5.28 输入偏置电流

从使用的角度来看，I_{IB}越小，由信号源内阻引起的输出电压变化越小，因此是集成运放的一个重要指标。一般情况下为10nA~1μA；若采用场效应管的运放，I_{IB}为 pA 级。

3. 输入失调电流I_{IO}

输入失调电流I_{IO}是指当输入电压为零时，流入运放两个输入端的静态偏置电流之差，即

$$I_{IO}=\left|I_{BP}-I_{BN}\right|_{V_I=0} \tag{5.52}$$

在实际电路中，由于信号源内阻的存在，I_{IO}会在输入端产生输入电压，从而破坏放大器的平衡，使放大器在输入信号为零时输出电压不为零。因此，希望I_{IO}越小越好，一般为 1nA～0.1μA。

4. 温度漂移

半导体器件容易受温度的影响，通常将温度每升高 1℃在输出端引起的漂移折合到输入端的等效漂移电压或电流作为温漂指标。温度漂移是集成运放漂移的主要来源，与输入级差分放大电路的对称性有关，又与输入失调电压V_{IO}和输入失调电流I_{IO}有关，因此用下面形式表示。

（1）输入失调电压温漂$\Delta V_{IO}/\Delta T$。它是指在规定温度范围内V_{IO}的温度系数，也是衡量电路温度稳定性的重要指标。该系数不能用外接调零电阻的方式来补偿。高质量的运放常选用低温度漂移的器件来组成，一般为$\pm(10\sim20)\mu V/℃$，若低于$2\mu V/℃$为高精度运放。如 OP-117，CMOS AD4528 等。

（2）输入失调电流温漂$\Delta I_{IO}/\Delta T$。它是指在规定温度范围内I_{IO}的温度系数，也是衡量电路温度稳定性的重要指标。该系数同样不能用外接调零电阻的方式来补偿。高质量运放的$\Delta I_{IO}/\Delta T$每度只有几 pA。

以上参数均是在标称电源电压、室温和共模输入电压条件下定义的。

5. 差模输入电阻 r_{id} 和输出电阻 r_o

由双极型晶体管集成的运放，r_{id} 一般在几百千欧到数兆欧；输入级若为场效应管，$r_{id}>10^{12}\Omega$。一般运放 $r_o<200\Omega$，而超高速的 $r_o=0.05\Omega$。

6. 开环差模电压增益 A_{vo}

开环差模电压增益 A_{vo} 是指集成运放工作在线性区，接规定的负载，无负反馈情况下的直流差模电压增益。A_{vo} 与输出电压 V_o 的大小有关，通常是在规定的输出电压（例如 $V_o=10\text{V}$）条件下测得的值。此外，A_{vo} 还是频率的函数，当频率高于截止频率时，随着频率的升高，A_{vo} 开始下降。

7. 最大差模输入电压 $V_{id\max}$

最大差模输入电压 $V_{id\max}$ 是指集成运放的同相和反相输入端之间所能承受的最大电压值。集成运放的输入级是对称的差分对管，若输入电压超过 $V_{id\max}$，将会出现某一侧晶体管的发射结被反向击穿，造成运放性能的显著恶化或永久性损坏。一般利用平面工艺制成的 NPN 型管发射结反向击穿电压约为 ± 5V，而横向 BJT 可达 ± 30V 以上。

8. 最大输出电压 $V_{o\max}$

目前很多集成运放的最大输出电压 $V_{o\max}$ 可接近电源电压，说明电路电源效率高，电源的功耗小，这样有利于应用低压电源或电池供电。

9. 最大共模输入电压 $V_{ic\max}$

最大共模输入电压 $V_{ic\max}$ 是指运放输入端所能承受的最大共模输入电压。超出 $V_{ic\max}$ 值，运放的共模抑制比将显著下降。一般指运放在作电压跟随器应用时，使输出电压产生 1%的跟随误差时的共模输入电压值。

10. 转换速率 S_R

转换速率 S_R 是指运算放大电路在闭环状态下，输入大信号（例如阶跃信号）时，输出电压随时间的最大变化率，即

$$S_R=\left.\frac{\mathrm{d}v_o(t)}{\mathrm{d}t}\right|_{\max} \tag{5.53}$$

转换速率反映了大信号的动态特性，主要与运放内部的补偿电容有关。当输入大的阶跃信号时，在刚开始的瞬变过程中，放大电路先对电容充电，这时候输出电压不按指数规律上升，而是按恒定的速率上升，这个最大速率就是转换速率 S_R。电容充电之后输出电压才会随输入电压作线性变化，因此要求运放的转换速率 S_R 大于信号变化率的绝对值，否则将产生失真。

11. 电源电压抑制比 K_{SVR}

K_{SVR} 是用来衡量电源电压波动对输出电压的影响，定义为

$$K_{\mathrm{SVR}}=\frac{\Delta V_{\mathrm{IO}}}{\Delta(V_{\mathrm{CC}}+V_{\mathrm{EE}})} \tag{5.54}$$

K_{SVR} 的典型值一般为$1\mu\mathrm{V/V}$。

12. 静态功耗 P_{V}

当输入信号为零时，运放消耗的总功率，即

$$P_{\mathrm{V}}=V_{\mathrm{CC}}I_{\mathrm{CO}}+V_{\mathrm{EE}}I_{\mathrm{EO}} \tag{5.55}$$

以上介绍了集成运放的主要参数，对于一般的应用场合来说，首选通用型集成运放。通用型集成运放的各种指标参数比较均衡，大多数场合都能满足要求，而且价格低，易于购买。而对于有特殊要求的应用场合，则需要选用专用型运放。专用型运放在某些参数方面很突出，但在其他方面性能可能比较弱。因此读者在选用时，要根据具体要求和具体应用场合，比较他们的特性参数来选择。

小结

（1）集成电路就是利用半导体制作工艺，以半导体晶体材料为基片，把整个电路的元件、有源器件以及它们的连线集成在一块基片上，并具有一定功能的微型化电子电路。它的内部结构包括输入级、中间级、输出级和偏置电路四个组成部分。

（2）差分放大电路是模拟集成电路的重要组成单元，一般作为集成运放的输入级，对差模信号有很强的放大能力，而对共模型号有很强的抑制能力，提高了共模抑制比，并具有很强的抑制零点漂移的能力。

（3）电流源电路是模拟集成电路的基本单元电路，它具有直流电阻小、动态输出电阻大，并具有温度补偿作用。它为集成电路中的各级放大电路提供偏置电流。

（4）集成运放是模拟集成电路的典型组件，对于它内部电路的工作原理和方法只要求进行定性的了解。重点在于掌握它的主要性能指标和使用方法，以便在设计电路时正确的选用器件。

（5）实际的集成运放的参数不是理想的，但是在满足一定的条件时，可以运用理想运放的分析方法。

探究研讨——分析集成电路的组成部分及作用

集成电路简单，组装和调试的难度小，而且重量轻、体积小，能耗较小、性价比高、可靠性强，故障率低，因此得到了广泛普遍的使用和高速的发展。集成电路的内部电路虽然看着比较复杂，但是若按照集成运放的内部结构框图来分析，集成运放的内部结构框图由四个部分组成：输入级、中间级、输出级和偏置电路。图 5.29

是 LM741 集成运算放大器的原理电路，试以小组合作形式开展课外拓展，探究集成运放的四个组成部分所包含的电路，并就以下内容进行交流讨论：

（1）典型的偏置电路的结构以及其他的偏置电路的形式和作用。

（2）典型的输入级的结构、原理及其作用。

（3）中间级的结构、原理及其作用。

（4）输出级的结构、原理及其作用。

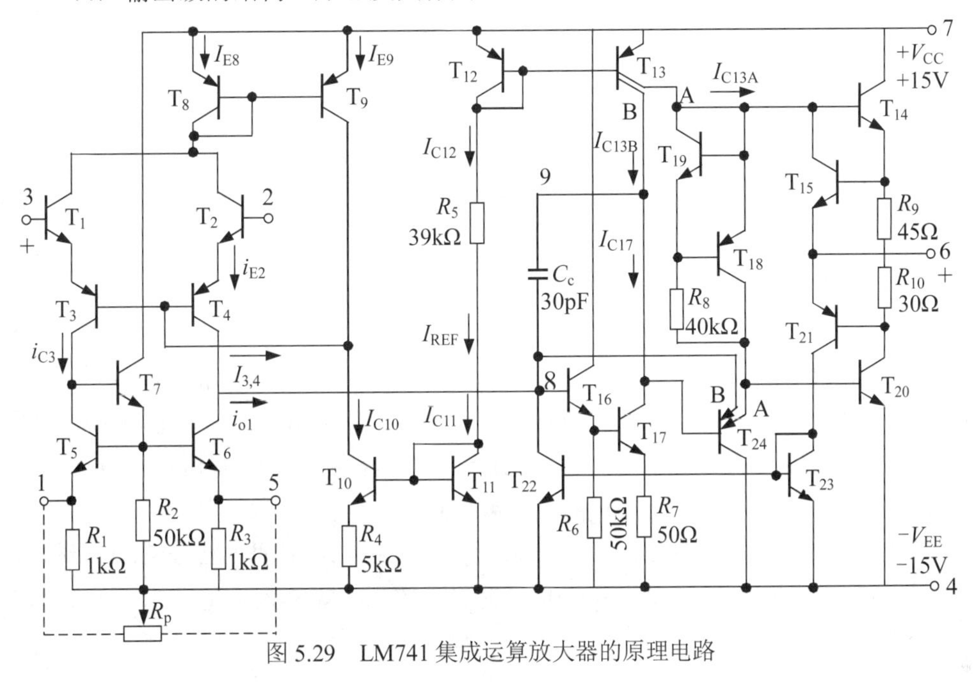

图 5.29　LM741 集成运算放大器的原理电路

习题

5.1　简述集成电路的典型结构以及各组成部分的特点和作用。

5.2　什么是零点漂移？零点漂移的现象是什么？零点漂移的危害是什么？

5.3　简述差分式放大电路有怎样的结构特点，如何抑制零点漂移？

5.4　简述共模抑制比 K_{CMRR} 的实际意义？

在线测试

5.5　电路如图 5.30 所示，已知 V_{CC}=10V，V_{EE}=−10V，$R_{c1}=R_{c2}$=5.6kΩ，$R_{e1}=R_{e2}$=100Ω，三极管 $\beta_1=\beta_2$=100，V_{BE}=0.7V，电流源的动态输出电阻 r_o=100kΩ，试求：（1）当 v_{i1}=0.01V、v_{i2}=−0.01V 时，求输出电压 $v_o=v_{o1}-v_{o2}$ 的值；（2）当 c_1、c_2 间接入负载电阻 R_L=5.6kΩ时 v_o' 的值；（3）当单端输出且负载电阻 $R_L=\infty$ 时，求

v_{o2} 的值；求差模电压增益 A_{vd2}，共模电压增益 A_{vc2} 和 K_{CMRR2} 的值；（4）求电路的差模输入电阻 R_{id}，共模输入电阻 R_{ic} 和不接 R_L 时的输出电阻 R_{o2}。

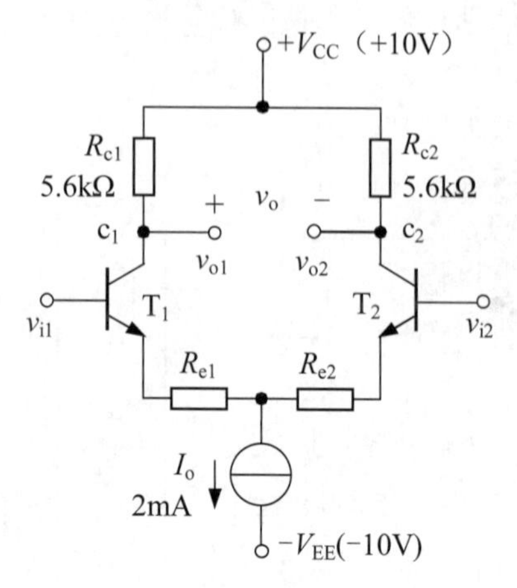

图 5.30　习题 5.5 的图

5.6　电路如图 5.31 所示，已知 V_{CC}=6V，V_{EE}=−6V，R_{c1}=R_{c2}=6kΩ，三极管 $\beta_1=\beta_2$=100，各管的 $r_{bb}=100\Omega$，V_{BE}=0.7V，R_P=200Ω，R_e=5kΩ，当 R_P 的滑动端在中点时，试求：（1）T_1 管和 T_2 管的发射极静态电流 I_{EQ}；（2）差模电压增益 A_{vd} 和差模输入电阻 R_{id}；（3）单端输出时的共模抑制比 K_{CMRR}。

5.7　电路如图 5.32 所示，已知三极管 $\beta_1=\beta_2$=140，各管的 $r_{be}=4k\Omega$，试求，当输入的直流信号 v_{i1}=20mV、v_{i2}=10mV 时，电路的共模输入电压 v_{ic} 是多少？差模输入电压 v_{id} 是多少？输出动态电压 Δv_o 又为多少？

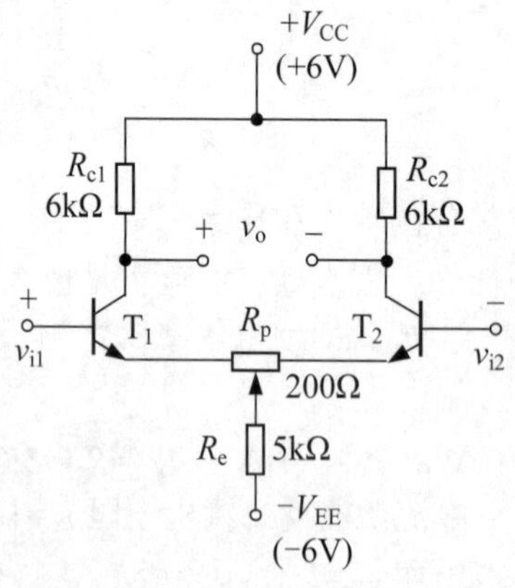

图 5.31　习题 5.6 的图

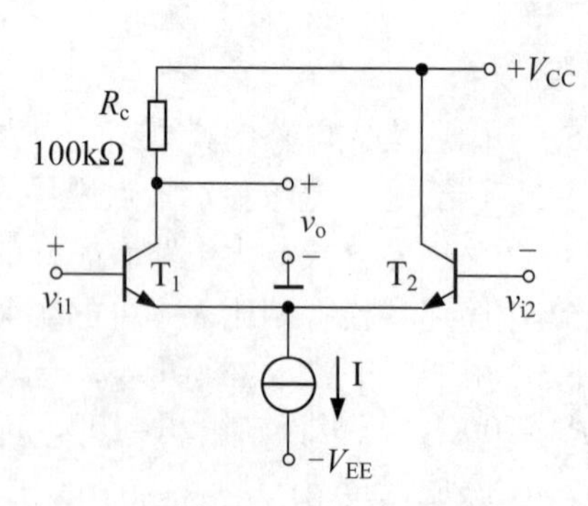

图 5.32　习题 5.7 的图

5.8　电路如图 5.33 所示，已知三极管电流放大系数分别为β_1～β_5，各管的动态输入电阻分别为r_{be1}～r_{be5}，试写出电路的电压增益 A_v、输入电阻 R_i 和输出电阻 R_o 的表达式。

5.9　电路如图 5.34 所示，已知三极管 $\beta_1=\beta_2=\beta_3=100$，各管的 V_{BE}=0.7V，二极管的正向管压降 V_D=0.7V，试求，(1) 估算静态工作点；(2) 计算差模电压增益 A_{vd} 和差模输入电阻 R_{id}；（3）计算输出电阻 R_{od}。

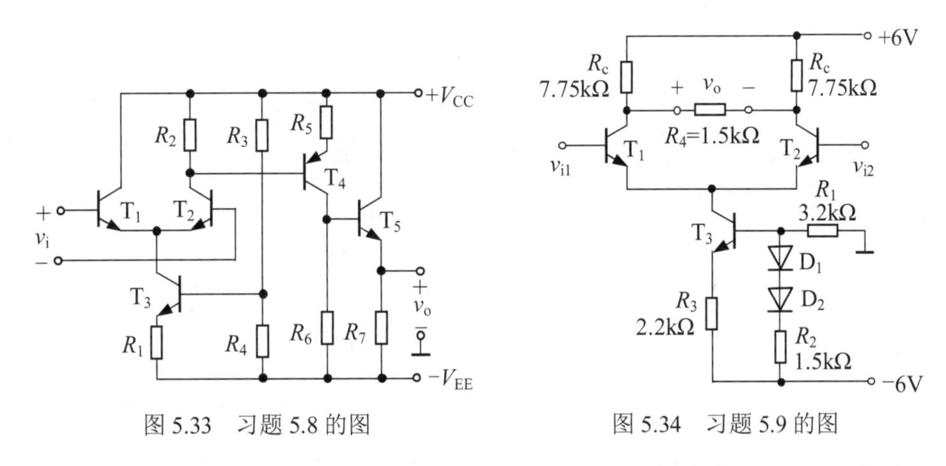

图 5.33　习题 5.8 的图　　图 5.34　习题 5.9 的图

5.10　常见的电流源电路有哪几类？电流源电路在模拟集成电路中起什么作用？为什么用它作为放大器的有源负载？

5.11　电路如图 5.35 所示。已知三极管 $\beta_1=\beta_2=\beta_3=100$，各管的 V_{BE}=0.7V，求 I_{C2} 的值。

5.12　多路电流源电路如图 5.36 所示。已知各三极管的特性都相同，且各管的 V_{BE}=0.7V，求 I_{C1}、I_{C2} 的值。

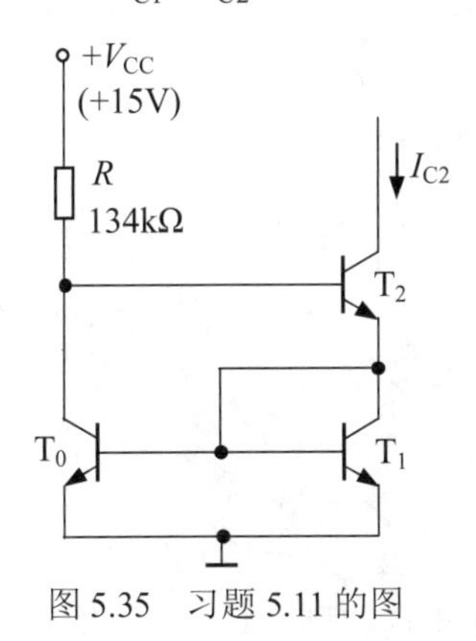

图 5.35　习题 5.11 的图

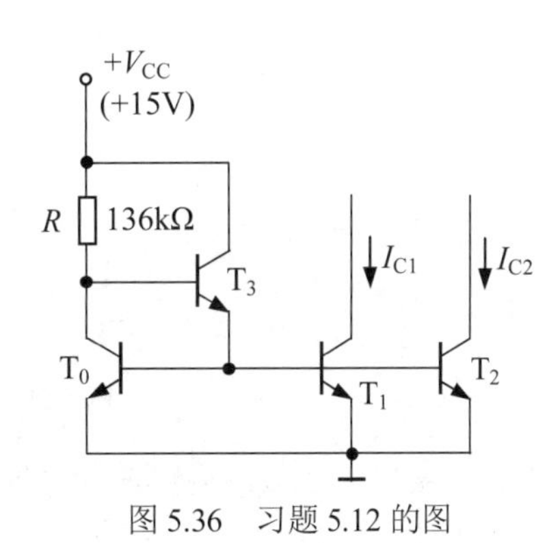

图 5.36　习题 5.12 的图

5.13　电路如图 5.37 所示。试分析 T_1 和 T_2 管组成什么电路？有什么作用？设 $\beta >>1$，求电流 I_o 的值。若用 R_{e3} 代替电流源的 r_o（分立元件电路），在保证 I_o 相同的情况下，求 R_{e3} 的值，假设 r_{ce2}=100kΩ，试比较两种电路的差别。设 $V_{CC}=V_{EE}$=12V，V_{BE}=0.7V。

5.14　电路如图 5.38 所示，试定性分析电路中 T_1 和 T_2 的作用。

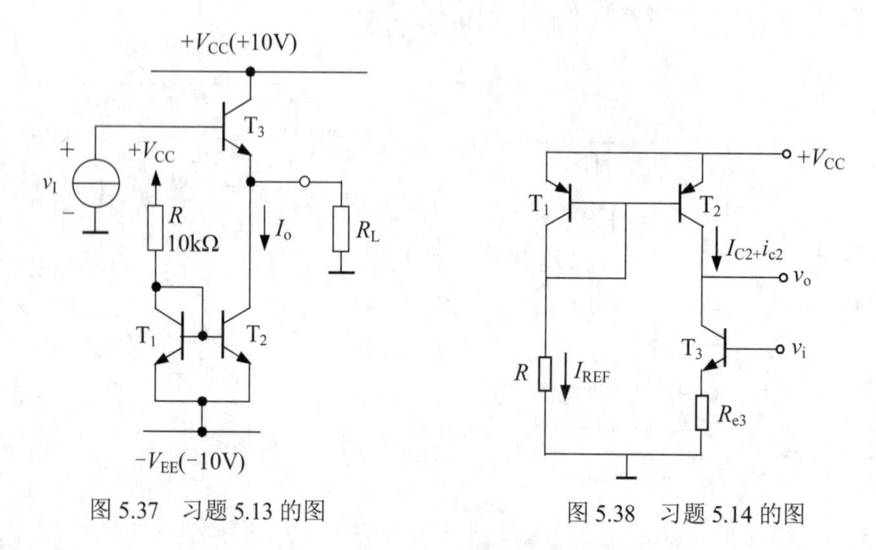

图 5.37　习题 5.13 的图　　　　图 5.38　习题 5.14 的图

5.15　某集成运算放大电路内部的局部电路如图 5.39 所示，特性相同，且三极管的 β 足够大。问：（1）T_1、T_2 是什么机构的电路？在电路中起什么作用？（2）设 V_{BE}=0.7V，V_{CC} 和 R 已知，试求 I_{REF} 和 I_{C2} 的表达式。

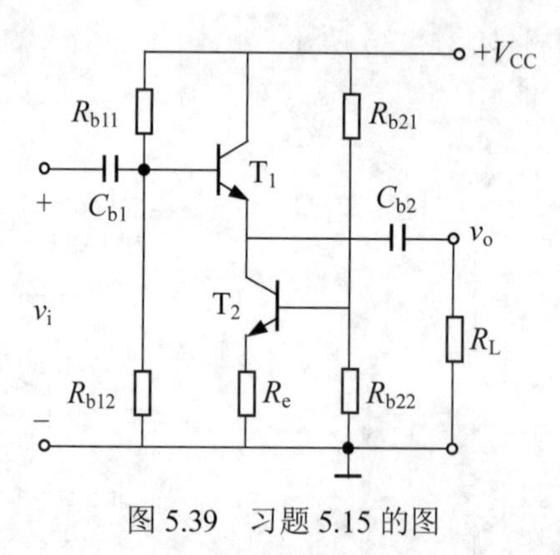

图 5.39　习题 5.15 的图

5.16　某集成运放的内部简化电路如图 5.40 所示。

（1）试分析 T_1 和 T_2 两个输入端，哪个是同相端，哪个是反相端？

（2）分析图中各三极管的工作组态，并说明它们各自的功能。

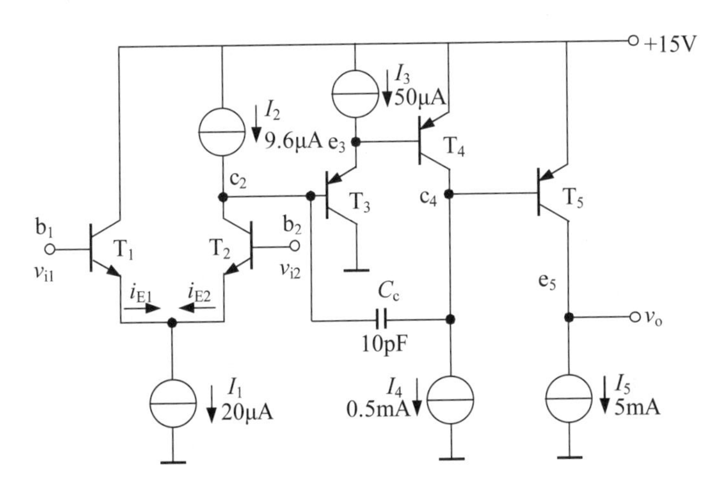

图 5.40　集成运放电路

5.17　某简化高精度集成运放的内部电路如图 5.41 所示。

（1）试分析 T_1 和 T_2 两个输入端，哪个是同相端，哪个是反相端？

（2）分析 T_3 和 T_4 作用。

（3）电流源 I_3 的作用是什么？

（4）D_2 和 D_3 的作用是什么？

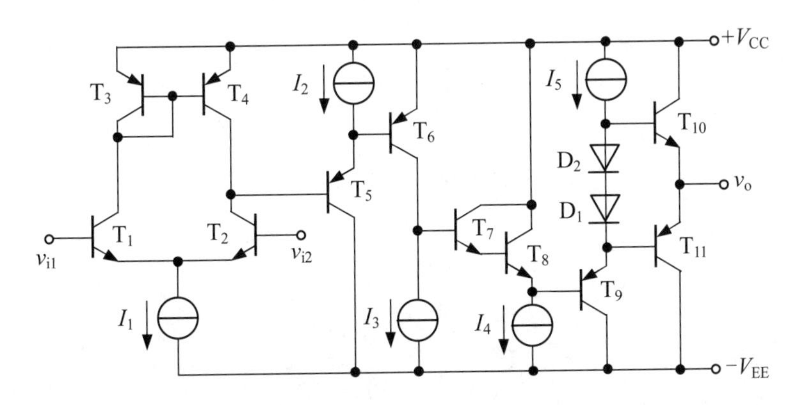

图 5.41　习题 5.17 的图

5.18　集成运放输入偏置电流补偿电路如图 5.42 所示。当 $I_{BN}=I_1+I_F=100\text{nA}$，$I_{BP}=80\text{nA}$，要使输出误差电压 V_{or}=0V，问平衡电阻 R_2 应如何选择？

5.19 反相输入运算放大电路如图 5.43 所示（未加输入信号 v_{i}）。当集成运放的 $I_{\mathrm{IB}}=100\mathrm{nA}$，$V_{\mathrm{IO}}=0$ 时，求由于偏置电流 $I_{\mathrm{IB}}=I_{\mathrm{BN}}=I_{\mathrm{BP}}$ 而引起的输出直流电压 V_{o}。

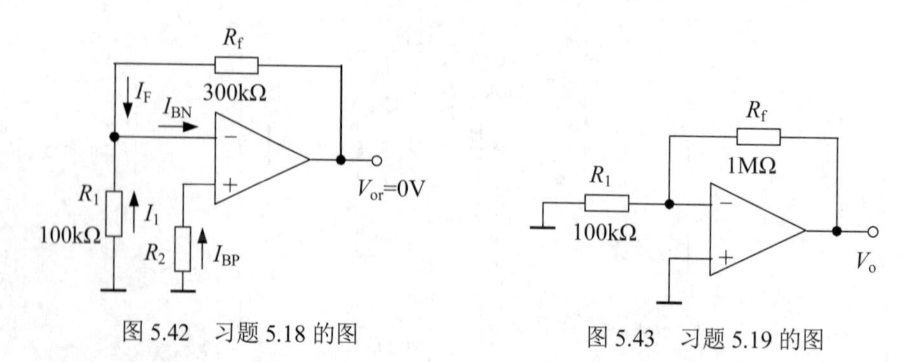

图 5.42 习题 5.18 的图

图 5.43 习题 5.19 的图

5.20 电路如图 5.44 所示，当温度 T=25℃时，集成运放的失调电压 $V_{\mathrm{IO}}=5\mathrm{mV}$，输入失调电压温漂 $\Delta V_{\mathrm{IO}}/\Delta T=5\mu\mathrm{V}/℃$。（1）当 R_{f}/R_{1}=1000 时，求 T=125℃时的输出误差电压 V_{or}；（2）若采取调零措施消除了 V_{IO} 引起的 V_{or}，求由 $\Delta V_{\mathrm{IO}}/\Delta T$ 引起的 V_{or}；

（3）若 R_{f}/R_{1}=100，允许 V_{or}=540mV 时的温度不能超过多少？

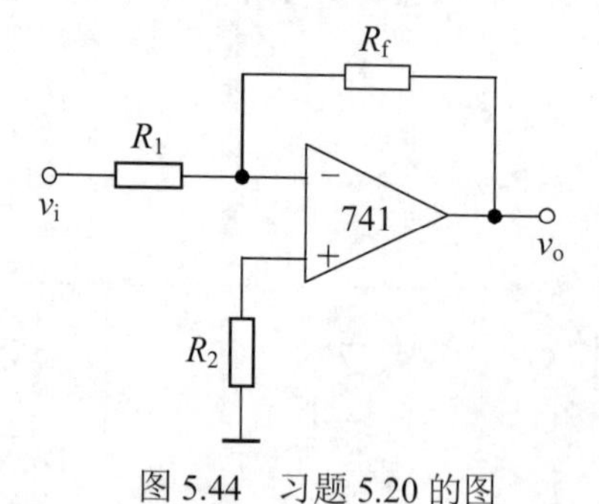

图 5.44 习题 5.20 的图

第6章　功率放大电路

本章课程目标

1. 了解功率放大电路的特点，了解放大电路的分类。

2. 了解乙类 OCL 电路的工作原理，掌握乙类 OCL 电路输出功率、管耗、电源供给功率和效率的估算方法，了解功率 BJT 的选用标准。

3. 理解交越失真的形成原因。

4. 理解甲乙类 OCL、OTL 功率放大电路的工作原理。

5. 了解功率放大电路的使用。

许多放大器电路需要产生高功率来驱动某些输出装置，如收音机中的扬声器、电机的控制绕组、通信系统中的基站天线等不同类型的执行器。对于放大器这样一个“系统”来说，它的“贡献”就是将其所“吸收”的东西提升一定的水平，并向外界“输出”。如果放大器能够有好的性能，那么它就可以贡献更多，这才体现出它自身的“价值”。

6.1　功率放大电路概述

功率放大器（Power Amplifier，PA），简称“功放”，是指在给定失真率条件下，以输出较大功率以驱动某一负载为目的的放大电路。前面讲的电压电流放大器可以放大信号的电压电流幅度，但可能无法单独驱动输出器件。例如电流放大器的增益为 100，能够将 10μA 信号放大至 1mA，但不能在 10V 下提供 1mA 信号。电压放大器可以具有 100 的增益，并且能够将 150mV 信号放大到 15V，放大器很有可能将该 15V 信号馈送到 10 kΩ 负载电阻上，但如果负载更改为 10Ω，则电压放大器将无法提供在 10Ω 两端保持 15V 输出电压所需的电流。

6.1.1　功率放大电路的特点和分类

1. 功率放大电路的特点

功率放大电路实质上也是一种能量转换电路。从能量的角度来看，功率放大电路和电压放大电路没有本质的区别。但是功率放大电路和电压放大电路目的是不同的。对于电压放大电路，其主要要求是使其输出端得到不失真的电压信号，其主要指标有电压增益、输入和输出阻抗等，输出的功率一般也不大。而功率放大电路则不同，它主要要求在信号不失真（或失真较小）情况下获得一定的输出功率，因此功率放大电路包含着以下特点。

（1）要求输出功率大。为了获得较大的输出功率，要求功放管的电压和电流都有足够大的输出幅度，因此器件往往在近似极限状态下工作。

（2）效率要高。由于输出功率大，因此直流消耗的功率也大，因此就存在一个效率问题。所谓效率就是负载得到的有用信号功率和电源供给的直流功率的比值。这个比值越大，意味着效率越高。

（3）非线性失真要小。功率放大电路通常在大信号下工作，因此不可避免地会产生非线性失真，而且同一功放管输出功率越大，非线性失真往往越严重，这就使输出功率和非线性失真成为一对主要矛盾。在不同应用场景下，对非线性失真的要求也不同，例如，在测量系统和电声设备中，解决非线性失真问题显得很重要，而在工业控制系统等场合中，则以输出功率为主要目的，非线性失真的问题就降为次要问题了。

（4）散热要好。在功率放大电路中，有相当大的功率消耗在功率管上，使芯片温度升高。为了充分利用芯片允许的管耗而使放大器输出足够大的功率，放大器件的散热非常重要。

此外，在功率放大电路中，器件承受的电压较高，通过的电流较大，所以功率管的损坏与保护问题也不容忽视。

在分析方法上，由于放大器工作在大信号状态下，需要同时考虑直流和交流对功率管工作状态的影响，故常采用图解法。

2. 功率放大电路的分类

前面讲的晶体管在信号的整个周期内均导通（导通角为360°），称之为甲类，它具有一些优秀的特性，使得它对于许多放大任务都很有用，但是它作为一个功率放大器也受其效率差的限制。虽然甲类可用于功率输出级（通常是低至中等功率），但是它较少用于较高功率的输出级。长期以来，高品质音频放大器的工作类别只限于甲类（A类）和甲乙类（AB类）。其原因在于过去只有电子管这样的器件，乙类（B类）电子管放大器产生的失真使它们甚至在公共广播用时都难于被人们所接受。所有的自称为高保真放大器均工作于推挽式的甲类（A类）。随着半导体器件的出现和发展，放大器的设计得到了更多的发展。就放大器的类别而言，已不限于甲类（A类）和甲乙类（AB类），而出现了更多类别的放大器。如丙类（C类），丁类（D类），戊类（E类），庚类（G类），辛类（H类），甚至S类。

甲类，乙类，甲乙类和丙类是指放大器的偏置方式，如果晶体管仅在信号的正半周或负半周导通（导通角为180°），称之为工作在乙类状态（乙类）；如果晶体管的导通时间大于半个周期而且小于整个周期（导通角在180°～360°之间），称之工作在甲乙类状态（甲乙类）；如果晶体管的导通时间小于半个周期（导通角小于180°），称之工作在丙类状态（丙类）。丙类主要是用于振荡器电路。丁类至戊类用于开关模式放大器，晶体管在完全导通和完全截止之间快速切换可以提高输出功率效率。己类到辛类工作在不同架构上。

（1）甲类

如图6.1所示，甲类放大器是最简单的放大器类型，对于任何输入波形，其输出级的晶体管始终处于导通状态（不会完全关断）。这类放大器具有极佳的线性特性，但效率很低。

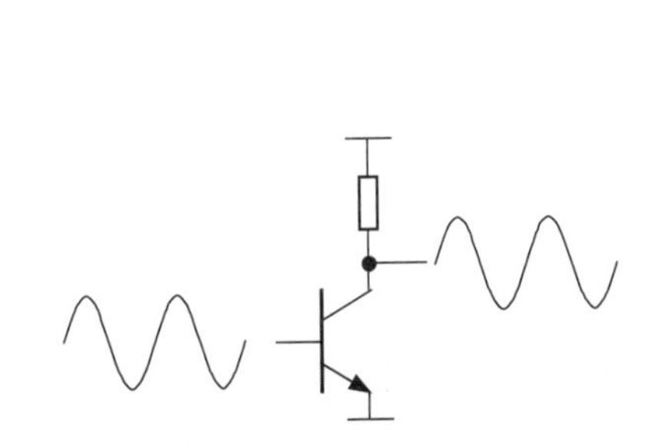

图6.1　甲类功率放大器

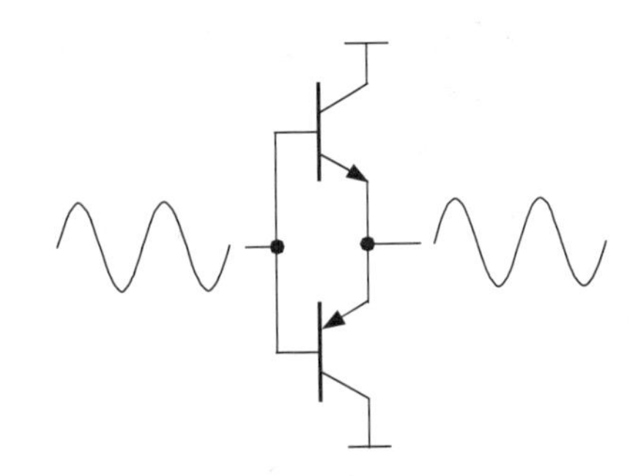

图6.2　乙类功率放大器

（2）乙类

如图6.2所示，乙类放大器的输出级晶体管只在信号波形的半个周期（180°）导通，为了对整个信号进行放大，使用了两个晶体管，一个用于正输出信号，另一个用于负输出信号。乙类放大器的效率远远高于甲类放大器，但由于两个晶体管从导通到截止过程中存在交越点，失真较大。

（3）甲乙类

如图6.3所示，甲类和乙类组合即甲乙类放大器，效率高于甲类放大器，失真低于乙类放大器。在没有信号的时候，由于给定的偏置电压，两只晶体管都是导通的，但其中的电流很小，当有信号输入时，晶体管中的电流才会变大。由于信号的作用使其中的一只晶体管截止的时候，另一只晶体管则一定是导通的，两只管子始终是轮流截止和导通，并且其中流过的电流几乎是全部加在负载上，因此，甲乙类功放产生的热量较小，并且效率高了很多，在70%以上。

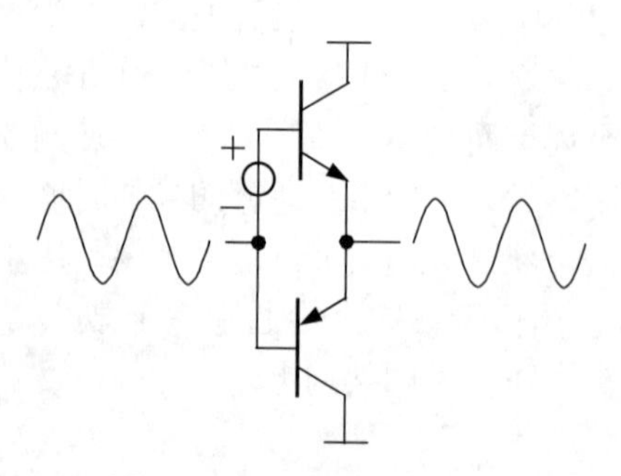

图 6.3 甲乙类功率放大器

（4）丁类

如图 6.4 所示，丁类放大器的输出为开关波形，开关频率远远高于需要恢复的信号的最高频率。经过低通滤波后，输出波形的平均值与实际的音频信号保持一致。由于工作时输出级晶体管处于完全导通或完全关断状态，不会进入晶体管的线性工作区（这是导致其他类型放大器低效的原因），丁类放大器具有极高效率（高达 90%，甚至更高）。现在丁类放大器可以达到与甲乙类放大器同等级别的保真度。

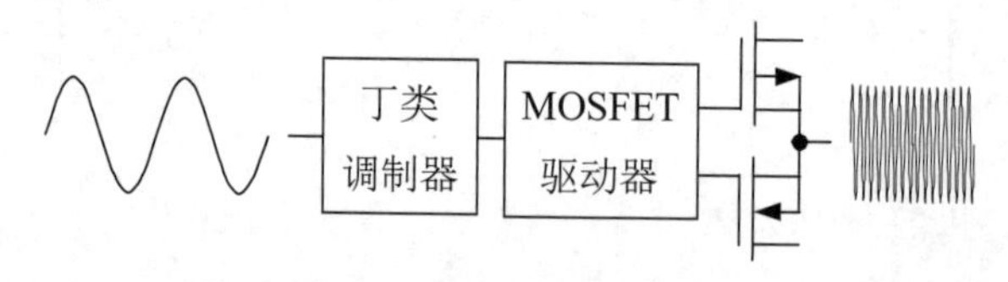

图 6.4 丁类功率放大器

（5）庚类

如图 6.5 所示，庚类放大器与甲乙类放大器相同，但它采用了两路或更多的供电电源工作在小信号电平时，放大器采用较低的电源电压供电。随着信号电平的提升，放大器自动切换到适当的电源电压。由于只在必要时采用高压供电，而甲乙类放大器则始终采用高压供电，庚类放大器的效率高于甲乙类放大器。

（6）辛类

如图 6.6 所示，辛类放大器通过调节其自身的电源电压，最大程度地降低输出级的压降。可以采用多个分立电压，也可采用连续可调的电压。虽然与庚类放大器技术类似，旨在降低输出级电路的功耗，但辛类放大器技术无需采用多个供电电源。辛类放大器的设计比其他放大器复杂，需要额外的控制电路来预测、控制电源电压。

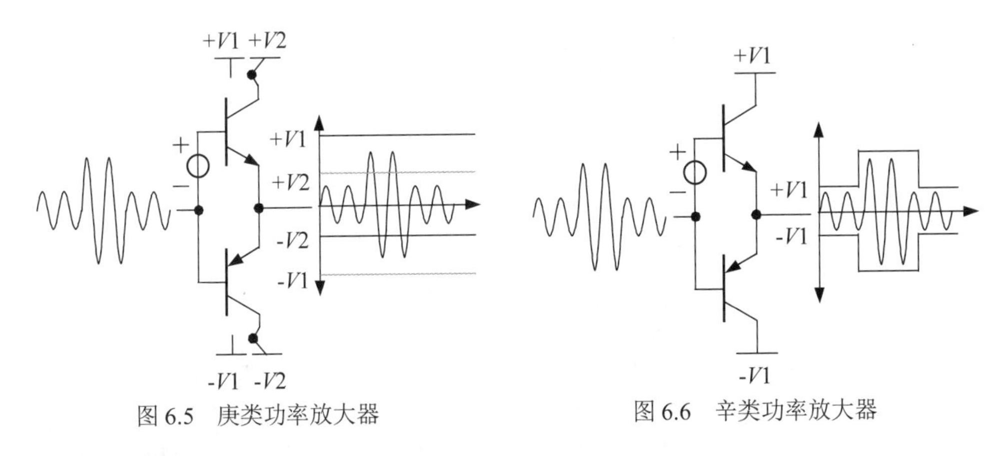

图 6.5　庚类功率放大器　　　图 6.6　辛类功率放大器

6.1.2　功率放大电路的主要指标

功率放大器设计要求十分严格，在输出功率、频率响应、失真度、动态范围等方面都有明确要求。

1. 输出功率

额定功率：它指在一定的谐波范围内，功放长期工作所能输出的最大功率。经常把谐波失真度为 1%时的平均功率，称为额定输出功率或最大有用功率、持续功率、不失真功率等。

最大输出功率：当不考虑失真大小时，功放电路的输出功率可远高于额定功率，还可输出更大数值的功率，它能输出的最大功率，称为最大输出功率。

2. 频率响应

频率响应反映功率放大器对信号各频率分量的驱动放大能力，它描述了放大器对于不同频率信号放大率的均匀度。

3. 失真

失真是放大信号的波形发生变化的现象。波形失真的原因和种类有很多，主要有谐波失真、互调失真、瞬态失真等。

4. 动态范围

放大器不失真地放大最小信号与最大信号电平的比值就是放大器的动态范围。实际运用时，该比值常用 dB 来表示。

乙类互补对称
功率放大电路

6.2　乙类互补对称功率放大电路

6.2.1　电路组成及工作原理

工作在乙类的放大电路，虽然管耗小，效率高，但输入信号的半个波形被削掉了，产生了严重的失真现象。解决失真问题的方法是，用两个管子，使之都工作在乙类放大状态，但一个在正半周工作，而另一个在负半周工作，使放大后的正、负半周信号能加在负载上面，在负载上获得一个完整的波形。

图 6.7（a）所示电路由两个对称的工作在乙类状态的射极输出器组合而成。它有两个供电电源，T_1 和 T_2 分别为 NPN 型管和 PNP 型管，信号从基极输入、从射极输出，R_L 为负载。它可以看成是由图 6.7（b）（c）所示的两个射极输出器组合而成。考虑到 BJT 发射结处于正向偏置时才导电，因此当信号处于正半周时，T_2 截止，信号由 T_1 放大加载到负载 R_L 上；而当信号处于负半周时，T_1 截止，由 T_2 承担放大任务；这样，图 6.7（a）所示基本互补对称电路实现了静态时两管不导电，而在有信号时，T_1 和 T_2 轮流导电，组成推挽式电路。由于两管互补对称，所以这种电路通常称为互补对称电路。又由于两管都为射极输出，所以也称为互补射极输出电路。

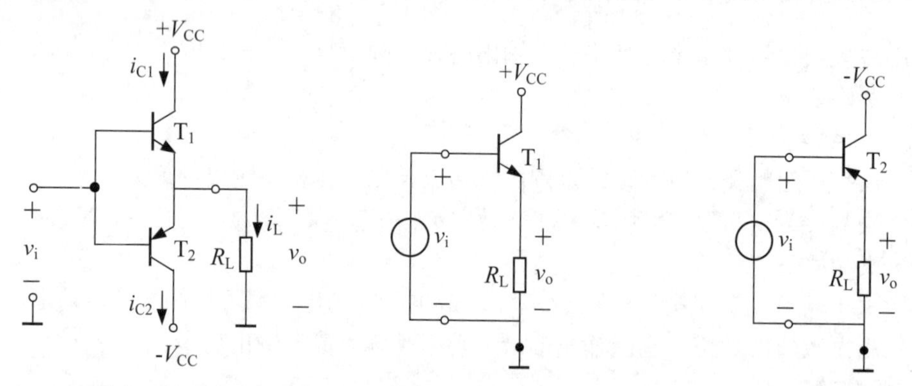

（a）基本互补对称电路　（b）由 NPN 管组成的射极输出器（c）由 PNP 管组成的射极输出器

图 6.7　两射极输出器组成的基本互补对称电路

6.2.2　分析计算

当 v_i 正半周时，图 6.7（a）所示电路中 T_1 的工作情况（注意图中 i_{C1}、i_{C2} 的参考方向都是电流实际方向），可以表示为图 6.8（a）。这里我们假定，只要 $v_{BE}>0$，T_1 就开始导电，则在一个周期内 T_1 导电时间约为半个周期。图 6.7（a）中 T_2 的工作情况和 T_1 相似，只是在信号的负半周时导通工作。为了方便分析，将 T_2 的特性曲线倒置画在 T_1 的右下方，并令二者在 Q 点重合，此时有 $v_{CE1}=-v_{CE2}=V_{CC}$（$v_i=0$ 时两管均处于截止状态），获得 T_1 和 T_2 的合成曲线，如图 6.8（b）所示。这时负载线通过 V_{CC} 点形成一条斜线，其斜率为$-1/R_L$。显然 i_C 的最大变化范围为 $2I_{cm}$，v_{CE} 的变化范围为 $2(V_{CC}-V_{CES})=2V_{cem}=2I_{cm}R_L$。若忽略管子的饱和压降 V_{CES}，则 $V_{cem}=I_{cm}R_L\approx V_{CC}$。

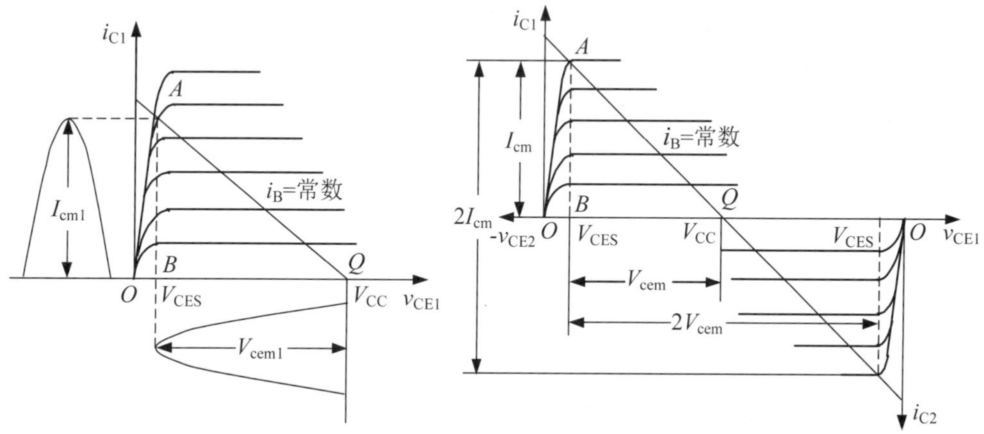

（a）所示电路 v_i 为正半周时 T_1 管工作情况　　（b）互补对称电路工作情况

图 6.8　互补对称电路图解分析

通过以上分析，可以求出工作在乙类的互补对称电路的输出功率、管耗、直流电源供给的功率和效率。

1. 输出功率

输出功率可以用输出电压有效值 V_o 和输出电流有效值 I_o 的乘积来表示。设输出电压的幅值为 V_{om}，则

$$P_o = V_o I_o = \frac{V_{om}}{\sqrt{2}} \cdot \frac{V_{om}}{\sqrt{2}R_L} = \frac{1}{2}\frac{V_{om}^2}{R_L} \tag{6.1}$$

图 6.7 中的 T_1、T_2 工作时，都工作在射极输出器状态，$A_v \approx 1$。当输入信号电压幅度足够大，使 $V_{im}=V_{om}=V_{CC}-V_{CES} \approx V_{CC}$ 和 $I_{om}=I_{cm}$ 时，可获得最大输出功率

$$P_{om} = \frac{1}{2}\frac{V_{om}^2}{R_L} = \frac{1}{2}\frac{V_{cem}^2}{R_L} \approx \frac{1}{2}\frac{V_{CC}^2}{R_L} \tag{6.2}$$

图 6.8（b）中的线段 AB 和 BQ 长度分别表示式（6.2）中的 I_{cm} 和 V_{cem} 的大小，因此，ΔABQ 的面积就可以对应由于受 BJT 安全工作区的限制工作在乙类的互补对称电路输出功率的大小，ΔABQ 的面积越大，输出功率 P_o 也越大。这里必须注意，对应于图 6.8（b）的负载线 AQ，其功率三角形面积已达最大，且非线性失真不明显，这是一种比较理想的工作状态，但可惜的是，负载 R_L 是固定不变的，实际系统应用中很难达到这种理想情况，除非采用变压器耦合，将实际负载 R_L 变换成所期望的值 R_L'，以实现阻抗匹配。

2. 管耗 P_T

考虑到 T_1 和 T_2 在一个信号周期内各导通约 180°，并且通过两管的电流和两管电极的电压 v_{CE} 在数值上都分别相等（只是在时间上错开了半个周期）。因此，只

需求出单管的损耗就可以获得总管耗。设输出电压 $v_o = V_{om}\sin\omega t$，则 T_1 的管耗为

$$
\begin{aligned}
P_{T1} &= \frac{1}{2\pi}\int_0^{\pi}(V_{CC}-v_o)\frac{v_o}{R_L}\mathrm{d}(\omega t) \\
&= \frac{1}{2\pi}\int_0^{\pi}[(V_{CC}-V_{om}\sin\omega t)]\frac{V_{om}\sin\omega t}{R_L}\mathrm{d}(\omega t) \\
&= \frac{1}{2\pi}\int_0^{\pi}[(\frac{V_{CC}V_{om}}{R_L}\sin\omega t-\frac{V_{om}^2}{R_L}\sin^2\omega t)]\mathrm{d}(\omega t) \\
&= \frac{1}{R_L}(\frac{V_{CC}V_{om}}{\pi}-\frac{V_{om}^2}{4})
\end{aligned}
\tag{6.3}
$$

总管耗为

$$
\begin{aligned}
P_T &= P_{T1}+P_{T2} \\
&= \frac{2}{R_L}(\frac{V_{CC}V_{om}}{\pi}-\frac{V_{om}^2}{4})
\end{aligned}
\tag{6.4}
$$

3. 直流电源供给的功率 P_V

直流电源供给的功率 P_V 包括负载得到的信号功率和 T_1、T_2 消耗的功率。当 v_i=0 时，P_V=0；当 $v_i \neq 0$ 时，由式（6.1）和式（6.4）得

$$P_V = P_o + P_T = \frac{2V_{CC}V_{om}}{\pi R_L} \tag{6.5}$$

当输出电压幅值达到最大，即 $V_{om}\approx V_{CC}$ 时，则得电源供给的最大功率为

$$P_{Vm} = \frac{2}{\pi}\cdot\frac{V_{CC}^2}{R_L} \tag{6.6}$$

4. 效率 η

一般情况下效率为

$$\eta = \frac{P_o}{P_V} = \frac{\pi}{4}\frac{V_{om}}{V_{CC}} \tag{6.7}$$

当 $V_{om}\approx V_{CC}$ 时，则

$$\eta = \frac{p_o}{p_V} = \frac{\pi}{4}\approx 78.5\% \tag{6.8}$$

以上结论是假定互补对称电路工作在乙类，负载电阻为理想值，忽略管子的饱和压降 V_{CES} 和输入信号足够大（$V_{im}\approx V_{om}\approx V_{CC}$）情况下得来的，实际效率比这个结果要低些。

6.3　甲乙类互补对称功率放大电路

【微课视频】

甲乙类互补对称功率放大电路

6.3.1　甲乙类双电源互补对称电路

前面讨论了由两个射极输出器组成的乙类互补对称电路，如图 6.9（a）所示，实际上这种电路放大的输出波形有严重失真，并不能很好地反映输入的变化。由于没有直流偏置，功率管的 i_B 必须在 $|v_{BE}|$ 大于某一个阈值（即门槛电压，NPN 型硅管约为 0.6V）时才有显著变化。当输入信号 v_i 低于这个阈值时，T_1 和 T_2 都截止，i_{C1} 和 i_{C2} 基本为零，负载 R_L 上无电流通过，出现一段死区，如图 6.9（b）所示。这种现象称为交越失真。

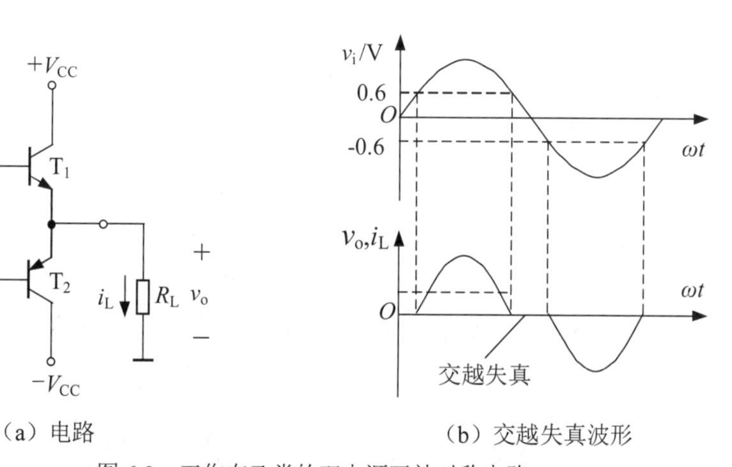

（a）电路　　（b）交越失真波形

图 6.9　工作在乙类的双电源互补对称电路

通过使用适当的偏置，可以大大降低乙类放大器中产生的交越失真效应的 0.6 至 0.7V（一个正向二极管电压降）死区。可以使用预设的电压偏置，分压器网络或使用串联的二极管装置，以多种不同方式实现晶体管器件的预偏置。

1. 甲乙类放大器电压偏置

如图 6.10 所示，通过使用适当的固定偏置电压施加在 T_1 和 T_2 的基极上来实现晶体管的偏置。静态时，两个晶体管均处于微导通状态，流过 T_1 集电极的静态小电流与流过 T_2 集电极的小电流并入负载，几乎为零。当输入信号变正，T_1 的基极电压增大，从而增加流过 T_1 集电极电流的正输出到负载。但是，由于两个基极之间的电压是固定且恒定的，因此，在正半周期间，T_1 基极电压的任何增加都会导致 T_2 基极电压下降。结果，晶体管 T_2 最终截止，留下正向偏置的晶体管 T_1，以将所有电流增益提供给负载。同样，对于输入电压的负半周，情况相反。也就是说，T_2导通而T_1截止，使得负载电压输出更负。

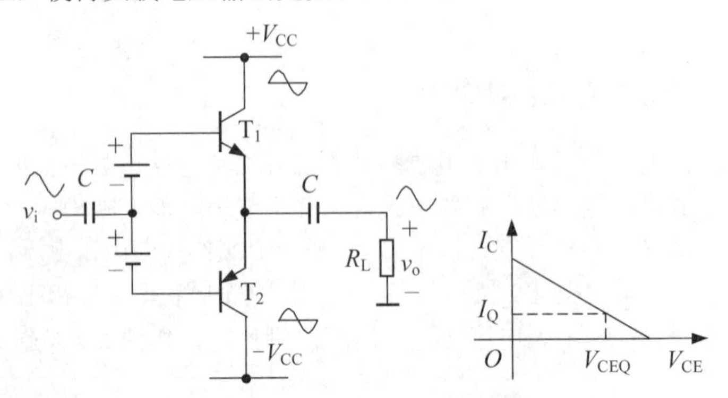

图 6.10 甲乙类放大器电压偏置

可以看到，当输入电压v_i为零时，两个晶体管都因其偏置电压而略微导通，但是当输入电压变得正或负时，两个晶体管中的一个导通的电流会更多，从而导致负载输出电压幅度变大。由于两个晶体管之间的切换几乎立即发生并且是平稳的，因此大大降低了影响乙类放大器的交越失真。但是，当两个晶体管切换时，不正确的偏置会导致交越失真尖峰。使用固定的偏置电压可使每个晶体管导通输入周期的一半以上（甲乙类放大器）。但是，在放大器输出级设计中增加额外的电池并不是很实际。一种产生两个固定偏置电压以在晶体管截止点附近设置稳定Q点的非常简单易行的方法是使用电阻分压器网络。

2. 甲乙类放大器电阻偏置

如图 6.11 所示，当电流流经电阻器时，电阻器上会形成欧姆定律所定义的压降。因此，通过在电源电压上串联两个或多个电阻器，可以创建一个分压器网络，该分压器网络可以产生一组固定电压。基本电路与上述电压偏置电路相似，因为晶体管T_1和T_2在输入波形的相对半周期内导通。也就是说，当v_i为正时，T_1导通；当v_i为负时，T_2导通。四个电阻R_1至R_4连接在电源电压V_{CC}两端，以提供所需的电阻偏置。选择两个电阻R_1和R_4来将Q点设置为略高于截止点，并且将V_{BE}的正确值设置为约0.6V，这样电阻网络上的电压降会将T_1的基极降至约0.6 V，T_2的基极电压约为－0.6V。然后，偏置电阻R_2和R_3两端的总压降约为1.2 V，刚好低于使每个晶体管完全导通所需的值。通过将晶体管偏置到截止点以上，静态集电极电流I_{CQ}的值应为零。同样，由于两个开关晶体管均有效地串联在电源两端，因此每个晶体管上的V_{CEQ}电压降约为V_{CC}的一半。

虽然理论上可以使用甲乙类放大器的电阻偏置，但晶体管的集电极电流对其基

极偏置电压 V_{BE} 的变化非常敏感。同样，两个互补晶体管的截止点可能不相同，因此在分压器网络中找到正确的电阻器组合可能很麻烦。解决该问题的一种方法是使用可调电阻器来设置正确的 Q 点。

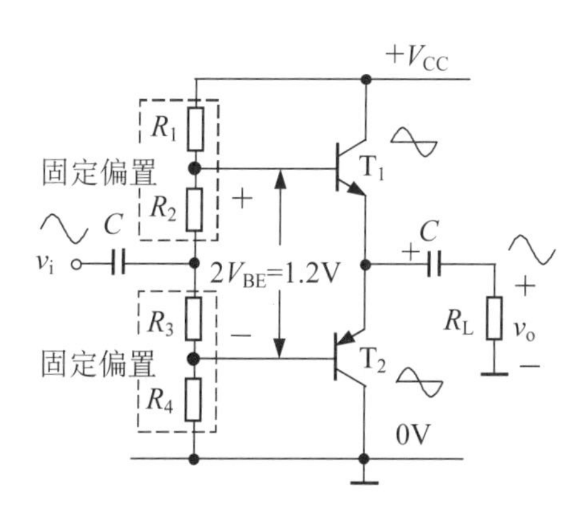

图 6.11　固定电阻分压器型甲乙类放大器电路

3. 甲乙类放大器可调电阻器偏置

如图 6.12 所示，可调电阻或电位计可用于将两个晶体管偏置到导通的边缘。晶体管 T_1 和 T_2 通过 5 个偏置电阻偏置，以使它们的输出平衡，并且静态电流为零。通过电容器 C_1 和 C_2 施加的输入信号被叠加到偏置电压上，并施加到两个晶体管的基极。注意，施加到每个基极的两个信号都具有与它们源自 v_i 相同的频率和幅度。这种可调偏置装置的优势在于，在放大器选择时，由于我们通过调节电位计进行补偿，放大器的电气特性可以不是严格匹配的。由于电阻器是无源器件，其额定功率转化为热量，因此甲乙类放大器的电阻偏置（固定的或可调的）对温度变化非常敏感。偏置电阻器（或晶体管）的工作温度的任何细微变化都可能影响其值，从而在每个晶体管的静态集电极电流中产生不希望的变化。解决该温度相关问题的一种方法是用二极管代替电阻器。

4. 甲乙类放大器二极管偏置

虽然使用偏置电阻器可能无法解决温度问题，但补偿基极-发射极电压（V_{BE}）中任何与温度相关的变化的一种方法，是在放大器偏置装置内使用一对正常的正向偏置二极管，如图 6.13 所示。较小的恒定电流流经 R_1-D_1-D_2-R_2 的串联电路，产生电压降，该电压降在信号注入点的两侧对称。在未施加输入信号电压的情况下，两个二极管之间的电位约为 1.4V。当电流流过 D_1-D_2 时，二极管 D_1 两端会产生大约 0.7V 的正向偏置电压降，该电压会施加到开关晶体管的基极-发射极结。因此，二极管两端的电压降会将晶体管 T_1 的基极偏置到约 0.7V，将晶体管 T_2 的基极偏置到

约 - 0.7V。因此，两个硅二极管在两个基极之间提供约 1.4V 的恒定压降，使它们在截止电压以上偏置。

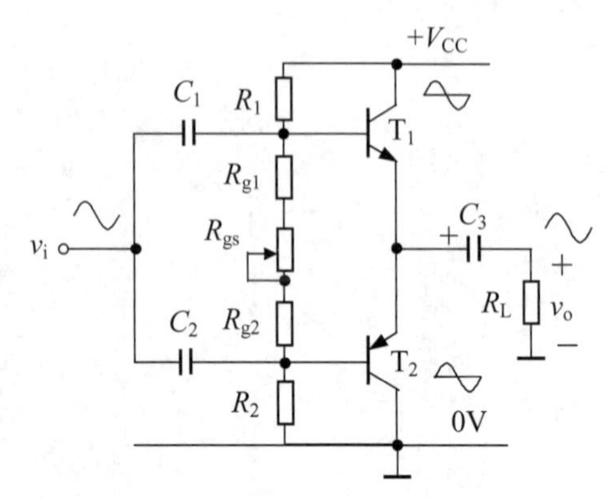

图 6.12 可调电阻型甲乙类放大器电路

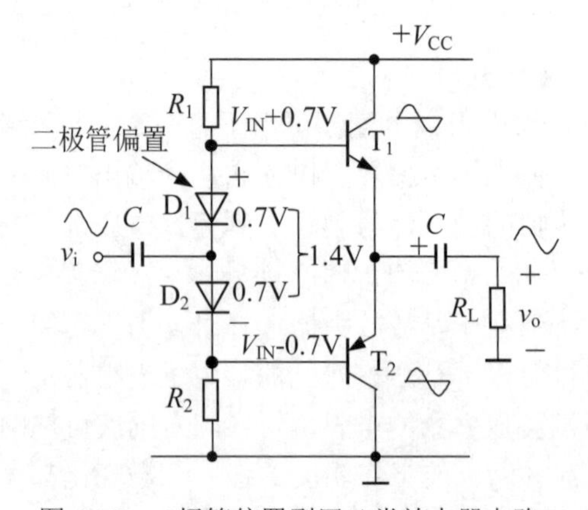

图 6.13 二极管偏置型甲乙类放大器电路

随着电路温度的升高，二极管的温度也随之升高，因为它们位于晶体管旁边。二极管的 PN 结两端的电压因此减小，从而使一些晶体管的基极电流转向，从而稳定了晶体管的集电极电流。如果二极管的电气特性与晶体管基极-发射极结的电气特性严格匹配，则二极管中流动的电流与晶体管中的电流将相同，从而形成所谓的镜像电流。该镜像电流的作用可以补偿温度变化，从而产生所需的偏置电压，从而消除任何交越失真。实际上，可以把二极管和晶体管都制造在同一芯片上，例如在流行的 LM386 音频功率放大器 IC 中，这样就很容易实现二极管偏置在现代集成电路放大器中。这意味着它们在很宽的温度变化下都具有相同的特性曲线，从而提供了静态电流的热稳定性。

通常调整甲乙类放大器输出级的偏置以适合特定的放大器应用。将放大器的静态电流调整为零以最大程度地降低功耗（如乙类操作），或者将其静态电流调整为很小，以使交越失真最小化，从而产生真正的甲乙类放大器性能。

5. 甲乙类放大器驱动器级

在上述甲乙类偏置电路中，输入信号通过使用电容器直接耦合到开关晶体管的基极。可以通过添加一个简单的共发射极驱动器级来进一步改善甲乙类放大器的输出级，如图 6.14 所示。

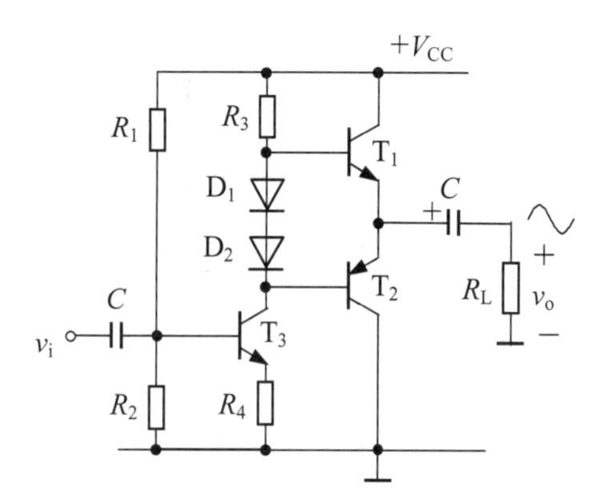

图 6.14　甲乙类放大器驱动器级

在图 6.14 中，晶体管 T_3 用作电流源，该电流源设置流过二极管所需的 DC 偏置电流。T_3 集电极静态输出电压为 $V_{CC}/2$。当输入信号驱动 T_3 的基极，它作为一个放大级驱动 T_1 和 T_2 的基极，在输入信号的正半周使得 T_1 导通放大而 T_2 截止，而在输入信号的负半周驱动 T_2 导通放大而 T_1 截止。

可以看出，甲乙类放大器比甲类放大器效率更高，但效率却略低于乙类放大器，这是因为将晶体管偏置在截止点以上所需的静态电流很小。但是，使用不正确的偏置会导致交越失真，从而产生更糟的情况。甲乙类放大器由于具有较低的交越失真和高线性度（类似于甲类放大器设计），因而具有相当不错的效率和高质量输出，因此是最广泛采用的功率放大器电路。

6.3.2　甲乙类 OTL 功率放大电路

OTL（Output Transformerless）电路是一种没有输出变压器的功率放大电路。过去大功率的功率放大器多采用变压器耦合方式，以解决阻抗变换问题，使电路得到最佳负载值。OTL 电路通常采用单电源供电，从两组串联的输出中点通过电容耦合输出信号。由于 OTL 电路不再用输出变压器，而采用输出电容与负载连接的互补对称功率放大电路，使电路轻便、适于电路的集成化，只要输出电容的容量足够大，电路的频率特性也能保证，是最基础的一种功率放大电路。

如图 6.15 所示，当输入信号处于正半周时，T_3 导通，T_2 截止，于是 T_3 以射极输出的形式将信号传递给负载，同时向 C_o 充电，因为 C_o 电容量大，其上的电压基本不变，维持在 $V_{CC}/2$；当输入信号处在负半周时，T_2 导通，T_3 截止，已充电的 C_o 充当 T_2 的电源，同时 T_2 也以射极输出形式将信号传输给负载，这样在负载上得到完整的输出波形。

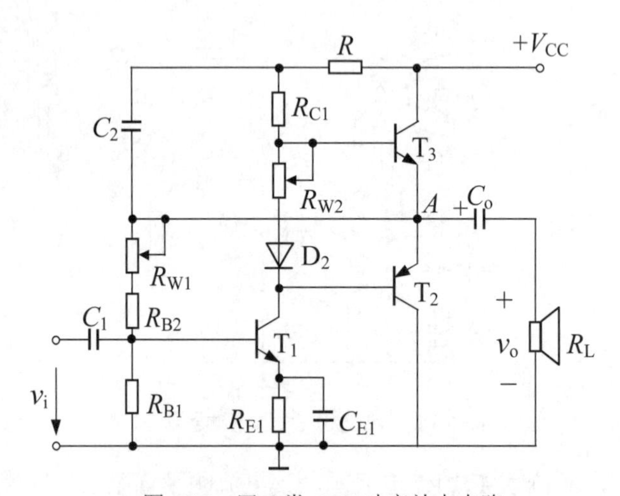

图 6.15 甲乙类 OTL 功率放大电路

6.3.3 甲乙类 OCL 功率放大电路

OCL（Output Capacitorless）是 OTL 电路的升级，指省去输出端大电容的功率放大电路。省去输出电容的优点是使系统的低频响应更加平滑，缺点是必须用双电源供电，增加了电源的复杂性。如图 6.16 所示为甲乙类 OCL 互补对称放大器，该电路可以有效消除交越失真的现象，得到的波形接近于理想正弦波。

图 6.16 所示 OCL 电路与 OTL 电路的区别有两点：一是不要输出电容；二是采用双电源供电。T_2 采用正电源（$+V_{CC}$）供电，T_3 采用负电源（$-V_{CC}$）供电，这两个电源的大小是相等的。扬声器接在功放对管的中点（A 点）与地之间，因 T_2 和 T_3 的参数非常接近，故 A 点电位为 0V。

当 T_1 输出信号为正半周时，T_2 导通，T_3 截止，T_2 对正半周信号进行放大，放大后电流从发射极输出至扬声器。此时，$+V_{CC}$ 担负着给 T_2 供电的任务。当 T_1 输出信号为负半周时，T_3 导通，T_2 截止，T_3 对负半周信号进行放大，放大后电流从发射极输出至扬声器。此时，$-V_{CC}$ 担负着给 T_3 供电的任务。

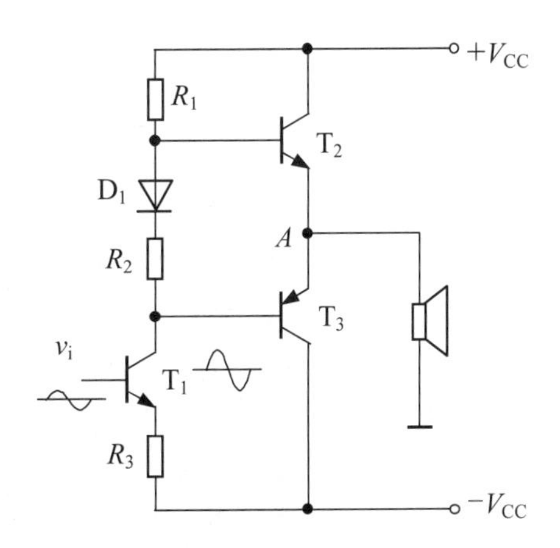

图 6.16　甲乙类 OCL 功率放大电路

6.3.4　甲乙类 BTL 功率放大电路

BTL（Balanced Transformerless）是一种桥式推挽电路，功率放大器的输出级与负载间采用电桥式的连接方式，主要解决 OCL、OTL 功放效率虽高，但电源利用率不高的问题。

图 6.17 所示是 BTL 功率放大器的电路结构示意图。这种功率放大器由两组功率放大器构成，负载扬声器 R_4 接在两组功率放大器的输出端之间。同时，要给两个功率放大器输入大小相等、相位相反的信号。

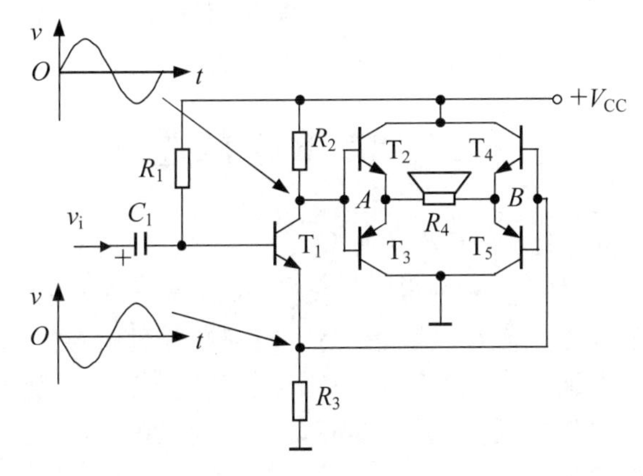

图 6.17　甲乙类 BTL 功率放大电路

负载放大器交流电路的工作原理：v_i 为输入信号，经 C_1 耦合加到 T_1 基极，经过 T_1 放大后，分别从发射极和集电极输出两个信号。电路设计时，令 $R_2=R_3$，而三极管的集电极电流基本等于发射极电流，又因为三极管集电极信号电压相位与基极信号电压相位相反，而发射极信号电压相位与基极信号电压相位是同相关系，所以集电极输出信号电压的相位与发射极输出信号电压的相位相反。这样，通过 T_1 将输入信号变成了两个大小相等、相位相反的输出信号。

直流电路工作原理：T_2～T_5 应有很小的直流偏置电流（图中没有画出这一偏置电路），使之工作在甲乙类状态，以克服交越失真。

输出级交流电路的工作原理：在输入信号 v_i 为正半周期间，T_1 集电极输出信号为负半周，加到 T_2 和 T_3 基极后，使 T_2 截止，而使 T_3 进入导通和放大状态。同时，T_1 发射极输出信号为正半周，加到 T_4 和 T_5 的基极上，使 T_5 截止、T_4 进入导通和放大状态。这样 T_3 和 T_4 同时导通、放大，有信号电流流过负载扬声器 R_4，其信号电流回路是：$+V_{CC}$→T_4 集电极→T_4 发射极→负载扬声器 R_4→T_3 发射极→T_3 集电极→地端。此时，负载扬声器 R_4 中流有 T_3 和 T_4 两管的输出信号电流，这两只三极管的信号电流方向相同，所以是相加的关系，为从右向左的流过负载扬声器 R_4。

在输入信号 v_i 为负半周期间，集电极输出信号为正半周，加到 T_2 和 T_3 基极上后，使 T_3 截止，而 T_2 进入导通和放大状态。同时，T_1 发射极输出信号为负半周，加到 T_4 和 T_5 的基极上，使 T_4 截止，T_5 进入导通和放大状态。这样 T_2 和 T_5 同时导通、放大，有信号电流流过负载扬声器 R_4，这时的信号电流回路是：$+V_{CC}$→T_2 集电极→T_2 发射极→负载扬声器 R_4→T_5 发射极→T_5 集电极→地端。此时，负载扬声器 R_4 中流有 T_2 和 T_5 两管的输出信号电流，两只三极管信号电流方向相同，所以是相加关系，为从左向右流过负载扬声器 R_4。

由上述分析可知，在输入信号 v_i 正、负半周内，流过负载扬声器 R_4 的电流方向不同，这样可以在负载扬声器 R_4 中得到一个完整的信号。

6.4 功率 BJT 的选择

1. 最大管耗和最大输出功率的关系

工作在乙类的基本互补对称电路，在静态时，管子电流几乎为零，因此，当输入信号较小时，输出功率较小，管耗也小，这是容易理解的；但不能认为当输入信号越大，输出功率也越大，管耗就越大。最大管耗发生在什么情况下呢？由式（6.3）可知，管耗 P_{T1} 是输出电压幅值 V_{om} 的函数，因此，可以用导数求极值的方法来求解。对管耗 P_{T1} 求导有

$$\frac{\mathrm{d}P_{\mathrm{T1}}}{\mathrm{d}V_{\mathrm{om}}}=\frac{1}{R_{\mathrm{L}}}(\frac{V_{\mathrm{CC}}}{\pi}-\frac{V_{\mathrm{om}}}{2})$$

令 $\mathrm{d}P_{\mathrm{T1}}/\mathrm{d}V_{\mathrm{om}}=0$，则 $\frac{V_{\mathrm{CC}}}{\pi}-\frac{V_{\mathrm{om}}}{2}=0$，故

$$V_{\mathrm{om}}=2\frac{V_{\mathrm{CC}}}{\pi} \tag{6.9}$$

式（6.9）表明，当 $V_{\mathrm{om}}=2\frac{V_{\mathrm{CC}}}{\pi}\approx 0.66V_{\mathrm{CC}}$ 时具有最大管耗，所以

$$\begin{aligned}P_{T1\mathrm{m}}&=\frac{1}{R_{\mathrm{L}}}(\frac{\frac{2}{\pi}V_{\mathrm{CC}}^2}{\pi}-\frac{(\frac{2}{\pi}V_{\mathrm{CC}})^2}{4})\\&=\frac{1}{R_{\mathrm{L}}}(\frac{2V_{\mathrm{CC}}^2}{\pi^2}-\frac{V_{\mathrm{CC}}^2}{\pi^2})=\frac{1}{\pi^2}\frac{V_{\mathrm{CC}}^2}{R_{\mathrm{L}}}\end{aligned} \tag{6.10}$$

考虑到最大输出功率 $P_{\mathrm{om}}=V_{\mathrm{CC}}^2/2R_{\mathrm{L}}$，则每管的最大管耗和电路的最大输出功率具有如下的关系：

$$P_{\mathrm{T1m}}=\frac{1}{\pi^2}\cdot\frac{V_{\mathrm{CC}}^2}{R_{\mathrm{L}}}\approx 0.2P_{\mathrm{om}} \tag{6.11}$$

式（6.11）常用作为乙类互补对称电路功率管选择的依据，它表明，如果需要输出功率为 10 W，则只要选用两个额定管耗大于 2W 的管子就可以了。

上面的计算是在理想情况下进行的，实际上在选管子的额定功耗时，还要留有一定的余量。考虑到 P_{o}、P_{V} 和 P_{T1} 都是 V_{om} 的函数，如果用 $V_{\mathrm{om}}/V_{\mathrm{CC}}$ 表示的自变量作为横坐标，纵坐分别用相对值 $P_{\mathrm{o}}/\frac{1}{2}\cdot\frac{V_{\mathrm{CC}}^2}{R_{\mathrm{L}}}$、$P_{\mathrm{V}}/\frac{1}{2}\cdot\frac{V_{\mathrm{CC}}^2}{R_{\mathrm{L}}}$ 和 $P_{\mathrm{T1}}/\frac{1}{2}\cdot\frac{V_{\mathrm{CC}}^2}{R_{\mathrm{L}}}$，即 $P/\frac{1}{2}\cdot\frac{V_{\mathrm{CC}}^2}{R_{\mathrm{L}}}$ 表示。P_{o}、P_{V} 和 P_{T1} 与 $V_{\mathrm{om}}/V_{\mathrm{CC}}$ 的关系如图 6.18 所示。图 6.18 也进一步说明，P_{o}、P_{V} 和 P_{T1} 与 $V_{\mathrm{om}}/V_{\mathrm{CC}}$ 不是线性关系，且 $P_{\mathrm{V}}=P_{\mathrm{o}}+2P_{\mathrm{T1}}$。

2. 功率 BJT 的选择

由上分析可知，若想得到最大输出功率，功率 BJT 的参数必须满足下列条件：

（1）每只 BJT 的最大允许管耗 P_{CM} 必须大于 $0.2P_{\mathrm{om}}$。

（2）考虑到当 T_2 导通时，$-v_{\mathrm{CE2}}\approx 0$，此时 v_{CE1} 具有最大值，且等于 $2V_{\mathrm{CC}}$。因此，应选用 $|V_{(\mathrm{BR})\mathrm{CEO}}|>2V_{\mathrm{CC}}$ 的功率管。

（3）功率 BJT 的 I_{CM} 必须大于最大集电极电流 V_{CC}/R_L。

【例 6.1】功放电路如图 6.7（a）所示，设 V_{CC}=12V，R_{L}=8Ω，功率 BJT 的极限参数 I_{CM}=2A，$|V_{(\mathrm{BR})\mathrm{CEO}}|$=30V，$P_{\mathrm{CM}}$=5W。试求：（1）最大输出功率 P_{om} 值，并检验所给功率 BJT 是否能安全工作；（2）放大电路在 η=0.6 时的输出功率 P_{o} 值。

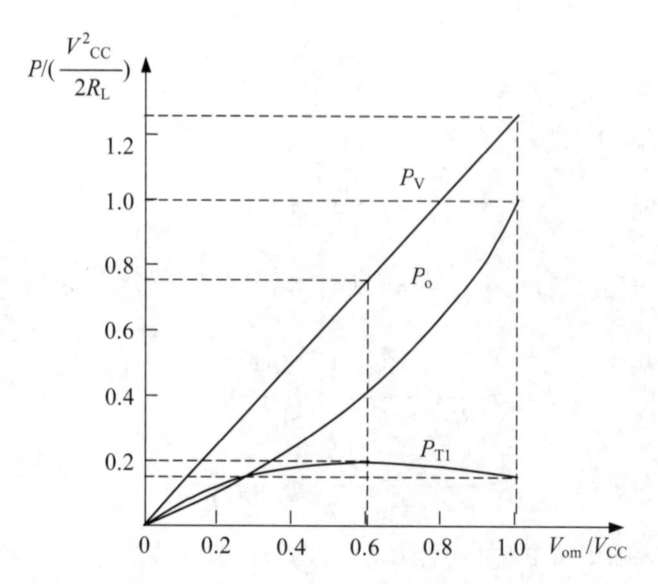

图 6.18 乙类互补对称电路 P_o、P_V 和 P_{T1} 与 V_{om}/V_{CC} 变化的关系曲线

解：（1）求 P_{om}，并检验功率 BJT 的安全工作情况。由式（6.2）可求出

$$P_{om} = \frac{1}{2} \cdot \frac{V_{CC}^2}{R_L} = \frac{(12V)^2}{2 \times 8\Omega} = 9W$$

通过 BJT 的最大集电极电流、集电极与发射极间的最大管压降和它的最大管耗分别为

$$i_{Cm} = \frac{V_{CC}}{R_L} = \frac{12V}{8\Omega} = 1.5A$$

$$v_{CEm} = 2V_{CC} = 24V$$

$$P_{T1m} \approx 0.2P_{om} = 0.2 \times 9W = 1.8W$$

所求 i_{Cm}、v_{CEm} 和 P_{T1m} 均分别小于极限参数 I_{CM}、$|V_{(BR)CEO}|$ 和 P_{CM}，故功率 BJT 能够安全工作。

（2）求 η =0.6 时的 P_o 值。

由式（6.7）可求出

$$V_{om} = \eta \cdot 4\frac{V_{CC}}{\pi} = \frac{0.6 \times 4 \times 12V}{\pi} = 9.2V$$

将 V_{om} 代入式（6.1）得

$$P_o = \frac{1}{2} \cdot \frac{V_{om}^2}{R_L} = \frac{1}{2} \cdot \frac{(9.2V)^2}{8\Omega} = 5.3W$$

6.5　功率放大电路的使用

6.5.1　集成功率放大器的基本性能

从应用角度出发，集成功率放大器应具有足够的输出功率，即足够的输出电压、输出电流；在正常工作状态下，应具有尽可能低的输出电压失真；尽可能低的输出噪声；足够的频带宽度；足够的输入阻抗；具有输出过载保护、过热保护以及足够的输出功率。上述技术指标，除了过热保护外，其他性能均和运算放大器的性能一致。

实际上，集成功率运算放大器的性能要求与集成功率放大器基本一样，但是集成功率放大器的价格远低于集成功率运算放大器。

现在生产的集成功率放大器的主要内部结构基本相同。集成功率放大器内部电路主要包括：关系到集成稳压器安全的过热保护电路；偏置电路和恒流源电路；差分输入的差分放大器；差分放大器的双端变换为单端输出的双端变单端电路；中间放大级；OCL（无输出电容功放电路）输出级和 OCL 级的偏置电路；输出过电流保护；相位补偿电路。

为了分析方便，下面以美国国家半导体公司产品 LM3875 为例进行介绍。图 6.19 所示为 LM3875 内部简要电路。图中忽略了过热保护电路、输出过电流保护电路，将各恒流源加以简化。

（1）差分输入的差分放大器。为了方便地实现反馈、静态工作点的稳定和提高共模抑制比，差分输入的差分放大器是最好的选择。为了获得高输入阻抗，集成功率放大器的输入级与通用集成运算放大器一样，都采用射极跟随器电路，由图中的 T_1、T_2 构成。由于 T_1、T_2 的发射极所接的负载是恒流源和 T_3、T_4 以及 R_1、R_2 的输入阻抗，如果 $\beta>100$，则对应的集成功率放大器的输入阻抗将达到 1MΩ 以上；T_3、T_4 构成共发射极差分放大器，可以使输入级获得一定的电压增益。

（2）差分放大器的双端输出变换为单端输出的双端变单端电路。集成功率放大器的单端输出需要将差分放大器的双端输出转换为单端输出，同时又不能损失增益。这一部分功能电路由 T_5、T_6、T_7 组成，可以将差分放大器的输出无损耗地转换为单端输出。为了尽可能地减小下一级电路的负载效应，将双端变换为单端电路的输出接入射极跟随器，这样既可以保证差分放大器的对称性，又能降低差分放大器的输出阻抗。

（3）中间放大级。欲获得 60dB 的电压增益，集成运算放大器和集成功率放大器的主要增益在中间放大级实现，中间放大级所连接的是恒流源和“达林顿”连接方式的功率输出级。因此，中间放大级的负载阻值非常高，从而获得了很高的电压增益。

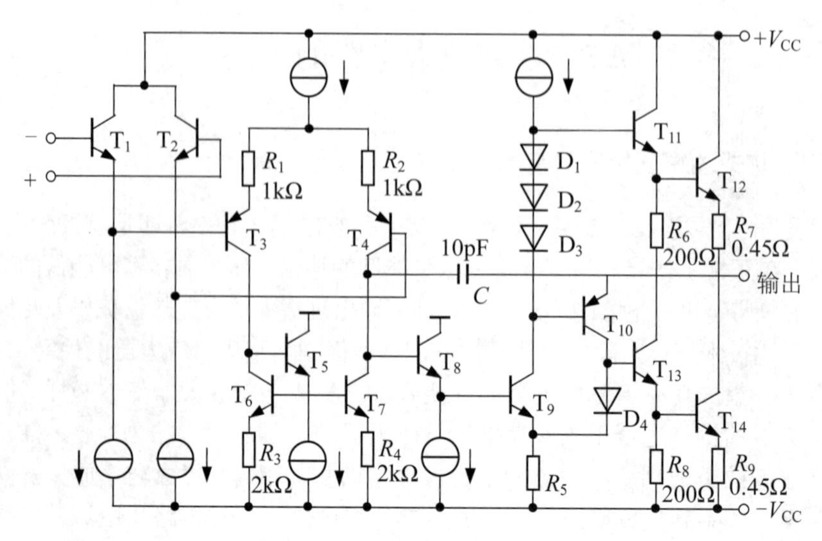

图 6.19 LM3875 内部简要电路

（4）功率输出级和偏置电路。功率输出级的作用是将中间放大级的电压信号进行电流放大，功率输出级和功率级的偏置电路可以将中间放大级的电流放大数百倍甚至是数千倍。功率输出级多采用由 NPN 晶体管构成的“准互补”的 OCL 电路。为了使输出级电路的静态工作点不随温度变化，同时还要保证小信号输出时不失真，需要一个可以补偿输出级电路与工作状态随温度变化的补偿与偏置电路。最常见的方法是利用二极管的正向压降与晶体管的发射结温度特性基本相同的特点，通过将 3 个二极管（图中的 D_1、D_2、D_3）串联实现 3 个发射结（图中的 T_{10}、T_{11}、T_{12}）温度特性的补偿。

（5）相位补偿电路。对于多级电压放大电路，尽管可以获得很高的电压增益，但是，由于高增益和多级放大所造成的相移，在用来实现负反馈的应用时很容易满足反馈放大器的自励条件，使放大器出现自励现象。集成功率放大器的相位补偿电路通常在芯片内采用滞后补偿的方式实现。最简单的方法就是在电路的主增益级设置补偿电路，也就是在中间放大级的集电极与基极接一个补偿电容器，这样在实现功率放大电路时就可以不考虑外界相位补偿电路。

（6）电流保护和过功率保护。集成功率放大器均内设过电流保护和过功率保护，以保证集成功率放大器在故障状态下不至于损坏。集成功率放大器的过电流保护和过功率保护与集成稳压器类似。

（7）过热保护。与集成稳压器相似，集成功率放大器具有良好的过热保护功能，以确保集成功率放大器不至于因过热而损坏。

6.5.2 常用集成功率放大器分析

常用集成功率放大器主要有：耳机放大器、1～2W 低功率放大器、12～45V 电源电压中等功率放大器和 50V 以上的高功率放大器。在低电压，特别是单电源供电条件下，为了获得比较大的输出功率，多采用 BTL 电路形式和比较低的负载电阻（如 4Ω、2Ω）。采用 OTL 电路时，电源为单电源，这样可以简化电源，但是需要附加一个输出隔直电容器，对于大功率输出，带有隔直电容器的电路将受到电容器的可承受的电流限制不再适用。对于大功率输出，通常采用 OCL 无输出电容器电路，这样的电路需要双电源供电，如果输出功率仍不满足要求，可以采用 BTL 电路增加输出功率。若要进一步增加输出功率，还可采用多路放大器并联的方式实现。

1. 耳机放大器

耳机放大器是专为耳机提供音频功率的低功率水平的功率放大器，随着便携式放声设备（如手机、MP3 等）的普遍应用，耳机放大器的需求量也大大增加。耳机放大器多应用于便携式电子设备，因此封装形式为表面贴装。耳机放大器的负载是耳机，它的阻抗为 32Ω。输出功率不要求很大，有 100MW 就足够了。耳机放大器一般为立体声放大器，即双声道放大器。因为耳机需要经常地插拔，很可能出现短路现象，因此耳机放大器应具有过热和短路保护功能。耳机放大器要求在 32Ω负载下的额定功率和 1kHz 条件下的总谐波失真要低于 0.1%；在整个频带内（20～20kHz）要具有不高于 0.2%的总谐波失真。如图 6.20 所示为 TPA152 内部简要原理框图。从图中可以看出，TPA152 内部的放大器实际上就是运算放大器，只不过输出功率比常规运算放大器高。由于 TPA152 是单电源供电，所以放大器的同相输入端需要接到电源的中点，因此在芯片内部带有分压电阻，分压电阻的中点接放大器的同相输入端。另外，为了保证同相输入端的“电源”低阻抗，需要对中点电压并接旁路电容，即引脚 3 外接电容器。

由于 TPA152 内部的放大器只是接成运算放大器的形式，整个放大器的闭环增益需要外接电阻实现，即图中的 R_F、R_1。在不需要音量时，可采用静音方式，这样可以避免反复开机。静音方式可以通过静音控制端实现，只要将静音控制端接逻辑高电平，电路即为静音状态。在开机过程中，OCL 功率放大器不可避免地会出现“噗、噗”声，为了消除“噗、噗”声，TPA152 设置了开机“噗、噗”声消除电路。外接的 RC 有利于抑制“噗、噗”声。

2. 1～2W 集成功率放大器

考虑功率放大器在便携式电子产品系统中，应选用可以在 3.3～5.5V 的电压范围内工作，最好是电源电压降低到 2.7V 时仍可以正常工作的集成功率放大器，可以选用美国德州仪器公司生产的 TPA4861 单通道 1W 音频功率放大器芯片。

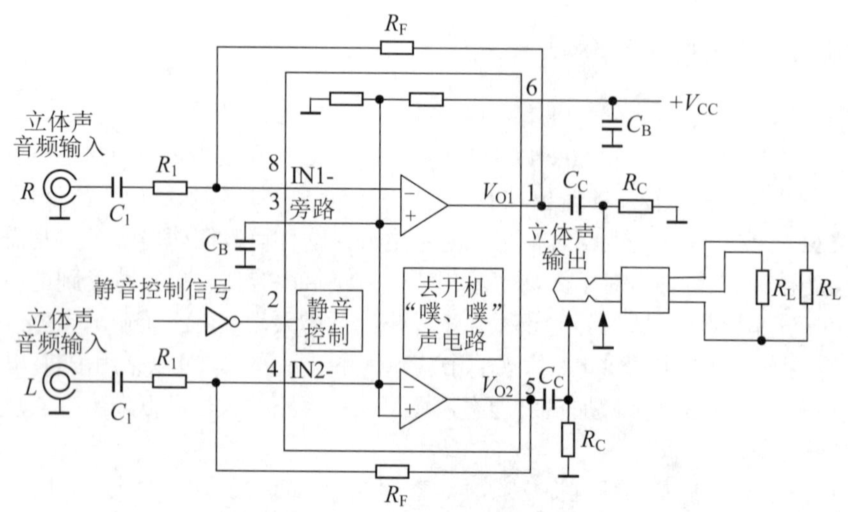

图 6.20　TPA152 内部简要原理框图

如表 6.1 所示为 TPA4861 的引脚功能。电源为 5V 时，在 BTL 桥式推挽电路电路模式、8Ω负载电阻条件下，可以输出不低于 1W 的功率；可以工作在 3.3～5V 的电源电压下，最低工作电压为 2.7V；没有输出隔直电容器的要求；可以实现关机控制，关机状态下的电流仅为 0.6mA；表面贴装器件；具有热保护和输出短路保护功能；具有高电源纹波抑制比，在 1kHz 下为 56dB。

表 6.1　TPA4861 的引脚功能

引脚号	引脚名称	I/O	功能描述
1	SHUTDOWN 关机	I	输入信号为高电平时为关机模式
2	BYPASS 中点电压旁路	I	实际上应该是电源电压的中点，以获得放大器在单电源电压工作的输入端的直流工作点，该端子需要对地接一个 0.1~1μF 的旁路电容器
3	IN+同相输入端	I	同相输入端（在典型应用时与 BYPASS 相接）
4	IN-反相输入端	I	反相输入端（在典型应用时的信号输入端）
5	V_{O1} 输出 1	O	BTL 模式下的正输出端
6	V_{DD} 电源端	I	电源电压端
7	GND 电路参考端	I	接地端（参考端）
8	V_{O2} 输出 2	O	BTL 模式下的负输处端

TPA4861 内部简要原理框图如图 6.21 所示。

TPA4861 内部由两个功率放大器、中点电压分压电阻和偏置电路组成，其中输出2是输出1经过1:1的反相后，由功率放大器2输出的，自然构成BTL电路结构，不需要外接电路。

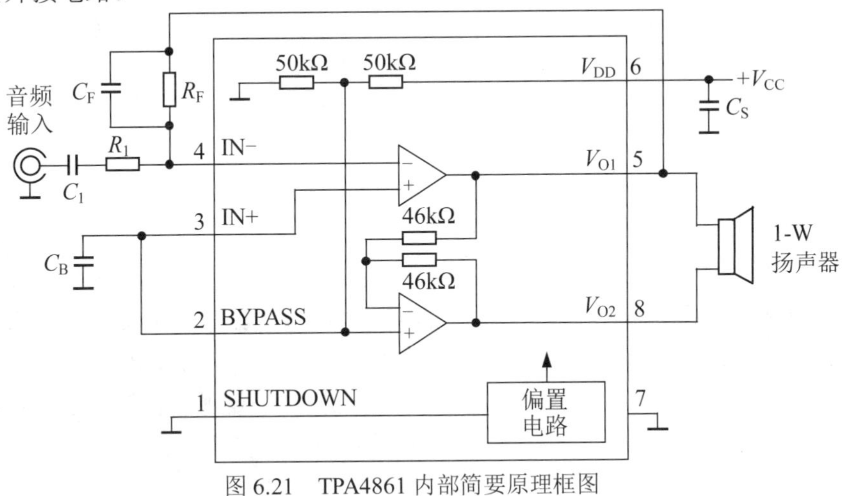

图6.21 TPA4861内部简要原理框图

3. 9W集成功率放大器TDA2030

TDA2030具有输出功率大、谐波失真小、内部设有过热保护、外围电路简单的特点，可以连接成OTL电路，也可以连接成OCL电路。TDA2030的供电电压范围为6～18V，静态电流小于60μA，频率响应为10Hz～140kHz，谐波失真小于0.5%，在 V_{CC}=±14V、R_L=4Ω时，输出功率为14W，在8Ω负载上的输出功率为9W。由TDA2030构成的OCL功率放大电路如图6.22所示。

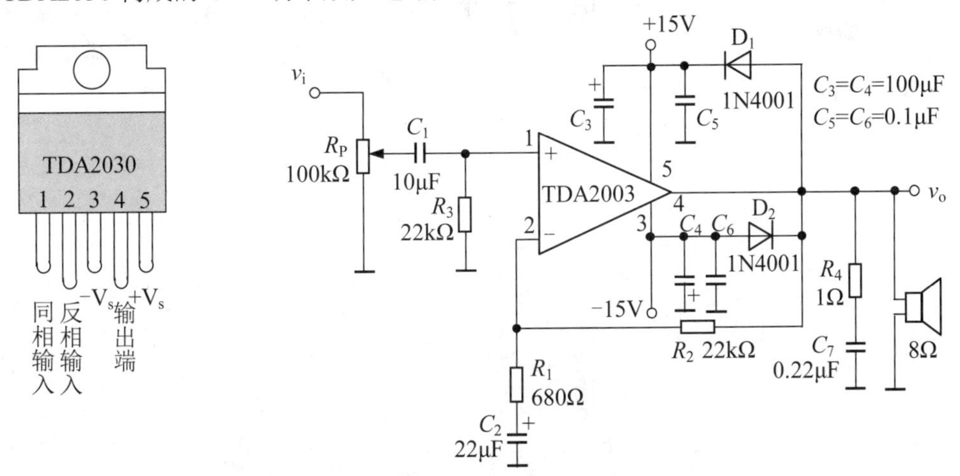

图6.22 由TDA2030构成的OCL功率放大电路

电路中的二极管 D_1、D_2 起保护作用：一是限制输入信号过大；二是防止电源极性接反。R_4、C_2组成输出移相校正网络，使负载接近纯电阻。电容 C_1 是输入耦合电容，其大小决定功率放大器的下限频率。电容 C_3、C_6 是低频旁路电容，C_4、C_5是高频旁路电容。电位器 R_P 是音量调节电位器。该电路的交流电压增益为

$$A_{vF}=1+\frac{R_2}{R_1}=1+\frac{22}{0.68}\approx 33$$

6.5.3　通用集成功率放大器

20 世纪 80 年代，车载音响和盒式录音机的普及使电池供电的音频功率放大器得到了飞速发展，从简化电路和减轻设计工程师的设计压力的角度考虑，集成音频功率放大器成为了不错的选择。最简单的集成功率放大器是 TDA2002，后来发展出来的仅有 5 个引脚，这种集成功率放大器外电路极其简单，只要电路板图设计正确，几乎不用调节。不仅如此，集成音频功率放大器的适应电源电压范围也很宽，这是分立元件的功率放大器所不能比的。最原始的 2002 集成功率放大器之一是日本的 NEC 的μPC2002，但是时至今日，仍找不到μPC2002 内部电路，这是日本半导体器件制造商技术数据的一大特点。相比之下，欧美的半导体器件在公开的信息渠道可以找到非常详细的数据和内部原理图。

TDA2003 的输入级电路不是差分放大器，而是同相输入端与反相输入端共用同一晶体管 T_4，同相输入端接晶体管基极，反相输入端接晶体管发射极。即同相输入的输入级为共发射极放大器，反相输入端的输入级为共基极放大器。两个放大器的增益相同，相位相反，形成共发射极-共基极差分放大器电路。由于两个放大器的输入方式不同，需要低阻抗输入，因此，在 TDA2003 应用电路中的反相端的接地电阻的阻值仅为 2.2Ω（R_2），其反馈隔直电容的容量需要 470μF（C_2），高于共发射极差分放大器输入级的 22μF，如图 6.23 所示。

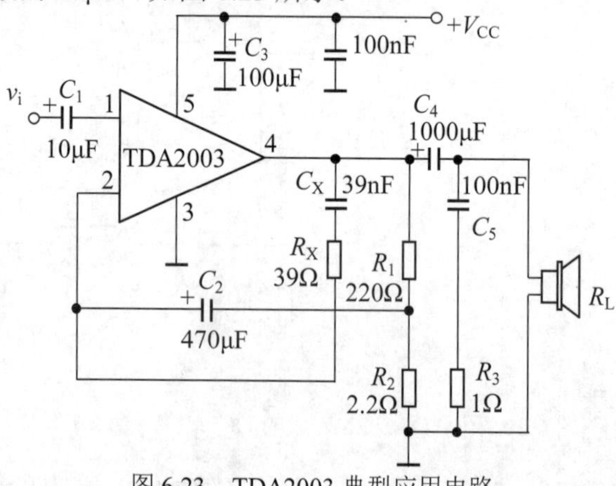

图 6.23　TDA2003 典型应用电路

小结

1. 功率放大电路是在大信号下工作，通常采用图解法进行分析。研究的重点是如何在有限的失真情况下，尽可能提高输出功率和效率。

2. 与甲类功率放大电路相比，乙类互补对称功率放大电路的主要优点是效率高，在理想情况下，其最大效率约为78.5%。为保证BJT安全工作，双电源互补对称电路工作在乙类时器件的极限参数必须满足 $P_{CM}>P_{T1}\approx0.2P_{om}$，$|V_{(BR)CEO}|>2V_{CC}$，$I_{CM}>V_{CC}/R_L$。

3. 由于功率BJT输入特性存在死区电压，工作在乙类的互补对称电路将出现交越失真，克服交越失真的方法是采用甲乙类（接近乙类）互补对称电路。通常可利用二极管或电阻进行偏置。

4. 在集成放大使用时，在低电压单电源供电条件下，为了获得比较大的输出功率，多采用BTL电路形式和比较低的负载电阻。对于大功率输出，通常采用OCL无输出电容器电路，这样的电路需要双电源供电，如果输出功率仍不满足要求，可以采用BTL电路增加输出功率。若要进一步增加输出功率，还可采用多路放大器并联的方式实现。

探究研讨——音频功率放大器中的啸叫

啸叫是因为声场的作用，导致输出反馈进入输入，使得某一个频率的信号呈现增幅振荡，经喇叭放大形成了啸叫。如何设计一款带有啸叫检测与抑制的音频功率放大器。完成对台式麦克风音频信号的放大，通过功率放大电路送喇叭输出。试以小组合作形式开展课外拓展，探究电子技术中的啸叫的检测，啸叫抑制的方法，并就以下内容进行交流讨论：

（1）音频放大器效率的影响因素。

（2）模拟音频放大器和数字音频放大器的原理和特点。

（3）功率放大器件的发展趋势。

（4）啸叫的检测软件和硬件在实现时的区别和联系。

习题

在线测试

6.1　在甲类、乙类和甲乙类放大电路中，放大管的导通角分别等于多少？它们中哪一类放大电路效率最高？

6.2 在图 6.24 所示电路中，设 BJT 的β=100V，V_{BE}=0.7V，V_{CES}=0.5V，I_{CEO}=0，电容 C 对交流可视为短路。输入信号 v_i 为正弦波。(1) 计算电路可能达到的最大不失真输出功率 P_{om}；(2) 此时 R_b 应调节到什么数值? (3) 此时电路的效率η =? 试与工作在乙类的互补对称电路比较。

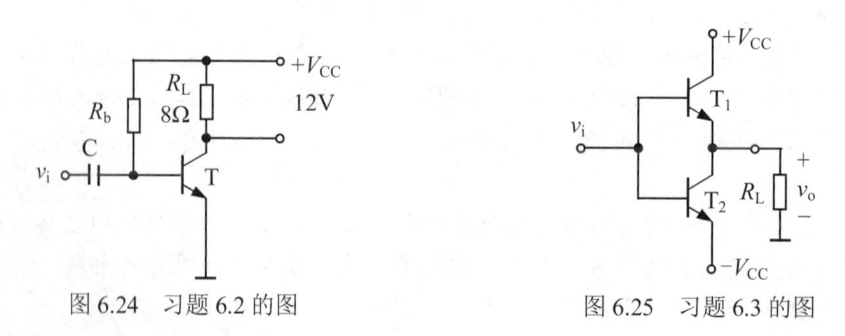

图 6.24 习题 6.2 的图　　图 6.25 习题 6.3 的图

6.3 一双电源互补对称电路如图 6.25 所示，设已知 V_{CC}=12V，R_L=l6Ω，v_i 为正弦波。求：

(1) 在 BJT 的饱和压降 V_{CES} 可以忽略不计的条件下，负载上可能得到的最大输出功率 P_{om}。

(2) 每个管子允许的管耗 P_{CM} 至少应为多少?

(3) 每个管子的耐压$|V_{(BR)CEO}|$应大于多少?

6.4 在图 6.25 所示电路中，设 v_i 为正弦波，R_L=8Ω，要求最大输出功率 P_{om}=9W。试在 BJT 的饱和压降 V_{CES} 可以忽略不计的条件下，求：(1) 正、负电源 V_{CC} 的最小值；(2) 根据所求 V_{CC} 最小值，计算相应的 I_{CM}、$|V_{(BR)CEO}|$的最小值；(3) 输出功率最大 (P_{om}=9W) 时，电源供给的功率 P_V；(4) 每个管子允许的管耗 P_{CM} 的最小值；(5) 当输出功率最大 (P_{om}=9W) 时的输入电压有效值。

6.5 一单电源互补对称功放电路如图 6.26 所示，设 v_i 为正弦波，R_L=8Ω，管子的饱和压降 V_{CES} 可忽略不计。试求最大不失真输出功率 P_{om} (不考虑交越失真) 为 9W 时，电源电压 V_{CC} 至少应为多大?

6.6 在图 6.26 所示单电源互补对称电路中，设 V_{CC}=12V，R_L=8Ω，C 的电容量很大，v_i 为正弦波，在忽略管子饱和压降 V_{CES} 情况下，试求该电路的最大输出功率 P_{om}。

6.7 一单电源互补对称电路如图 6.27 所示，设 T_1、T_2 的特性完全对称，v_i 为正弦波，V_{CC}=12V，R_L=8Ω。试回答下列问题：(1) 静态时，电容 C_2 两端电压应是多少? 调整哪个电阻能满足这一要求? (2) 动态时，若输出电压 v_o 出现交越失真，应调整哪个电阻? 如何调整? (3) 若 R_1=R_3=l.1kΩ，T_1 和 T_2 的β=40，$|V_{BE}|$=0.7V，

P_{CM}=400MW，假设 D_1、D_2、R_2 中任意一个开路，将会产生什么后果？

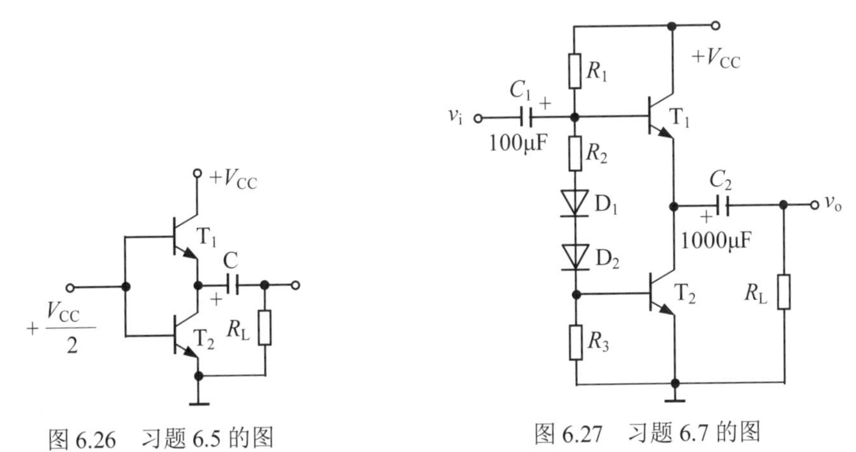

图 6.26　习题 6.5 的图　　　　图 6.27　习题 6.7 的图

6.8　在图 6.27 所示单电源互补对称电路中，已知 V_{CC}=35V，R_L=35 Ω，流过负载电阻的电流为 $i_o=0.45\cos\omega t$（A）。求：（1）负载上所能得到的功率 P_o；（2）电源供给的功率 P_V。

6.9　一个用集成功放 LM384 组成的功率放大电路如图 6.28 所示。已知电路在通带内的电压增益为 40dB，在 R_L=8 Ω时不失真的最大输出电压（峰－峰值）可达 18V。求当 v_i 为正弦信号时：（1）最大不失真输出功率 P_{om}；（2）输出功率最大时的输入电压有效值。

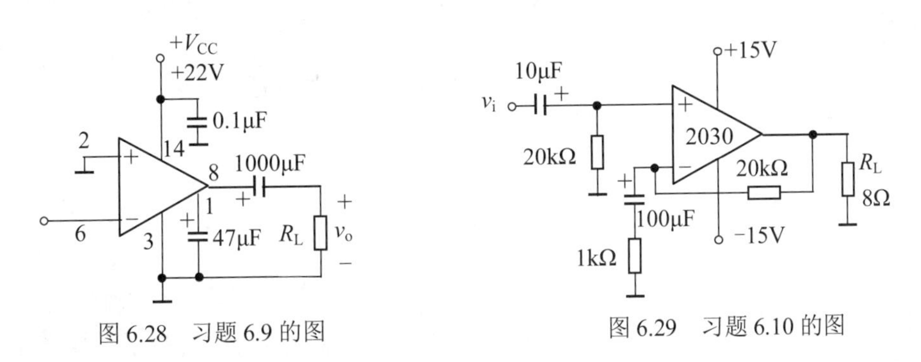

图 6.28　习题 6.9 的图　　　　图 6.29　习题 6.10 的图

6.10　2030 集成功率放大器的一种应用电路如图 6.29 所示，假定其输出级 BJT 的饱和压降 V_{CES} 可以忽略不计，v_i 为正弦电压。求：（1）理想情况下最大输出功率 P_{om}；（2）电路输出级的效率。

6.11　桥式功率放大电路如图 6.30 所示。设图中参数 $R_1=R_3$=10kΩ，R_2=15kΩ，R_4=25kΩ和 R_L=1.2kΩ，v_i 为正弦波，放大器 A_1、A_2 的工作电源为±15V，每个放大

器的输出电压峰值限制在±13V。试求：

（1）A_1、A_2的电压增益A_{v1}和A_{v2}。

（2）负载能得到的最大功率。

（3）输入电压的峰值。

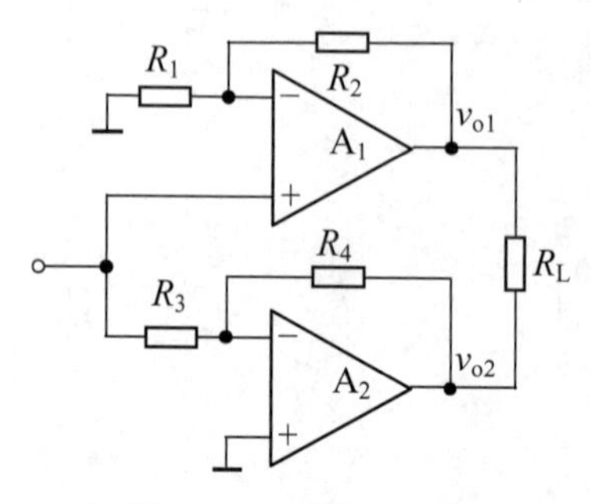

图 6.30 习题 6.11 的图

6.12 利用 TDA2030 音频放大芯片自制小音箱，本工程采用 BTL 桥式推挽电路以提高输出功率。

参考立创商城开源项目绘制原理图，PCB 板，制作焊接电路。

网址为 https://oshwhub.com/KangJie/tda2030yin-pin-fang-da-qi

要求：

（1）电路电源供电可以进行单电源、双电源选择。

（2）双电源最大输入电压±22V，单电源最大输入电压 44V。推荐双电源电压±15V，单电源 30V。

（3）给芯片加上散热片。有条件的可以加大散热片和风扇。

（4）调节电位器可调节音量。

第7章　集成运算放大器及其应用

本章课程目标

1. 理解集成运算放大器的特点和分析方法，能够分析包含集成运放的电路。
2. 掌握集成运放构成的运算电路结构和原理，能够根据要求设计比例放大、加减运算等电路，能根据需要运用微分、积分、对数和指数等电路。
3. 掌握电压比较器电路结构和原理，能分析和设计比较器电路。

集成运算放大器简称集成运放，是发展最早、应用最广泛的一种模拟集成电路，最初用于数的运算，故称为运算放大器，集成运放具有高可靠性、低成本和小尺寸等特点。集成运放由多级放大电路直接耦合连接构成，具有很高的增益。通过引入负反馈，只要添加少量外部元件，就能够构成各种运算电路，实现信号放大、加法、减法、微分和积分等功能。本章介绍集成运放的结构、特点和分析方法，以及运放构成的各种运算电路。

7.1　集成运算放大器

【微课视频】

集成运算放大器的特点

7.1.1　集成运算放大器的特点

集成运放是将直接耦合的多级放大电路制作在一块芯片上形成的完整电路，常用的电路符号如图7.1所示。

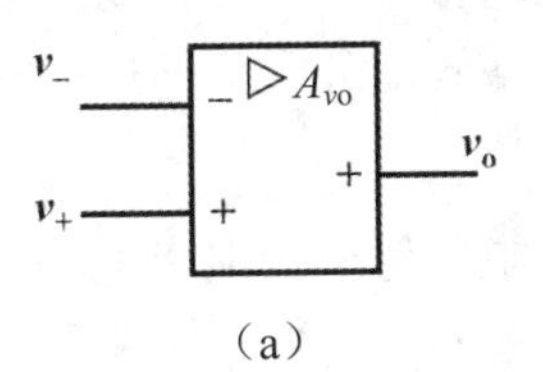

（a）

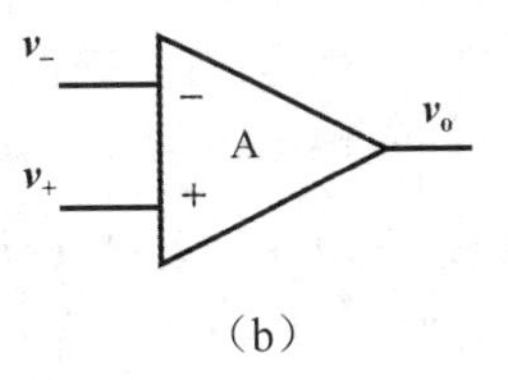

（b）

图7.1　集成运放常用符号

集成运放有两个输入端，分别称为反相输入端和同相输入端，反相输入端在符号内部标有“-”，在外部可用“N”表示，同相输入端在内部用“+”标识，在外部可用“P”表示。集成运放输出电压 v_o 与反相输入信号 v_- 或 v_N 极性相反，与同相输入端的输入信号 v_+ 或 v_P 极性相同。

1. 集成运放的特点

集成运放通过采用各种先进工艺，使各项性能指标接近理想化。例如集成运放中普遍采用有源负载，使得集成运放具有很高的开环增益，集成运放的输入级常常采用场效应管来提高输入电阻，在版图设计上优化热效应影响，减小失调电压、失调电流和温漂，利用对称结构改善电路性能，增大共模抑制比，采用斩波稳零和动态稳零技术，不需调零就能正常工作，提高精度。

因此，集成运放的特点包括：

（1）极高的开环电压增益，集成运放的开环电压增益，或电压放大倍数 A_{vo} 通常高达 10^4～10^7，即 80dB～140dB。

（2）极大的输入电阻，集成运放的输入电阻 r_i 一般为 10^5～$10^{11}\Omega$。

（3）极大的共模抑制比，集成运放的共模抑制比 K_{CMRR} 可高达 70dB～130dB。

（4）接近于零的输出电阻，集成运放的输出电阻 r_o 一般为几十欧姆～几百欧姆。

2. 集成运放的电压传输特性

集成运放的电压传输特性曲线如图 7.2 所示。

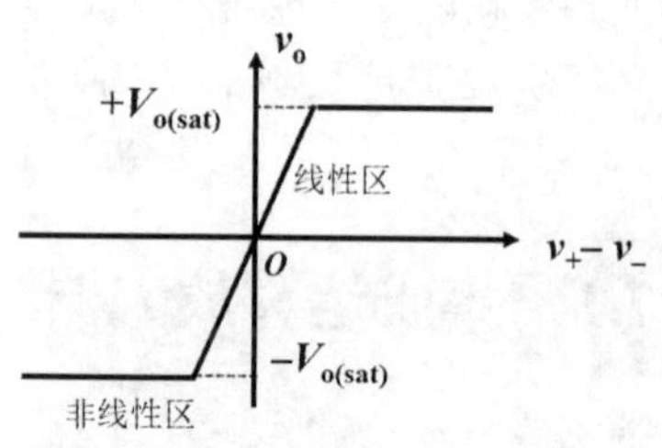

图 7.2 集成运放的电压传输特性

集成运放的电压传输特性描述输出电压 v_o 与两个输入电压之差 $(v_+ - v_-)$ 之间的关系。上图中，横轴 $(v_+ - v_-)$ 为差模输入电压，纵轴 v_o 为输出电压。

当差模输入电压的数值很小时，运放的输出电压与输入电压成正比，运放处于线性工作状态，称运放工作在线性区，即图中曲线的斜线部分，斜率是集成运算放大电路的开环差模电压增益 A_{od}，即 $v_o = A_{od}(v_+ - v_-)$。

当差模输入电压的数值增大到一定程度时，输出电压值达到饱和值，通常为正负直流电源的电压值，此时输出电压与差模输入电压之间不再成正比关系，运放工作于非线性状态，称运放工作在非线性区，即饱和区。非线性区就是曲线中的水平直线部分，当差模输入电压为正时，输出电压为正饱和值 $+V_{o(sat)}$，当差模输入电压为负时，输出电压为负饱和值 $-V_{o(sat)}$。

由于集成运放的电压增益 A_{od} 非常高，可达几十万倍，因此电压传输特性中的线性区非常窄。例如，设运放的电压增益 $A_{od}=5\times10^5$，电源电压为±15V，通过分析不难得知，只有当输入电压 $|v_+ - v_-|\leqslant 30\mu V$ 时，输出电压 $|v_o|\leqslant 15V$，集成运放才工作在线性区，若输入电压的数值大于 30μV 时，集成运放就会进入非线性区，输出电压达到饱和值。

通常集成运放需要引入负反馈电路，才能使运放稳定地工作在线性区。

7.1.2　集成运放电路组成

集成运放电路由输入级、中间级、输出级和偏置电路构成，结构框图如图 7.3 所示，集成运放电路示意图如图 7.4 所示。

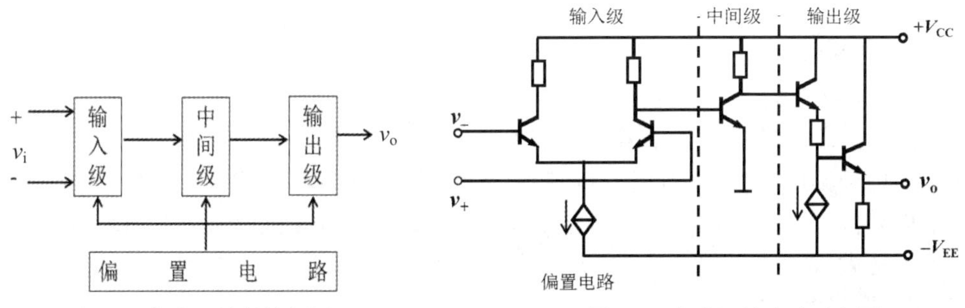

图 7.3　集成运放结构框图　　　图 7.4　集成运放电路示意图

输入级直接影响集成运放的多项性能，例如输入电阻，零点漂移等。集成运放的输入级通常采用双端输入的高性能差分放大电路，因此有两个输入端，分别是同相输入端 v_+ 和反相输入端 v_-。

中间级是整个放大电路的主要部分，为了提高运放的电压增益，中间级一般采用共射极或共源极放大电路，常采用复合管作为放大管，以恒流源作负载，以进一步提高放大倍数。

输出级应提供足够的电流以满足负载需要，为提高电路的驱动能力，大多采用互补对称输出电路或射极跟随器电路，具有输出电压线性范围宽，输出电阻小，非线性失真小的特点。

偏置电路为各级放大电路提供适当的静态工作点，集成运放一般采用恒流源为放大电路提供静态工作电流。

7.1.3 集成运放的主要参数

集成运放的主要参数包括开环差模增益、输入电阻、输出电阻、共模抑制比等。

1. 开环差模电压增益 A_{od}

开环差模电压增益 A_{od} 是指集成运放未外加反馈时的差模电压增益，一般记作输出电压与差模输入电压之比：

$$A_{od}=\frac{v_o}{v_{id}}=\frac{v_o}{v_+-v_-} \tag{7.1}$$

放大电路的电压增益常用以 10 为底的对数增益表示，单位为分贝（dB），计算公式如下：

$$\text{电压增益}=20\lg A \tag{7.2}$$

对于集成运放而言，希望 A_{od} 大且稳定，通用型集成运放的 A_{od} 通常在 10^5 倍左右，高增益集成运放的 A_{od} 可高达 140dB，即 10^7 倍，理想集成运放的 A_{od} 可视为无穷大。

2. 差模输入电阻 r_{id}

集成运放的输入级为差分放大电路，所以输入电阻是差模输入电阻，反映集成运放输入端从差模输入信号源获取信号幅度的大小。输入电阻越大，从信号源获取的信号幅度越大，因此输入电阻越大越好。集成运放的输入级常采用场效应管来提高输入电阻，输入电阻的值可达几百 kΩ 至几 MΩ，理想运放的输入电阻可视为无穷大。

3. 输出电阻 r_o

输出电阻的大小反映集成运放驱动负载能力的大小，输出电阻越小，驱动负载的能力越强，有时候用最大输出电流表示运放的极限负载能力。理想运放的输出电阻可视为零。

4. 共模抑制比 K_{CMRR}

共模抑制比是差模放大倍数与共模放大倍数之比的绝对值，常用分贝表示，反映集成运放对共模信号的抑制能力。共模抑制比越大，对共模信号的抑制能力越强，例如，集成运放 F007 的共模抑制比大于 80dB，理想运放的共模抑制比可视为无穷大。

5. 输入失调电压 V_{IO} 及其温漂 dV_{IO}/dT

受电路制作工艺等影响，集成运放的输入级电路不可能完全对称，当输入电压为零时，输出电压可能不为零。要使输出电压为零，需要在输入端施加一定的补偿电压，这个补偿电压就是输入失调电压 V_{IO}。可知，输入失调电压反映了集成运放电路的对称性，输入失调电压越小越好，集成运放可通过外加调零电路，使输入为零时输出也为零。

温漂 $\mathrm{d}V_{\mathrm{IO}}/\mathrm{d}T$ 是输入失调电压的温度系数，是衡量运放温漂的重要参数，其值越小，说明受温度变化的影响越小。以集成运放 F007 为例，其输入失调电压 V_{IO} 小于 2mV，$\mathrm{d}V_{\mathrm{IO}}/\mathrm{d}T$ 小于 20μV/℃。

6. 输入失调电流 I_{IO} 及其温漂 $\mathrm{d}I_{\mathrm{IO}}/\mathrm{d}T$

与输入失调电压及其温漂类似，输入失调电流及其温漂反映运放输入级电路的电流不对称程度，以及受温度变化的影响，数值越小越好。

7. 最大输出电压 $V_{\mathrm{OP-P}}$

电路中输出电压一般不能超过电源电压。集成运放的最大输出电压是指在额定电压下，最大不失真输出电压的峰-峰值。

8. -3dB 带宽 f_{H}

集成运放的开环差模增益在高频段下降 3dB 时对应的信号频率称为-3dB 带宽 f_{H}。

9. 单位增益带宽 f_{c}

集成运放的电压增益随着信号频率的上升而下降，当运放的开环差模电压放大倍数下降到 1 时，对应的信号频率称为单位增益带宽。以集成运放 LM324 为例，单位增益带宽为 1.2MHz。

10. 增益带宽积

集成运放在中低频段差模电压增益与带宽的乘积称为增益带宽积，为一常数。集成运放引入负反馈，可以展宽低中频区，但低中频区的差模电压增益就会相应下降。

11. 转换速率 S_{R}

转换速率 S_{R}（Slew Rate）也称压摆率，是指在大信号作用下，输出电压在单位时间的变化量最大值，计算公式为：

$$S_{\mathrm{R}}=\left|\frac{\mathrm{d}v_{\mathrm{o}}}{\mathrm{d}t}\right|_{\max} \tag{7.3}$$

转换速率反映集成运放对信号变化的适应能力，可以用来衡量在大幅度信号作用时的工作速度。当输入信号变化斜率的绝对值小于 S_{R} 时，输出电压才能按线性规律变化。信号幅值越大，频率越高，要求集成运放的 S_{R} 越大。例如集成运放 LM741 的 $S_{\mathrm{R}}=0.5\mathrm{V}/\mu\mathrm{S}$，表示在 1μS 的时间内电压从 0V 上升到 0.5V。

一般来说，转换速率高的运放，其工作电流也会比较大，功耗比较大。

处理交流信号时，主要考虑增益带宽积和转换速率等指标，处理直流或低频信号时，更多考虑输入失调电压和输入失调电流。

集成运放种类较多，除了通用型，还有为适应不同场合而设计的各种专用型运放，例如高速型运放具有很高的带宽和转换速率，-3dB 带宽可以高达千兆赫，转换速率大多在几十伏/微秒至几百伏/微秒，适用于 AD/DA、锁相环电路和视频放大电路；高阻型运放的输入电阻大于 $10^9\Omega$，适用于测量放大电路等。此外还有高压型、大功率型、低功耗型、低漂移型等不同类型的集成运放。

7.1.4 理想运算放大器及其分析依据

为了简化对集成运放电路的分析，常将集成运放进行理想化，视为理想运放。

1. 理想运放的特性

将运放理想化的基本条件如下：

（1）开环差模电压增益 $A_{\mathrm{od}}=\infty$。

（2）差模输入电阻 $r_{\mathrm{id}}=\infty$。

（3）输出电阻 $r_{\mathrm{o}}=0$。

（4）共模抑制比 $K_{\mathrm{CMRR}}=\infty$。

（5）-3dB 带宽无限大。

（6）输入失调电压、输入失调电流为 0。

（7）无干扰、无噪声。

实际的集成运放在各项指标上与理想集成运放比较接近，因此将集成运放理想化在分析电路时产生的误差不大，在工程计算中是允许的。本章含有集成运放的电路分析中，将集成运放视为理想的集成运放。

理想运放的电路符号如图 7.5 所示。

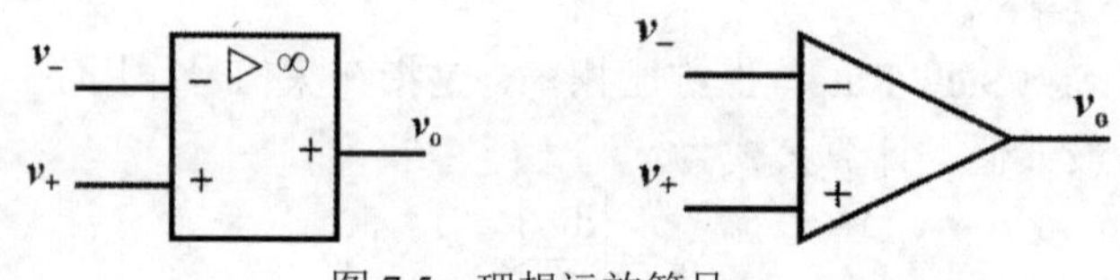

图 7.5 理想运放符号

根据理想运算放大器的特性，可以得到其电压传输特性如图 7.6 所示。

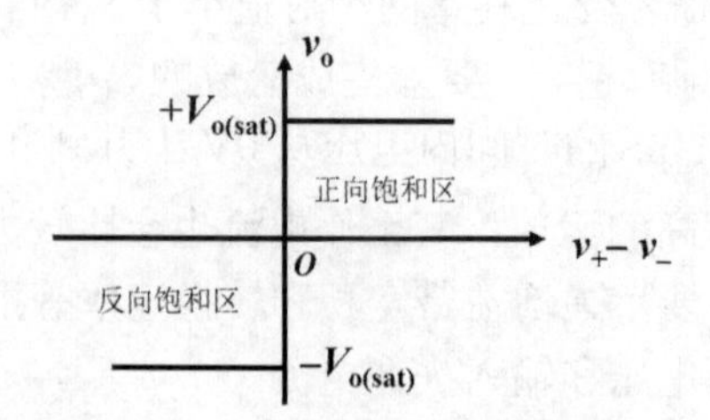

图 7.6 理想运放的电压传输特性

由于理想运放的开环电压增益为无穷大，即 $A_{od}=\infty$，所以只要在输入端存在微小的输入信号，输出端就立即达到饱和电压值，进入饱和状态，即当$v_+>v_-$时，$v_o=+V_{o(sat)}$，正向饱和；当$v_+<v_-$时，$v_o=-V_{o(sat)}$，负向饱和；当$v_+=v_-$时，$-V_{o(sat)}<v_o<+V_{o(sat)}$，状态不定。

2. 理想运放电路的分析依据

当理想运放工作在线性区时，由于理想运放的开环电压增益为$A_{od}=\infty$，而输出电压v_o为有限值，所以差模输入信号的变化范围很小，即

$$v_{id}=v_+-v_-\approx 0$$

因此可推得

$$v_+\approx v_- \tag{7.4}$$

可见在运放的线性应用电路中，运算放大器同相输入端与反相输入端的电位相等，就好像短路一样，所以称为“虚短”，当然这不是真正的短路，而是指理想运放的两个输入端电位无限接近。

对于实际运放，虽然$A_{od}\neq\infty$，但数值非常大，因此，同相输入端和反相输入端的电位虽不相等，但也十分接近，其差别在几毫伏，例如，当运放的$A_{od}=10^5$，电源电压为±15V，$v_o=\pm 13\text{V}$时，运放工作在线性区时两输入端的电压差$v_{id}\leqslant 0.13\text{mV}$，可认为基本符合虚短的条件。

当理想运放的同相端或反相端接地时，根据虚短的原理，则运放的另一输入端也相当于接地，这时称之为“虚地”。

由于理想运放的输入电阻$r_{id}=\infty$，净输入电压 v_{id} 接近于零，因此，流入运放两个输入端的电流均近似为零，即

$$i_+=i_-\approx 0 \tag{7.5}$$

也就是说，集成运放的两个输入端就像开路一样，称之为“虚断”。当然运放的输入端也不是真正开路，只是因为流入运放的电流接近于零，故近似看作断路。

“虚短”和“虚断”是理想运放两个十分重要的概念，运用“虚短”和“虚断”的特性，可以大大简化运放工作在线性区的应用电路分析，但是一定要注意“虚短”和“虚断”的使用条件，对于集成运算放大电路，要保证运放工作在线性区，通常要在电路中引入负反馈，以使运放的净输入接近于零。

7.2 基本运算电路

运算放大器连接上外部元件，就得到一个运算放大电路。最基本的运算放大电路是反相比例运算电路和同相比例运算电路。集成运算放大器与外部电阻、电容、

【微课视频】

基本运算电路

半导体器件等构成闭环的负反馈电路后，能对各种模拟信号进行比例、加法、减法、微分、积分、对数和反对数等运算。

以运放的输入信号为自变量，那么输出电压就能够反映电路对输入信号的某种运算，例如在自动控制系统中常用到PID调节器，通过传感器获得某些控制对象如温度等的电信号后，经过比例放大和积分等运算电路，得到输出电压去控制执行机构，实现对系统的控制。

运算放大器工作在线性区时，通常要引入深度负反馈，所以输出电压和输入电压的关系取决于反馈电路和输入电路的结构和参数，而与运算放大器本身的参数关系不大。改变输入电路和反馈电路的结构形式，就可以实现不同的运算。

如果不加专门说明，本章的运算放大器都采用理想运放模型，利用“虚短”和“虚断”的概念来分析各种运算电路将十分简便。

7.2.1 比例运算电路

将输入信号按比例放大称为比例运算，比例运算电路包括反相比例运算电路和同相比例运算电路。

1. 反相比例运算电路

反相比例运算电路又称反相比例放大电路或反相放大器，电路结构如图7.7所示。

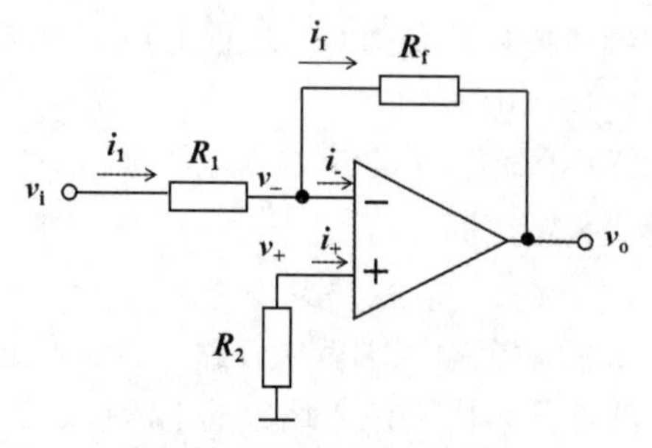

图7.7 反相比例运算电路

反相比例运算电路是一个电压并联负反馈电路，输入信号 v_i 通过电阻 R_1 加在运算放大器的反相输入端，因此输出电压 v_o 与输入电压 v_i 反相。同相输入端通过电阻 R_2 接地。电路通过电阻 R_f 引入深度负反馈，使运放工作于线性区，可以运用“虚短”和“虚断”的概念进行分析。

根据理想运放的“虚断”概念，可知，运放的两个输入端电流为0，即

$$i_+ = i_- = 0 \tag{7.6}$$

同相输入端的输入电压为

$$v_+ = -i_+ R_2 = 0 \tag{7.7}$$

根据理想运放的“虚短”概念，在线性应用时理想运放的两个输入端电位相等，即

$$v_{-}=v_{+}=0 \tag{7.8}$$

容易得到

$$i_1=\frac{v_i-v_{-}}{R_1}=\frac{v_i}{R_1} \tag{7.9}$$

$$i_f=\frac{v_{-}-v_o}{R_f}=-\frac{v_o}{R_f} \tag{7.10}$$

同时，在运放反相输入端的节点处，由 KCL 可知

$$i_1=i_f \tag{7.11}$$

因此可得

$$\frac{v_i}{R_1}=-\frac{v_o}{R_f} \tag{7.12}$$

整理后，不难得到

$$v_o=-\frac{R_f}{R_1}v_i \tag{7.13}$$

从上式可以看出，电路的输出电压和输入电压成比例，比例系数由电路中的两个电阻值决定，设计 R_1 和 R_f 的比值，可以得到大于、小于或等于 1 的任何比例。比例系数中的负号表示输出信号与输入信号相位相反，即若输入信号为正时，输出电压为负，因此称为反相比例运算电路。

反相比例运算电路的电压增益为

$$A_{vf}=\frac{v_o}{v_i}=-\frac{R_f}{R_1} \tag{7.14}$$

因为理想运算放大器的同相输入端接地电位，根据虚地概念，电阻 R_1 上的电压就等于 v_i，所以反相比例运算电路的输入电阻为

$$R_i=\frac{v_i}{i_1}=R_1 \tag{7.15}$$

因为电路引入深度电压负反馈，且 $1+AF=0$，所以电路的输出电阻为零，即

$$R_o=0 \tag{7.16}$$

为了保证集成运放电路输入级差分放大电路外接电阻的对称性，同相输入端的电阻 R_2 应与反相输入端的等效电阻相同，起到平衡的作用。令 $v_i=0$ 时，有 $v_o=0$，此时等效电路如图 7.8 所示。

由图 7.8 可知，反相输入端的等效电阻为 $R_1 // R_f$，所以同相输入端的平衡电阻取值应为

$$R_2=R_1 // R_f$$

反相比例运算电路中，由于$v_- = v_+ = 0$，说明运放的共模输入分量很小，对运放的共模抑制比要求不高，这是反相比例运算电路的突出优点。

【例 7.1】电路如图 7.7 所示，已知R_1=10kΩ，R_f=50kΩ，试求电路输出电压与输入电压之间的比例系数，并求平衡电阻R_2的值。

解：根据反相比例运算电路的输出电压与输入电压之间的关系可知

$$v_o = -\frac{R_f}{R_1} v_i$$

因此比例系数为

$$A_{vf} = \frac{v_o}{v_i} = -\frac{R_f}{R_1} = -\frac{50\text{k}\Omega}{10\text{k}\Omega} = -5$$

平衡电阻的值为：

$$R_2 = R_1 // R_f = \frac{10 \times 50}{10 + 50} = 8.3\text{k}\Omega$$

2. 同相比例运算电路

同相比例运算电路也称同相比例放大电路或同相放大器，电路结构如图 7.9 所示。同相比例运算电路与反相放大器的不同之处在于输入信号接入位置；相同之处为反馈电阻R_f由输出端接到反相输入端。

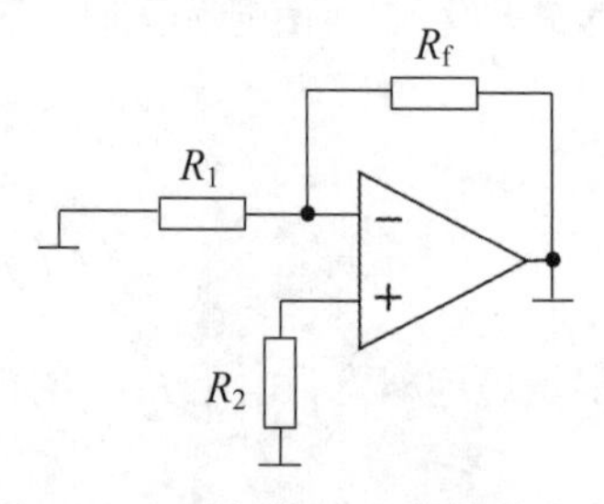

图 7.8 求平衡电阻 R_2的等效电路

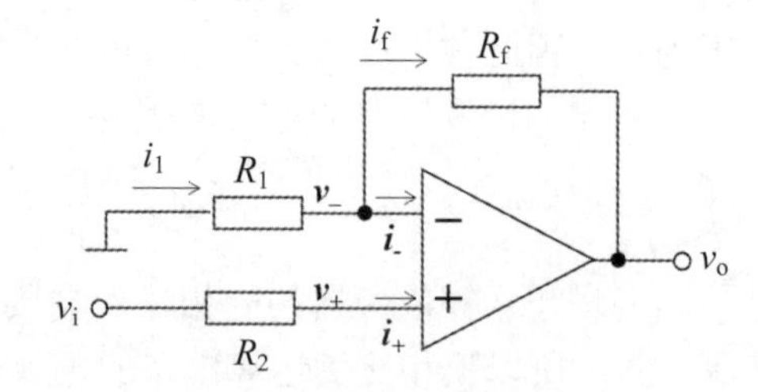

图 7.9 同相比例运算电路

输入信号v_i通过电阻R_2加在运算放大器的同相输入端，因此输出电压v_o与输入电压v_i同相。电路通过电阻R_f和R_1引入深度负反馈，使运放工作于线性区。

由于虚断，理想放大器的输入端电流为 0，即$i_+ = 0$，R_2上没有电流，也没有电压降，所以有

$$v_+ = v_i \tag{7.17}$$

由于虚短，理想放大器的两个端入端电压相等，即

$$v_- = v_+ = v_i \tag{7.18}$$

同样根据虚断，可以在运放的反相输入端节点处运用 KCL，得到

$$i_1 = i_f \tag{7.19}$$

根据电阻元件的欧姆定律，将电流 i_1 和 i_f 的表达式分别代入上式，可得

$$\frac{0 - v_i}{R_1} = \frac{v_i - v_o}{R_f} \tag{7.20}$$

整理得到

$$v_o = (1 + \frac{R_f}{R_1})v_i \tag{7.21}$$

从上式可知，同相比例运算电路的输出电压与输入电压成比例，并且电压增益一定大于 1，输出电压和输入电压的相位相同。

同相比例运算电路的电压增益为

$$A_{vf} = \frac{v_o}{v_i} = 1 + \frac{R_f}{R_1} \tag{7.22}$$

为了保证运放输入级外部电路的对称性，同样要求两个输入端的外接电阻平衡，即满足 $R_2 = R_1 // R_f$。

由于理想运放输入端电流为 0，所以电路的输入电阻为无穷大；由于电路引入了深度电压负反馈，所以电路的输出电阻为零。

由于 $v_- = v_+ = v_i$，说明输入电压几乎全部以共模形式加到运放输入端，因此要求运放具有很高的共模抑制比，这是同相输入组态的运放电路所共有的缺点，对电路的应用场合具有一定的限制。

3. 电压跟随器

如果将同相比例放大电路的输出电压全部反馈到反相输入端，即令

$$R_1 = \infty$$

或

$$R_f = 0$$

则有

$$v_i = v_o$$

此时：

$$A_{vf} = 1$$

这样的电路称为电压跟随器，电压跟随器是同相放大器的一种特例。由运放构成的电压跟随器输入电阻高、输出电阻低，其跟随性能比射极输出器更好，电压跟随器的电路如图 7.10 所示。

【例 7.2】电路如图 7.11 所示，已知集成运放的最大输出电压为±12V，$R_1 = 10\text{k}\Omega$，$R_{f1} = 100\text{k}\Omega$，$R_2 = 100\text{k}\Omega$，电路的电压增益为 $A_{vf} = -22$，试分析：

（1）反馈电阻 R_{f2} 应取多大值？

（2）若 $v_{\mathrm{i}}=20\mathrm{mV}$，而 $v_{\mathrm{o}}=-12\mathrm{V}$，试分析电路可能故障原因。

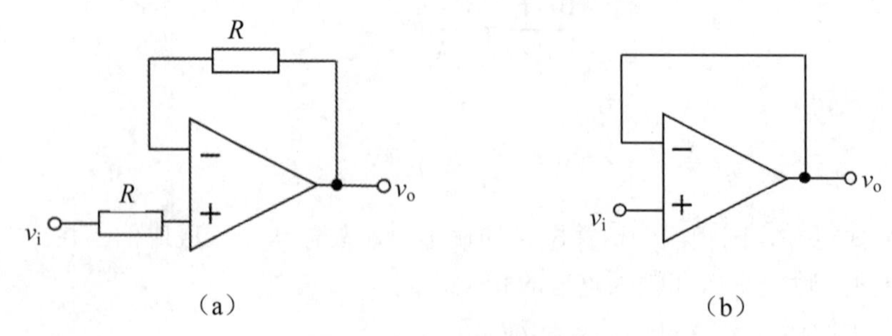

图 7.10　电压跟随器电路

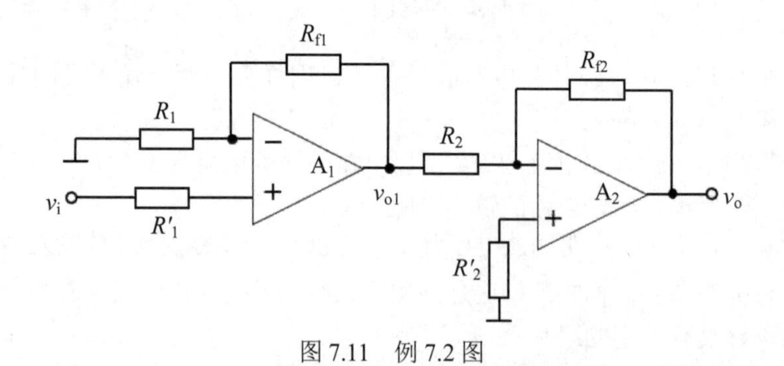

图 7.11　例 7.2 图

解：（1）分析电路可知，运放 A_1 构成同相比例运算电路，A_2 构成反相比例运算电路，即有

$$\begin{aligned}A_{v\mathrm{f}}&=A_{v\mathrm{f1}}\cdot A_{v\mathrm{f2}}\\&=-\frac{R_{\mathrm{f2}}}{R_2}\cdot\left(1+\frac{R_{\mathrm{f1}}}{R_1}\right)\\&=-\frac{R_{\mathrm{f2}}}{100\mathrm{k}}\cdot\left(1+\frac{100\mathrm{k}}{10\mathrm{k}}\right)\\&=-\frac{11R_{\mathrm{f2}}}{100\mathrm{k}}\\&=-22\end{aligned}$$

计算可得

$$R_{\mathrm{f2}}=200\mathrm{k}\Omega$$

（2）正常情况下，输出电压与输入电压的关系为

$$
\begin{aligned}
v_o &= A_{vf} \cdot v_i \\
&= -22 \times 20\text{mV} \\
&= -440\text{mV}
\end{aligned}
$$

而实际 $v_o = -12\text{V}$，可能由以下原因引起电路故障：反馈电阻开路引起电压增益为无穷大，或者反馈电阻误接至同相输入端构成正反馈。

在实际工作中常常会出现各种电路故障，需要在理论指导下进行分析排查。

7.2.2　加法运算电路

加法电路可以实现两个或两个以上的输入模拟信号按照各自不同的比例进行相加。多个输入信号有两种连接方式：一种是输入信号都加在运算放大器的反相输入端，称反相加法运算电路；另一种是输入信号都加在运算放大器的同相输入端，称同相加法运算电路。

1. 反相加法运算电路

首先来讨论第一种情况，输入信号都接入运放反相输入端的电路如图7.12所示。

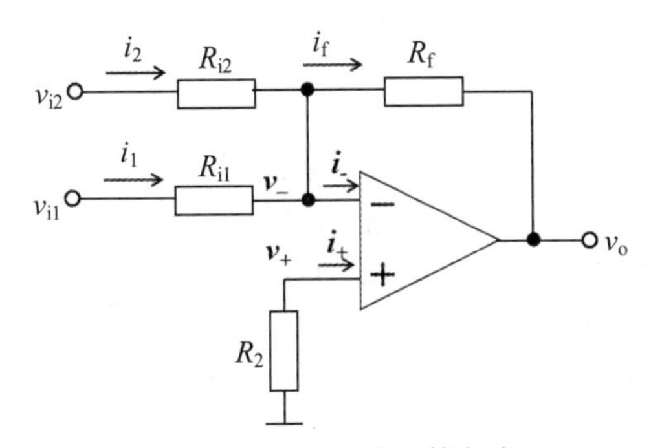

图7.12　反相加法运算电路

电路包含了两路输入信号，实际中可以根据需要接入更多路输入信号。通过 R_f 电阻引入深度电压并联负反馈，使运放工作于线性区。

首先根据虚断的概念，电阻 R_2 上电流为0，因此没有电压降，运放的同相输入端为地电位，即

$$v_+ = 0$$

利用运放的虚短概念，得到

$$v_- = v_+ = 0$$

对反相输入端的节点，综合虚断和KCL，电阻 R_{i1} 和 R_{i2} 上的电流都流向 R_f，可写出反相输入端节点方程：

$$i_1 + i_2 = i_f \tag{7.23}$$

将i_1、i_2、i_f的表达式分别列出，代入上式得

$$\frac{v_{i1}-v_-}{R_{i1}}+\frac{v_{i2}-v_-}{R_{i2}}=\frac{v_--v_o}{R_f} \tag{7.24}$$

整理得到

$$v_o=-(\frac{R_f}{R_{i1}}v_{i1}+\frac{R_f}{R_{i2}}v_{i2}) \tag{7.25}$$

调整某路输入信号的电阻可以得到不同的求和比例，但不会影响其他输入信号的比例系数。

也可以运用叠加定理分析电路，得到相同的结论。

令$R_{i1}=R_{i2}=R_f$，则电路的输出电压与输入信号的关系变为

$$v_o=-(v_{i1}+v_{i2}) \tag{7.26}$$

反相加法运算电路的输出电压与输入信号相位相反，可以通过再加一级反相器，消去负号。

反相加法运算电路的特点与反相比例运算电路相同，共模输入电压低，对运放的共模抑制比要求较低。由于引入深度负反馈，输出电阻为零。

反相加法运算电路中，不同的输入信号提供不同的输入电流，说明从不同的输入端看进去的输入电阻不同。

同样，为了保持输入级的对称性，平衡电阻取值为

$$R_2=R_{i1}//R_{i2}//R_f \tag{7.27}$$

【例 7.3】已知图 7.12 电路中，R_f=100kΩ，若要实现函数$v_o=-(2v_{i1}+5v_{i2})$，试求R_{i1}和R_{i2}的值。

解：根据反相加法运算电路输出电压与输入信号的关系可知：

$$\frac{R_f}{R_{i1}}=2,\quad R_{i1}=50\text{k}\Omega$$

$$\frac{R_f}{R_{i2}}=0.5,\quad R_{i2}=200\text{k}\Omega$$

2. 同相加法运算电路

若将输入电压加在运放的同相输入端，则构成同相加法运算电路，电路如图 7.13 所示。

与同相比例运算电路类似，电路引入深度负反馈，运放工作于线性区。以下运用叠加定理进行分析，分别计算出输入信号v_{i1}和v_{i2}产生的输出电压，然后再求出v_o。

根据叠加定理，v_{i1}单独作用$(v_{i2}=0)$时，等效电路如图 7.14 所示。

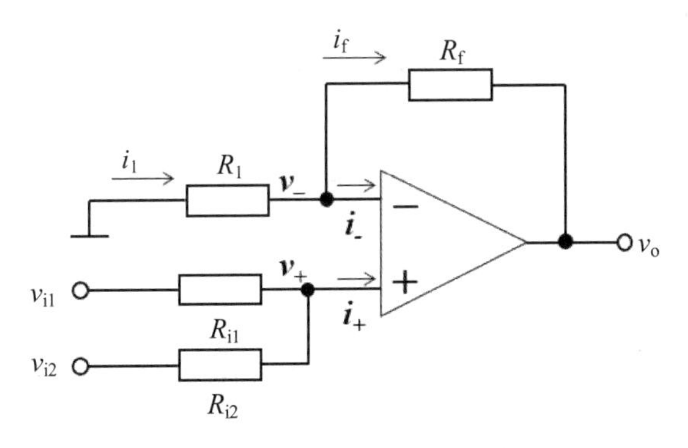

图 7.13 同相加法运算电路

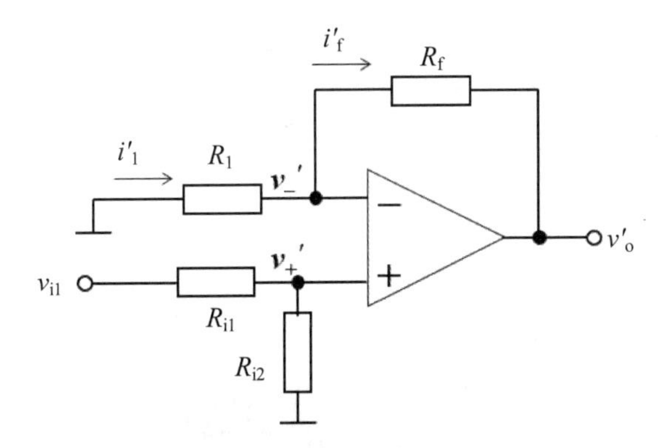

图 7.14 v_{i1}单独作用的等效电路

由图可知，有

$$v_+ = \frac{R_{i2}}{R_{i1}+R_{i2}} v_{i1} \tag{7.28}$$

由此引起的输出电压

$$v'_o = (1+\frac{R_f}{R_1})v'_+ = (1+\frac{R_f}{R_1})\frac{R_{i2}}{R_{i1}+R_{i2}} v_{i1} \tag{7.29}$$

同理可得v_{i2}单独作用时的输出电压

$$v''_o = (1+\frac{R_f}{R_1})\frac{R_{i1}}{R_{i1}+R_{i2}} v_{i2} \tag{7.30}$$

求和得到同相加法器的输出电压表达式

$$v_o = (1+\frac{R_f}{R_1})(\frac{R_{i2}}{R_{i1}+R_{i2}} v_{i1} + \frac{R_{i1}}{R_{i1}+R_{i2}} v_{i2}) \tag{7.31}$$

同相加法运算电路具有输入电阻高，输出电阻为零，共模输入电压高的特点。当需要改变某一路输入信号的比例系数时，必须同时调整各路电阻，以满足平衡条件。与反相加法运算电路相比，同相加法运算电路的调试更麻烦一些，而且对运放的共模抑制比要求较高，因此不如反相加法运算电路应用范围广泛。

7.2.3 减法运算电路

集成运放的输出电压与同相输入端的信号极性相同，与反相输入端的信号极性相反，根据这个特点，将多个信号同时作用于同相输入端和反相输入端，就可以实现加减法运算。减法运算电路如图 7.15 所示。

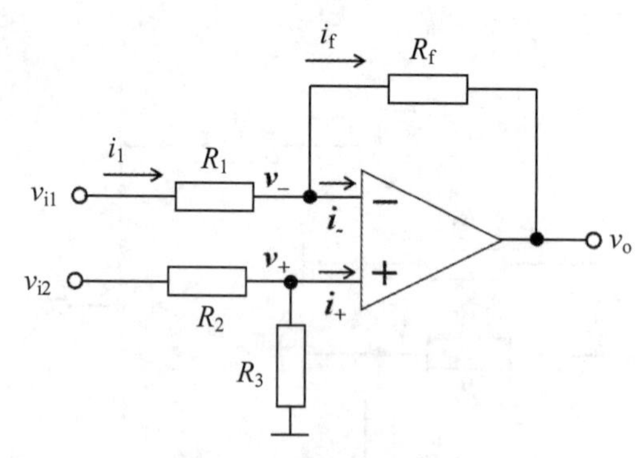

图 7.15 减法运算电路

从电路上看，它是反相输入和同相输入相结合的放大电路。在理想状态下，运放存在虚短现象，$v_+ = v_-$；同时由于虚断，所以$i_+ = i_- = 0$。

由此可列出下列方程：

$$\frac{v_{i1} - v_-}{R_1} = \frac{v_- - v_o}{R_f} \tag{7.32}$$

$$\frac{v_{i2} - v_+}{R_2} = \frac{v_+}{R_3} \tag{7.33}$$

由整理方程，解得

$$v_o = (1 + \frac{R_f}{R_1})(\frac{R_3}{R_2 + R_3})v_{i2} - \frac{R_f}{R_1}v_{i1} \tag{7.34}$$

式中，如果选取电阻值满足$R_f / R_1 = R_3 / R_2$的关系，输出电压可简化为

$$v_o = \frac{R_f}{R_1}(v_{i2} - v_{i1}) \tag{7.35}$$

即输出电压v_o与两输入电压之差成比例，若取$R_1 = R_f$，则输出电压表达式为

$$v_o = (v_{i2} - v_{i1}) \tag{7.36}$$

因此，当电路参数设置为 $R_1=R_2=R_3=R_f$ 时，输出电压为两个输入信号之差。

减法运算还可以通过反相比例运算电路和反相加法运算电路组合来实现。

【例 7.4】电路如图 7.16 所示，已知 $R_{f1}=R_1$，$R_{f2}=R_2$，电源电压为±15V，试分析输出电压与输入信号之间的关系；设 $v_{i1}=6\sin\omega t(\text{V})$，$v_{i2}=2\text{V}$，试画出输出电压波形。

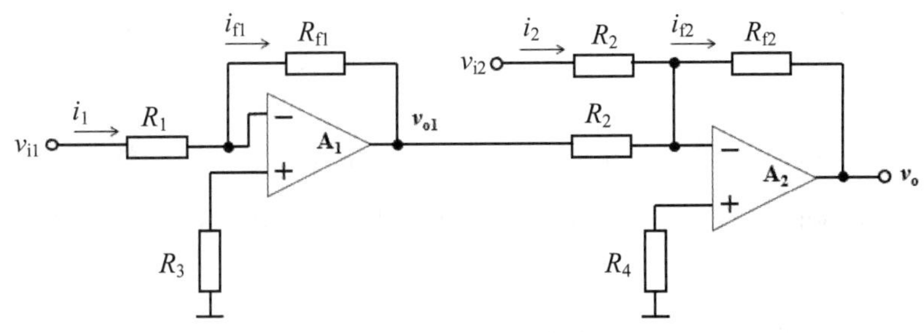

图 7.16　例 7.4 电路

解：图中第一级运放 A_1 构成反相比例运算电路，其输出电压与输入信号之间的关系为：

$$v_{o1} = -\frac{R_{f1}}{R_1} v_{i1}$$

根据题意，$R_{f1}=R_1$，因此有

$$v_{o1} = -v_{i1}$$

第二级运放 A_2 构成反相加法运算电路，输出与输入之间的关系为

$$v_o = -\frac{R_{f2}}{R_2}(v_{o1} + v_{i2})$$

将 $R_{f2}=R_2$ 代入并整理得

$$\begin{aligned} v_o &= -(v_{o1} + v_{i2}) \\ &= -(-v_{i1} + v_{i2}) \\ &= v_{i1} - v_{i2} \end{aligned}$$

通过分析可知，电路的输出信号实现输入信号 v_{i1} 与 v_{i2} 之差。

输出电压的波形如图 7.17 所示。

【例 7.5】试设计一个运算电路，三路输入信号分别是 v_{i1}、v_{i2} 和 v_{i3}，要求输出电压为 $v_o = 10v_{i1} - 5v_{i2} - 4v_{i3}$。

解：由题意，输入信号 v_{i1} 应作用于运放的同相输入端，输入信号 v_{i2} 和 v_{i3} 应作用于运放的反相输入端，电路如图 7.18 所示。

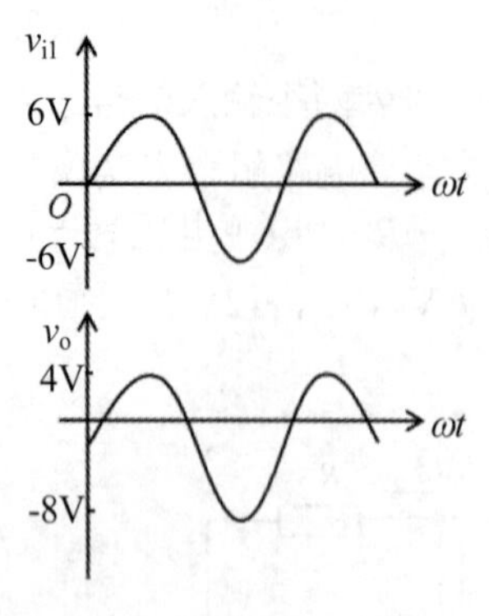

图 7.17 例 7.4 波形

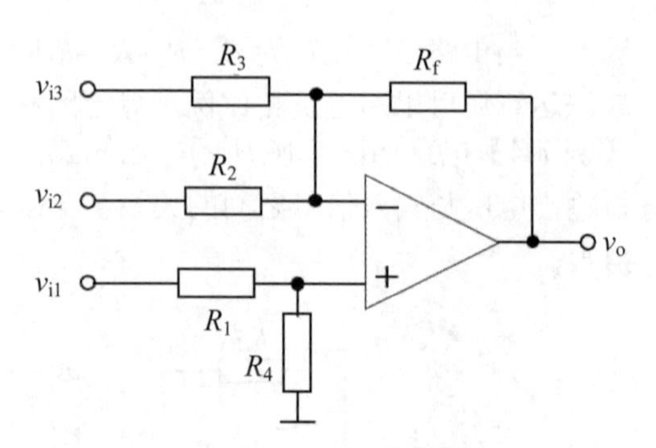

图 7.18 例 7.5 电路

选取 $R_f = 100\text{k}\Omega$，根据平衡要求，令 $R_2 // R_3 // R_f = R_1 // R_4$，则输出电压为

$$v_o = R_f (\frac{v_{i1}}{R_1} - \frac{v_{i2}}{R_2} - \frac{v_{i3}}{R_3})$$

根据设计要求，选取 $R_1 = 10\text{k}\Omega$， $R_2 = 20\text{k}\Omega$， $R_3 = 25\text{k}\Omega$ 。

$$\frac{1}{R_4} = \frac{1}{R_2} + \frac{1}{R_3} + \frac{1}{R_f} - \frac{1}{R_1} = 0$$

因此 $R_4 \to \infty$，可视为开路。

7.2.4 积分运算电路

积分和微分是常用的数学运算，积分电路和微分电路在控制系统中常常用来作为调节环节，在波形变换和模数转换等场合中都有广泛应用。利用电容和电阻构成集成运放的反馈网络可以实现积分和微分运算。

积分电路的输出电压是对输入信号的积分，将反相比例运算电路中的反馈电阻 R_f 换成电容，就得到反相积分电路，如图 7.19 所示。

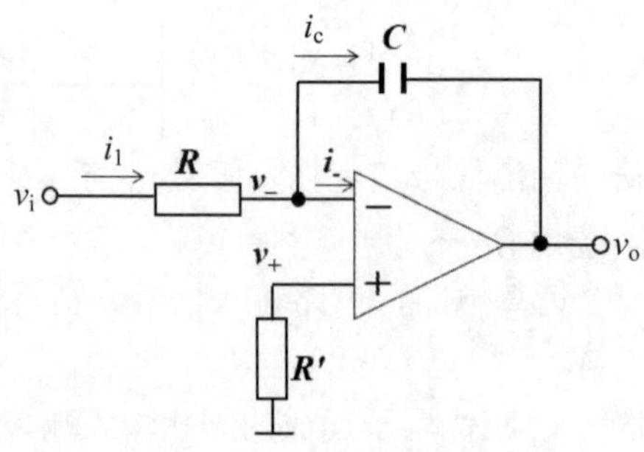

图 7.19 反相积分电路

电容 C 引入电压并联负反馈，使运放处于线性工作状态，能够运用“虚断”和“虚短”的概念进行分析。

由于运放的同相输入端接地，因此，根据“虚短”和“虚地”的概念可知，反相输入端也是地电位，即

$$v_- = v_+ = 0$$

根据虚断，理想运放的两个输入端都没有电流流入，在反相输入端的节点处运用 KCL 可知，电阻 R 上的电流和电容 C 上的电流相等，即

$$i_C = i_1 = \frac{v_i}{R} \tag{7.37}$$

对于电容 C，在如图的参考方向下，其伏安特性方程为

$$i_C = -C\frac{dv_o}{dt}$$

若电容上的初始电压为零，则输出电压为

$$v_o = -\frac{1}{C}\int i_c dt \tag{7.38}$$

将电流表达式代入，整理得

$$\begin{aligned} v_o &= -\frac{1}{C}\int \frac{v_i}{R} dt \\ &= -\frac{1}{RC}\int v_i dt \end{aligned} \tag{7.39}$$

因此，输出电压和输入电压之间的关系是积分运算关系，负号表示反相。同相积分电路由于共模输入分量大，积分误差大，应用较少。

当输入为恒定的直流信号时，电容将以近似恒流的方式进行充电，使输出电压与时间呈近似线性的关系，输出与输入的波形如图 7.20 所示。

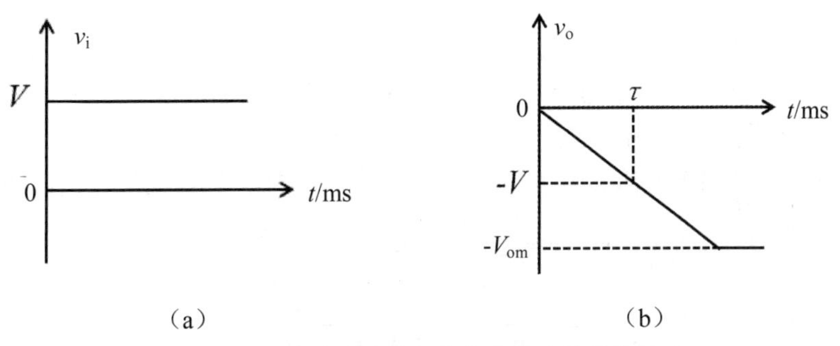

（a） （b）

图 7.20 积分电路直流输入信号和输出信号的波形

设输入为直流电压 V，如图 7.20（a），则输出为

$$v_o = -\frac{1}{RC}\int V\mathrm{d}t$$
$$= -\frac{V}{RC}t \tag{7.40}$$
$$= -\frac{V}{\tau}t$$

上式中$\tau = RC$为时间常数，当$t=\tau$时，$v_o = -V$。

随着 t 继续增大，输出电压将达到运放的最大输出电压，受电路电源电压的限制，运放进入非线性区，工作在饱和状态，输出电压就保持不变，停止积分，如上图（b）所示。

实际电路中，常在电容两端并联一个电阻，利用电阻构成直流负反馈，以防止运放进入饱和状态。

【例 7.6】若图 7.19 的积分电路中，$R = 10\text{k}\Omega$，$C = 0.1\mu\text{F}$，电容的初始电压为零，积分电路的输入信号为方波，波形如图 7.21（a）所示。已知方波的周期为 2ms，幅值为 6V，试画出电路输出电压的波形图。

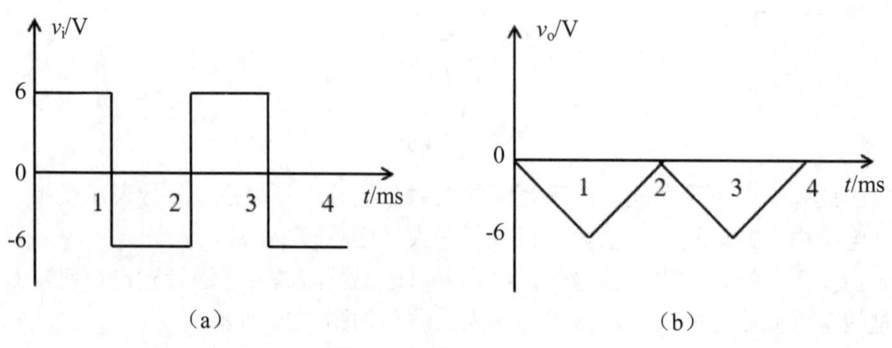

图 7.21 例 7.6 波形

解：输入信号为方波，在正半周对电容充电，电容两端的电压线性增长，在负半周电容放电，电容两端电压线性减小，因此电容两端的电压呈现三角波的变化规律。输出电压与电容电压反相，因此同样为三角波。

由积分电路输出电压和输入电压之间的关系可求出 1ms 处的输出电压值：

$$v_o = -\frac{1}{RC}\int_0^{1\text{ms}} v_i \mathrm{d}t$$
$$= -\frac{1}{10\times10^3\times0.1\times10^{-6}}\int_0^{1\text{ms}} 6\mathrm{d}t$$
$$= -6\text{V}$$

在 1～2ms 之间的输入电压是-6V，且 1ms 处的输出电压值为-6V，因此可以求出 2ms 处的输出电压值：

$$\begin{aligned} v_o &= -6 - \frac{1}{RC}\int_{1\text{ms}}^{2\text{ms}} v_i \mathrm{d}t \\ &= -6 - \frac{1}{10\times10^3\times0.1\times10^{-6}}\int_{1\text{ms}}^{2\text{ms}}(-6)\mathrm{d}t \\ &= 0\text{V} \end{aligned}$$

周而复始，可以得到如图 7.21（b）所示的三角波。积分电路可用来作为显示器的扫描电路、波形发生电路、模数转换器或数学模拟运算器。

7.2.5　微分运算电路

微分是积分的逆运算，输出电压是对输入信号的微分。将积分电路中电阻和电容的位置互换可得到微分电路，如图 7.22 所示。

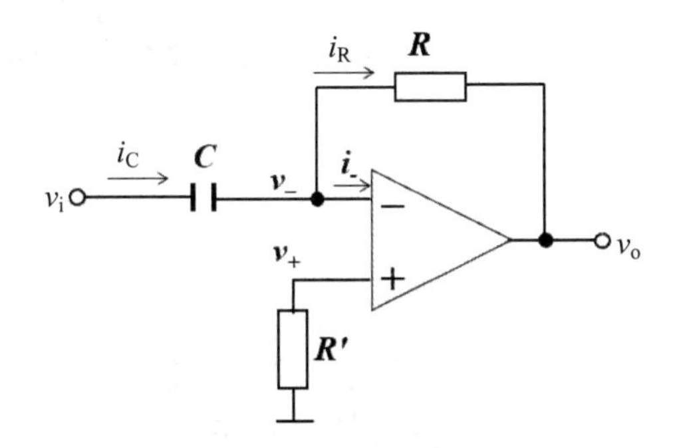

图 7.22　基本微分电路

可知运放工作于线性区，根据虚短和虚断的概念以及 KCL，可得

$$i_C = i_R = C\frac{\mathrm{d}v_i}{\mathrm{d}t} \tag{7.41}$$

输出电压可以写成

$$v_o = -i_R R = -RC\frac{\mathrm{d}v_i}{\mathrm{d}t} \tag{7.42}$$

不难看出，输出电压是对输入电压的微分运算，与输入电压的变化率成正比。

当输入信号为阶跃信号时，输出信号如图 7.23 所示。在输入信号跳变的瞬间，变化率最大，根据输出与输入的关系可知，输出信号为一个比较大的数值，然后随着电容的充电，输出电压逐渐趋于零。

基本的微分电路对于输入信号中的高频成分十分灵敏，可能造成电路不稳定，因此，实际的微分电路常在输入回路串接一个阻值较小的电阻，改善电路性能。

微分电路应用十分广泛，可以在线性系统中进行微分运算，在数字电路中用来波形变换，例如将矩形波变换为尖顶脉冲波。

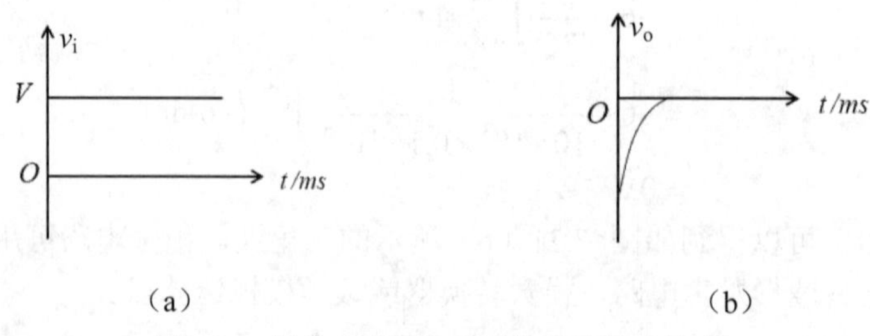

图 7.23 微分电路输入阶跃信号和输出波形

【例 7.7】若已知微分电路的输入信号为方波信号，周期为 T，如图 7.24 所示，微分电路的 $RC << \frac{T}{2}$，试画出输出电压波形。

解：由题意，微分电路的 $RC << \frac{T}{2}$，因此电容能在较短的时间完成充电，因此输出信号波形如图 7.24 所示。

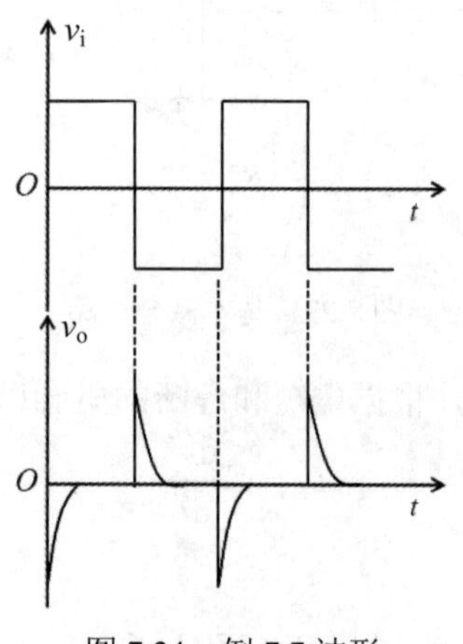

图 7.24 例 7.7 波形

在自动控制系统中，比例-积分-微分运算经常用来组成 PID 调节器，其中比例运算对信号进行放大，积分运算可用来提高调节精度，微分运算能加速过渡过程。

7.3 对数和指数运算电路

通过前面的学习，我们知道半导体二极管正向偏置时，伏安特性呈现近似于指数关系，二极管正向偏置电路和特性曲线如图 7.25 所示，二极管的电流与两端电压

关系表达式为

$$i_{\mathrm{D}} = I_{\mathrm{S}}(\mathrm{e}^{\frac{v_{\mathrm{D}}}{V_{\mathrm{T}}}} - 1) \tag{7.43}$$

当 $v_{\mathrm{D}} >> V_{\mathrm{T}}$ 时，有

$$i_{\mathrm{D}} \approx I_{\mathrm{S}}\mathrm{e}^{\frac{v_{\mathrm{D}}}{V_{\mathrm{T}}}} \tag{7.44}$$

利用二极管的这个特性，将二极管或 PN 结和电阻构成反相比例运算电路中的反馈网络，可以实现对数或指数运算功能。

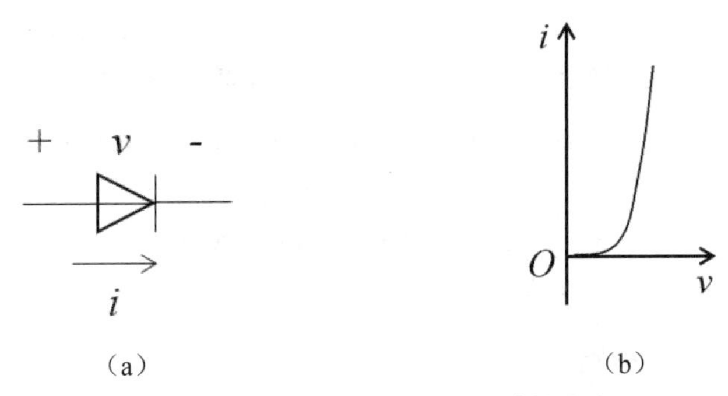

图 7.25 二极管正向偏置电路与特性曲线

7.3.1 对数运算电路

采用二极管的对数运算电路如图 7.26 所示。

为使二极管正向导通，应使输入电压大于零。电路的负反馈网络使运放工作于线性区，运用虚断和虚短，可以得到

$$i_1 = i_{\mathrm{D}} \tag{7.45}$$

$$i_1 = \frac{v_{\mathrm{i}}}{R} \tag{7.46}$$

$$i_{\mathrm{D}} = I_{\mathrm{S}}\mathrm{e}^{\frac{-v_{\mathrm{o}}}{V_{\mathrm{T}}}} \tag{7.47}$$

整理后得到：

$$v_{\mathrm{o}} = -V_{\mathrm{T}} \ln \frac{v_{\mathrm{i}}}{I_{\mathrm{S}}R} \quad (v_{\mathrm{i}}>0) \tag{7.48}$$

可见输出电压与输入信号成对数运算关系，由于二极管的 V_{T} 和 I_{S} 与温度有关，因此运算精度受温度影响。此外，二极管的特性曲线仅在一定范围内近似于指数函数，因此，对数运算电路也仅在一定范围内比较精确。

实际电路中常用三极管替代二极管，可以扩大输入电压的动态范围。三极管构

成的对数电路如图 7.27 所示。

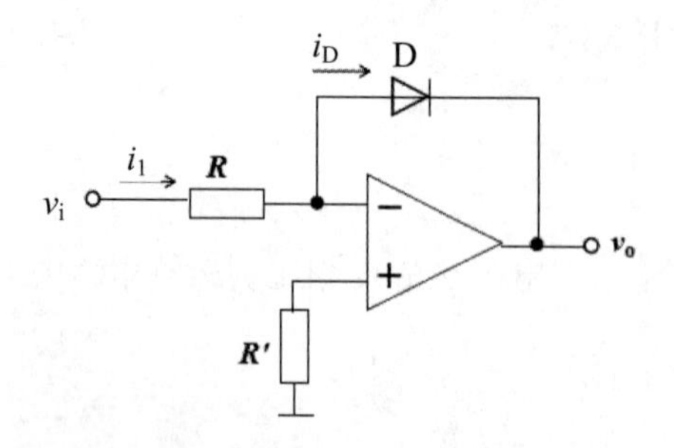

图 7.26　二极管构成的对数运算电路

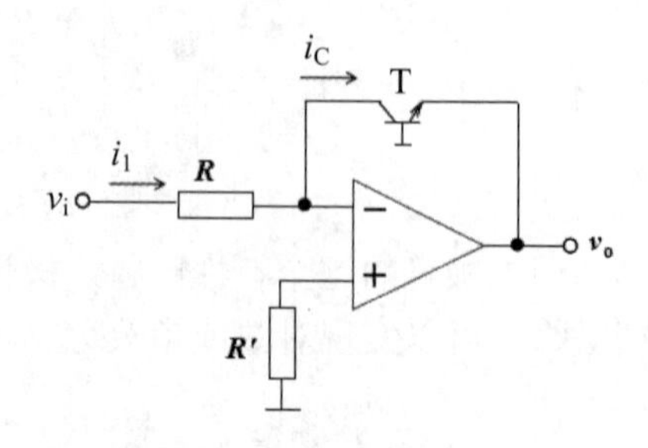

图 7.27　三极管构成的对数运算电路

电路中三极管应处于放大状态，其发射结是一个处于正向偏置的 PN 结，发射结电压与集电极电流具有近似指数关系，因此电路的输出与输入之间同样满足上式的对数运算关系。与二极管构成的对数运算电路一样，电路的运算精度受温度影响，且仅在一定输入电压范围内能保证运算精度。

7.3.2　指数运算电路

指数是对数的逆运算，将对数运算电路中的电阻与二极管或三极管互换位置，就可以得到指数运算电路，如图 7.28 所示。

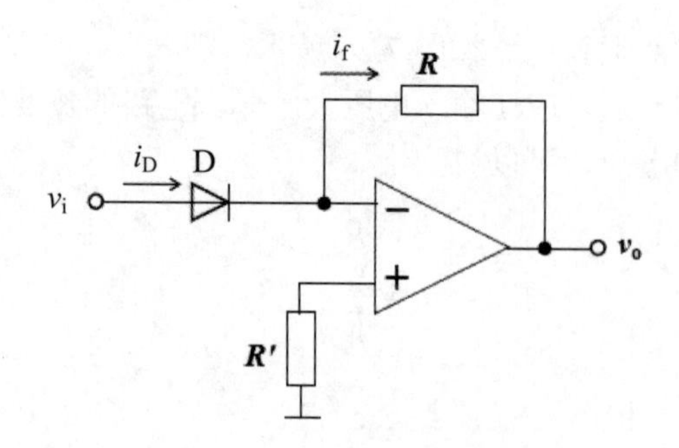

图 7.28　对数运算电路

运放工作在线性区，运用虚断和虚短概念，v_i 是施加在二极管两端的电压，当 $v_i >> V_T$ 时，有

$$i_D = I_S e^{\frac{v_i}{V_T}} \tag{7.49}$$

因为 $i_f = i_D$，所以有

$$v_o = -i_f R = -i_D R = -I_S e^{\frac{v_i}{V_T}} \tag{7.50}$$

用三极管替换二极管，可以扩大指数运算范围。

利用对数运算、指数运算，与加减法运算电路相组合，能够进一步实现乘法、除法、乘方和开方等运算。例如，图7.29所示是由对数运算、指数运算和加法运算实现乘法运算的电路框图。

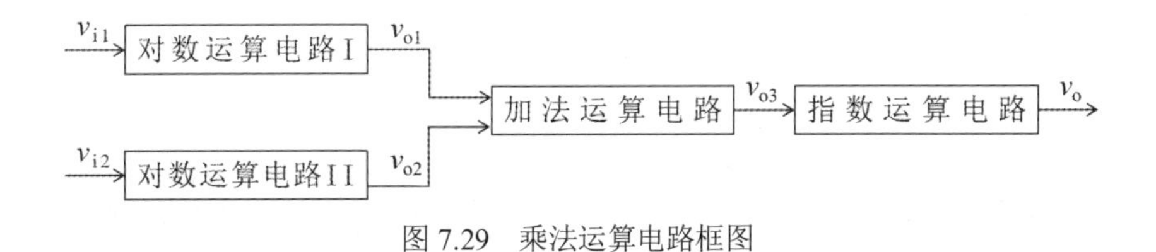

图7.29 乘法运算电路框图

7.4 电压比较器

电压比较器简称比较器，用来比较两个电压的大小。当同相端电压大于反相端电压时，输出高电平信号，当同相端电压小于反相端电压时，输出低电平信号。电压比较器的输入信号是连续变化的模拟量，输出信号只有高电平或低电平两种可能状态，因此为数字量。电压比较器是最基本的模数转换电路。根据电压比较器的输出可以判断输入量是否超出预设值，因此是常用的检测和报警电路。电压比较器广泛应用于模数转换、数字仪表、自动控制等领域，以及波形产生和变换等场合。

比较器是集成运算放大器工作于非线性区的一种应用，根据运算放大器的电压传输特性，输入与输出的关系如下：

（1）当$v_+ > v_-$时，$v_o = V_{OH}$，正向饱和电压。

（2）当$v_+ < v_-$时，$v_o = V_{OL}$，负向饱和电压。

（3）当$v_+ = v_-$时，$V_{OL} < v_o < V_{OH}$，状态不定。

因此，集成运放的输出状态变化发生在$v_+ = v_-$时。当运算放大器的两个输入端电压不同时，运算放大器的输出端电压为正向最大值或负向最大值。当运算放大器输入端的信号电压由小到大变化或由大到小变化，在运算放大器的两个输入端电压相等时，运算放大器的输出发生翻转。

比较器翻转的条件是当$v_+ > v_-$时，输出为正向饱和电压，即高电平；当$v_+ < v_-$时，输出为反向饱和电压，即低电平。比较器的输出状态发生翻转时的输入电压值称为阈值电压，或称门限电压，记作V_{TH}。

若输入电压从运放的反相端输入，称为反相比较器，若输入电压从运放的同相端输入，称为同相比较器。

常用的电压比较器分为单门限电压比较器和双门限电压比较器。

7.4.1 单门限比较器

单门限电压比较器也称为单限比较器，只有一个门限电压。如图 7.30 所示为反相比较器电路及其电压传输特性。参考电压 V_R 加在同相输入端，它是一个固定的电压，可以是正值、负值或是零。输入信号 v_i 加在运算放大器的反相输入端，电路的输出电压根据输入信号与参考电压的比较情况决定：

（1）当 $v_i > V_R$ 时，放大器的输出电压就会达到负的最大值 V_{OL}。

（2）当 $v_i < V_R$ 时，放大器的输出电压就会达到正的最大值 V_{OH}。

电路输出电压从 V_{OH} 跳变到 V_{OL}，或从 V_{OL} 跳变到 V_{OH} 所对应的输入电压值，称为阈值电压或门限电压，可知，图示反相电压比较器的阈值电压就是 V_R。

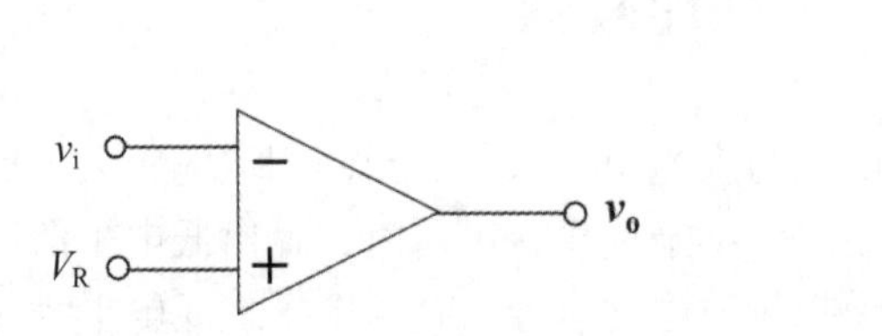

（a）反相比较器电路

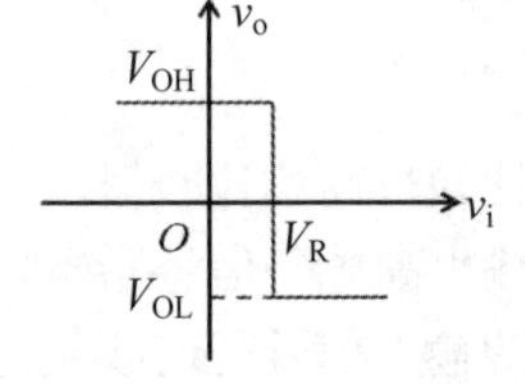

（b）反相比较器电压传输特性

图 7.30 反相比较器电路及其电压传输特性

如图 7.31 所示为同相比较器电路及其电压传输特性，参考电压加在反相输入端，待比较的信号从同相端输入。

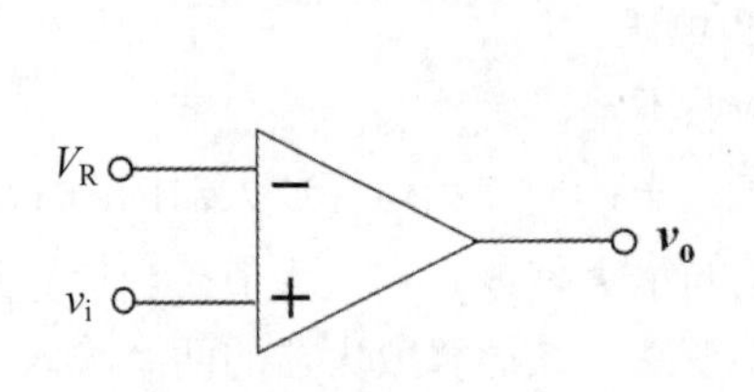

（a）同相比较器电路

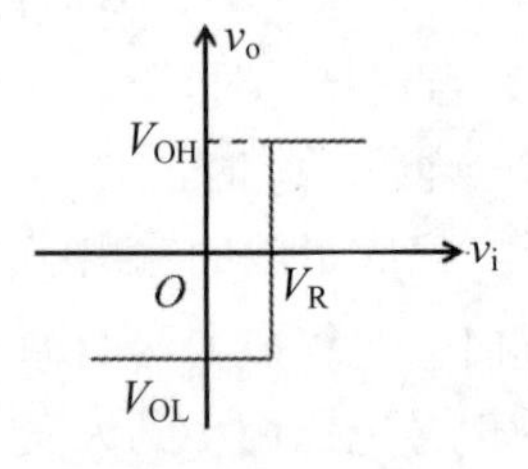

（b）同相比较器电压传输特性

图 7.31 同相比较器电路及其电压传输特性

若电压比较器的阈值电压 $V_R = 0$ 时，则称为过零比较器，以反相过零比较器为例，电路和电压传输特性如图 7.32 所示。

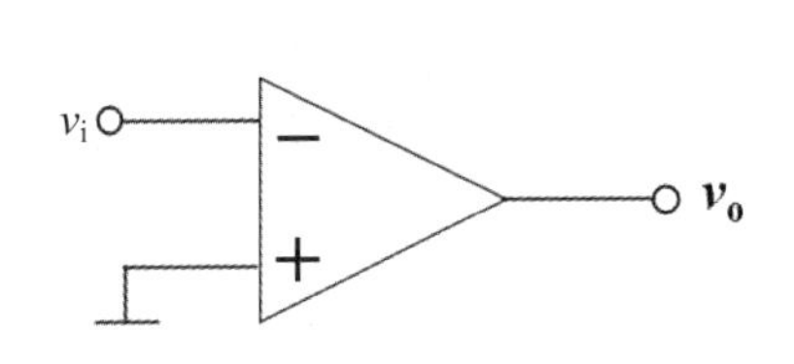

（a）反相过零比较器电路

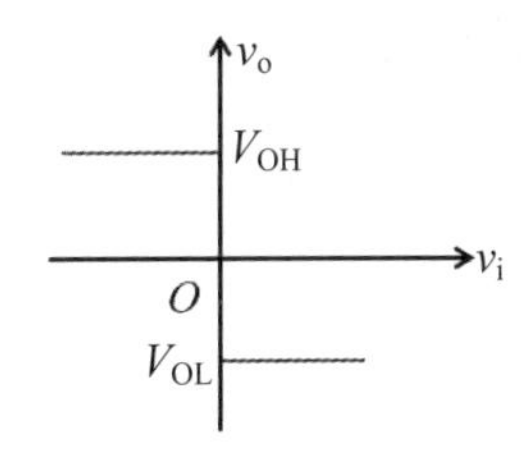

（b）反相过零比较器电压传输特性

图 7.32　反相过零比较器电路及其电压传输特性

利用电压比较器可以实现波形变换，将正弦波或其他周期波形变换为矩形波。

【例 7.8】电路如图 7.32（a）所示，已知输入信号为正弦波，如图 7.33 所示，试画出输出电压波形。

解：由题意，电压比较器的阈值电压为$V_R=0$，电路为反相比较器，则当输入信号大于零时，输出为负最大值；当输入信号小于零时，输出为正最大值。输出电压波形如图 7.33 所示。

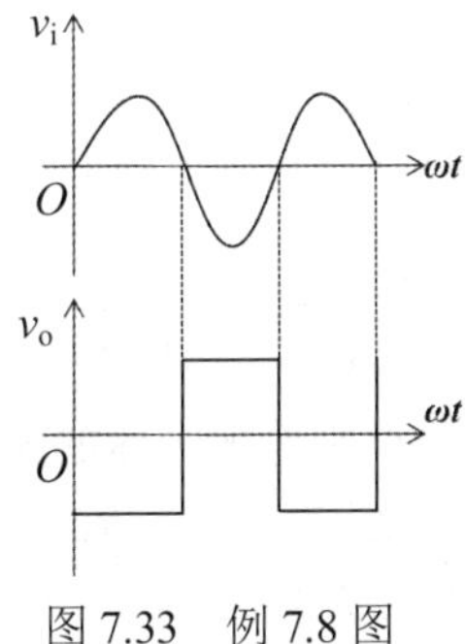

图 7.33　例 7.8 图

单门限电压比较器电路结构简单，灵敏度高，但抗干扰能力较差，当输入信号在阈值附近受到干扰时，输出电压容易出现不该有的跳变，从而可能造成电路的错误操作。双门限比较器能够克服这个缺点。

7.4.2　双门限比较器

双门限电压比较器有两个阈值电压，电路具有滞回特性，也称为滞回比较器。令输入电压从小变大过程中使输出电压产生跳变的阈值电压为V_{TH1}，输入电压从大变小过程中使输出电压产生跳变的阈值电压为V_{TH2}，对于双门限比较器，有

$$V_{TH1} \neq V_{TH2}$$

双门限比较器与单门限比较器的相同之处：当输入电压向单一方向变化时，输出电压只跳变一次。

双门限比较器电路分为反相双门限比较器和同相双门限比较器，电路如图 7.34 所示。

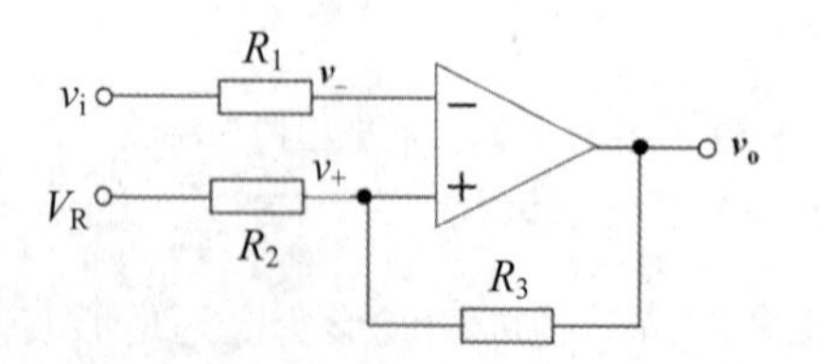

（a）反相双门限比较器电路

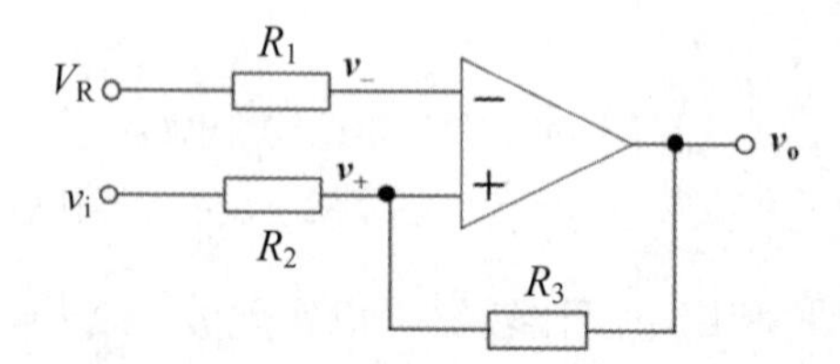

（b）同相双门限比较器电路

图 7.34 双门限比较器电路

以反相双门限比较器为例，输入信号 v_i 通过电阻 R_1 接入运放的反相输入端，V_R 为参考电压，电路通过电阻 R_3 引入了正反馈，运放工作于非线性状态。

根据虚断概念，电阻 R_1 上没有电流，因此有

$$v_- = v_i$$

因为虚断，电阻 R_2 和 R_3 可以看作串联，根据叠加定理，可以求得同相输入端的电位：

$$v_+ = \frac{R_3}{R_2 + R_3}V_R + \frac{R_2}{R_2 + R_3}v_o \tag{7.51}$$

当 $v_- = v_+$ 时对应的输入电压值就是比较器的阈值电压，即

$$V_{TH} = \frac{R_3}{R_2 + R_3}V_R + \frac{R_2}{R_2 + R_3}v_o \tag{7.52}$$

输入信号由小变大的过程中，电路的输出电压首先为正向最大值 V_{OH}，当输入信号增大到 $v_- = v_+$ 时，输出电压发生跳变，变成负向最大值 V_{OL}。这时的阈值电压称为上门限电压，用 V_{TH1} 表示，可知

$$V_{TH1} = \frac{R_3}{R_2 + R_3}V_R + \frac{R_2}{R_2 + R_3}V_{OH} \tag{7.53}$$

输入信号由大变小的过程中，输出电压首先为负向最大电压值 V_{OL}，当输入信号减小到 $v_- = v_+$ 时，输出电压发生跳变，变成正向最大值 V_{OH}。这时的阈值电压称为下门限电压，用 V_{TH2} 表示，其值为

$$V_{TH2} = \frac{R_3}{R_2 + R_3}V_R + \frac{R_2}{R_2 + R_3}V_{OL} \tag{7.54}$$

不难发现，$V_{TH1} > V_{TH2}$。反相双门限比较器的电压传输特性如图 7.35（a）所示。图中的实线箭头表示输入信号由小变大时输出电压的变化，虚线箭头表示输入信号由大变小时输出电压的变化。

同样的分析方法可以得到同相双门限比较器的阈值电压和传输特性，电压传输特性如图 7.35（b）所示。

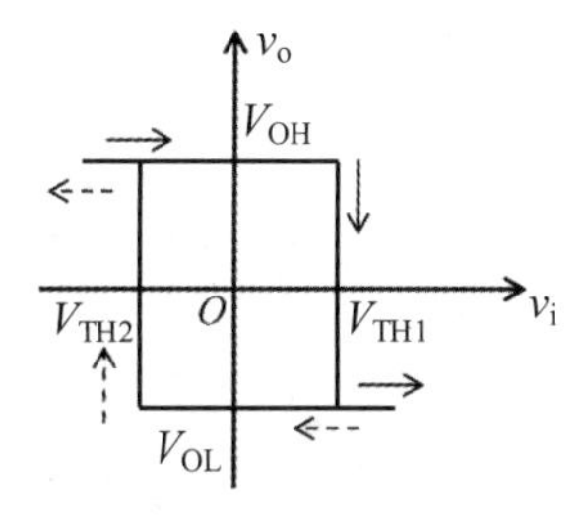

（a）反相双门限比较器传输特性

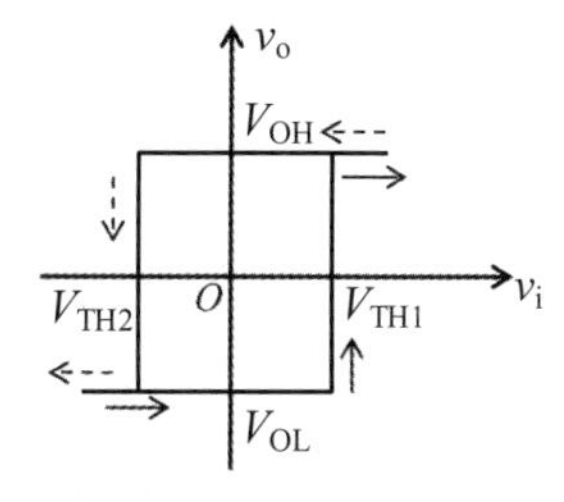

（b）同相双门限比较器传输特性

图 7.35　双门限比较器传输特性

双门限比较器的两个门限电压值之差称为回差电压，用 ΔV_{TH} 表示：

$$\begin{aligned}\Delta V_{TH} &= V_{TH1} - V_{TH2} \\ &= \frac{R_2}{R_2 + R_3}(V_{OH} - V_{OL})\end{aligned} \tag{7.55}$$

由上式可知，回差电压与电阻 R_2、R_3、正向饱和电压 V_{OH} 和负向饱和电压 V_{OL} 有关，与参考电压 V_R 无关。改变参考电压 V_R 的值，可以改变上门限电压和下门限电压，但不会改变回差电压值。因此，改变参考电压 V_R 的值，传输特性曲线会左移或右移，但曲线宽度不变。在实际应用中，适当调整比较器的参数，使干扰信号落在回差电压范围内，具有更好的抗干扰能力。

【例 7.9】反相双门限电压比较器电路如图 7.36（a）所示，输出端所接稳压管的稳压值为 10V，$R_1 = 10\text{k}\Omega$，$R_2 = R_3 = 20\text{k}\Omega$，$R_4 = 10\text{k}\Omega$。试求比较器的门限电压，对于如图 7.36（b）所示的输入信号，试画出电路的输出波形。

解：由题意可知：$V_{OH} = 10\text{V}$，$V_{OL} = -10\text{V}$，$V_R = 0\text{V}$，两个门限电压分别为

$$V_{TH1} = \frac{R_2}{R_2 + R_3}V_{OH} = \frac{20}{20 + 20} \times 10 = 5\text{V}$$

$$V_{TH2} = \frac{R_2}{R_2 + R_3}V_{OL} = \frac{20}{20 + 20} \times (-10) = -5\text{V}$$

电路的输出波形如图 7.37 所示。

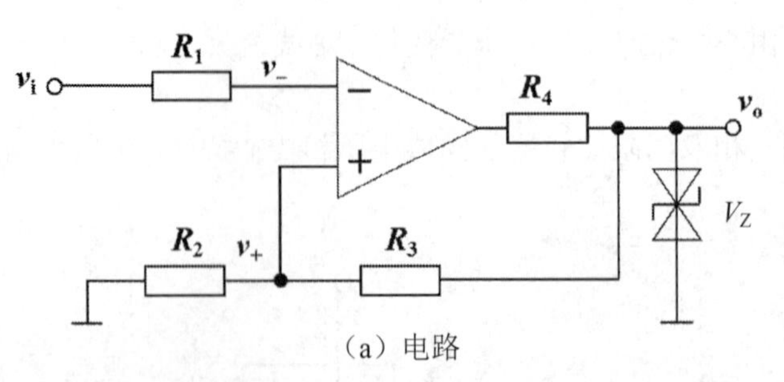

（a）电路

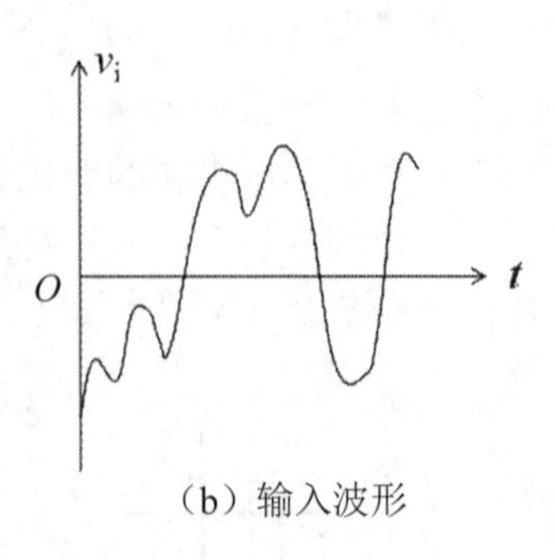

（b）输入波形

图 7.36 例 7.9 图

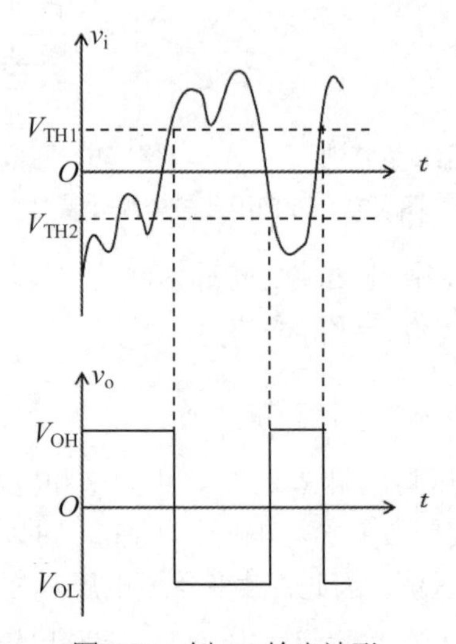

图 7.37 例 7.9 输出波形

小结

（1）集成运算放大电路具有极高的开环电压增益、极大的输入电阻、极大的共模抑制比和极小的输出电阻，特性接近理想；集成运放的电压传输特性分为线性区和非线性区，非线性区非常窄，通常电路中需要引入负反馈才能工作在线性区。

（2）分析理想运放组成的电路时，常采用“虚短”和“虚断”的概念。“虚短”是指运放的同相输入端和反相输入端电位近似相等，“虚断”是指流入运放的电流近似为零。

（3）集成运放可以构成比例放大、加减法运算、积分和微分运算、对数和指数等运算电路，通过引入深度负反馈，使运放工作于线性区，运用“虚短”和“虚断”的概念，结合电路基本定律进行分析。

（4）集成运放构成的电压比较器能够将输入电压与参考电压比较大小，在输出端得到正向最大值或负向最大值两种状态，是集成运算放大器工作于非线性区的一种应用。

探究研讨——模电和数电中的运算

运算是信号处理的一种常用手段，模拟电路和数字电路都有对信号进行运算的能力，但是实现运算的方法和原理并不相同。试以小组合作形式开展课外拓展，探究电子技术中的各种运算，并就图 7.38 进行交流讨论：

（1）信号处理领域涉及的运算形式。

（2）模拟电路实现的运算种类、原理和特点。

（3）数字电路实现的运算种类、原理和特点。

（4）软件和硬件在实现运算时的区别和联系。

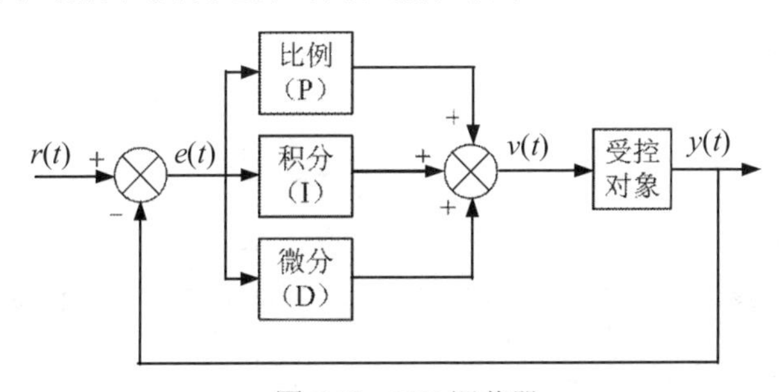

图 7.38 PID 调节器

习题

7.1 已知集成运放 F007 的电源电压为±15V，开环电压增益为 100dB，最大输出电压峰峰值为±12V，试求当差模输入电压分别为 1μV、1mV 和−0.1V 时，对应的输出电压分别是多少？

7.2 已知集成运放的开环电压增益 $A_{\mathrm{od}}=2\times10^5$，输入电阻 $r_{\mathrm{i}}=0.1\mathrm{M\Omega}$，电源电压为±12V。试求当输出 $v_{\mathrm{o}}=\pm11\mathrm{V}$ 时，差模输入电压值及输入电流 i_{i}。

7.3 理想集成运放的电路如图 7.39 所示，已知输入电流 i_{i}=5μA，试运用理想集成运放“虚断”和“虚短”特性，求输出电压的值。

7.4 理想集成运放的电路如图 7.40 所示，已知 $R_1=10\mathrm{k\Omega}$，$R_{\mathrm{f}}=500\mathrm{k\Omega}$，

$v_i = 20\sin 10t$ （mV），试求平衡电阻 R_2 的值，输出电压表达式和电路的输出电阻。

7.5　电路如图 7.41 所示，已知 A_1 为理想运放，最大输出电压为±14V，试求当输入信号为 0.1V 和 1V 时，输出电压的值。

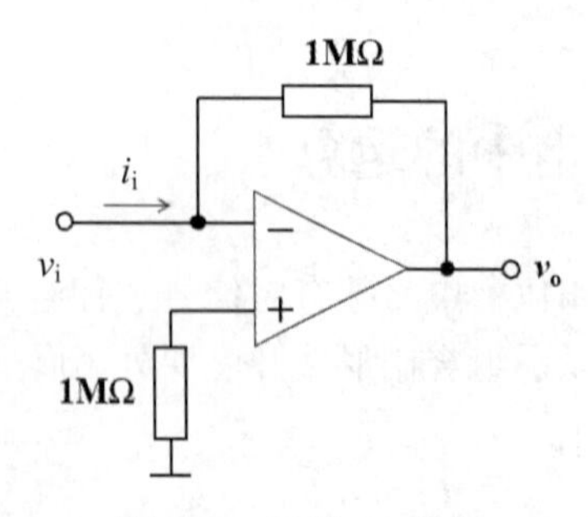

图 7.39　习题 7.3 的图

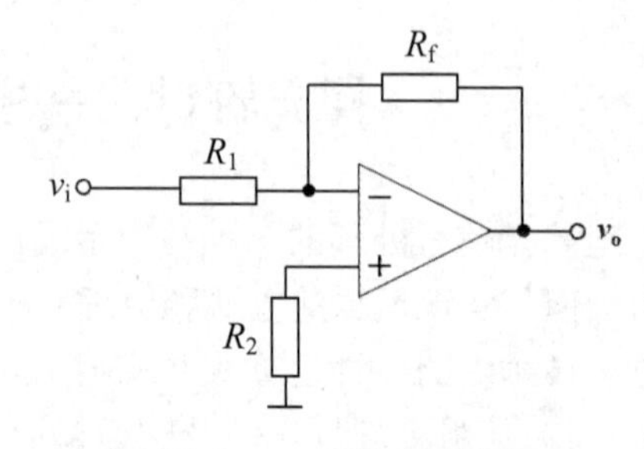

图 7.40　习题 7.4 的图

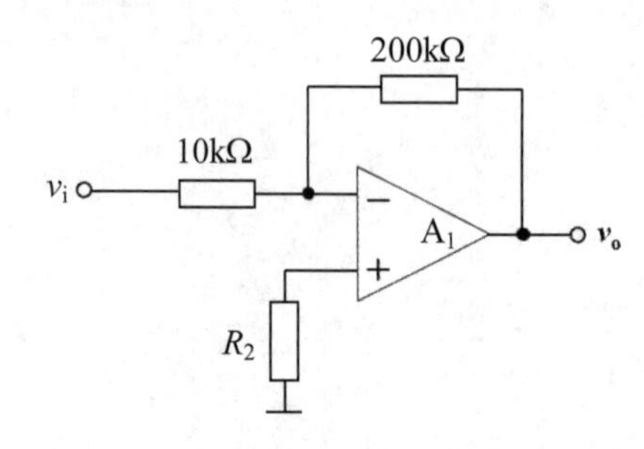

图 7.41　习题 7.5 的图

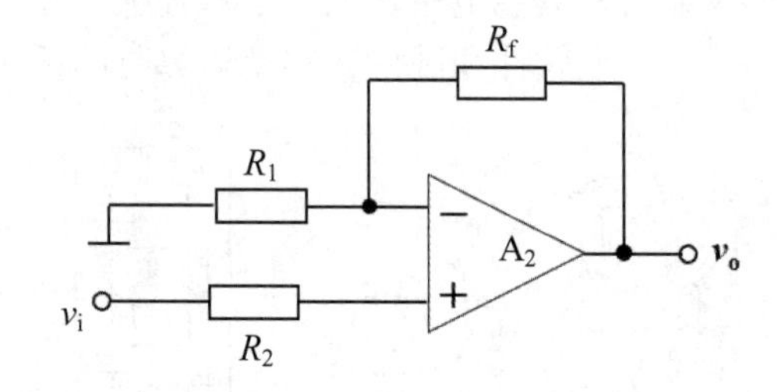

图 7.42　习题 7.6 的图

7.6　电路如图 7.42 所示，已知 A_2 为理想运放，最大输出电压为±12V，$R_1 = 10\text{k}\Omega$，$R_f = 100\text{k}\Omega$，试求当输入信号为 0.1V、1V 和 2V 时，输出电压的值。

7.7　试设计一个电压放大电路，要求电压放大倍数为 100，输入电阻为 20kΩ，画出电路图，并确定各元件参数。

7.8　电路如图 7.43 所示，A_3 为理想运放，试求电路输出电压与输入电压的关系，并求平衡电阻 R_2 的值。

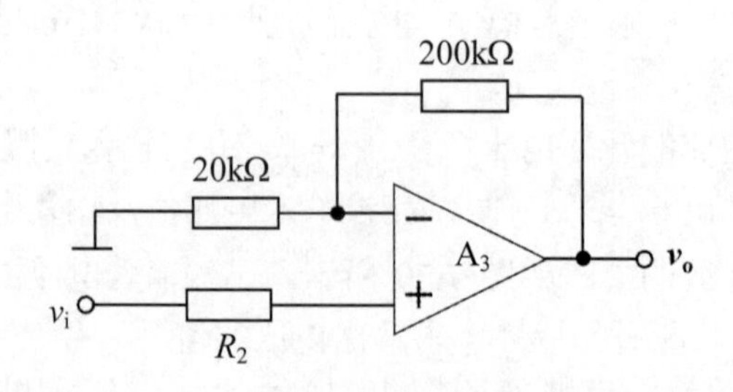

图 7.43　习题 7.8 的图

7.9 电路如图 7.44 所示，试写出输出电压表达式，并求平衡电阻 R_2。

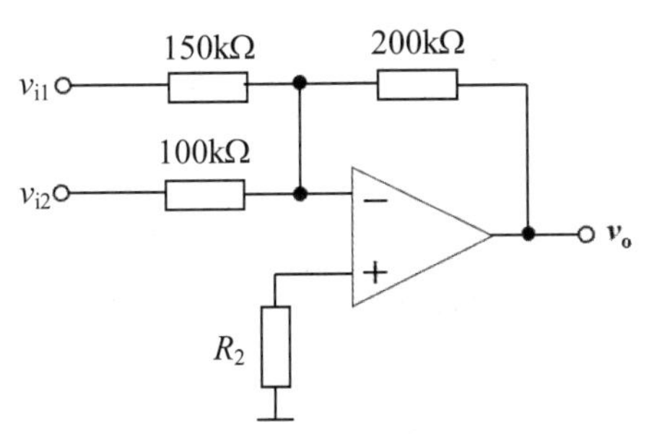

图 7.44 习题 7.9 的图

7.10 电路如图 7.45 所示，试写出输出电压表达式。

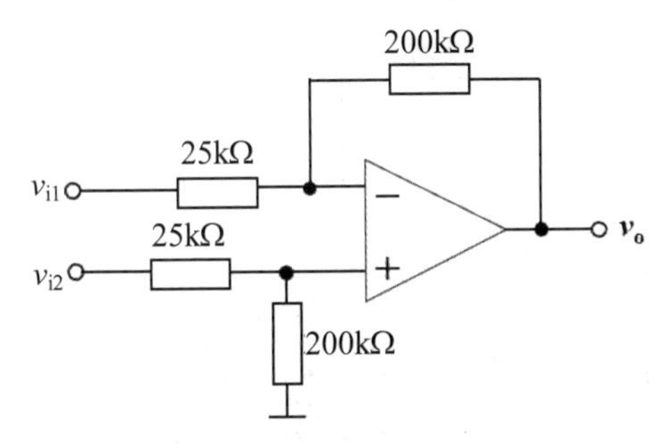

图 7.45 习题 7.10 的图

7.11 试用集成运放设计求和电路 $v_o = -(v_{i1} + 10v_{i2} + 2v_{i3})$，要求输入电阻不小于 10kΩ，试画出电路，并确定电路参数。

7.12 电路如图 7.46（a）所示，输入波形如图 7.46（b）所示，试画出输出波形。

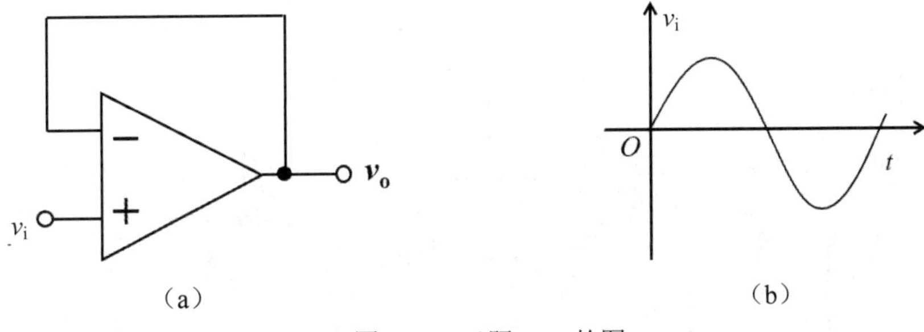

图 7.46 习题 7.12 的图

7.13 电路如图 7.47 所示，已知输入信号 $v_i = 20\sin(314t + \frac{\pi}{6})$（mV），试写出

输出电压表达式。

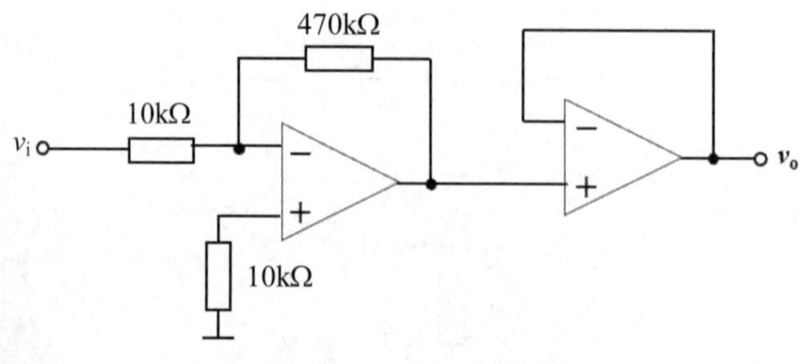

图 7.47　习题 7.13 的图

7.14　已知图 7.48 所示电路中，满足 $R_3:R_1=R_5:R_4$，试写出输出电压表达式。

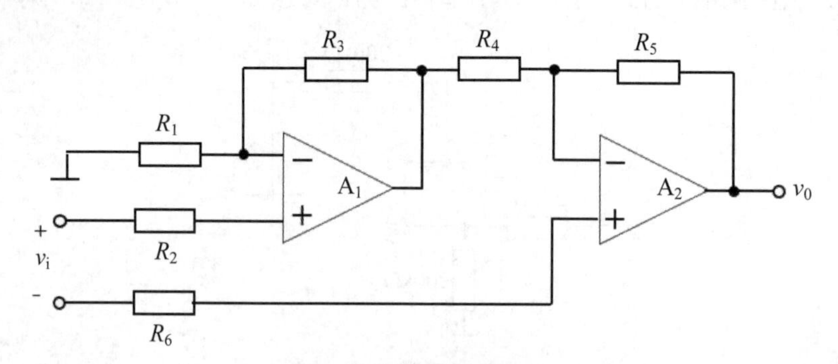

图 7.48　习题 7.14 的图

7.15　如图 7.49 电路中，已知 $R=100\text{k}\Omega$，$C=10\mu\text{F}$，直流电源 $E_1=2\text{V}$，$E_2=3\text{V}$，运放的电源电压为 $\pm15\text{V}$。开关 S 初始位置位于 a 点，$v_o(0)$=0V。$t=1\text{s}$ 时将开关打在 b 点，$t=3\text{s}$ 时将开关打在 c 点，试画出输出电压的波形图。

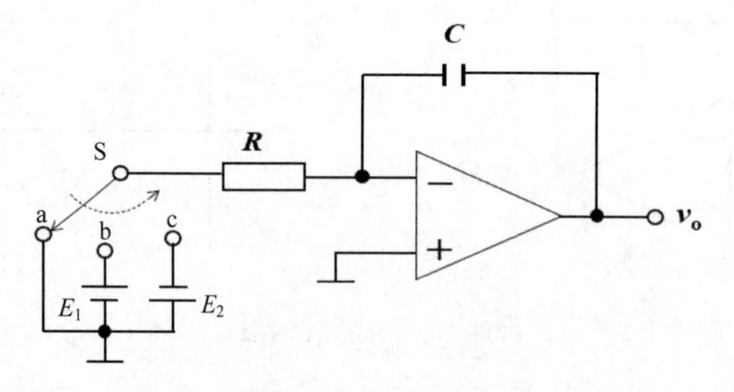

图 7.49　习题 7.15 的图

7.16　电路如图7.50（a）所示，输入波形如图7.50（b）所示，已知$R=100\text{k}\Omega$，$C=0.1\mu\text{F}$，$t=0$时，$v_o=0\text{V}$，试画出输出电压波形。

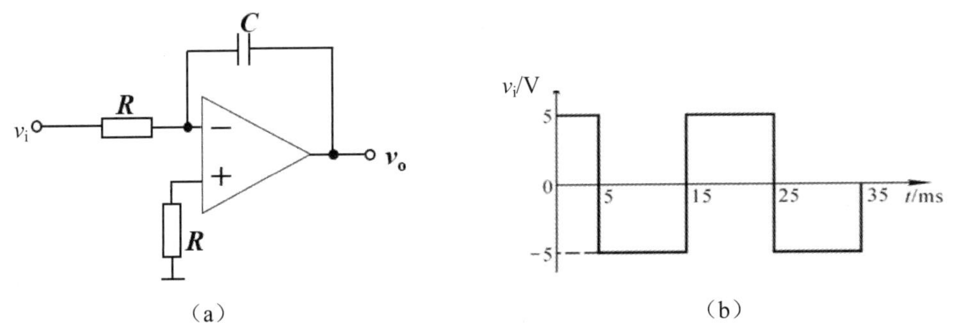

图7.50　习题7.16的图

7.17　图7.51电路中的双向稳压二极管D_Z的稳定电压为±6V，试画出电压传输特性。

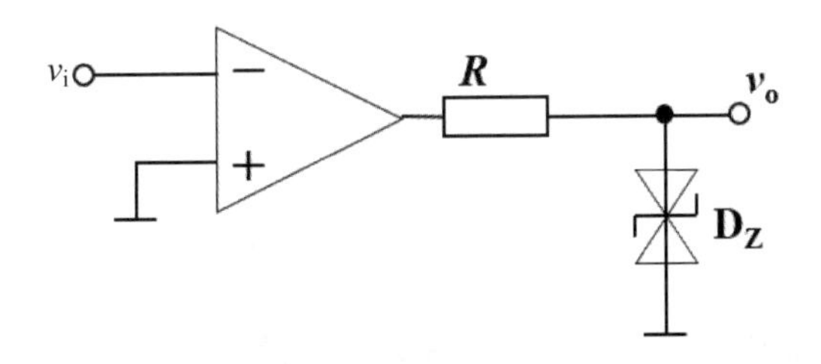

图7.51　习题7.17的图

7.18　图7.52电路中，已知$R_1=R_2$，双向稳压二极管D_Z的稳定电压为±6V，试画出电压传输特性。

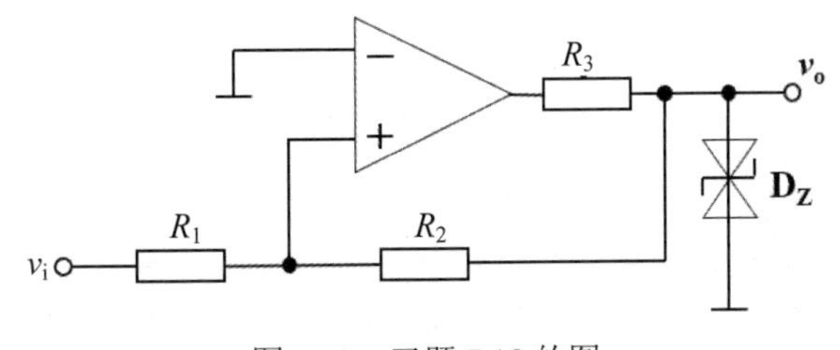

图7.52　习题7.18的图

7.19　如图7.53（a）所示电路，输入波形如图7.53（b）所示，试分别画出v_{o1}和v_o的波形。

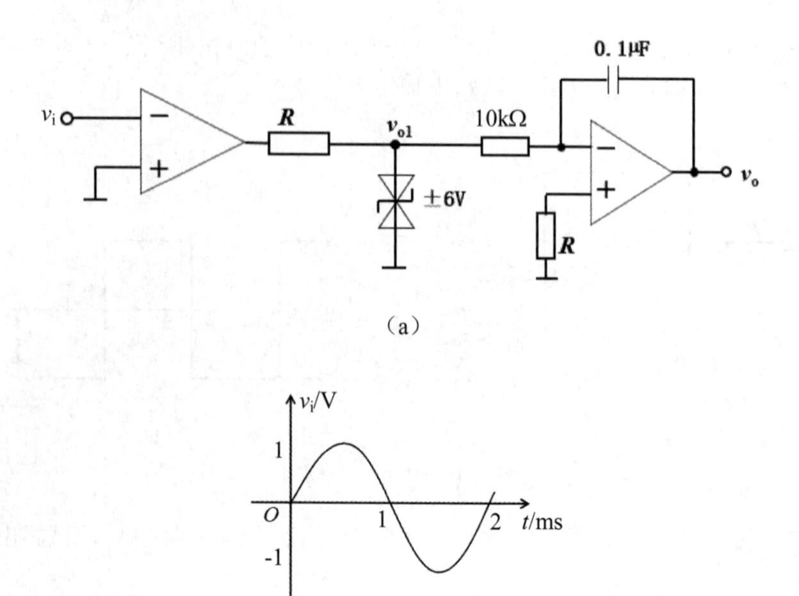

（a）

（b）

图 7.53　习题 7.19 的图

第8章　放大电路中的负反馈

本章课程目标

1. 掌握反馈的概念，掌握反馈的类型和极性的判断方法，掌握负反馈放大电路的一般表达式。

2. 掌握负反馈对放大电路性能的影响。

3. 理解“虚短”“虚断”的概念，掌握深度负反馈情况下放大电路性能的分析。

4. 了解负反馈放大电路产生自激振荡现象的原因、自激振荡条件。

为了改善放大电路的精度、稳定性及其他方面的性能，必须在放大电路的输出与输入之间加入反馈，以达到实际工作中提出的技术指标。不仅实际应用的电子系统中存在着各种类型的反馈，负反馈在科学技术领域中的应用也非常广泛。反馈技术在自动控制、信号处理、电子电路、电气设备等系统中也有着十分重要的作用。

8.1　反馈的基本概念及判断方法

8.1.1　放大电路中的反馈

放大电路中的反馈

什么是放大电路中的反馈？我们来比较下图 8.1 和图 8.2 的放大电路在环境温度升高相同温度以后的输出电流 i_C。在图 8.1 中，由前面的知识可知，温度上升时，三极管的电流放大系数 β 会增大，会使放大电路中的集电极静态电流 I_{CQ} 随温度升高而增加，输出电流 i_C 也因静态电流的增加而增加了。其信息传递过程如下：

$$\text{温度升高}\uparrow \rightarrow \text{三极管的电流放大系数}\ \beta\uparrow \rightarrow \text{集电极静态电流}\ I_{CQ}\uparrow \rightarrow \text{输出电流}\ i_c\uparrow$$

在分析图 8.2，在发射极接有发射极电阻 R_e，发射极电阻 R_e 两端的电压可以反映输出回路中电流的大小和变化。本例中，环境温度升高，同样也会导致图 8.2 电路中的输出电流 i_C 增大，但是在放大电路的输出与输入之间接入的这个发射极电阻 R_e 就可以反映出输出电流 i_C 增大了，然后将这种变化反映到放大电路的输入回路中，从而牵制输出电流i_C，使之基本保持稳定。其稳定过程如下：

温度升高↑→ 输出电流 i_C ↑→ 发射极电流 i_E ↑→ 发射极电位 $v_E(=i_E R_e)$ ↑→ $v_{BE}(=v_B-v_E)$ ↓→ i_B ↓ → 输出电流 i_C ↓

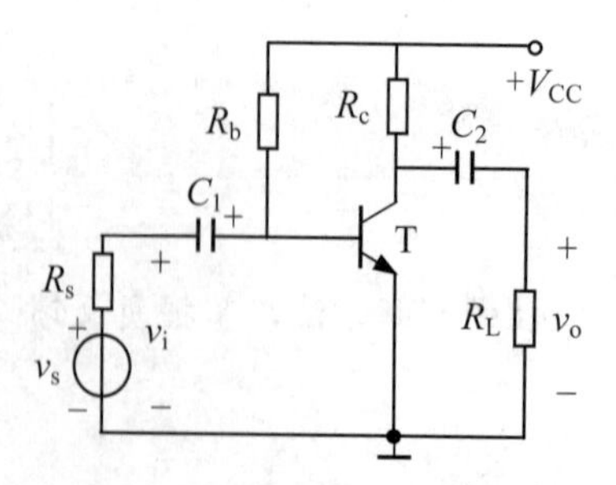

图 8.1　共发射极放大电路

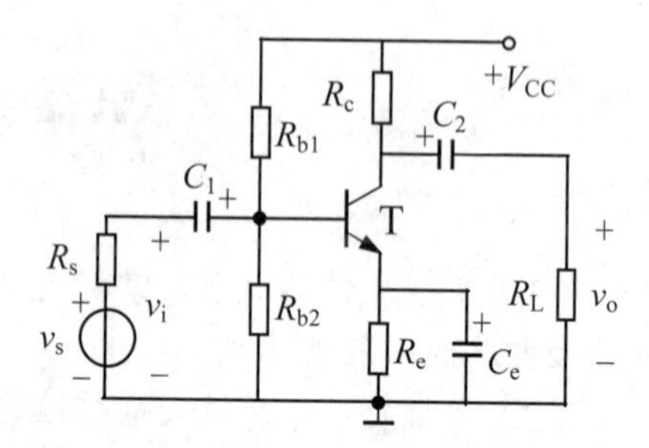

图 8.2　分压式偏置放大电路

可见，图 8.2 中的输出基本上不随外界因素的变化而变化，因而比较稳定。

凡是将放大电路的输出量或输出量的一部分，通过某种电路（反馈电路），反送到放大电路的输入回路中去，同输入信号一起比较后参与放大电路的输入控制作用，从而使放大电路的某些性能获得有效改善的过程，就称为反馈。通常，如欲稳定放大电路中的某一个电量，就应该设法将此电量反馈到输入端。

8.1.2　反馈电路方框图

将图 8.1 和图 8.2 所示放大电路分别用方框图表示为图 8.3 和图 8.4。

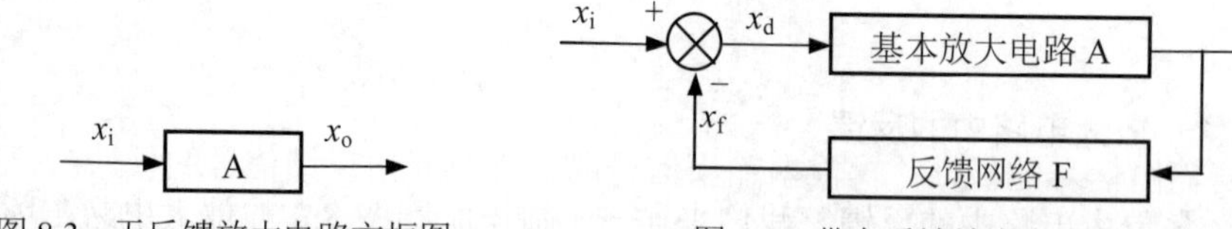

图 8.3　无反馈放大电路方框图　　图 8.4　带有反馈放大电路方框图

任何带有反馈的放大电路都包含两个部分：一个是不带反馈的基本放大电路 A，它可以是单级或多级的；另一个是反馈电路 F，它是联系放大电路的输出电路和输入电路的环节，大多由电阻元件组成。

图 8.4 中，为了表示一般情况，用 x 表示信号，它可能是电压量，也可能是电流量。信号的传递方向如图中箭头所示，x_i，x_o 和 x_f 分别为输入信号、输出信号和反馈信号。图中的符号⊗表示比较环节，外加的输入信号 x_i 与反馈信号 x_f 在输入端比较后，得到净输入信号 x_d。

【例 8.1】试判断图 8.5 所示各电路中有无反馈。

解：图 8.5（a）所示电路中，输出回路与输入回路中不存在反馈网络（注意：一般情况下，电源连线或地线都不会引入反馈），因此该电路中不存在反馈。

图 8.5（b）所示电路中，在它的交流通路中，发射极电阻 R_e 既在输入回路中，又在输出回路中，它构成了反馈通路。因此该电路中存在反馈。

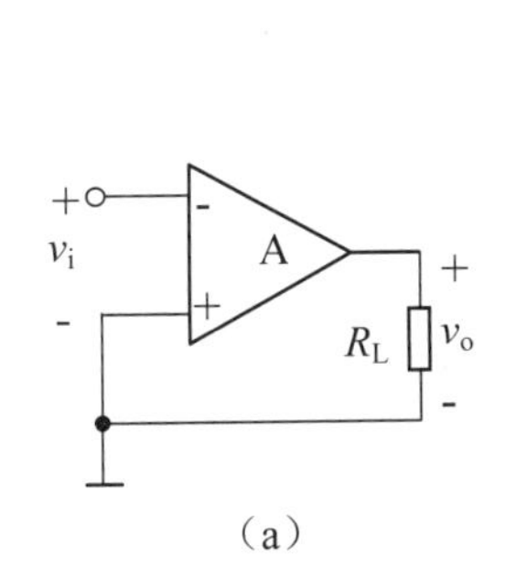

（a）

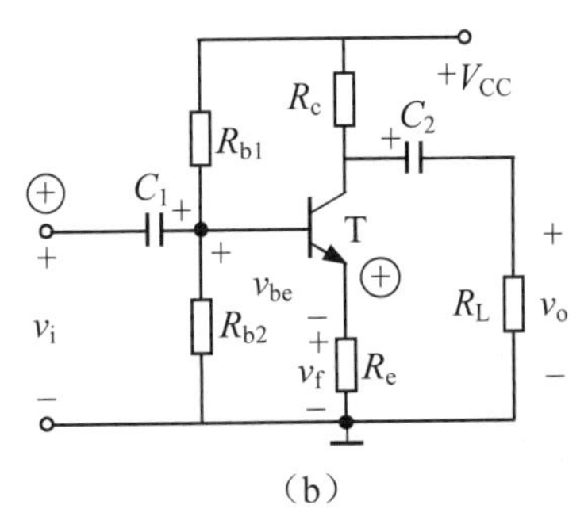

（b）

图 8.5　例 8.1 的电路图

8.1.3　反馈的分类及判断方法

1. 负反馈与正反馈

根据反馈信号对输入信号作用效果的不同，可分为正反馈和负反馈。若引入的反馈信号使净输入信号减小，则为负反馈，在图 8.4 中，$x_d = x_i - x_f$，若 x_i、x_f 和 x_d 三者同相，则 $x_d < x_i$；若引入的反馈信号使净输入信号增大，净输入量的变化必然带来输出量的相应变化，因此反馈的结果使得输出量的变化增大的，称为正反馈。

利用瞬时极性法，可以判断引入的反馈是正反馈还是负反馈。具体方法为：首先设定某一瞬时输入信号的极性（可以设定为正，用符号⊕表示；也可以设定为负，用符号⊖表示），然后以此为依据逐级推出电路其他有关各点的电位或电流的极性，从而得出输出信号的极性；再根据输出信号的极性判断出反馈信号的极性。若反馈信号 x_f 使基本放大电路的净输入信号 x_d 增大，则说明引入了正反馈；若反馈信号 x_f 使基本放大电路的净输入信号 x_d 减小，则说明电路引入了负反馈。

在图 8.6（a）中，R_f 为反馈电阻，接在输出端与反相输入端之间。输入电压加在集成运放的同相端，设某一瞬时输入电压 v_i 的极性为正（用“⊕”表示），则输出电压 v_o 的瞬时极性也为正（用“⊕”表示），输出电压 v_o 经 R_f 和 R_1 分压后在 R_1 上得到反馈电压 v_f 且瞬时极性为正（用“⊕”表示），反馈电压减小了净输入电压 v_d，因为 $v_d = v_i - v_f$，故为负反馈。在图 8.6（b）中，输入电压加在集成运放的反相端，设某一瞬时输入电压 v_i 的极性为正（用“⊕”表示），则输出电压 v_o 的瞬时极性为负（用“⊖”表示），输出电压v_o经R_f和R_2分压后在R_2上得到反馈电压v_f且瞬时极性为负（用“⊖”表示），反馈电压增强了输入电压的作用，因为$v_d = v_i + v_f$，故为正反馈。

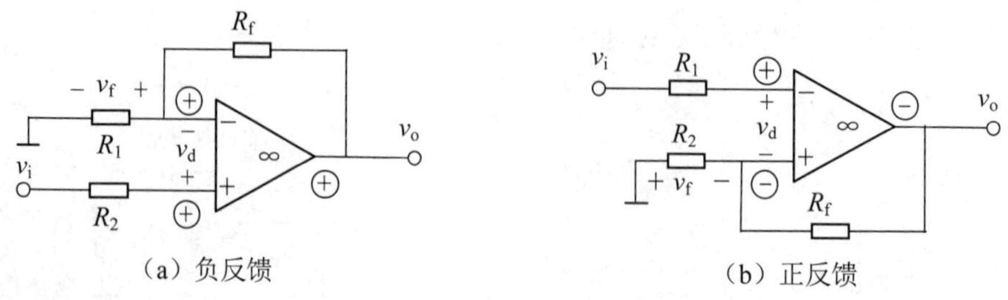

图 8.6　正反馈与负反馈的判别

【例 8.2】试判断图 8.7 所示各电路中反馈的极性。

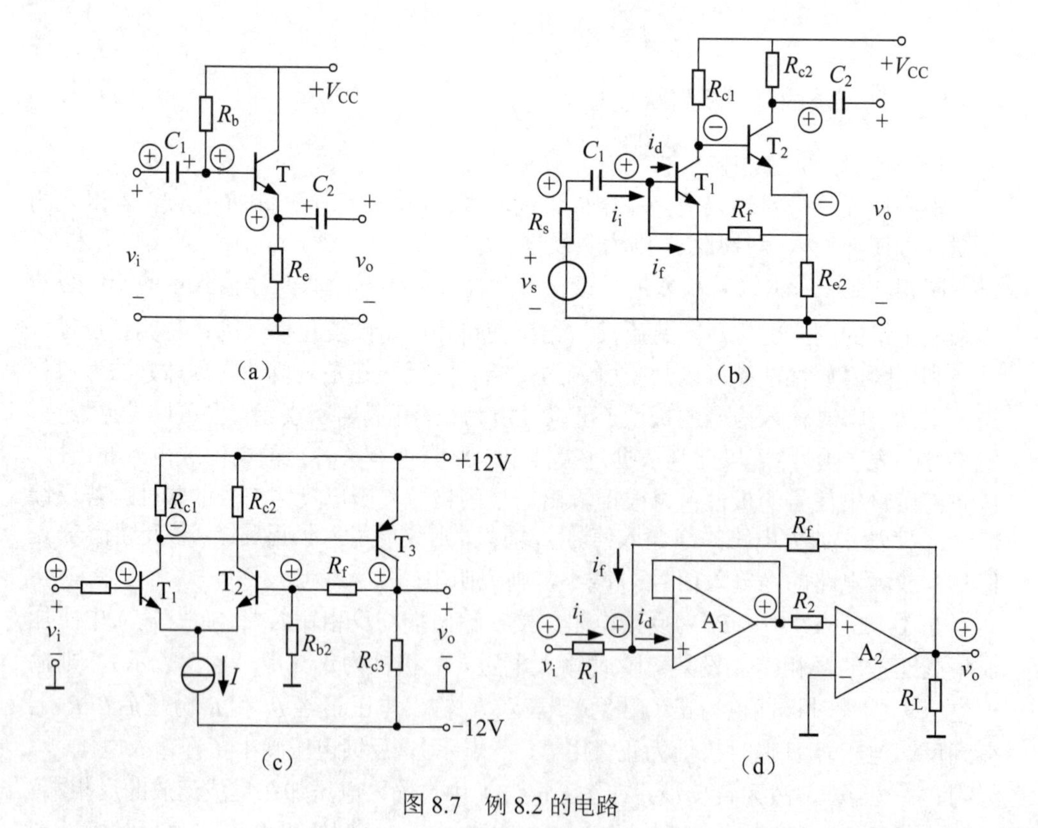

图 8.7　例 8.2 的电路

解： 图 8.7（a）是一个射极输出器。发射极电阻 R_e 为交流通路的输入回路和输出回路所共有，有反馈通路，因此该电路中存在反馈。设输入信号 v_i 的瞬时极性为正，电路中各点的极性如 8.7（a）中所标，发射极电压 v_e（即反馈信号 v_f）为正，因此该放大电路的净输入信号 v_{be}（$=v_i-v_f$）比没有反馈时的 v_{be}（$=v_i$）减小了，所以该电路引入的是交流负反馈。

图 8.7（b）所示的电路是一个两级直接耦合放大电路。反馈信号经由 T_2 的发射极通过电阻 R_f 引回到 T_1 的基极，该电路存在反馈。设输入信号 v_s 的瞬时极性为正，电路中各点的极性如 8.7（b）中所标，则 T_2 发射极电位将降低，根据上述分析，可标出输入电流 i_i、净输入电流 i_d 和反馈电流 i_f 的瞬时流向如图中箭头所示。因此净输入电流 i_d（$=i_i-i_f$）比没有反馈时减小了，所以该电路引入的是交流负反馈。

图 8.7（c）所示的电路是一个两级放大电路。第一级为差分放大电路，第二级为射极输出器。在第二级的输出回路和第一级的输入回路之间由反馈电阻 R_f 和 R_{b2} 组成了交流反馈通路。R_{b2} 上的电压是反馈信号。设输入信号 v_i 的瞬时极性为正，则 T_1 的基极电位 v_{b1} 也为正，T_1 的集电极输出信号为负，T_3 的输出信号为正，经 R_f 和 R_{b2} 反馈到 T_2 的输入端的信号 v_{b2} 也为正，电路中各点的极性如图 8.7（c）中所标。因此，该电路的净输入电压 v_d（$=v_{b1}-v_{b2}$）比没有反馈时减小了，所以该电路引入的是交流负反馈。

图 8.7（d）所示的电路是一个两级运算放大器。反馈信号经由电阻 R_f 引回到 A_1 的同相输入端，该电路存在反馈。设输入信号 v_i 的瞬时极性为正，则 A_1 的同相输入端电位也为正，A_1 的输出电压也为正；A_2 的同相输入端电位为正，A_2 的输出电压也为正，电路中各点的极性如 8.7（d）中所标，根据上述分析，可标出输入电流 i_i、净输入电流 i_d 和反馈电流 i_f 的瞬时流向如图中箭头所示。因此净输入电流 i_d（$=i_i+i_f$）比没有反馈时增加了，所以该电路引入的是交流正反馈。

在放大电路中，若采用正反馈，可以获得较高的增益，但是正反馈太强时将会使电路产生振荡甚至不稳定；若采用负反馈会降低增益，但是却能改善放大电路的其他各项性能指标，因此，放大电路普遍采用负反馈。本章重点讨论负反馈放大电路。

2. 直流反馈与交流反馈

根据反馈量本身的交、直流性质，可以将反馈分为直流反馈和交流反馈，即反馈量为直流量的则称为直流反馈，直流反馈影响放大电路的直流性能，如静态工作点；反馈量为交流量的则称为交流反馈，交流反馈影响放大电路的动态参数，如增益、输入电阻和输出电阻等。交流反馈是改善电路技术指标的主要手段，本章讨论的主要内容均针对交流反馈而言。

【例 8.3】 试判断图 8.8 所示电路中，哪些元件引入了直流反馈？哪些元件引入了交流反馈？

解： 在图 8.8（a）中，R_f 和 C_f 串并联网络是通高频、阻低频的网络，网络中 R_2 上只有直流成分，即反馈量为直流量，因此，R_f 和 R_2 组成的反馈通路引入的是直流反馈。在图 8.8（b）中，R_f 和 C_f 串联反馈网络也是通高频、阻低频的网络，网络中 R_f 上只有交流成分通过，即反馈量为交流量，因此，R_f 和 R_L 组成的反馈通路引入的是交流反馈。

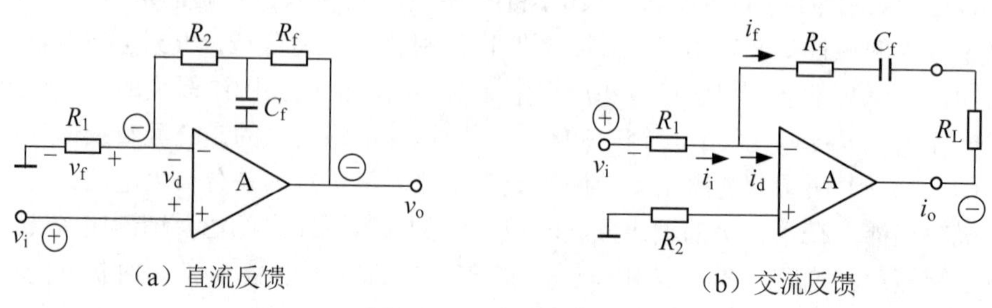

（a）直流反馈　　（b）交流反馈

图 8.8　例 8.3 的电路图

【例 8.4】 试判断图 8.9 所示电路中，是否引入直流反馈和交流反馈？

解： 分别画出图 8.9 的直流通路和交流通路，如图 8.10 所示。图 8.10（a）的直流通路中，电阻 R_{f1} 和 R_{f2} 组成的通路将输出信号引回到输入端，因此该电路中存在级间直流反馈。电阻 R_{e1} 既在输入回路中，又在输出回路中，也引入级间直流反馈。图 8.10（b）的交流通路中，电阻 R_{e1} 同样既在输入回路中，又在输出回路中，因此引入级间交流反馈。

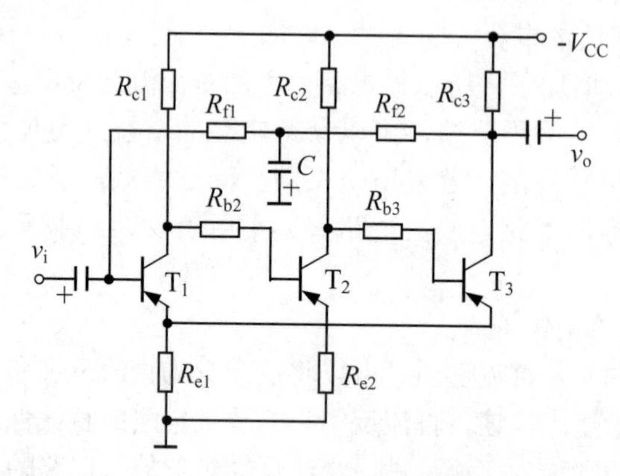

图 8.9　例 8.4 的电路图

从以上分析看出，同一个电路中可能同时存在直流反馈和交流反馈。

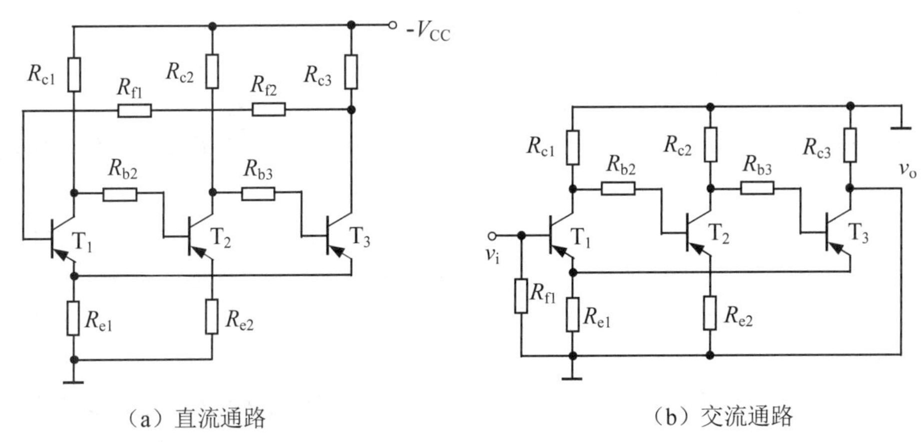

图 8.10　图 8.9 的直流和交流通路

3. 电压反馈与电流反馈

根据反馈量是取自放大电路输出端的电压或电流，可以将反馈分为电压反馈和电流反馈。如果把输出电压的一部分或全部取出来反送到放大电路的输入回路则称为电压反馈；若反馈量取自输出电流则称为电流反馈。

【微课视频】

电压反馈与电流反馈

在图 8.4 中，我们可以看到，反馈信号 x_f 与输出信号 x_o 成正比，即 $x_f = Fx_o$。同时我们也应注意到，电压反馈的特点是：欲稳定输出电压，就将输出电压作为反馈量反送到输入端，所以有，$x_f = Fv_o$。电流反馈的特点是：欲稳定输出电流，就将输出电流作为反馈量反送到输入端，所以有，$x_f = Fi_o$。因此，我们给出判断电压与电流反馈的常用方法“输出短路法”。

输出短路法的步骤如下：

（1）假设输出电压为零，即 $v_o = 0$，或令负载电阻 R_L 为零，即 $R_L = 0$。

（2）根据式 $x_f = Fv_o$，计算反馈信号 x_f，若 $x_f = 0$，说明反馈信号不存在了，也即说明反馈信号 x_f 与输出电压 v_o 成比例，是电压反馈；若 $x_f \neq 0$，说明反馈信号还在，也即说明反馈信号 x_f 不是与输出电压 v_o 成比例，而是与输出电流 i_o 成比例，因此是电流反馈。

利用图 8.4 在来分析一下电压负反馈和电流负反馈稳定电压和电流的过程。电压负反馈稳定电压的过程是：当输入信号 x_i 大小保持一定，由于负载电阻 R_L 减小而引起输出电压 v_o 下降时，该电路能自动进行调节，使输出电压 v_o 基本稳定不变，调节过程如下：

$R_L \downarrow \rightarrow v_o \downarrow \rightarrow x_f$（$x_f = Fv_o$）$\downarrow \rightarrow x_d$（$x_d = x_i - x_f$，$x_i$ 保持不变）$\uparrow$

$v_o \uparrow \leftarrow$

可见，电压负反馈能减小 v_o 受 R_L 等变化的影响，使输出电压保持稳定，其效果相当于是降低了电路的输出电阻。

在图 8.4 中，电流负反馈稳定电流的过程是：当输入信号 x_i 大小保持一定，由于负载电阻 R_L 增加而引起输出电流 i_o 减小时，该电路能自动进行调节，使输出电流 i_o 基本稳定不变，调节过程如下：

$R_L\uparrow\to i_o\downarrow\to x_f$（$x_f=Fi_o$）$\downarrow\to x_d$（$x_d=x_i-x_f$，$x_i$ 保持不变）$\uparrow$

$i_o\uparrow$ ←

因此，电流负反馈具有近似的恒流输出特性，其效果相当于是提高了电路的输出电阻。

【例 8.5】试判断图 8.11 所示电路中交流反馈是电压反馈还是电流反馈？

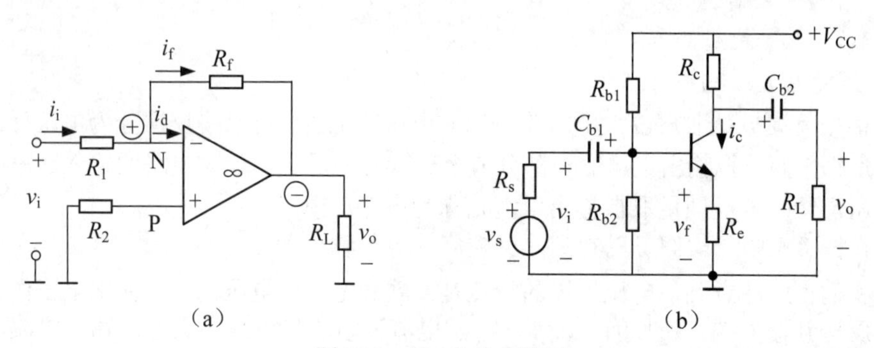

图 8.11　例 8.5 的电路图

解：图 8.11（a）所示电路中，从输出端反送回输入端的交流信号是电阻 R_f 上的反馈电流信号 i_f，这里，$i_f=\dfrac{v_--v_o}{R_f}$。用“输出短路法”，令 $v_o=0$，所以 $i_f=\dfrac{v_--v_o}{R_f}=0$，反馈信号不存在了，说明反馈信号与输出电压 v_o 成比例，所以是电压反馈。

图 8.11（b）所示电路中，从输出端反送回输入端的交流信号是电阻 R_e 上的电压信号 $v_f=R_ei_e\approx R_ei_c$。用“输出短路法”，令 $v_o=0$，即令 R_L 短路时，$i_c\neq0$（因 i_c 受 i_b 控制），所以 $v_f\neq0$，因此反馈信号仍然存在，说明反馈信号与输出电流成比例，所以是电流反馈。

【微课视频】

串联反馈与并联反馈

4. 串联反馈与并联反馈

根据反馈量与输入量在放大电路输入回路中是以电压量求和还是以电流量求和，将反馈分为串联反馈和并联反馈。

在反馈放大电路的输入回路中，如果反馈量与输入量以电压形式求和，这时反馈网络的输出端口与基本放大电路的输入端口是串联连接的（因为只有串联的回路才可以进行电压求和），称为串联反馈；如果反馈量与输入量以电流形式求和，这时反馈网络的输出端口与基本放大电路的输入端口是并联连接的（因为只有并联的各支路分量才可以进行电流求和），称为并联反馈。

实际在判断是并联反馈还是串联反馈时，可以采用更快捷的方法：当反馈量与输入量分别接至放大电路的不同输入端时，引入的是串联反馈；当反馈量与输入量均接至放大电路的同一个输入端时，引入的是并联反馈。

【例 8.6】试判断图 8.11 所示电路中交流反馈是串联反馈还是并联反馈？

解：图 8.11（a）所示电路中，方法 1：反馈量i_f与输入量i_i在输入端以电流的形式求代数和，即$i_d = i_i - i_f$，所以是并联反馈；方法 2（简便方法）：反馈量i_f接在反相输入端 N 点，输入量i_i（v_i）也接在反相输入端 N 点，由于反馈量与输入量均接至基本放大电路的同一个输入端，所以引入的是并联反馈。

图 8.11（b）所示电路中，方法 1：反馈量$v_e(v_f = R_e i_e \approx R_e i_c)$与输入量$v_i(v_b)$在输入端以电压的形式求代数和，即$v_{be} = v_b - v_f$，所以是串联反馈；方法 2（简便方法）：反馈量$v_e$接在 BJT 的一个输入端（T 管的发射极 e）和地之间，输入量v_i接在 BJT 的另一个输入端（T 管的基极 b）和地之间，由于反馈量与输入量分别接至放大电路的不同输入端，因此是串联反馈。

以上给出了几种基本的反馈的分类方法及判断方法。下面将给出由基本反馈构成的负反馈组态。

8.1.4　负反馈放大电路的四种组态

根据以上的分析可知，实际放大电路中的反馈形式多种多样。由于基本放大电路与反馈网络均可看成二端口网络。在输出端有电压和电流两种采样方式，在输入端有串联和并联两种连接方式，本章着重讨论的是各种形式的交流负反馈。因此，负反馈放大电路共有四种组态，即电压串联负反馈、电压并联负反馈、电流并联负反馈、电流串联负反馈。

1. 电压串联负反馈

图 8.12（a）所示电路中，各点的瞬时极性如图中所标，净输入电压比没有反馈时减小了，故为负反馈。反馈信号v_f与输入信号v_i接在基本放大电路 A 的不同输入端，所以是串联反馈。反馈电压$v_f = \dfrac{R_1}{R_1 + R_f} v_o$，当令$v_o = 0$，即令$R_L = 0$时，有$v_f = 0$，即反馈信号不存在了，所以是电压反馈。综上分析，图 8.12（a）所示电路为电压串联负反馈放大电路。

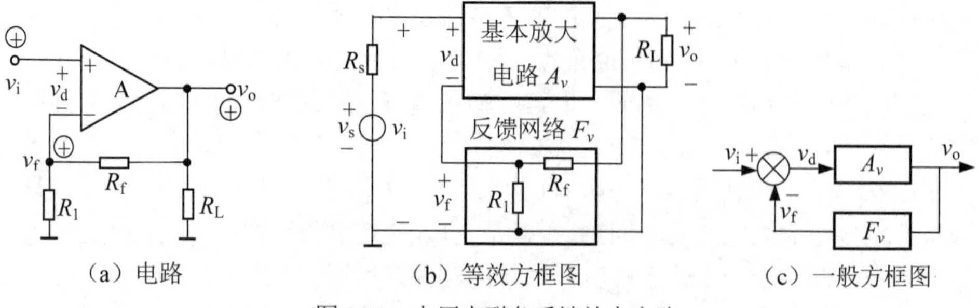

图 8.12 电压串联负反馈放大电路

由于基本放大电路与反馈网络均可看成二端口网络。根据对图 8.12（a）的分析，我们发现，运算放大器构成基本放大电路，增益 $A_v = v_o / v_d$；R_f 和 R_1 接在输出和输入之间，构成反馈网络，其反馈系数 $F_v = \frac{v_f}{v_o} = \frac{R_1}{R_1 + R_f}$；$R_L$ 为负载，R_L 上电压为输出电压；于是将基本放大电路和反馈网络按照具体的功能，分别用一个方框代替，得到图 8.12（a）电路的等效方框图，如图 8.12（b）所示。

图 8.12（a）中，在输入回路中，基本放大电路的净输入量 $v_d = v_i - v_f$，是反馈量与输入量的电压形式求和，可以用符号“⊗”来表示，于是可以得到与图 8.4 一样的更一般的方框图，如图 8.12（c）所示。

由于串联反馈输入回路中的输入信号以电压形式出现，而电压负反馈具有较好的恒压输出特性。因此，电压串联负反馈电路相当于一个电压控制的电压源，可以实现电压-电压的变换。

2. 电压并联负反馈

图 8.13（a）所示电路中，交流反馈信号是流过反馈元件 R_f 的电流 i_f，反馈量 i_f 与输入量 i_i 以电流形式求和，所以是并联反馈，且有反馈量 $i_f = \frac{v_n - v_o}{R_f} \approx \frac{-v_o}{R_f}$（因为 $v_n \approx 0$）。令 R_L =0，即令 $v_o = 0$ 时，有 i_f =0，故该电路中引入的是电压反馈。用“瞬时极性法”，设某一瞬时输入电压 v_i 的极性为正，则图中反相输入端 N 点电位的瞬时极性也为正，经运放 A 反相放大后，输出端电位的瞬时极性为负。此时反相输入端的电位高于输出端的电位，因此图中标出的输入电流 i_i 和反馈电流 i_f 的方向即为实际方向。于是，净输入电流 $i_d = i_i - i_f$，可见 i_d 比没有反馈时减小了，即 i_f 削弱了净输入电流 i_d，故为负反馈。综上分析，图 8.13（a）所示电路为电压并联负反馈放大电路。

同样根据对图 8.13(a)的分析，运算放大器构成基本放大电路，增益 $A_r = v_o / i_d$；R_f 接在输出和输入之间，构成反馈网络，其反馈系数 $F_g = \frac{i_f}{v_o} = \frac{-v_o / R_f}{v_o} = -\frac{1}{R_f}$，称

为互导反馈系数；R_L 为负载，R_L 上电压为输出电压；于是将基本放大电路和反馈网络按照具体的功能，分别用一个方框代替，得到图 8.13（a）电路的等效方框图，如图 8.13（b）所示。

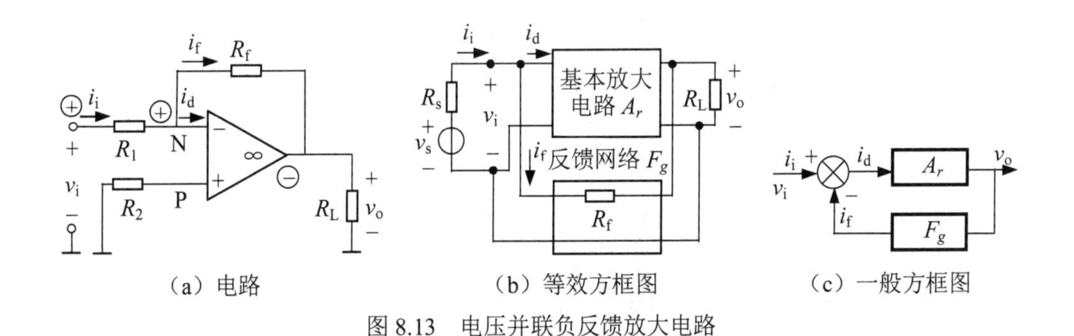

（a）电路　　（b）等效方框图　　（c）一般方框图

图 8.13　电压并联负反馈放大电路

图 8.13（a）中，在输入回路中，基本放大电路的净输入量 $i_d = i_i - i_f$，是反馈量与输入量的电流形式求和，可以用符号“⊗”来表示，于是可以得到与图 8.4 一样的更一般的方框图，如图 8.13（c）所示。

由于并联反馈输入回路中的输入信号以电流形式出现，而电压负反馈具有较好的恒压输出特性。因此，电压并联负反馈电路相当于一个电流控制的电压源，可以实现电流-电压的变换。

3. 电流串联负反馈

图 8.14（a）中，反馈信号 v_f 与输入信号 v_i 接在基本放大电路 A 的不同输入端，所以是串联反馈。反馈电压 $v_f = R_f i_o$，当令 $v_o = 0$，即令 $R_L = 0$ 时，但运放的输出电流 $i_o \neq 0$，所以 $v_f \neq 0$，即反馈信号仍然存在，说明反馈信号与输出电压 v_o 无关，与输出电流 i_o 成正比，所以是电流反馈。用“瞬时极性法”，设某一瞬时输入电压 v_i 的极性为正，则图中同相输入端 P 点电位的瞬时极性也为正，经运放 A 同相放大后，输出端电位和反馈信号 v_f 的瞬时极性为正，反馈信号 v_f 使基本放大电路的净输入信号 $v_d(= v_i - v_f)$ 减小了，因此电路引入了负反馈。综上分析，图 8.14（a）所示电路为电流串联负反馈放大电路。

同样根据对图 8.14（a）的分析，运算放大器构成基本放大电路，增益 $A_r = i_o / v_d$；R_f 接在输出和输入之间，构成反馈网络，其反馈系数 $F_r = \dfrac{v_f}{i_o} = \dfrac{i_o R_f}{i_o} = R_f$，称为互阻反馈系数；$R_L$ 为负载，流经 R_L 的电流为输出电流；于是将基本放大电路和反馈网络按照具体的功能，分别用一个方框代替，得到图 8.14（a）电路的等效方框图，如图 8.14（b）所示。

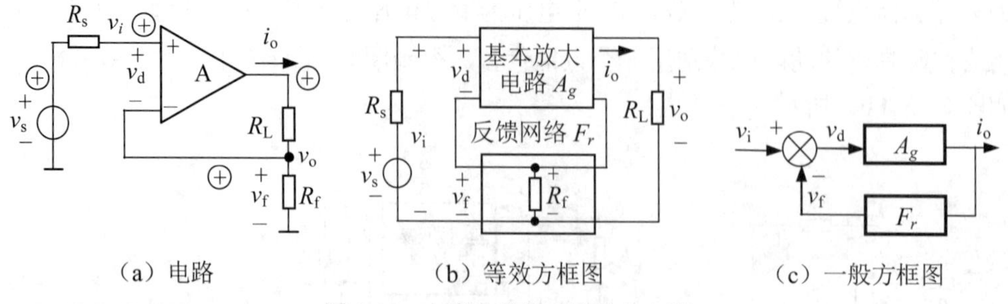

（a）电路　　（b）等效方框图　　（c）一般方框图

图 8.14　电流串联负反馈放大电路

图 8.14（a）中，在输入回路中，基本放大电路的净输入量 $v_d = v_i - v_f$ ，是反馈量与输入量的电流形式求和，可以用符号“⊗”来表示，于是可以得到与图 8.4 一样的更一般的方框图，如图 8.14（c）所示。

由于串联反馈输入回路中的输入信号以电压形式出现，而电流负反馈能稳定输出电流。因此，电流串联负反馈电路相当于一个电压控制的电流源，可以实现电压-电流的变换。

4. 电流并联负反馈

图 8.15（a）中，用“瞬时极性法”，设某一瞬时输入电压 v_i 的极性为正，则图中反相输入端 N 点电位的瞬时极性也为正，经运放 A 反相放大后，输出端电位的瞬时极性为负。此时反相输入端的电位高于输出端的电位，因此图中标出的输入电流 i_i 和反馈电流 i_f 的方向即为实际方向。显然，净输入电流 $i_d = i_i - i_f$ ，比没有反馈时减小了，故为负反馈。反馈信号 i_f 是输出电流 i_o 的一部分，且 $i_f = -\frac{R}{R + R_f} i_o$（因为 $v_n \approx 0$，所以 R_f 和 R 近似于并联），所以是电流反馈。在输入回路中，反馈信号 i_f 与输入信号 i_i 接在基本放大电路 A 的同一个输入端，所以是并联反馈。综上分析，图 8.15（a）所示电路为电流并联负反馈放大电路。

同样根据对图 8.15（a）的分析，运算放大器构成基本放大电路，增益 $A_i = i_o / i_d$ ；R_f 和 R 接在输出和输入之间，构成反馈网络，其反馈系数 $F_i = \frac{i_f}{i_o} = \frac{R_f}{R_f + R}$ ，称为电流反馈系数。于是将基本放大电路和反馈网络按照具体的功能，分别用一个方框代替，得到图 8.15（a）电路的等效方框图，如图 8.15（b）所示。

图 8.15（a）中，在输入回路中，基本放大电路的净输入量 $i_d = i_i - i_f$ ，是反馈量与输入量的电流形式求和，可以用符号“⊗”来表示，于是可以得到与图 8.4 一样的更一般的方框图，如图 8.15（c）所示。

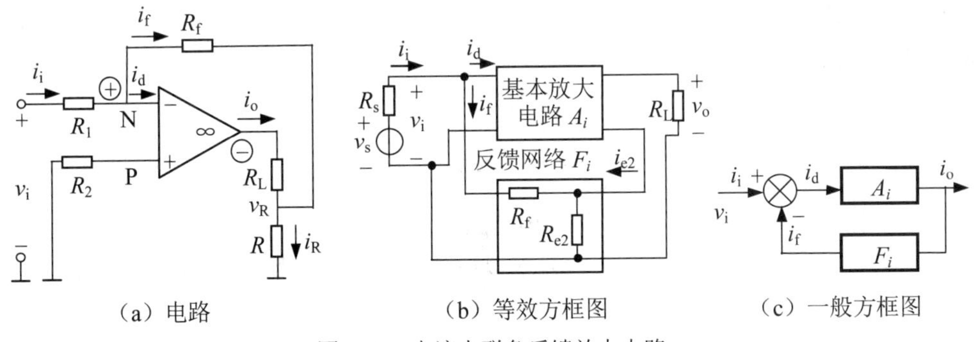

（a）电路　（b）等效方框图　（c）一般方框图

图 8.15　电流串联负反馈放大电路

5. 负反馈放大电路的反馈组态的判别

反馈组态的判别的具体分析步骤如下：

（1）判断有无反馈。根据反馈定义及过程，看是否采取了一定的方式将输出信号反送到输入回路中，即看在输出回路和输入回路之间是否有电阻、电容等元件构成的通路，如果有，则可判断电路中引入了反馈，否则无反馈。

（2）判断是正反馈还是负反馈。

（3）在输出回路中判断是电压还是电流反馈。

（4）在输入回路中判断是串联还是并联反馈。

【例 8.7】分析判断图 8.16 所示各电路的反馈类型。

解：图 8.16（a）所示的电路是一个射极输出器。分析判断过程为：（1）射极电阻 R_e 将输出信号反送到输入回路中，因此该电路存在反馈。（2）设输入信号 v_i 的瞬时极性为正，则 T 的基极电位 v_b 也为正，T 的集电极输出电压为正，T 的发射极输出电压为正，电路中各点的极性如图 8.16（a）中所标，因此净输入电压 v_{be}（$=v_b-v_e$）比没有反馈时减小了，所以是负反馈。（3）由电路可知，$v_f=v_o$。用“输出短路法”，令 $v_o=0$，所以，$v_f=0$，反馈信号不存在了，即反馈电压取自放大电路输出电压，所以是电压反馈。（4）反馈量 v_f 与输入量 v_b 在输入端以电压的形式求代数和，即 $v_{be}=v_b-v_e$，所以是串联反馈。综上分析，图 8.16（a）所示电路反馈的组态是电压串联负反馈。

图 8.16（b）所示的电路是一个两级放大电路。第一级为单输入-双输出的差分放大电路，第二级为运算放大器。分析判断过程为：

（1）在第二级的输出回路和第一级的输入回路之间由反馈电阻 R_f 将输出信号反送到输入回路中，因此该电路存在反馈。

（2）设输入信号的瞬时极性为正，则 T_1 的基极电位 v_{b1} 也为正，T_1 的集电极输出信号 v_{c1} 为负，A 的输出电压 v_o 为负，电路中各点的极性如图 8.16（b）中所标，根据上述分析，可标出输入电流 i_i、净输入电流 i_{b1} 和反馈电流 i_f 的瞬时流向如图中箭头所示。因此净输入电流 i_{b1}（$=i_i-i_f$）比没有反馈时减小了，所以是交流负反馈。

（3）由电路可知，从输出端反送回输入端的交流信号是电阻 R_f 上的反馈电流信号 i_f，这里，$i_f=\dfrac{v_{b1}-v_o}{R_f}\approx\dfrac{-v_o}{R_f}$。用“输出短路法”，令 $v_o=0$，所以 $i_f=0$，反馈信号不存在了，说明反馈信号与输出电压 v_o 成比例，所以是电压反馈。

（4）反馈量 i_f 与输入量 i_i 在输入端以电流的形式求代数和，即 $i_{b1}=i_i-i_f$，所以是并联反馈。

综上分析，图 8.16（b）所示电路引入的是级间交流电压并联负反馈。

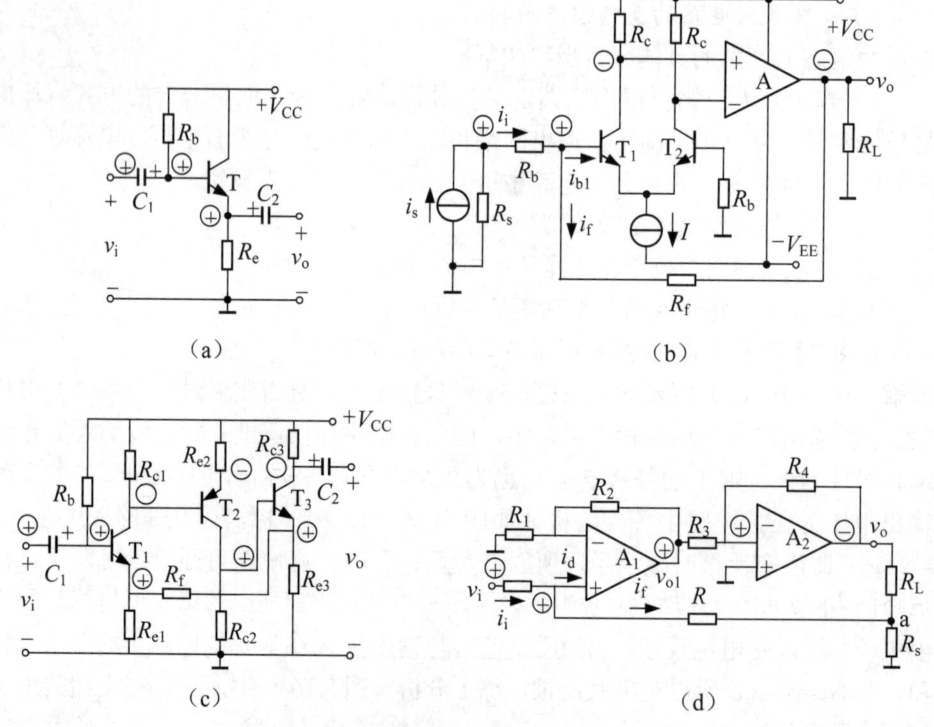

图 8.16 例 8.7 的放大电路图

图 8.16（c）所示的电路是一个三级直接耦合放大电路。分析判断过程为：

（1）在第三级的输出回路和第一级的输入回路之间由反馈电阻 R_f 将输出信号反送到输入回路中，因此该电路存在反馈。

（2）设输入信号 v_i 的瞬时极性为正，则 T_1 的基极电位 v_{b1} 也为正，T_1 的集电极输出信号 v_{c1} 为负，T_2 的集电极输出电压为正，T_3 的发射极输出电压为正，经 R_f

反馈到 T_1 发射极的电位 v_{e1} 也为正，电路中各点的极性如图 8.16（c）中所标，因此净输入电压 v_{be1}（$=v_{b1}-v_{e1}$）比没有反馈时减小了，所以是负反馈。

（3）反馈信号 v_f 取自输出回路的电流 $i_o = i_{Re3}$ 所以是电流反馈。

（4）反馈量 $v_f(=v_{e1})$ 接在 T_1 一个输入端（T_1 管的发射极 e）和地之间，输入量 v_i（$=v_{b1}$）接在 T_1 的另一个输入端（T_1 管的基极 b）和地之间，由于反馈量与输入量分别接至放大电路的不同输入端，因此是串联反馈。

综上分析，图 8.16（c）所示电路引入的是级间交流电流串联负反馈。

图 8.16（d）所示的电路是一个运算放大器组成的两级放大电路。分析判断过程为：

（1）输出信号经由负载电阻 R_L 靠近“地”端引至 A_1 的同相输入端，因此该电路存在级间反馈。

（2）设输入信号 v_i 的瞬时极性为正，则 A_1 的同相输入端电位为正，A_1 的输出信号 v_{o1} 为正，则 A_2 的反相输入端电位为正，A_2 的输出信号 v_o 为负，电路中各点的极性如图 8.16（d）中所标，根据上述分析，可标出输入电流 i_i、净输入电流 i_d 和反馈电流 i_f 的瞬时流向如图中箭头所示。因此净输入电流 i_d（$=i_i-i_f$）比没有反馈时减小了，所以是负反馈。

（3）从输出端反送回输入端的交流信号是电阻 R 上的反馈电流信号 i_f，这里，$i_f = \dfrac{v_{1+} - v_a}{R}$。用“输出短路法”，令 $R_L = 0$，由电路知 $v_a \neq 0$，所以 $i_f \neq 0$，反馈信号仍然存在，说明反馈信号与输出电流有关，所以是电流反馈。

（4）反馈量 i_f 接在 A_1 的同相输入端，输入量 i_i 也接在 A_1 的同相输入端，由于反馈量与输入量均接至运算放大器的同一个输入端，所以引入的是并联反馈。

综上分析，图 8.16（d）所示电路引入的是级间交流电流并联负反馈。

【例 8.8】分析判断图 8.17 所示电路的反馈类型。

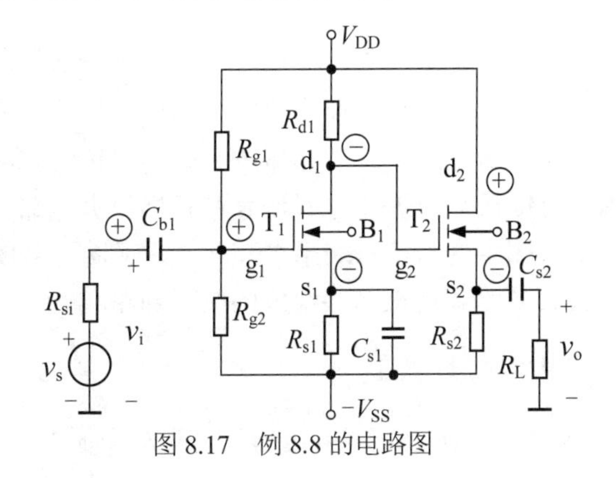

图 8.17　例 8.8 的电路图

解：图 8.17 所示的电路是一个共源-共源放大电路。分析判断过程为：

（1）在第二级的输出回路和第一级的输入回路之间由反馈电阻 R_{s2} 和 R_{s1} 将输出信号反送到输入回路中，因此该电路存在反馈。

（2）设输入信号的瞬时极性为正，则 T_1 的漏极电位为负，T_2 的源极输出信号为负，反馈信号 v_f（v_{s1}）为负，电路中各点的极性如图 8.17 中所标，因此净输入电压 v_{gs1}（$=v_i-(-v_f)$）比没有反馈时增加了，所以是正反馈。

（3）用“输出短路法”，令 $v_o=0$，但此时 $i_o\neq0$，则 $v_f\neq0$，说明反馈信号与输出电压 v_o 无关，所以是电流反馈。

（4）反馈量 v_f 与输入量 v_i 在输入端以电压的形式求代数和，即 $v_{gs1}=v_i+v_f$，所以是串联反馈。

综上分析，图 8.17 所示电路的组态为电流串联正反馈。

8.2 负反馈放大电路的一般表达式

8.2.1 负反馈的方框图

负反馈放大电路有四种组态，每一种组态的电路也是多种多样，而且各种组态的基本放大电路的增益和反馈网络的反馈系数的物理意义和量纲都各不相同，因此，为便于分析，只用一个统一的方框图来表示，如图 8.18 所示。

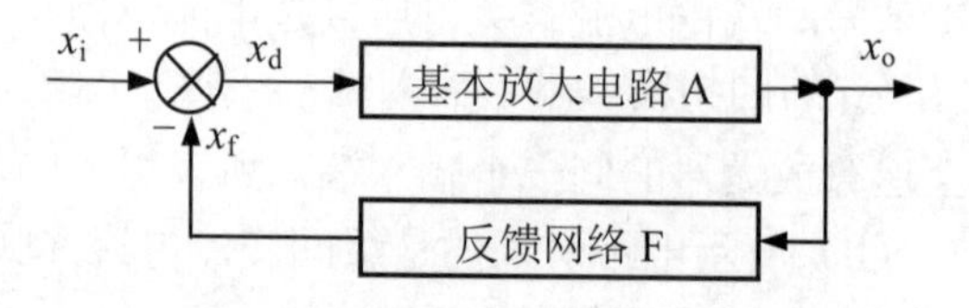

图 8.18 反馈放大电路方框图

为了表示一般情况，图 8.18 方框图中的输入量、输出量和反馈量分别用 x_i、x_o 和 x_f 表示，带箭头的直线表示信号，箭头方向表明信号传递的方向。图中上面一个方框表示基本放大电路，即无反馈时的开环放大电路，其增益用 A 表示；下面一个方框表示反馈网络，反馈系数用 F 表示。信号在开环放大电路中是正向传输，在反馈网络中是反向传输；图中叉圈符号表示求和环节，叉圈符号的输出是各输入信号的代数和。由开环放大电路和反馈网络组成的闭合回路称为反馈环。

8.2.2 负反馈放大电路的增益

图 8.18 中，基本放大电路的开环增益为输出量与净输入量之比，

$$A = \frac{x_o}{x_d} \tag{8.1}$$

反馈网络的反馈系数为反馈量与输出量之比

$$F = \frac{x_f}{x_o} \tag{8.2}$$

负反馈放大电路的增益（闭环增益）为输出量与输入量之比

$$A_f = \frac{x_o}{x_i} \tag{8.3}$$

其中净输入量为$x_d = x_i - x_f$。由以上各式可得闭环增益为

$$A_f = \frac{x_o}{x_i} = \frac{A}{1 + AF} \tag{8.4}$$

式中：A_f称为反馈放大电路的闭环增益，表示引入反馈后，放大电路的输出量与外加输入量之间的总的增益；AF称为环路增益；（$1+AF$）称为反馈深度，表示引入负反馈后放大电路的增益与无反馈时相比所变化的倍数，显然，引入负反馈后，放大电路的闭环增益A_f减小了，减小的程度与（$1+AF$）有关。

（$1+AF$）是衡量反馈程度的重要指标，引入负反馈后放大电路中各项性能的改变程度都与（$1+AF$）的大小有关，下面根据式（8.4）详细分析。

1. 正反馈与负反馈

（1）当$|1+AF|>1$，则$|A_f|<|A|$，说明引入反馈后闭环增益比开环增益小，这种反馈称为负反馈。

（2）当$|1+AF|<1$，则$|A_f|>|A|$，即引入反馈后，增益增加了，这种反馈称为正反馈。

2. 深度负反馈

在负反馈的情况下，若$|1+AF|>>1$，称为深度负反馈。此时

$$A_f = \frac{A}{1 + AF} \approx \frac{A}{AF} = \frac{1}{F} \tag{8.5}$$

式（8.5）说明在深度负反馈的条件下，闭环增益几乎与开环增益的具体数值无关，而主要取决于反馈系数F。因此，即使由于温度等因素变化导致开环增益A发生变化，只要F的值一定，就能保持闭环增益A_f稳定。实际的反馈网络常常由不受温度影响的电阻等元件组成，因此反馈系数F的值由这些元件的电阻值之比来决定，基本上不受温度等因素的影响。

3. 自激振荡

当$|1+AF|=0$时，则$A_f \to \infty$，这就说明，在放大电路没有输入信号（$x_i=0$）时，也会有输出信号（$x_o \neq 0$），放大电路的这种状态称为自激振荡。在负反馈放大电路中，自激振荡现象是要必须设法消除的。

【例8.9】已知某开环增益为4000的放大电路，引入了反馈系数为0.01的负反馈

后，闭环增益为多少？若开环增益增加为8000，闭环增益变为多少？

解：由式（8.5）可求得该电路的闭环增益为

（1）当A=4000时，有

$$A_{\mathrm{f}} == \frac{A}{1+AF} = \frac{4000}{1+4000\times 0.01} \approx 97.56$$

（2）当A=8000时，有

$$A_{\mathrm{f}} == \frac{A}{1+AF} = \frac{8000}{1+8000\times 0.01} \approx 98.77$$

由此例可知，在深度负反馈下（$|1+AF|>>1$）的条件下，闭环增益在两种情况下都是近似满足$A_f = \dfrac{A}{1+AF} \approx \dfrac{A}{AF} = \dfrac{1}{F} = 100$，说明闭环增益比较稳定。

因此我们在设计放大电路时，为了提高稳定性，一般选用开环增益很高的集成运放，一般引入深度负反馈。

8.2.3　四种组态电路的方框图

负反馈放大电路有四种组态，若将负反馈放大电路中的开环放大电路和反馈网络均看成二端网络，则四种组态中的两个网络的连接方式不同。图8.19为四种组态电路的方框图。

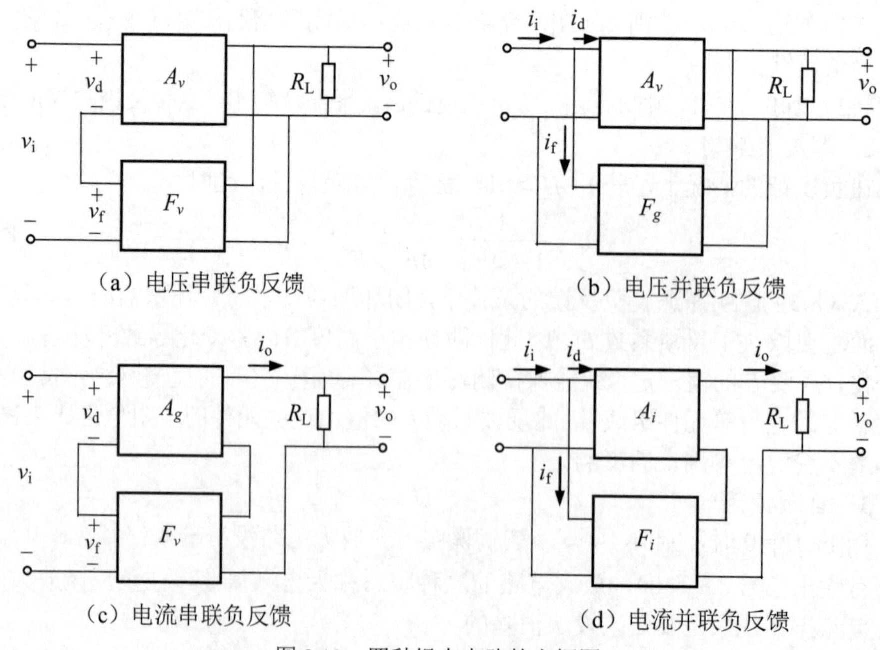

图8.19　四种组态电路的方框图

必须指出，对于不同组态的放大电路来说，x_i、x_o、x_f和 x_d 所代表的电量不同，而且四种负反馈放大电路中的开环增益 A、闭环增益 A_f和反馈系数 F 的物理意义和量纲各不相同，因此，统称为广义的增益和广义的反馈系数。

为了便于比较，现归纳四种负反馈组态的增益和反馈系数于表 8.1 中，其中 A_v、A_i 分别表示电压增益和电流增益（量纲为 1）；A_r、A_g 分别表示互阻增益（单位为Ω）和互导增益（单位为 S）；相应的反馈系数 F_v、F_i、F_r 及 F_g 的量纲也各不相同，但环路增益 AF 总是量纲为 1 的。

表 8.1　四种负反馈组态电路中各种信号量的含义

组态	输出信号 x_o	反馈信号 x_f	开环增益 A	反馈系数 F	闭环增益 A_f	功能
电压串联负反馈	v_o	v_f	$A_v=v_\mathrm{o}/v_\mathrm{d}$	$F_v=v_\mathrm{f}/v_\mathrm{o}$	$A_{v\mathrm{f}}=v_\mathrm{o}/v_\mathrm{i}$	v_i 控制 v_o，电压放大
电压并联负反馈	v_o	i_f	$A_r=v_\mathrm{o}/i_\mathrm{d}$	$F_g=i_\mathrm{f}/v_\mathrm{o}$	$A_{r\mathrm{f}}=v_\mathrm{o}/i_\mathrm{i}$	i_i 控制 v_o，电流转换为电压
电流串联负反馈	i_o	v_f	$A_g=i_\mathrm{o}/v_\mathrm{d}$	$F_r=v_\mathrm{f}/i_\mathrm{o}$	$A_{g\mathrm{f}}=i_\mathrm{o}/v_\mathrm{i}$	v_i 控制 i_o，电压转换为电流
电流并联负反馈	i_o	i_f	$A_i=i_\mathrm{o}/i_\mathrm{d}$	$F_i=i_\mathrm{f}/i_\mathrm{o}$	$A_{i\mathrm{f}}=i_\mathrm{o}/i_\mathrm{i}$	i_i 控制 i_o，电流放大

8.2.4　深度负反馈放大电路增益的计算

【微课视频】

深度负反馈放大电路增益的计算

反馈放大电路是一个带反馈回路的有源线性网络，对于线性电路的求解方法很多，但是，当电路比较复杂时，这些方法用起来很不方便。但是，反馈放大电路在深度负反馈的情况下，其增益是可以做近似计算的。因此，我们从工程的角度出发，讨论其深度负反馈条件下的近似计算。

由图 8.18 所示的方框图可得

$$A_\mathrm{f}=\frac{x_\mathrm{o}}{x_\mathrm{i}} \tag{8.6}$$

$$F=\frac{x_\mathrm{f}}{x_\mathrm{o}} \tag{8.7}$$

由前面的讨论可知，在深度负反馈的条件下，由式(8.5)可得闭环增益 $A_\mathrm{f}\approx 1/F$，因此，联立式（8.6）和式（8.7）可得

$$x_i \approx x_f \tag{8.8}$$

式（8.8）说明，深度负反馈的条件下，反馈信号 x_f 与输入信号 x_i 几乎相等，相差很小，因此净输入信号 x_d 非常小，所以有

$$x_d = x_i - x_f \approx 0 \tag{8.9}$$

综上分析，（1）对于串联负反馈有 $v_i \approx v_f$，所以 $v_d=v_i-v_f \approx 0$，因而在放大电路输入电阻上产生的输入电流也必然近似为零，即 $i_d \approx 0$。（2）对于并联负反馈有 $i_i \approx i_f$，所以 $i_d=i_i-i_f \approx 0$，因而在放大电路输入电阻上产生的输入电压也必然近似为零，即 $v_d \approx 0$。

因此，在深度负反馈的条件下，不论是串联还是并联负反馈，均有 $v_d \approx 0$（虚短）和 $i_d \approx 0$（虚断）同时存在。这就为我们快速的估算出负反馈放大电路的闭环增益提供了方便。

【例 8.10】某运算放大器组成的电路如图 8.20 所示，试计算该电路的闭环电压增益。

解：图 8.20 中电阻 R_f 接在输出回路和输入回路之间，构成了反馈通路。假设输入信号 v_i 的瞬时极性为正，电路中各点的瞬时极性标于图 8.20 中，利用前面的知识可分析出该电路为电压并联负反馈放大电路。

该电路内部含有一个集成运放，因而开环增益很大，能够满足$|1+AF|>>1$ 的条件，所以该电路为深度负反馈。

因此利用“虚断”有，$i_d \approx 0$，$i_i \approx i_f$，即

$$\frac{v_i - v_n}{R_1} \approx \frac{v_n - v_o}{R_f}$$

再利用“虚短”有，$v_n \approx v_p$，此外，由图可得 $v_p=0$。所以闭环增益为

$$A_f = \frac{v_o}{v_i} = -\frac{R_f}{R_1}$$

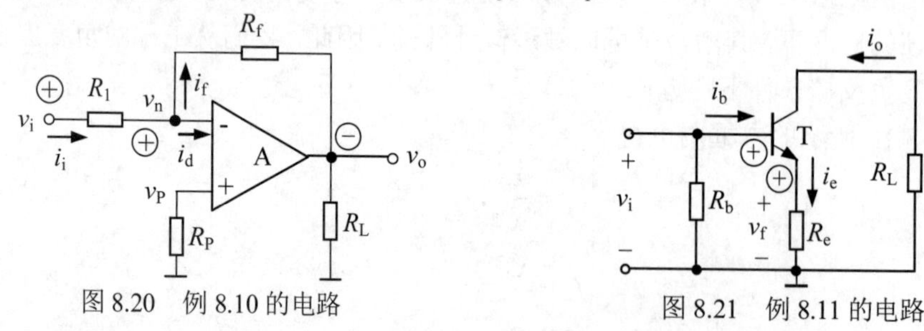

图 8.20　例 8.10 的电路

图 8.21　例 8.11 的电路

【例 8.11】某共射极放大电路的交流通路如图 8.21 所示，试近似计算该电路的闭环电压增益。

解：图 8.21 中射极电阻 R_e 引入的是电流串联负反馈。近似计算时，设该电路

处于深度负反馈的条件下，利用“虚短”有，$v_i \approx v_f = i_e R_e \approx i_o R_e$，而由电路图可得 $v_o = -i_o R_L$，联立上两式可得闭环电压增益为

$$A_f = \frac{v_o}{v_i} = -\frac{R_L}{R_e}$$

【例 8.12】某多级放大电路如图 8.22 所示，已知电路满足|1+AF|>>1 的条件，试计算该电路的闭环电压增益。

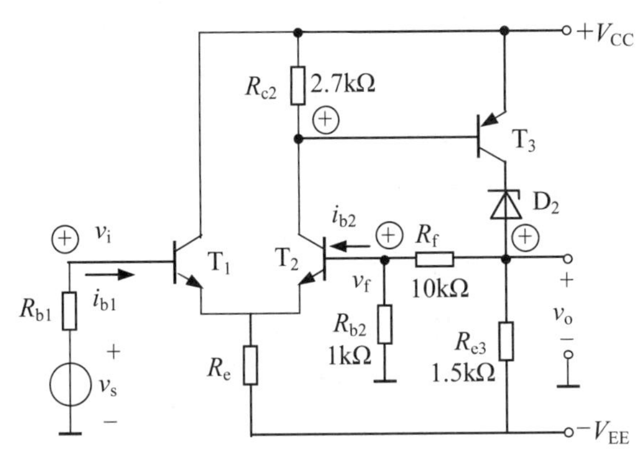

图 8.22　例 8.12 的电路

解：图 8.22 中电阻 R_f 和 R_{b2} 接在输出回路和输入回路之间，构成了反馈通路。假设输入信号 v_i 的瞬时极性为正，电路中各点的瞬时极性标于图 8.22 中，利用前面的知识可分析出该电路为电压串联负反馈。

因此利用“虚短”($v_i \approx v_f$) 和“虚断”($i_{b1} = i_{b2} \approx 0$)，可以直接写出

$$v_i = v_f = \frac{R_{b2}}{R_f + R_{b2}} v_o$$

于是可得闭环增益为

$$A_f = \frac{v_o}{v_i} = 1 + \frac{R_f}{R_{b2}}$$

8.3　负反馈对放大电路性能的影响

在放大电路引入负反馈后，虽然使闭环增益下降，但是能从多方面改善放大电路的性能，现分述如下。

1. 提高放大电路的稳定性

放大电路的开环增益可能会受到温度变化、元器件参数改变、电源电压波动、

负载大小的变化等因素的影响而不稳定，在放大电路中引入负反馈后得到的最显著的效果就是提高闭环增益的稳定性。例如，如前所述，电压负反馈使输出电压基本维持稳定，当输入信号（v_i或i_i）一定时，则闭环电压增益和闭环电阻增益基本稳定不变。同样，电流负反馈使输出电流基本维持稳定，当输入信号（v_i或i_i）一定时，则闭环电流增益和闭环电导增益也基本稳定不变。因此，引入负反馈后能维持增益的稳定。现分析引入负反馈后稳定增益的原理。

分析式（8.5）负反馈方程$A_f=\dfrac{A}{1+AF}$，将式（8.5）对变量A求导，可得

$$\frac{dA_f}{dA}=\frac{1}{(1+AF)^2} \tag{8.10}$$

将（8.10）式两边同除以A，可得

$$\frac{dA_f}{A_f}=\frac{1}{1+AF}\frac{dA}{A} \tag{8.11}$$

式（8.11）说明放大电路的稳定性与增益的相对变化率有关，引入负反馈后，负反馈放大电路的闭环增益A_f的相对变化率（dA_f/A_f）是无反馈时开环增益A的相对变化量（dA/A）的$1/(1+AF)$。说明闭环电路的稳定性大大优于开环电路，而且负反馈越深，放大电路越稳定。

【例 8.13】负反馈放大电路如图 8.23 所示，设集成运放的开环增益A=1000，由于环境温度变化，使增益下降为 900，R_2=4kΩ，R_f=16kΩ。试求：（1）反馈系数F；（2）求闭环增益的相对变化量。

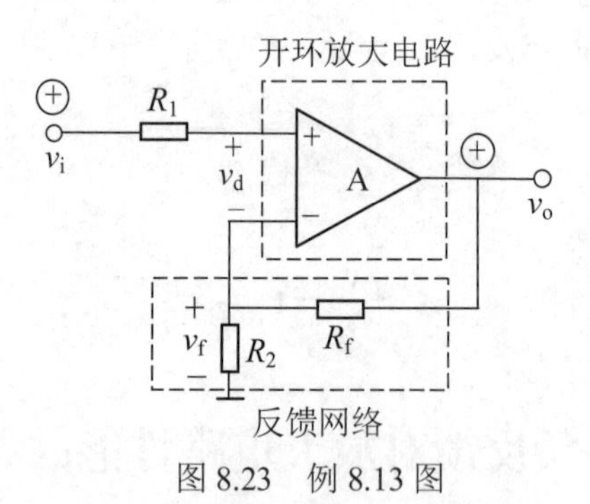

图 8.23　例 8.13 图

解：（1）无反馈时，增益的相对变化量为

$$\frac{dA}{A}=\frac{1000-900}{1000}=10\%$$

反馈系数为

$$F=\frac{v_{\rm f}}{v_{\rm o}}=\frac{R_2}{R_2+R_f}=\frac{4}{4+16}=0.2$$

反馈深度为

$$1+AF=1+1000\times0.2=201$$

（2）闭环增益的相对变化量为

$$\frac{{\rm d}A_f}{A_f}=\frac{1}{1+AF}\frac{{\rm d}A}{A}=\frac{1}{201}\times10\%\approx0.05\%$$

结果表明，当开环增益变化 10%，闭环增益的相对变化量只有 0.05%。这说明引入负反馈的深度约为 200，增益的稳定性提高了 200 倍。若引入深度负反馈，则闭环电路的稳定性也大大提高。

2. 减小非线性失真和抑制干扰、噪声

由于放大器件传输特性曲线的非线性，当输入信号的幅度较大时，放大器件可能工作在它的非线性部分，这就会使得输出波形产生比较严重的失真。引入负反馈后，可使这种非线性失真减小，下面通过例子详细说明。

图 8.24 是某电压放大电路的开环传输特性曲线和闭环传输特性曲线。

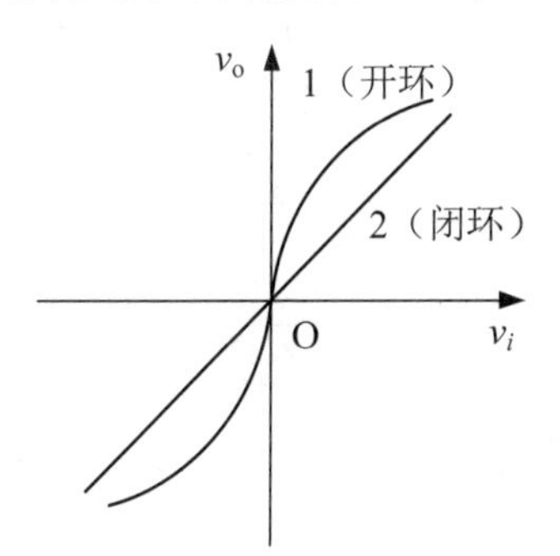

图 8.24　放大电路的传输特性

图 8.24 中曲线 1 的斜率可写为

$$A=\frac{{\rm d}v_{\rm o}}{{\rm d}v_{\rm i}} \tag{8.12}$$

该式表明，斜率的变化反映增益随输入信号的大小而变化。$v_{\rm o}$ 与 $v_{\rm i}$ 之间的这种非线性关系，说明若输入信号的幅度较大时，输出会产生非线性失真，这才是放大电路产生非线性失真的来源。

引入深度负反馈（$|1+AF|>>1$）后，反馈放大电路的闭环增益为

$$A_{\rm f}=\frac{1}{F} \tag{8.13}$$

这表明，在反馈放大电路中，闭环增益与开环增益无关。所以该电压放大电路的闭环电压传输特性近似为一条直线，如图 8.24 中曲线 2 所示。与曲线 1 相比，在同样的输出电压幅度下，斜率（增益）虽然变小了，但增益因输入信号的大小而改变的程度却大大减小。这说明，v_o 与 v_i 之间几乎呈线性关系，换句话说，就是减小了非线性失真。

应当注意的是，负反馈减小非线性失真所指的是反馈环内的失真。如果是输入信号波形本身的失真，即使引入了负反馈，也是无济于事的。

例如图 8.25 中负反馈减小非线性失真的过程。开环情况下，由于温度变化、元器件参数改变、电源电压波动、负载大小的变化等因素的影响使输出信号的正半周变大了，负半周变小了，开环系统是无法改变这种失真的。引入负反馈后，反馈回路将输出信号的这种改变馈送到了输入端，与输入端信号进行比较后，使净输入信号的正半周变小了，负半周变大了，进而通过放大器的放大作用，使输出信号的正半周变小一些，负半周变大一些，进而减小了非线性失真。从本质上说，负反馈是利用失真了的波形来改善波形的失真，因此只能减小失真，不能完全消除失真。

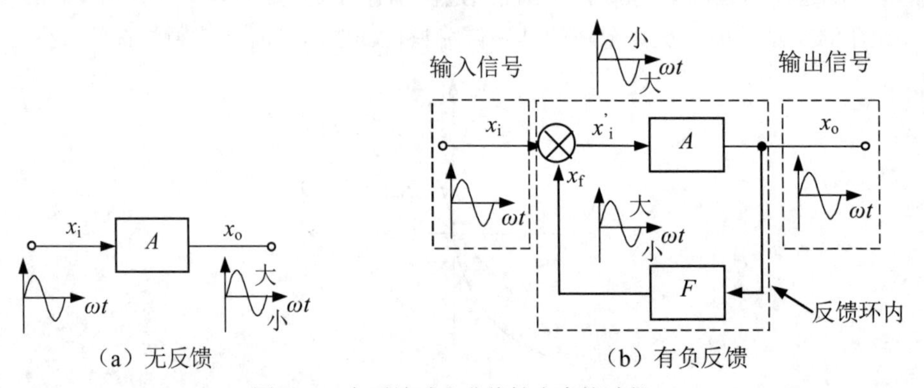

图 8.25　负反馈减小非线性失真的过程

3. 对放大电路输入电阻和输出电阻的影响

放大电路引入负反馈后，各种反馈组态对输入电阻和输出电阻产生的影响不同。

（1）改变电路的输入电阻。

1）串联负反馈将增大输入电阻。在串联负反馈放大电路（图 8.6（a）和图 8.11（b））中，由于反馈网络和输入回路串联，v_i 被 v_f 抵消了一部分，使得放大电路的净输入电压减小，在同样的外加输入电压之下，输入电流将比无反馈时减小，相当于增高了输入电阻。

在图 8.26 中，无反馈时的输入电阻为

$$R_{\mathrm{i}} = \frac{v_{\mathrm{d}}}{i_{\mathrm{i}}}$$

引入串联负反馈后的输入电阻为

$$R_{\mathrm{if}} = \frac{v_{\mathrm{i}}}{i_{\mathrm{i}}} = \frac{v_{\mathrm{d}} + v_{\mathrm{f}}}{i_{\mathrm{i}}} = \frac{v_{\mathrm{d}} + AFv_{\mathrm{d}}}{i_{\mathrm{i}}} = (1 + AF)\frac{v_{\mathrm{d}}}{i_{\mathrm{i}}} = (1 + AF)R_{\mathrm{i}}$$

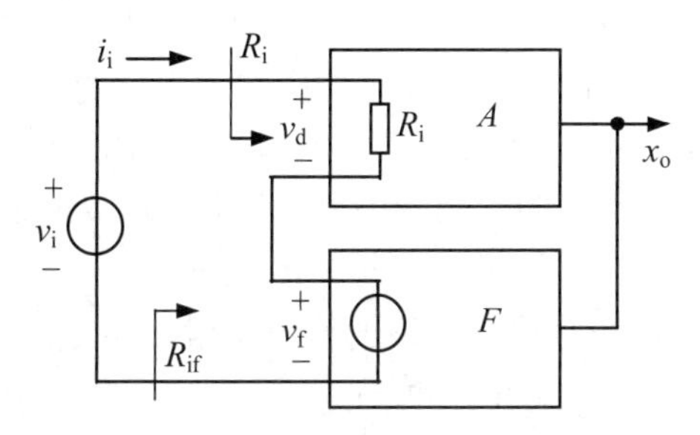

图 8.26　串联负反馈对输入电阻的影响

可见，引入串联负反馈后，放大电路的输入电阻增大为无反馈时输入电阻的（1+AF）倍，分析图 8.6（a）和图 8.11（b）结果一样，因此无论是串联电压负反馈还是串联电流负反馈均是如此。

2）并联负反馈将减小输入电阻。在并联负反馈放大电路[图 8.11（a）和图 8.13（a）]中，由于反馈网络和输入回路并联，i_{i}除提供给i_{d}外，还要增加一个分量i_{f}，致使输入电流i_{i}增大，相当于减低了输入电阻。

在图 8.27 中，无反馈时的输入电阻为

$$R_{\mathrm{i}} = \frac{v_{\mathrm{i}}}{i_{\mathrm{d}}}$$

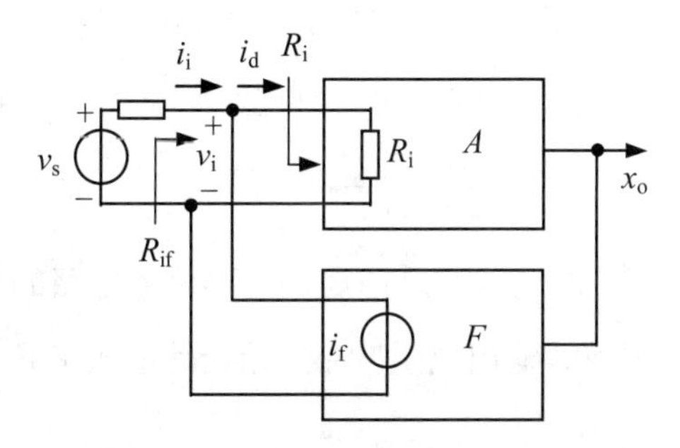

图 8.27　并联负反馈对输入电阻的影响

引入并联负反馈后的输入电阻为

$$R_{\text{if}}=\frac{v_{\text{i}}}{i_{\text{i}}}=\frac{v_{\text{i}}}{i_{\text{d}}+i_{\text{f}}}=\frac{v_{\text{i}}}{i_{\text{d}}+(1+AF)i_{\text{d}}}=\frac{1}{(1+AF)}\frac{v_{\text{i}}}{i_{\text{d}}}=\frac{1}{(1+AF)}R_{\text{i}}$$

可见，引入并联负反馈后，放大电路的输入电阻减小为无反馈时输入电阻的 $1/(1+AF)$，分析图 8.11（a）和图 8.13（a）结果一样，因此无论是并联电压负反馈还是并联电流负反馈均是如此。

（2）改变电路的输出电阻。输出电阻是从放大电路的输出端看进去的等效电阻，电压负反馈和电流负反馈对输出电阻的影响是不同的。下面进行详细分析。

1）电压负反馈将减小输出电阻。电压负反馈放大电路具有稳定输出电压 v_{o} 的作用，负反馈使 v_{o} 受负载变动的影响减小，说明集成运放的输出特性接近理想的电压源特性，这种放大电路的内阻即输出电阻 R_{o} 很低。

图 8.28 中，R_{o}' 是无反馈时放大网络的输出电阻，Av_{d} 是一个等效的受控电压源。在计算输出电阻时，令电压负反馈电路的输入电压 $v_{\text{i}}=0$，则开环放大电路的输入电压 $v_{\text{d}}=-v_{\text{f}}$。因此可得

$$v_{\text{t}}=i_{\text{t}}R_{\text{o}}'+Av_{\text{d}}=i_{\text{t}}R_{\text{o}}'-AFv_{\text{t}}$$

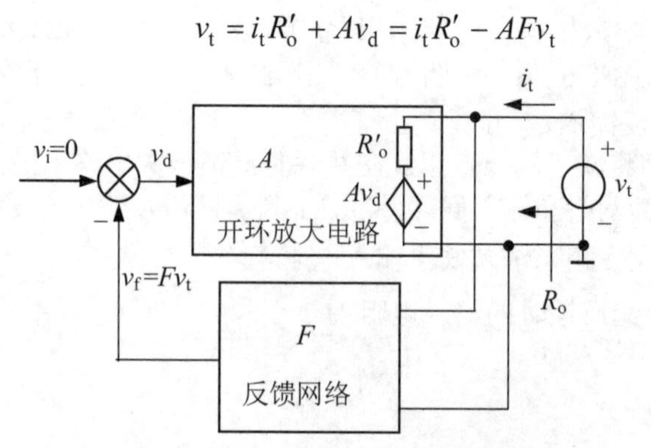

图 8.28　电压负反馈对输出电阻的影响

按照输出电阻的定义，整理上式，可得到电压负反馈放大电路的输出电阻 R_{o} 为

$$R_{\text{o}}=\frac{v_{\text{t}}}{i_{\text{t}}}=\frac{1}{1+AF}R_{\text{o}}' \tag{8.14}$$

由式（8.14）可知，引入电压负反馈后，闭环放大电路的输出电阻是开环时的 $\frac{1}{1+AF}$。说明电压负反馈使其输出电阻减小。无论是电压串联负反馈还是电压并联负反馈均是如此。

2）电流负反馈将增大输出电阻。电流负反馈放大电路具有稳定输出电流 i_{o} 的作用，负反馈使 i_{o} 受负载变动的影响减小，说明集成运放的输出特性接近理想的电流源特性，这种放大电路的内阻即输出电阻 R_{o} 较高。

图 8.29 中，R_o' 是无反馈时放大网络的输出电阻，Av_d 是一个等效的受控电流源。在计算输出电阻时，令电流负反馈电路的输入电压 $v_i=0$，则开环放大电路的输入电压 $v_d=-v_f$。若不考虑在反馈网络输入端的压降，可得

$$i_t \approx \frac{v_t}{R_o'} + Av_d = \frac{v_t}{R_o'} - AFi_t$$

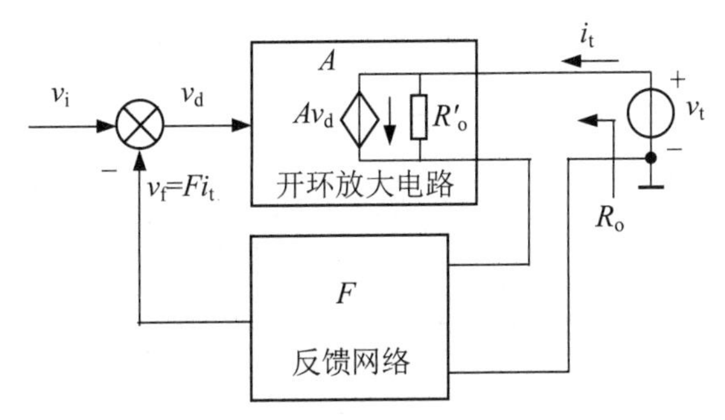

图 8.29　电流负反馈对输出电阻的影响

按照输出电阻的定义，整理上式，可得到电流负反馈放大电路的输出电阻 R_o 为

$$R_o = \frac{v_t}{i_t} = (1+AF)R_o' \tag{8.15}$$

由式（8.15）可知，引入电流负反馈后，闭环放大电路的输出电阻是开环时的 $(1+AF)$ 倍。说明电流负反馈使其输出电阻增大。无论是电流串联负反馈还是电流并联负反馈均是如此。

上述四种负反馈类型对输入电阻 R_i 和输出电阻 R_o 的影响见表 8.2。

表 8.2　四种负反馈类型对 R_i 和 R_o 的影响

电阻	电压串联负反馈	电压并联负反馈	电流串联负反馈	电流并联负反馈
R_i	增大	减小	增大	减小
R_o	减小	减小	增大	增大

【例 8.14】负反馈放大电路如图 8.30 所示。试定性说明反馈对输入和输出电阻的影响。

解：图 8.30 所示电路为一多级放大电路，电阻 R_f 和 R_{b2} 构成了反馈通路。假设输入信号 v_i 的瞬时极性为正，电路中各点的瞬时极性标于图 8.30 中，可知，净输入信号减小，所以是负反馈。输入信号加在 T_1 的基极，反馈信号加在 T_2 的基极，反馈量与输入量分别接至放大电路的不同输入端，因此引入的是串联反馈。用输出短路法，令 $v_o=0$ 时，则

$$v_f = \frac{R_{b2}}{R_f + R_{b2}} v_o = 0$$

所以是电压反馈，综上分析，该电路为电压串联负反馈。

串联负反馈使输入电阻 R_i 增大、电压负反馈使输出电阻 R_o 减小。

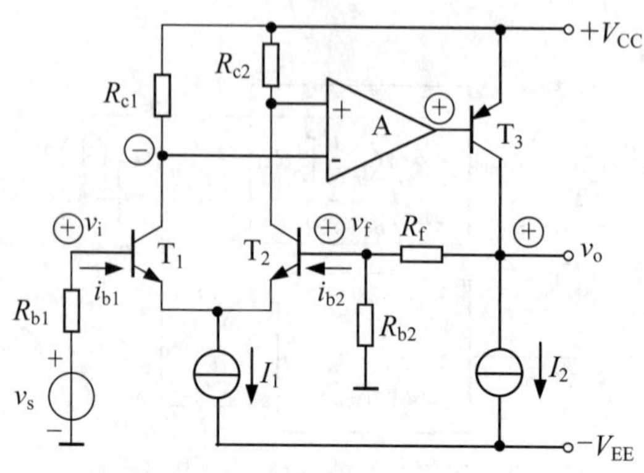

图 8.30 例 8.14 的电路

【例 8.15】某多级直接耦合放大电路图如图 8.31 所示，已知该电路满足 $|1+AF|>>1$，试分析：（1）定性说明反馈对输入电阻和输出电阻的影响；（2）计算闭环互阻增益。

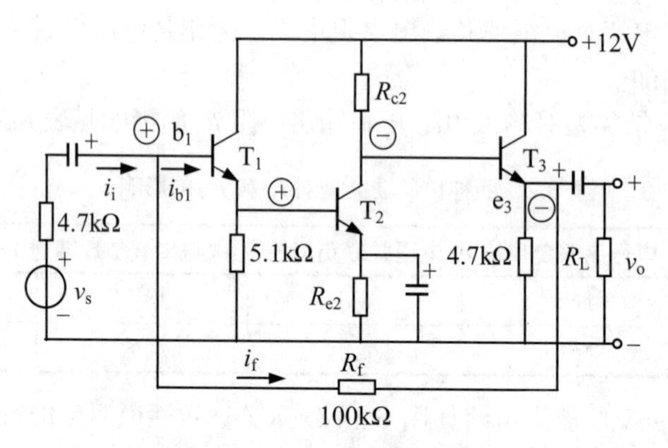

图 8.31 例 8.15 的电路

解：（1）图 8.31 所示电路中，R_f 是反馈元件。假设输入信号 v_i 的瞬时极性为正，电路中各点的瞬时极性标于图 8.31 中，可知，净输入信号 i_{b1}（$=i_i-i_f$）减小了，所以是负反馈。反馈量与输入量接至放大电路的同一个输入端，因此引入的是并联反馈。用输出短路法，令 $v_o=0$ 时，则 $i_f=0$，所以是电压反馈。综上分析，该电路为电压并联负反馈。

所以，并联负反馈使输入电阻 R_i 减小、电压负反馈使输出电阻 R_o 减小。

（2）因为 $i_f = \dfrac{v_{b1} - v_o}{R_f} \approx -\dfrac{v_o}{R_f} = -\dfrac{v_o}{100}$

所以 $F_g = \dfrac{i_f}{v_o} = -\dfrac{v_o}{100} \times \dfrac{1}{v_o} = -\dfrac{1}{100\text{k}\Omega}$

已知该电路满足$|1+AF|>>1$，因此深度负反馈条件下，闭环互阻增益为

$$A_{rf} = \frac{v_o}{i_i} \approx \frac{1}{F_g} = -100\text{k}\Omega$$

4. 改善放大电路的频率特性

频率响应是放大电路的重要特征，而通频带是它的重要技术指标。由前面的分析可知，负反馈可以提高增益的稳定性。因此，对于信号频率不同而引起的增益的下降，也可以通过负反馈来改善。所以，可以通过引入负反馈使放大电路的通频带展宽，进而改善放大电路的频率特性。

在中频段，放大电路的开环增益 A 较高，反馈信号也较大，因此净输入信号降低较多，闭环增益也随之降低较多；而在低频段和高频段，放大电路的开环增益较低，此时反馈信号较小，因而净输入信号降低的较小，闭环增益也降低较小。这样就使得增益在比较宽的频段上趋于稳定，即通频带被展宽了，如图 8.32 所示。

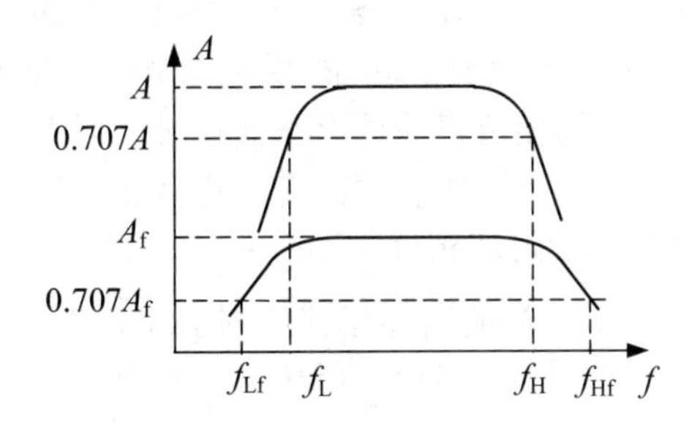

图 8.32　负反馈对通频带和增益的影响

8.4　负反馈放大电路的稳定性

8.4.1　影响负反馈放大电路正常工作的因素

由前面的讨论知，负反馈对放大电路的各项性能的改善由反馈深度或环路增益

的大小决定。一般来说，负反馈的深度越深或环路增益越大，放大电路的性能越好。然而，对于多级负反馈放大电路而言，反馈过深时，不但不能改善放大电路的性能，反而会使电路产生自激振荡现象，这种现象破坏了放大电路的正常工作，是需要避免并设法消除的。

负反馈放大电路产生自激振荡是影响其正常工作的因素。自激振荡是如何产生的？

1. 产生自激振荡的原因

在放大电路的输入端不加任何信号的情况下，其输出端仍然出现某个特定频率和幅度的信号，这种现象称为自激振荡。

负反馈放大电路的闭环增益的一般表达式为

$$\dot{A}_f = \frac{\dot{A}}{1+\dot{A}\dot{F}} \tag{8.16}$$

前面讨论的负反馈放大电路都是假定工作在中频区内，这时电路中各个电抗性元件的影响均可忽略，因此$\dot{A}\dot{F}>0$，故$\dot{A}$和$\dot{F}$的相角和为

$$\varphi_a+\varphi_f=2n\pi，n=0，1，2，\cdots \tag{8.17}$$

引入负反馈后，放大电路的净输入信号$\dot{X}_{\rm d}(=\dot{X}_{\rm i}-\dot{X}_{\rm f})$将减小，因此，$\dot{X}_{\rm f}$与$\dot{X}_{\rm i}$必然是同相的，此时

$$|\dot{X}_{\rm d}|=|\dot{X}_{\rm i}|-|\dot{X}_{\rm f}| \tag{8.18}$$

但是，在高频区或低频区，电路中各种电抗性元件的影响不能再被忽略。$\dot{A}$和$\dot{F}$是频率的函数，它们的幅值和相位都会随频率的变化而变化。在高频区，半导体元件极间电容的存在，$\dot{A}\dot{F}$的相位将滞后；在低频段，因为旁路电容和耦合电容的影响，$\dot{A}\dot{F}$的相位将超前。于是，相位的改变，将会在中频段相位关系的基础上产生超前相移或滞后相移，称为附加相移（$\Delta\varphi_a+\Delta\varphi_f$）。

可能在某一频率下，$\dot{A}$、$\dot{F}$的附加相移达到180°，使

$$\varphi_a+\varphi_f=(2n+1)\pi，n=0，1，2，\cdots \tag{8.19}$$

这时，$\dot{X}_{\rm f}$与$\dot{X}_{\rm i}$必然由中频带内的同相变为反相，使放大电路的净输入信号由中频时的减小而变为增大，即

$$|\dot{X}_{\rm d}|=|\dot{X}_{\rm i}|+|\dot{X}_{\rm f}| \tag{8.20}$$

这时，放大电路中引入的负反馈就变成了正反馈。净输入信号增大，于是，输出量也随之增大。当正反馈较强时，即使输入端不加输入信号，输出端也会产生输出信号，这时电路就产生了自激振荡，如图8.33所示。电路一旦产生自激振荡，电路将会失去正常放大作用。

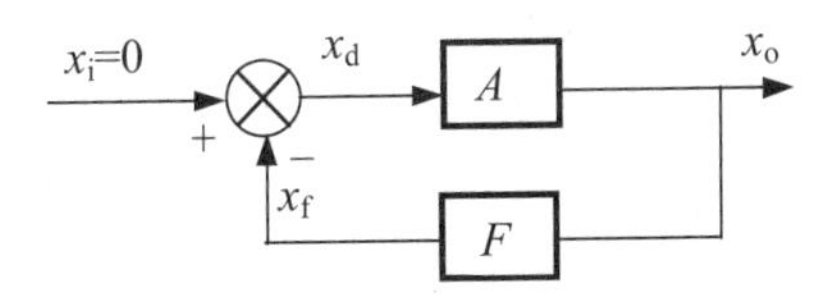

图 8.33　反馈放大电路的自激振荡

2. 产生自激振荡的条件

由图 8.33 可知，电路产生自激振荡时，有

$$\dot{X}_o = \dot{A}\dot{X}_d = -\dot{A}\dot{F}\dot{X}_o \tag{8.21}$$

也就是

$$\dot{A}\dot{F} = -1 \tag{8.22}$$

式（8.22）就是负反馈放大电路产生自激振荡的条件。

也可以用幅值和相角表示为

$$|\dot{A}\dot{F}| = 1 \tag{8.23a}$$

$$\varphi_a + \varphi_f = \pm(2n+1)\pi \text{，n=0，1，2，…} \tag{8.23b}$$

式（8.23）是负反馈放大电路产生自激振荡的幅值条件和相角条件，只有这两个条件同时满足时，电路才会产生自激振荡。在起振的过程中，输出量$|\dot{X}_o|$有一个从小变大的过程，故起振条件为

$$|\dot{A}\dot{F}| > 1 \tag{8.24}$$

3. 自激振荡的判断方法

由产生自激振荡的条件可知，如果环路增益 $\dot{A}\dot{F}$ 的幅值条件和相角条件不能同时满足，负反馈放大电路就不会产生自激振荡。为了判断负反馈放大电路是否自激振荡，工程上常用环路增益 $\dot{A}\dot{F}$ 的波特图来分析是否同时满足自激振荡的幅值条件和相角条件。

【例 8.16】某两个负反馈放大电路环路增益的近似波特图如图 8.34 所示，判断两个负反馈放大电路能否产生自激振荡，为什么？

解：图 8.34（a）中，当 f=f_{180}时，$\varphi_a + \varphi_f = -180^\circ$，满足相位条件，此频率所对应的对数幅频 20lg$|\dot{A}\dot{F}|$<0dB，即$|\dot{A}\dot{F}|<1$，说明幅值条件和相角条件不能同时满足，这说明，此负反馈放大电路是稳定的，不会产生自激振荡。

图 8.34（b）中，当 f=f_{180}时，$\varphi_a + \varphi_f = -180^\circ$，满足相位条件，此频率所对应的对数幅频 20lg$|\dot{A}\dot{F}|$>0dB，即$|\dot{A}\dot{F}|>1$，这说明，当 f=f_{180} 时，电路同时满足幅值条件和相角条件，所以此负反馈放大电路将产生自激振荡。

通过上面的例题，判断自激振荡的方法总结如下：

（1）首先找到满足相位条件的频率，即 $f=f_{180}$（用 f_{180} 表示满足相位条件 $\varphi_a+\varphi_f=-180^\circ$ 时的信号频率）时，$\varphi_a+\varphi_f=-180^\circ$。

（2）当相位条件满足的情况下，$f=f_{180}$ 时，此频率所对应的幅频 $|\dot{A}\dot{F}|\geqslant 1$，则会产生自激振荡。

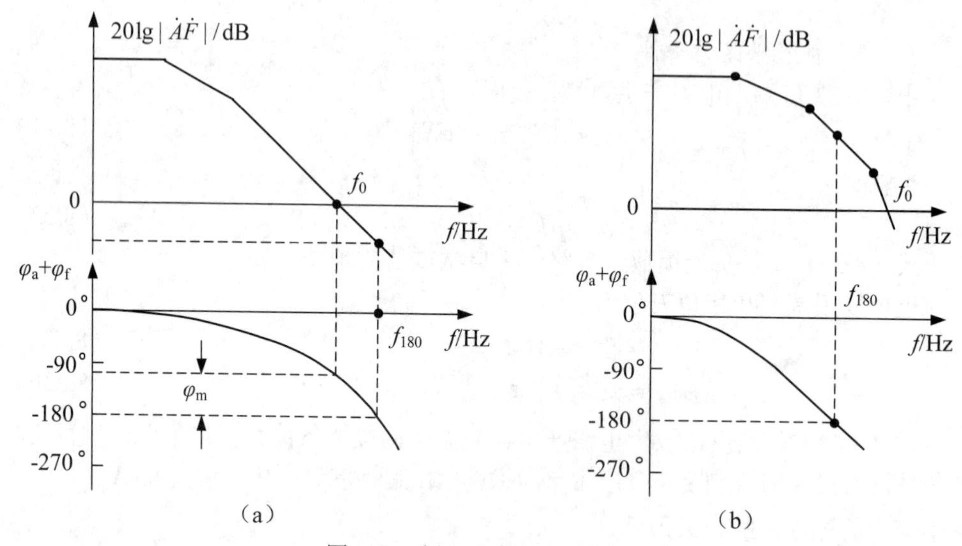

图 8.34　例 8.16 的近似波特图

8.4.2　负反馈放大电路的稳定性分析

1. 负反馈放大电路的稳定裕度

为了使电路能在给定的工作条件下稳定可靠的工作，而且当电路参数及电源电压在一定范围内发生变化，环境温度变化时，电路仍然能够稳定的工作，则电路要有一个稳定的裕量，称为稳定裕度。稳定裕度包括增益裕度和相位裕度两个指标。

（1）增益裕度 G_m。定义 $f=f_{180}$ 时对应的 $20\lg|\dot{A}\dot{F}|$ 为增益裕度 G_m，即

$$G_m=20\lg|\dot{A}\dot{F}|_{f=f_{180}} \tag{8.25}$$

对于稳定的负反馈放大电路，其 $G_m<0$dB，一般要求 $G_m\leqslant -10$dB，保证电路有足够的增益裕度。而且 G_m 值越负，负反馈放大电路的相对稳定性越好。

（2）相位裕度 φ_m。定义 $f=f_0$ 时，$\varphi_a+\varphi_f$ 与−180°相差的程度为相位裕度 φ_m，即

$$\varphi_m=\varphi_a+\varphi_f-(-180^\circ)=(180^\circ+\varphi_a+\varphi_f)_{f=f_0} \tag{8.26}$$

其中，f_0 表示满足幅值条件 $|\dot{A}\dot{F}|=1$ 时的信号频率。对于稳定的负反馈放大电路，其 $\varphi_m>0^\circ$，一般要求 $\varphi_m\geqslant 45^\circ$，保证电路有足够的相位裕度。而且 φ_m 值越大，负

反馈放大电路的相对稳定性越好。

2. 负反馈放大电路的稳定性分析

在对负反馈放大电路进行稳定性分析时，常常利用基本放大电路的开环增益 $\dot{A}$ 的波特图。这是因为当负反馈放大电路中的反馈网络由纯电阻构成时，反馈系数 $\dot{F}$ 为一常数，即 $\varphi_f = 0^\circ$，$\dot{F} = F$。因反馈系数 F 为常数，故式（8.23a）自激振荡的幅值条件 $|\dot{A}\dot{F}|=1$ 可写成 $|\dot{A}|F=1$，$20\lg|\dot{A}\dot{F}|=0$ 可写成

$$20\lg|\dot{A}|+20\lg F = 20\lg|\dot{A}|-20\lg 1/F = 0 \tag{8.27}$$

于是，可在 $20\lg|\dot{A}|$ 的对数幅频特性坐标中作出高度为 $20\lg 1/F$ 的水平线（称为反馈线），此反馈线与 $20\lg|\dot{A}|$ 的对数幅频特性曲线的交点必然满足式（8.27），即 $|\dot{A}\dot{F}|=1$ 的幅值条件。然后在看该交点所对应的相移即相位裕度的大小，就可分析出负反馈放大电路的稳定性。

下面举例说明。

【例 8.17】 某一电压负反馈放大电路，反馈网络由纯电阻，基本放大电路为三级直接耦合式放大电路，其波特图如图 8.35 所示。开环电压增益 A_v=100dB，它有三个极点，$\omega_1=10^5$rad/s（主极点），$\omega_2=10^6$rad/s，$\omega_3=10^7$rad/s，它们对应的相角分别为 $\varphi_{a1}=-45^\circ$，$\varphi_{a2}=-135^\circ$，$\varphi_{a3}=-225^\circ$。试分别分析反馈系数 F_v 取以下各值时，负反馈放大电路的稳定性。

（1）$F_v=F_{v1}=3\times10^{-5}$；（2）$F_v=F_{v2}=10^{-4}$；（3）$F_v=F_{v3}=10^{-3}$。

解：（1）当 $F_v=F_{v1}=3\times10^{-5}$ 时，作反馈线 $20\lg 1/F_{v1}=90\text{dB}$，如图 8.35 中 AB，此反馈线与 $20\lg|\dot{A}_v|$ 的对数幅频特性曲线的交于 B 点，此时 $\varphi_a=-90^\circ$，所以

$$\varphi_m = 180^\circ + \varphi_a + \varphi_f = 180^\circ - 90^\circ + 0^\circ = 90^\circ$$

因此该电路稳定，因相位裕度较大，因此该电路的相对稳定性较好。

（2）当 $F_v=F_{v2}=10^{-4}$ 时，作反馈线 $20\lg 1/F_{v2}=80\text{dB}$，如图 8.35 中 CD，此反馈线与 $20\lg|A_v|$ 的对数幅频特性曲线的交于 D 点，此时 $\varphi_a=-135^\circ$，所以

$$\varphi_m = 180^\circ + \varphi_a + \varphi_f = 180^\circ - 135^\circ + 0^\circ = 45^\circ$$

因此该电路稳定，且满足 $\varphi_m \geqslant 45^\circ$，相对稳定性也较好。

（3）当 $F_v=F_{v3}=10^{-3}$ 时，作反馈线 $20\lg 1/F_{v3}=60\text{dB}$，如图 8.35 中 EF，此反馈线与 $20\lg|\dot{A}_v|$ 的对数幅频特性曲线的交于 F 点，此时 $\varphi_a=-180^\circ$，所以

$$\varphi_\text{m} = 180^\circ + \varphi_a + \varphi_f = 180^\circ - 180^\circ + 0^\circ = 0^\circ$$

此时，电路同时满足幅值条件和相位条件，因此电路会产生自激振荡。

由以上分析可知：

（1）负反馈放大电路的稳定性可根据环路增益 $|\dot{A}\dot{F}|=1$ 时相位裕度 φ_m 的大小

来判断。对于同一个基本放大电路，引入的负反馈越深，即反馈系数越大，相位裕度就越小，增益裕度也越小，电路越容易产生自激振荡。因此，需要限制反馈的深度，同时注意 G_m 和 φ_m 的要求。

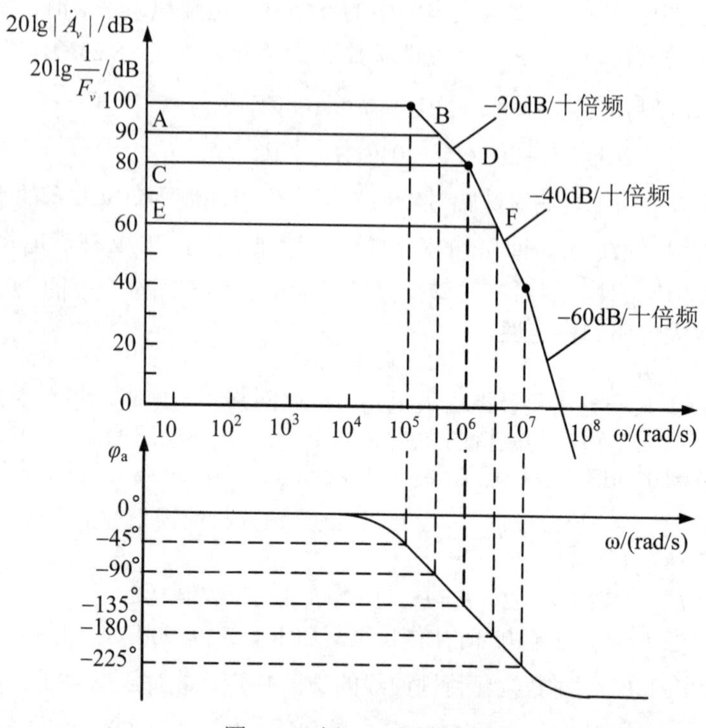

图 8.35　例 8.17 的波特图

（2）由于 $\varphi_a=-180^\circ$ 所对应的角频率常落在-40dB/十倍频的线段内，因而 $20\lg 1/F$ 的取值一般应使其反馈线与 $20\lg|\dot{A}_v|$ 的对数幅频曲线的-20dB/十倍频的线段相交，此时相位裕度 $\varphi_m\geqslant 45^\circ$，不但使电路有绝对的稳定性，而且相对稳定性也较好。

（3）低频段的增益裕度的最大值 G_{mmax}=100dB-80dB=20dB。在此频段内，虽然能使放大电路稳定工作，但是环路增益的极限值只有 20dB，相当于 $|\dot{A}_v\dot{F}_v|=10$，显然这个数值较小，不利于改善放大电路的其他多方面的性能。因此，还需要采取校正措施。

8.4.3 负反馈放大电路的自激振荡的消除

负反馈放大电路中发生自激振荡是有害的，所以必须设法消除。为了避免产生自激振荡。保证电路正常工作，通常需要采取适当的措施来破坏产生自激振荡的幅值条件和相位条件。通常的方法是在反馈网络内增加一些电抗性元件（如 R、C 等），以改变负反馈放大电路的环路增益 $\dot{A}\dot{F}$ 的频率特性，破坏自激振荡的条件，这使得电路在保持一定的增益裕度和相位裕度的条件下，还获得了较大的开环增益。这种方法称为频率补偿，为实现频率补偿而构成的电路称为补偿网络。

1. 电容补偿

比较简单而常用的补偿措施是在基本放大电路中时间常数最大的回路接入一电容 C，如图 8.36（b）所示，图 8.36（c）是它的等效电路。

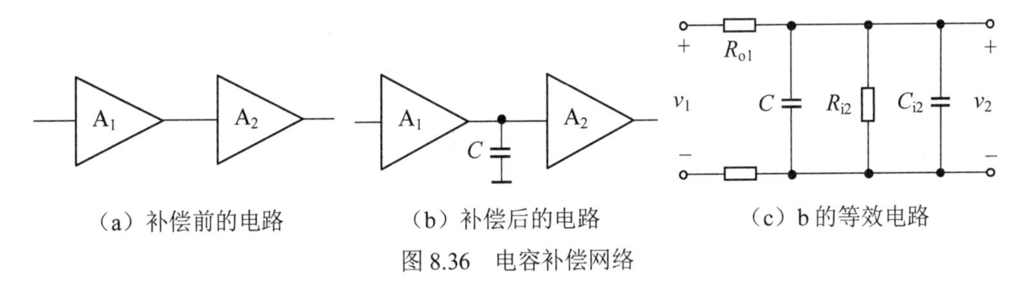

（a）补偿前的电路　（b）补偿后的电路　（c）b 的等效电路

图 8.36　电容补偿网络

接入的电容相当于并联在前一个放大级的负载上。在低频和中频时，由于电容的容抗较大，因此基本不起作用。高频时，由于容抗较小，使前一级的增益降低，则 $|\dot{A}\dot{F}|$ 的值也减小，从而可以破坏自激振荡的条件，保证负反馈放大电路稳定可靠的工作。

采用电容补偿的方法比较简单，但缺点也很明显，将导致放大电路的通频带严重变窄。

2. RC 补偿

除了直接采用电容补偿外，也可以利用 RC 串联组成的补偿网络来消除自激振荡，接入时补偿网络应加在时间常数最大的放大级，如图 8.37（b）所示。

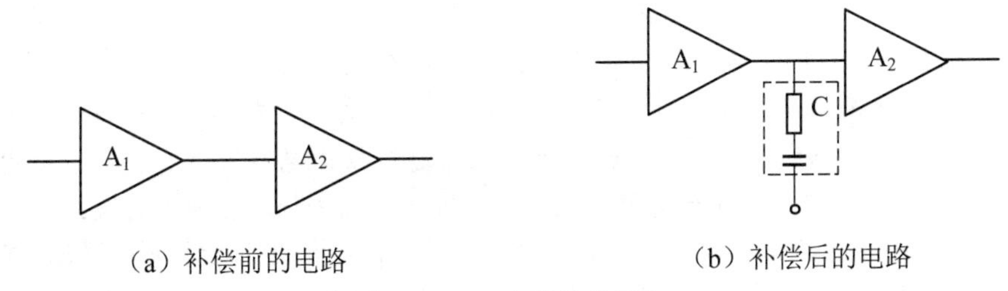

（a）补偿前的电路　（b）补偿后的电路

图 8.37　RC 串联补偿网络

利用 RC 串联组成的补偿网络可以使单纯用电容补偿网络时造成的通频带过窄

得到改善。在高频段，电容的容抗较小，但因有一个电阻与电容串联，因此对高频电压增益的影响相对小一些。

3. 密勒补偿

利用密勒效应，将补偿元件（如电容 C）跨接在某级放大电路的输入输出之间，如图 8.38 所示。这样用较小的电容（几至几十皮法）就可以获得满意的补偿效果。

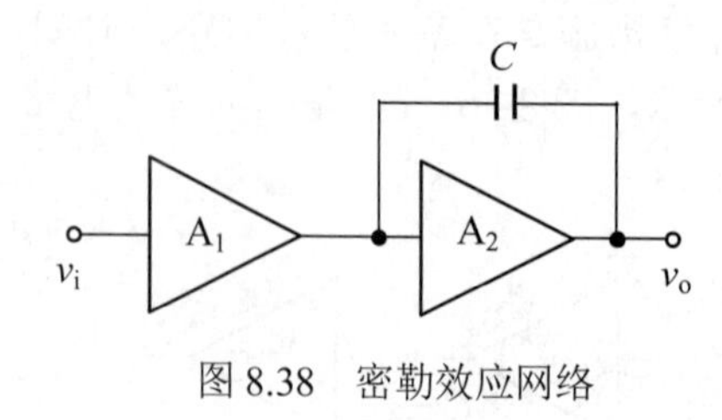

图 8.38 密勒效应网络

小结

几乎所有实用的放大电路中都要引入负反馈，放大电路中的负反馈的重要性不言而喻，其也是本课程的重点内容之一。本章的主要内容如下：

（1）在各种放大电路中，人们经常利用反馈来改善电路的各项性能。凡是将放大电路的输出量或输出量的一部分，通过某种电路（反馈电路），反送到放大电路的输入回路中去，同输入信号一起比较后参与放大电路的输入控制作用，从而使放大电路的某些性能获得有效改善的过程，就称为反馈。通常，如欲稳定放大电路中的某一个电量，就应该设法将此电量反馈到输入端。

（2）理解了反馈的基本概念，正确判断反馈的类型尤为重要，它是正确分析和设计反馈放大电路的前提。

（3）判断有无反馈：根据反馈定义及过程，看是否采取了一定的方式将输出信号反送到输入回路中，即看在输出回路和输入回路之间是否有电阻、电容等元件构成的通路，如果有，则可判断电路中引入了反馈，否则无反馈。

（4）判断是正反馈还是负反馈：利用瞬时极性法，首先设定某一瞬时输入信号的极性为正，用符号⊕表示，然后以此为依据逐级推出电路其他有关各点的电位或电流的极性，从而得出输出信号的极性；再根据输出信号的极性判断出反馈信号的极性。若反馈信号 x_f 使基本放大电路的净输入信号 x_d 增大，则说明引入了正反馈；若反馈信号 x_f 使基本放大电路的净输入信号 x_d 减小，则说明电路引入了负反馈。

（5）在输出回路中判断是电压还是电流反馈：利用输出短路法，假设输出电压为零，根据式 $x_f = Fv_o$，计算反馈信号 x_f，若 $x_f = 0$，说明反馈信号不存在了，也即说明反馈信号 x_f 与输出电压 v_o 成比例，是电压反馈；若 $x_f \neq 0$，说明反馈信号还在，说明反馈信号 x_f 与输出电流 i_o 成比例，因此是电流反馈。

（6）在输入回路中判断是串联还是并联反馈：在反馈放大电路的输入回路中，如果反馈量与输入量以电压形式求和，是串联反馈；如果反馈量与输入量以电流形式求和，是并联反馈。更快捷的方法：当反馈量与输入量分别接至放大电路的不同输入端时，引入的是串联反馈；当反馈量与输入量均接至放大电路的同一个输入端时，引入的是并联反馈。

（7）在实际的负反馈放大电路中，由四种基本的组态：电压串联负反馈、电压并联负反馈、电流串联负反馈和电流并联负反馈。无论何种组态的反馈放大电路，其闭环增益的表达式均是

$$A_f = \frac{x_o}{x_i} = \frac{A}{1 + AF}$$

（8）不同类型的反馈对于放大电路产生的影响不同。

1）正反馈使闭环增益增大；负反馈使闭环增益减小，但是放大电路其他各项性能获得改善。

2）直流反馈稳定电路的静态工作点，不影响电路的动态性能。交流负反馈能够改善放大电路的各项动态性能指标。

3）电压负反馈能够稳定输出电压，降低了放大电路的输出电阻；电流负反馈能够稳定输出电流，提高了电路的输出电阻。

4）串联反馈提高了放大电路的输入电阻；并联反馈降低了放大电路的输入电阻。

（9）引入负反馈后，虽然使闭环增益减小，但是改善了放大电路的许多性能指标，如提高了放大电路增益的稳定性，减小非线性失真和抑制干扰、噪声，可以根据实际工作的要求改变电路的输入电阻和输出电阻，以及改善放大电路的频率特性。改善的程度取决于反馈的深度，反馈越深，增益降低越多，但上述其他性能改善越显著。

（10）负反馈放大电路的分析计算与反馈的深度有关。一般复杂的负反馈放大电路容易满足深度负反馈的条件，即 $|1+AF| >> 1$，因此大多数情况下都可以采用深度负反馈放大电路闭环增益的近似计算方法。

1）一是利用关系式 $A_f = \dfrac{1}{F}$ 近似估算反馈放大电路的闭环增益。

2）二是利用关系式 $x_i \approx x_f$ 近似估算反馈放大电路的闭环增益。对于串联负反馈有 $v_i \approx v_f$，对于并联负反馈有 $i_i \approx i_f$。不论是串联还是并联负反馈，在深度负反馈的条件下，均有 $v_d \approx 0$（虚短）和 $i_d \approx 0$（虚断）同时存在。利用虚短和虚断快速的估算出负反馈放大电路的闭环增益。

（11）由于电路中存在电容等电抗性元件，负反馈放大电路在一定条件下会转化成正反馈，有可能产生自激振荡，产生自激振荡的条件是

$$\dot{A}\dot{F} = -1$$

或用幅值条件和相角条件表示为

$$|\dot{A}\dot{F}| = 1$$

$$\varphi_a + \varphi_f = \pm(2n+1)\pi\text{，}n=0\text{，}1\text{，}2\text{，}\cdots$$

探究研讨——负反馈的应用

现实生活中和工业产品中应用集成运放在放大电路中的例子非常多，试以小组合作形式开展课外拓展，探究负反馈在集成运放放大电路中的应用，试找出具体的应用实例，分别达到下列目的：

（1）实现电流-电压转换的电路。

（2）实现电压-电流转换的电路。

（3）实现输入电阻高、输出电压稳定的电压放大电路。

（4）实现输入电阻低、输出电流稳定的电流放大电路。

然后根据所找具体实例的电路图，交流讨论各个放大电路的增益、输入电阻和输出电阻的情况。

习题

在线测试

8.1 什么是反馈？画出反馈电路方框图，说明各信号量的含义。

8.2 如何理解正反馈和负反馈？

8.3 负反馈有几种组态？如何判断反馈类型？

8.4 判断图 8.39 所示各电路中是否引入了反馈，哪些元件组成了级间反馈通路？它们引入的是正反馈还是负反馈？是直流反馈还是交流反馈？设各电路中所有电容对交流信号均可视为短路。

8.5 电路如图 8.40 所示，试判断各电路中级间交流反馈的极性和组态。

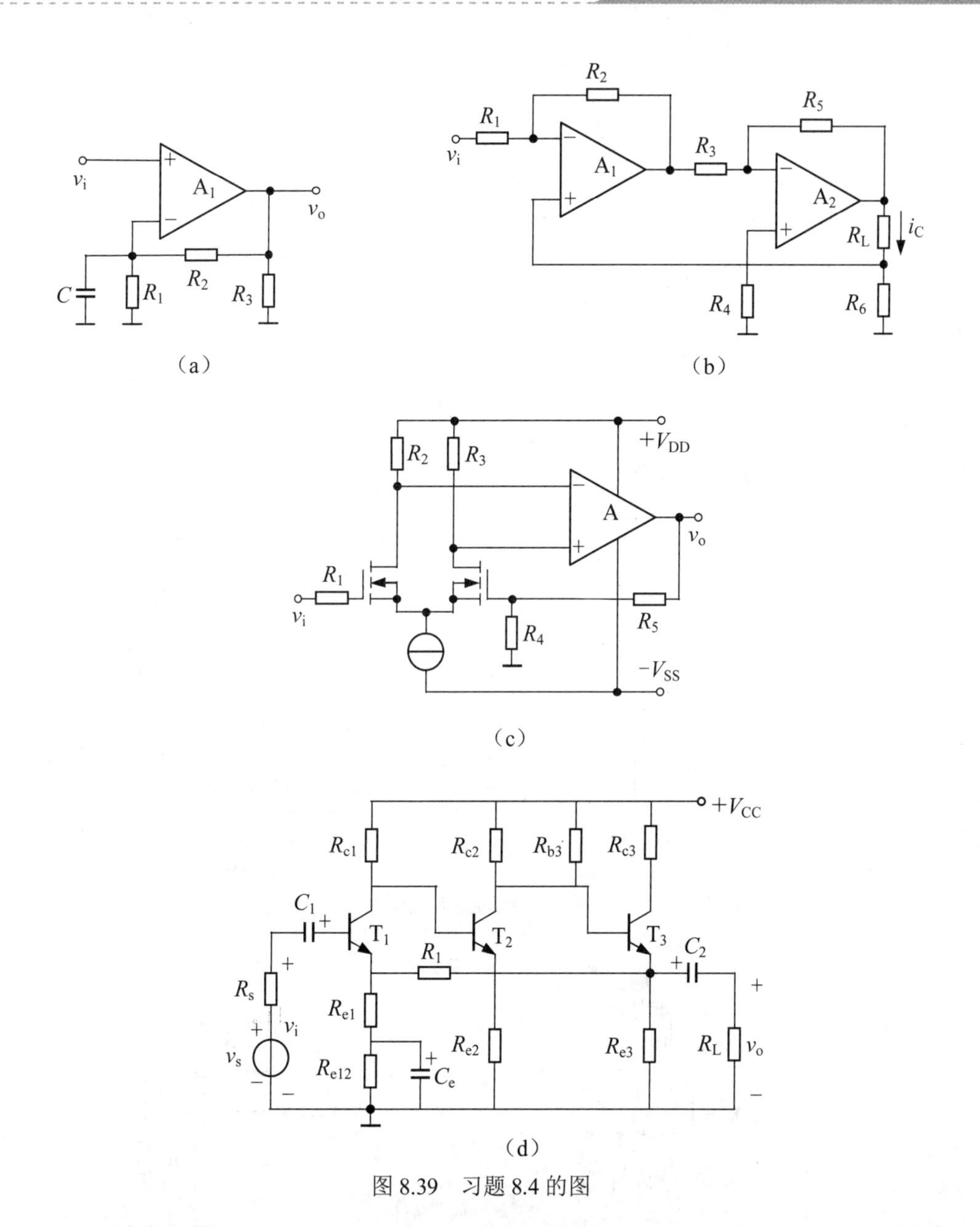

图 8.39　习题 8.4 的图

8.6　电路如图 8.41 所示，试判断它们的反馈组态（包括直流反馈和交流反馈，局部反馈和级间反馈、正反馈和负反馈，电流反馈和电压反馈，串联反馈和并联反馈）。

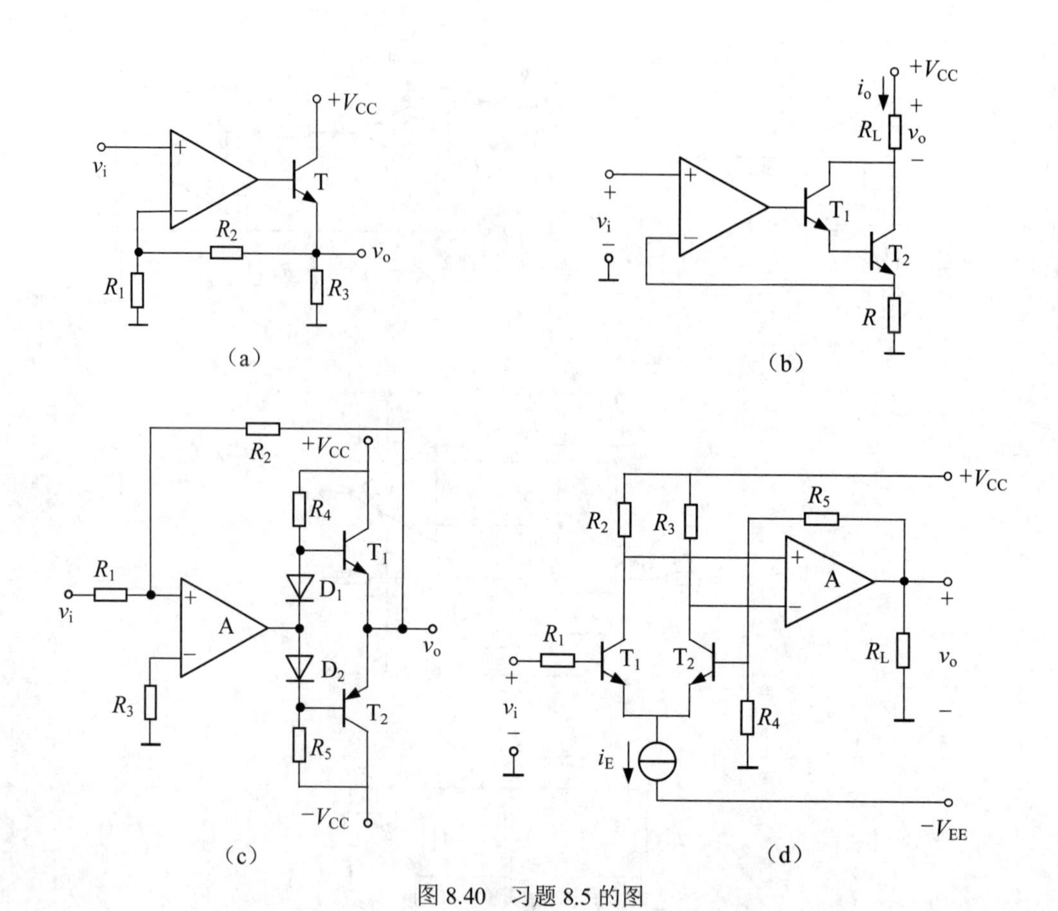

图 8.40　习题 8.5 的图

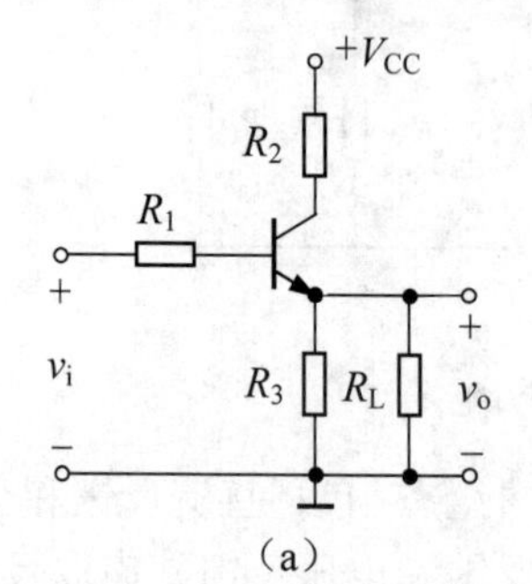

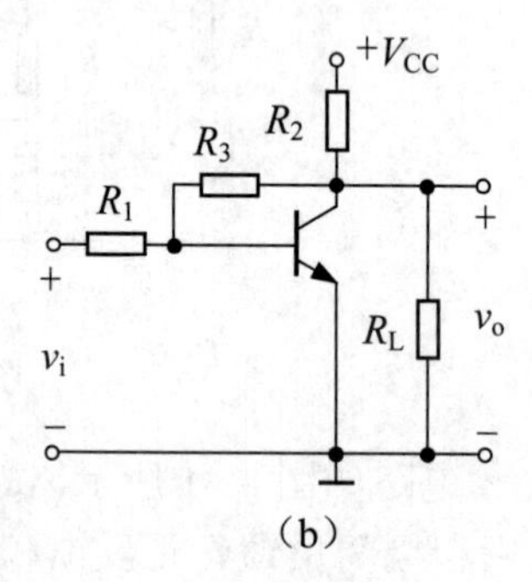

图 8.41　习题 8.6 的图

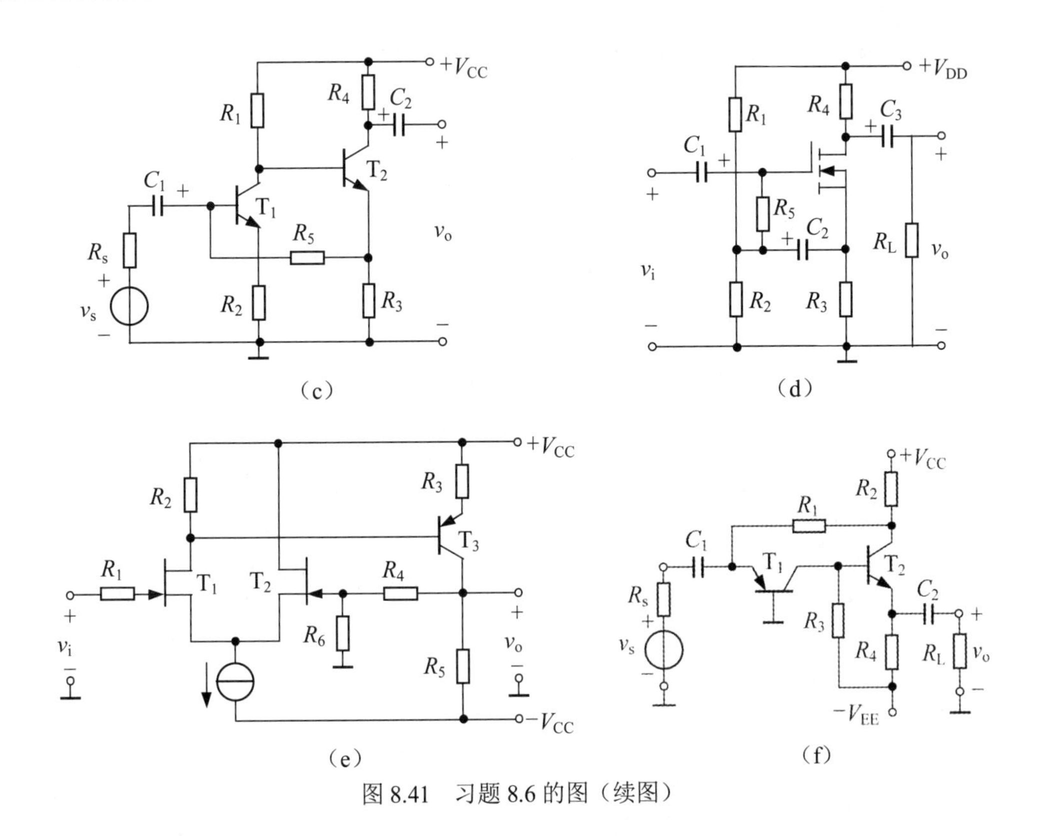

图 8.41　习题 8.6 的图（续图）

8.7　某负反馈放大电路的方框图如图 8.42 所示，试推导其闭环增益 A_f 的表达式。

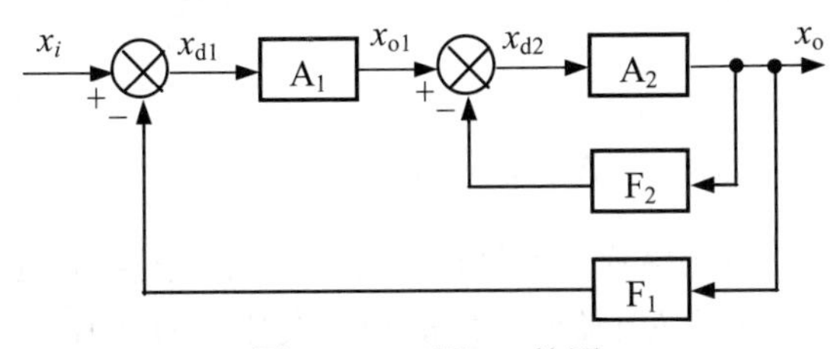

图 8.42　习题 8.7 的图

8.8　电路如图 8.43 所示，分析判断该电路中的反馈的极性和组态，若为正反馈，试将其改接成负反馈，并计算电路的增益。设集成运放为理想运放。

8.9　某一开环增益为 4000 的放大器，引入了反馈系数为 0.04 的负反馈后，闭环增益为多少？若开环增益增加为 8000，闭环增益将变为多少？

8.10　电路如图 8.44 所示，试判断它们的反馈极性和组态，并说明哪些反馈能够稳定输出电压，哪些能够稳定输出电流，哪些能够提高输入电阻，哪些能够降低输出电阻。

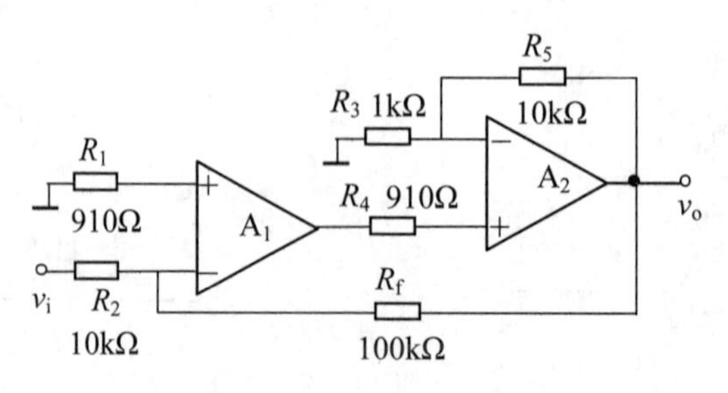

图 8.43　习题 8.8 的图

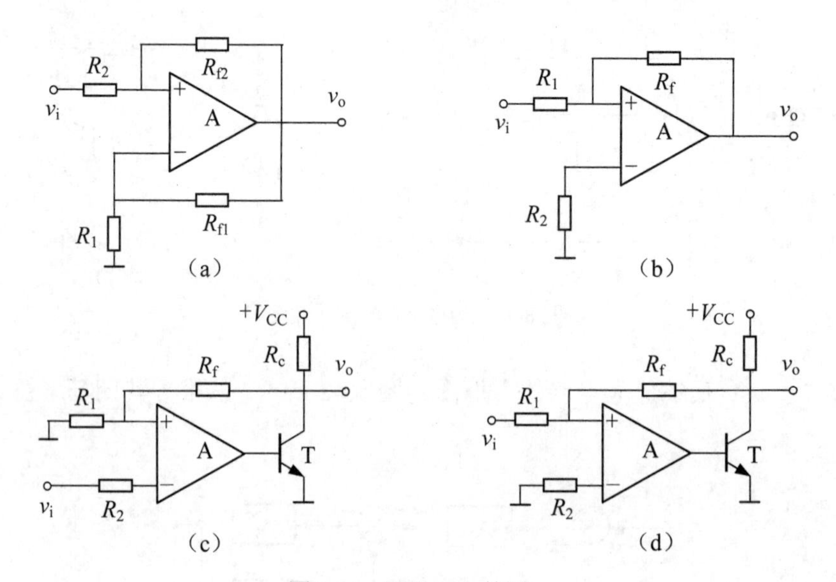

图 8.44　习题 8.10 的图

8.11　试设计一个电压串联负反馈放大电路，要求闭环增益为 A_{vf}=50，且开环电压增益 A_{vo} 的相对变化率为 1%时，A_{vf} 的相对变化率为 0.01%，求出 F 和 A_{vo} 各为多少？要求以集成运放为放大电路并画出电路图，标注出各电阻值。

8.12　负反馈放大电路如图 8.45 所示，试：

（1）定性地分析反馈对输入电阻输出电阻有何影响。

（2）计算深度负反馈条件下的闭环电压增益 A_{vf}。

8.13　电路如图 8.40 所示，试在深度负反馈的条件下，近似地计算它们的闭环电压增益。

8.14　电路如图 8.40（c）所示，设电路中运放的开环增益 A_{vo} 很大，说明该电路的功能。

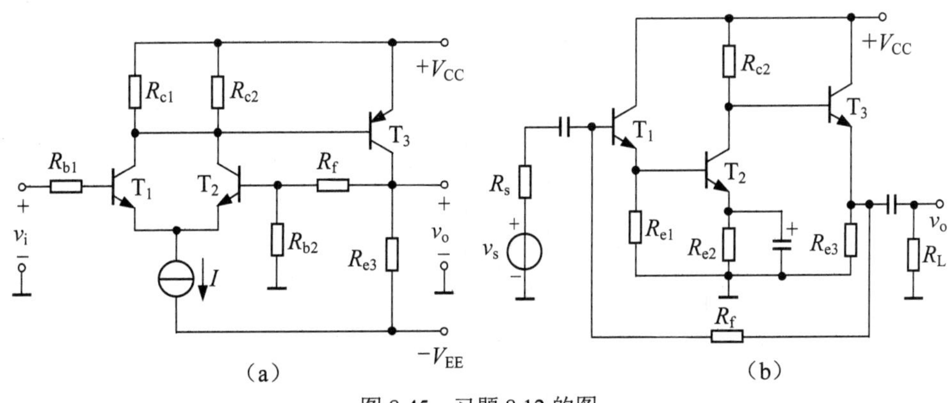

图 8.45　习题 8.12 的图

8.15　负反馈放大电路如图 8.46 所示，试：（1）判断反馈的组态；（2）试定性地分析反馈对输入电阻输出电阻有何影响；（3）计算深度负反馈条件下的闭环电压增益 A_{vf}。

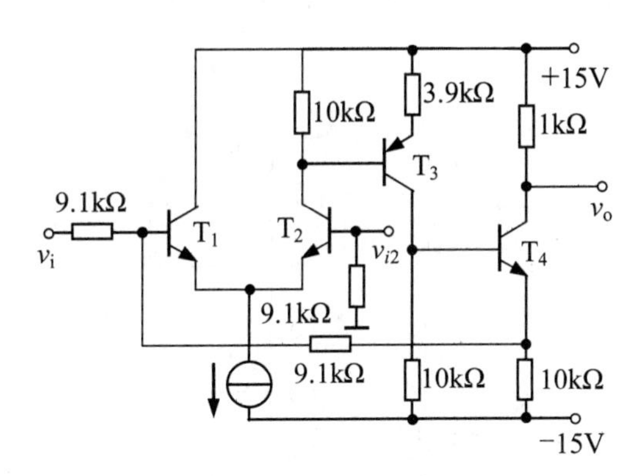

图 8.46　习题 8.15 的图

8.16　在如图 8.47 所示的电路中，要求：（1）能稳定输出电流；（2）能提高输入电阻。试问 x、y、z、q 四点该如何接线能满足上述要求，请说明理由。

8.17　已知某集成运放的开环频率响应的表达式为

$$\dot{A}_v = \frac{10^5}{(1+\mathrm{j}\frac{f}{10^6})(1+\mathrm{j}\frac{f}{10^7})(1+\mathrm{j}\frac{f}{5\times 10^7})}$$

试分析：为了使放大电路能够稳定工作（即不产生自激振荡），反馈系数的上限值为多少？

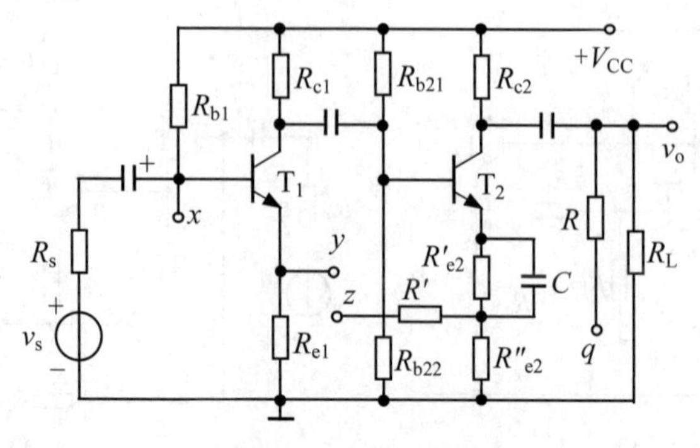

图 8.47　习题 8.16 的图

8.18　图 8.48（a）所示放大电路 $\dot{A}\dot{F}$ 的波特图如图 8.48（b）所示。（1）分析判断该电路是否会产生自激振荡？并说明理由。（2）若电路产生了自激振荡，则可以采用什么措施消振？要求在图 8.48（a）中画出来。（3）若仅有一个 50pF 的电容，分别接在三个三极管的基极和地之间，且均未能消振，则将其接在何处有可能消振？为什么？

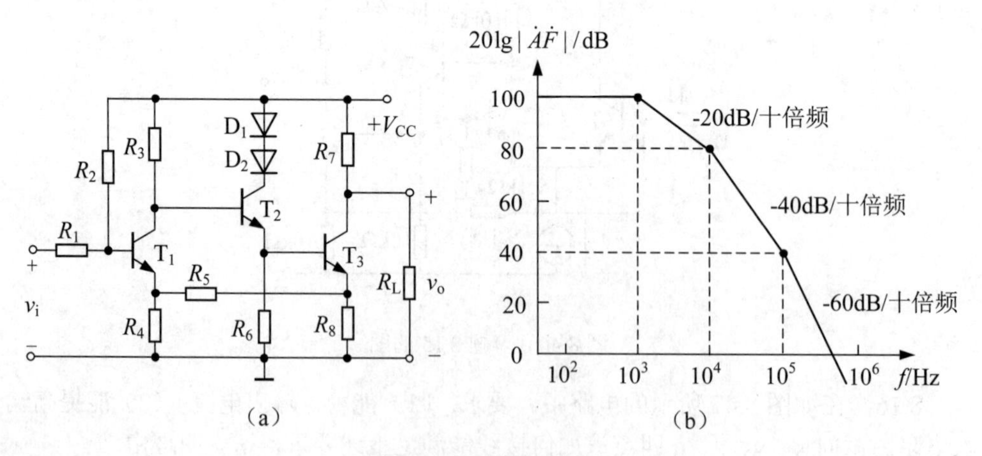

图 8.48　习题 8.18 的图

第9章 信号发生与有源滤波电路

本章课程目标

1. 掌握正弦波振荡产生的条件，清楚正弦波振荡电路的组成。

2. 掌握常用的正弦波振荡电路的工作原理，能够分析电路能否产生振荡并计算振荡电路的工作频率。

3. 掌握常用的非正弦波振荡电路的工作原理，能够计算电路的波形参数。

4. 掌握常用的滤波电路的形式和滤波器的主要性能指标。

5. 能够分析和设计一阶和二阶滤波电路。

在电子设备中，广泛采用各种类型的信号发生电路。根据所产生的波形不同，信号发生电路可分为正弦波发生电路和非正弦波发生电路两种类型，前者能产生正弦波，后者能产生矩形波（方波）、三角波、锯齿波等。信号发生电路通常称为振荡器，它无须外加激励信号，就能产生具有一定频率、波形和幅度的交流信号。

在电子系统中，一些有用信号往往受内部和外部影响而含有一些干扰成分，在进一步处理之前需要将这些干扰信号衰减到足够小的程度，同时把需要的信号挑出来，要解决这些问题都需要采用滤波器。滤波器是一种能使有用频率信号通过而同时抑制（或衰减）无用频率信号的电子电路或装置，以运算放大器为核心可以构成有源滤波电路。

本章首先介绍了正弦波振荡电路产生的条件以及常用的正弦波振荡电路，然后讨论了矩形波发生电路、锯齿波发生电路等非正弦波发生电路，最后介绍了有源滤波器分析和设计的基本方法。

9.1 正弦波振荡电路

正弦波振荡电路是一种基本的模拟电子电路，它在没有外加输入信号的情况下，依靠电路自激振荡而产生正弦波输出。正弦波振荡电路在测量、遥控、自动控制、通信、广播、电视、热处理等各种技术领域中，都有着广泛的应用。

常见的正弦波振荡电路分为 RC 振荡电路、LC 振荡电路和石英晶体振荡电路。RC 振荡电路的振荡频率一般与 RC 的乘积成反比，可产生几赫至几百千赫的低频信号。LC 振荡电路的振荡频率一般与 LC 乘积的平方根成反比，这种振荡器可产生高达一百兆赫以上的高频信号。石英晶体谐振器相当于一个高 Q 值的 LC 电路，当要求正弦波振荡电路具有很高的频率稳定性时，可以采用石英晶体振荡器。

9.1.1 产生正弦波振荡的条件

在前面章节所描述的反馈放大电路中，要尽量避免出现正反馈产生的自激振荡。与之相反，为了产生正弦波，必须有意识地利用自激振荡现象，在电路中引入正反馈，来产生各种频率的正弦波信号。

图 9.1 所示为正弦波信号发生电路框图。由于振荡电路不需要外界输入信号，因此输入信号 $\dot{X}_{\mathrm{i}}=0$。此时，通过反馈网络输出的反馈信号等于基本放大电路的输入信号，即有 $\dot{X}_{\mathrm{f}}=\dot{X}_{\mathrm{d}}$。如果某个信号经放大电路和反馈网络后构成正反馈，还是保持信号的大小相等，极性相同，那么这个电路就能在没有任何输入下维持稳定输出。根据

$$\begin{cases}\dot{X}_{\mathrm{o}}=\dot{A}\dot{X}_{\mathrm{d}}\\ \dot{X}_{\mathrm{d}}=\dot{X}_{\mathrm{f}}=\dot{F}\dot{X}_{\mathrm{o}}\end{cases} \tag{9.1}$$

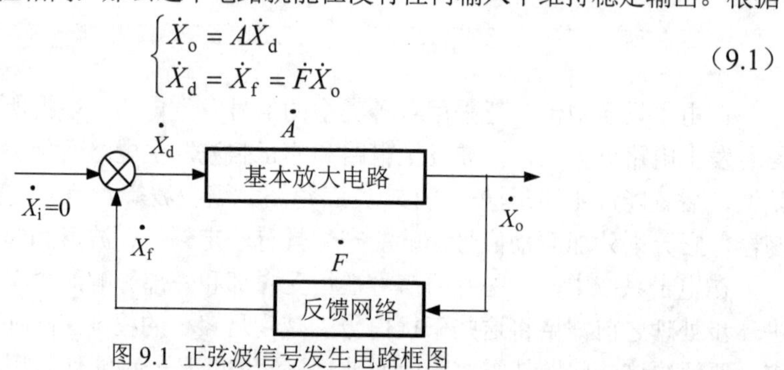

图 9.1 正弦波信号发生电路框图

可以得到维持稳定振荡输出的条件是

$$\dot{A}\dot{F}=1 \tag{9.2}$$

式（9.2）可以表示为幅值条件和相位条件

$$\begin{cases}AF=1 & \text{（幅值条件）}\\ \varphi_{\mathrm{A}}+\varphi_{\mathrm{F}}=2k\pi\quad(k\in \mathrm{Z}) & \text{（相位条件）}\end{cases} \tag{9.3}$$

式（9.3）中，A 为基本放大电路的增益，F 为反馈电路的反馈系数，φ_{A} 和 φ_{F} 分别为基本放大电路和反馈电路的相移。

式（9.2）或式（9.3）所给的条件是电路维持稳定振荡的基本条件。但是，仅仅满足上述条件是不够的。振荡电路要产生正弦波信号，必须是仅对某单一频率的信号满足正反馈条件，而对另外的所有频率分量均不满足正反馈条件。为了做到这一点，电路中必须引入具有频率选择性的选频网络。选频网络可与基本放大器相结

合构成选频放大器，也可与反馈网络相结合构成选频反馈网络。

前面对振荡条件的讨论，仅仅考虑了维持正弦波振荡的条件，但是初始振荡信号是如何产生的呢？是否就需要在开始的一瞬间外加一个输入信号，等到产生了输出信号且反馈一部分回来，再把输入信号去掉呢？事实上这种做法是不可行的。任何电路中都有微弱的噪声或扰动信号，这些信号频率范围很宽，经过振荡电路中的选频网络后，只将其中某一频率的信号反馈到放大器的输入端，而其他频率的信号将被抑制掉。如果被选频率的信号通过图 9.1 所示的环路后反馈到输入端后幅值增加，则输出信号的幅度将会持续增加，这个过程称为振荡器的起振。因此，要使振荡器在接通直流电源后能够自动起振，则要求反馈信号在相位上与放大器输入信号同相，在幅度上则要求电路环路放大倍数大于 1，即

$$\begin{cases} AF > 1 & \text{（幅值条件）} \\ \varphi_{\mathrm{A}} + \varphi_{\mathrm{F}} = 2k\pi \quad (k \in Z) & \text{（相位条件）} \end{cases} \tag{9.4}$$

起振之后，如果对幅值不加以限制，则理论上输出信号的幅值会不断增大，这在实际上是不可能的。幅值达到一定程度后，由于各种元件限制幅值也不会继续增加下去，但是这种被动限幅往往会导致输出失真。在正弦波振荡器设计中，为了减少非线性元器件对输出信号引起的非线性失真，电路中还需引入稳幅电路。稳幅的基本思路是利用非线性元件，使电路环路放大倍数变化与振幅的变化趋势相反。当幅值增大时，环路放大倍数降低；当幅值减小时，环路放大倍数增加。当幅值为希望输出时，环路放大倍数恰好等于 1，此时维持等幅振荡。

综上所述，一个正弦波振荡电路一般由四部分组成：

（1）基本放大电路。基本放大电路实现能量转换，将直流电源的直流能量转换为信号的交流能量。

（2）反馈网络。反馈网络给基本放大电路提供正反馈，以产生自激振荡。

（3）选频网络。选频网络使电路仅对某单一频率信号满足自激振荡的条件，其它频率信号不满足自激振荡条件，选频网络的频率特性决定了电路的振荡频率。

（4）稳幅电路。该电路为非线性电路，使输出信号幅值保持相对稳定。

从功能上讲，正弦波振荡电路由以上四部分组成，但在具体的电路结构上，这四个组成部分之间可能是混杂在一起的。例如，在有的电路中，选频网络和放大电路是同部分电路，在有的电路中，选频网络同时充当了反馈回路的功能，有的电路需要专门的稳幅电路才能得到有效的输出，有的电路则不需要专门外加稳幅电路，这就需要具体问题具体分析。

9.1.2　*RC* 振荡电路

RC 正弦波振荡电路是利用电阻 *R* 和电容 *C* 作为选频网络的振荡电路。根据 *RC*

选频网络电路组成结构的不同，*RC* 正弦波振荡电路有串并联型（文氏电桥）、移相式（又分为相位超前和相位滞后两种形式）、双 T 型等多种形式。

RC 正弦振荡电路的振荡频率与 *R*、*C* 的乘积成反比，如果要求频率较高，则 *R*、*C* 值要小，这样制作起来比较困难，且电路分布参数影响较大，因此 *RC* 振荡器主要用来产生频率低于 1MHz 的低频振荡信号。要产生更高频率的信号，则应采用 *LC* 正弦波振荡器。

【微课视频】

RC 串并联正弦波振荡电路

1. *RC* 串并联振荡电路（文氏电桥振荡电路）

（1）电路组成。*RC* 串并联振荡电路原理图如图 9.2 所示。*RC* 串联电路与 *RC* 并联电路组成 *RC* 串并联选频网络。*RC* 串并联选频网络具有两个功能：形成正反馈和选频。电阻 R_1 和 R_f 构成运算放大器的负反馈回路，实现基本放大电路的功能。电阻 R_f 为负温度系数的热敏电阻，实现了稳幅功能，用以减少饱和失真，改善振荡波形。两个反馈回路形成一个桥式电路，因此也把这个电路称为 *RC* 桥式振荡电路或文氏电桥振荡电路（以其发明人德国物理学家 Wien 得名）。

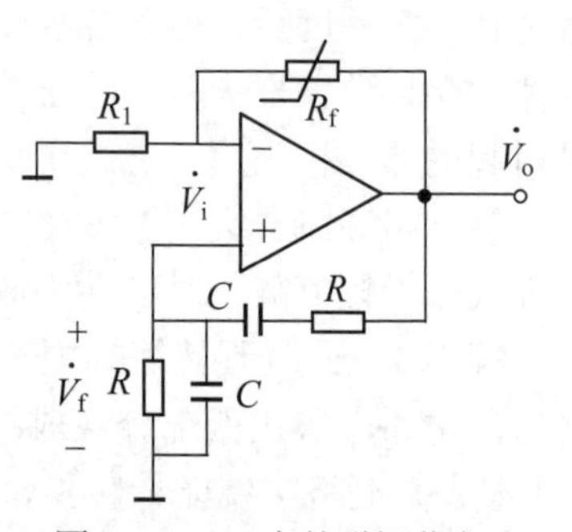

图 9.2　*RC* 串并联振荡电路

（2）选频网络。要理解 *RC* 串并联正弦波振荡电路的工作原理，首先必须要理解 *RC* 串并联选频网络的频率特性。*RC* 串并联电路选频网络是电路的反馈回路，将输出电压 $\dot{V}_o$ 的一部分 $\dot{V}_f$ 反馈到运算放大器的同相输入端。反馈系数

$$\dot{F}=\frac{\dot{V}_f}{\dot{V}_o}=\frac{R//\dfrac{1}{j\omega C}}{R+\dfrac{1}{j\omega C}+R//\dfrac{1}{j\omega C}}$$

$$=\frac{1}{3+j\left(\omega RC-\dfrac{1}{\omega RC}\right)}=\frac{1}{3+j\left(\dfrac{\omega}{\omega_0}-\dfrac{\omega_0}{\omega}\right)}=\frac{1}{3+j\left(\dfrac{f}{f_0}-\dfrac{f_0}{f}\right)} \tag{9.5}$$

式中，$\omega_0 = \dfrac{1}{RC}$，$f_0 = \dfrac{\omega_0}{2\pi} = \dfrac{1}{2\pi RC}$。由式（9.5）可以得到反馈环节的幅频特性为

$$F = \frac{1}{\sqrt{9+\left(\dfrac{\omega}{\omega_0}-\dfrac{\omega_0}{\omega}\right)^2}} = \frac{1}{\sqrt{9+\left(\dfrac{f}{f_0}-\dfrac{f_0}{f}\right)^2}} \tag{9.6}$$

相频特性为

$$\varphi_F = -\arctan\frac{\dfrac{\omega}{\omega_0}-\dfrac{\omega_0}{\omega}}{3} = -\arctan\frac{\dfrac{f}{f_0}-\dfrac{f_0}{f}}{3} \tag{9.7}$$

幅频特性曲线和相频特性曲线分别如图 9.3（a）和 9.3（b）所示。从幅频特性曲线上可以看出，当频率 $f = f_0$ 时，反馈系数 F 达到最大值 $F = \dfrac{1}{3}$，此时相位为 0°。也就是说，当频率 $f = f_0$ 时，输出电压和反馈电压同相位，且 $\dot{V}_{\mathrm{f}} = \dfrac{1}{3}\dot{V}_{\mathrm{o}}$，RC 串并联选频网络正是利用了这一特性。

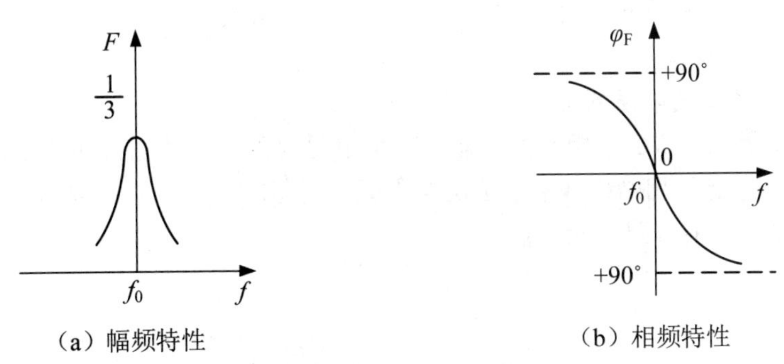

（a）幅频特性　　（b）相频特性

图 9.3　选频网络的频率特性曲线

（3）振荡电路工作原理。图 9.2 电路中，基本放大电路可以看作一个同相比例放大电路，其增益为

$$\dot{A} = 1 + \frac{R_{\mathrm{f}}}{R_1} \tag{9.8}$$

反馈网络为 RC 串并联选频网络。当 $f = f_0$ 时，反馈网络反馈电压与电路输出电压同相位且 $F = \dfrac{1}{3}$，而基本放大电路为同相放大电路，正好满足自激振荡的相位条件。如果此时选择放大电路的放大倍数 $A = 3$，即 $R_{\mathrm{f}} = 2R_1$，则同时满足了维持自

激振荡的幅值条件。当 $f \neq f_0$ 时，反馈电压与输出电压相位之和不满足自激振荡的相位条件。所以，图 9.2 所示电路若产生振荡，就必须是频率 $f = f_0$ 的振荡。

常用负温度系数热敏电阻 R_f 作为放大电路的反馈电阻，实现起振和稳幅的功能。当输出信号幅值较低时，R_f 上电压较小，发热较小，温度较低，从而电阻较大，基本放大电路放大倍数 $A = 1 + \frac{R_f}{R_1} > 3$，此时 $AF > 1$，输出振荡幅值会不断加大，振荡器起振。当振幅达到一定程度后，热敏电阻 R_f 上发热导致其阻值不断下降，基本放大电路放大倍数 A 不断降低。当达到稳态平衡时，满足自激振荡条件 $A = 1 + \frac{R_f}{R_1} = 3$。

稳幅电路也可以采用其他方案。例如，可以将反馈电阻 R_f 选用普通电阻，R_1 选用正温度系数的电阻，也具有相似的效果。

图 9.4 所示为另外一种常见的稳幅电路，在反馈电路中并联了两个反并联的二极管（一般是发光二极管）。当振荡器输出幅值增大时，二极管支路电流增大，等效电阻变小，降低了电路的放大倍数；反之，当振荡器输出幅值减小时，二极管支路电流减小，等效电阻变大，增加了电路的放大倍数，适当调整电路参数就可以实现起振和稳幅的效果。如果稳幅二极管采用发光二极管，同时也起到了信号输出指示的作用。

2. *RC* 移相式振荡电路

图 9.5 所示为 *RC* 移相式振荡器，三个电阻 *R* 和三个电容 *C* 构成的三阶 *RC* 电路形成一个超前移相网络。最左边的电阻既充当基本放大电路的输入电阻，又作为最后一级 *RC* 超前电路的负载电阻。

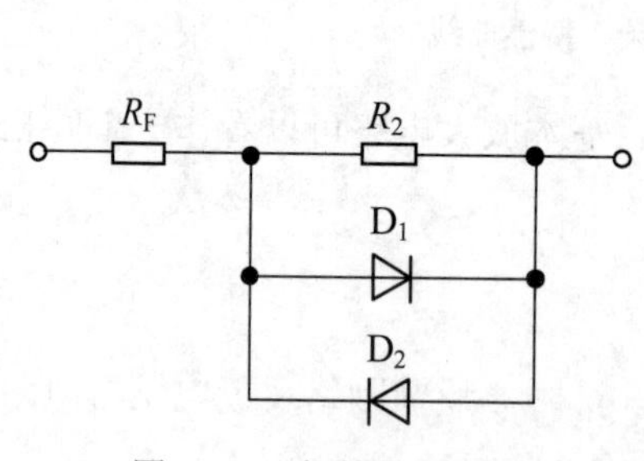

图 9.4 二极管稳幅电路

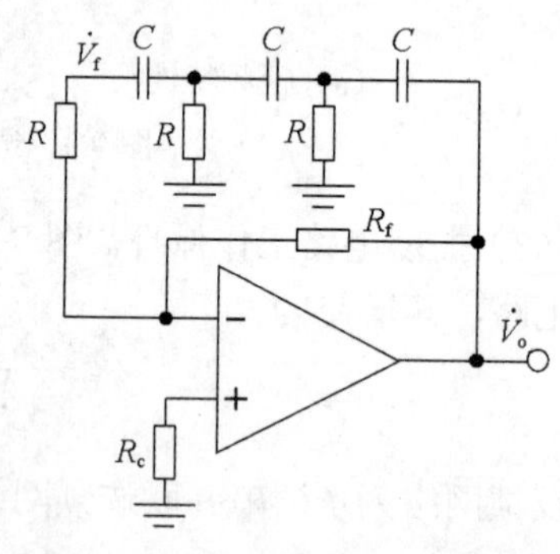

图 9.5 移相式正弦波发生电路

由于放大电路是一个反相放大电路，在很宽的频率范围内提供了 180° 角的相移，若要求满足振荡相位条件，就要求反馈网络提供180°或-180°的相移，相应就需要一个提供超前相角的网络或滞后相角的网络。以图 9.5 所示的超前移相网络为例，一级 RC 电路移相范围小于90°，两级 RC 移相范围小于180°，不能满足相位平衡条件，所以实际应用中至少要用三级 RC 移相电路才能满足相位平衡条件。

三级 RC 移相电路移相范围是$0\sim270^{\circ}$，对不同频率的信号所产生的相移也不同，但其中总有一个频率的信号所产生的相移刚好为180°，满足相位平衡条件。可以通过调节反馈电阻 R_{f} 的大小来满足幅值条件，就可以实现持续的自激振荡。

很显然基本放大电路部分的放大倍数

$$\dot{A}=\frac{\dot{V}_{\mathrm{o}}}{\dot{V}_{\mathrm{f}}}=-\frac{R_{\mathrm{f}}}{R} \tag{9.9}$$

移相网络的频率特性

$$\begin{aligned}\dot{F}=\frac{\dot{V}_{\mathrm{f}}}{\dot{V}_{\mathrm{o}}}&=\frac{\left[\left(R+\dfrac{1}{\mathrm{j}\omega C}\right)//R+\dfrac{1}{\mathrm{j}\omega C}\right]//R}{\left[\left(R+\dfrac{1}{\mathrm{j}\omega C}\right)//R+\dfrac{1}{\mathrm{j}\omega C}\right]//R+\dfrac{1}{\mathrm{j}\omega C}}\\&\quad\frac{\left(R+\dfrac{1}{\mathrm{j}\omega C}\right)//R}{\left(R+\dfrac{1}{\mathrm{j}\omega C}\right)//R+\dfrac{1}{\mathrm{j}\omega C}}\cdot\frac{R}{R+\dfrac{1}{\mathrm{j}\omega C}}\\&=\frac{1}{1-5\left(\dfrac{1}{\omega RC}\right)^{2}-\mathrm{j}\left[\dfrac{6}{\omega RC}-\left(\dfrac{1}{\omega RC}\right)^{3}\right]}\end{aligned} \tag{9.10}$$

振荡频率ω_0时式（9.10）虚部为零，则

$$\frac{6}{\omega_0 RC}-\left(\frac{1}{\omega_0 RC}\right)^{3}=0$$

有

$$\omega_0=\frac{1}{\sqrt{6}RC} \tag{9.11}$$

或

$$f_0=\frac{1}{2\pi\sqrt{6}RC} \tag{9.12}$$

可以看出，振荡频率由电路参数 R 和 C 决定。将式（9.12）代入式（9.10），可以得到振荡时的反馈系数

$$\dot{F}=-\frac{1}{29} \tag{9.13}$$

因此，达到振荡平衡时的增益

$$A=\frac{R_{\mathrm{f}}}{R}=29 \tag{9.14}$$

RC 移相电路具有结构简单、经济等优点。缺点是选频作用较差，频率调节不方便，一般用于振荡频率固定且稳定性要求不高的场合，其频率范围为几赫兹到几十千赫兹。

3. 双T选频网络振荡电路

典型的双 T 选频网络振荡电路如图 9.6 所示。电阻 R_{f} 和 R_1 为集成运算放大器引入正反馈，电阻和电容构成的双 T 网络则引入负反馈，又同时起到了选频网络的作用。

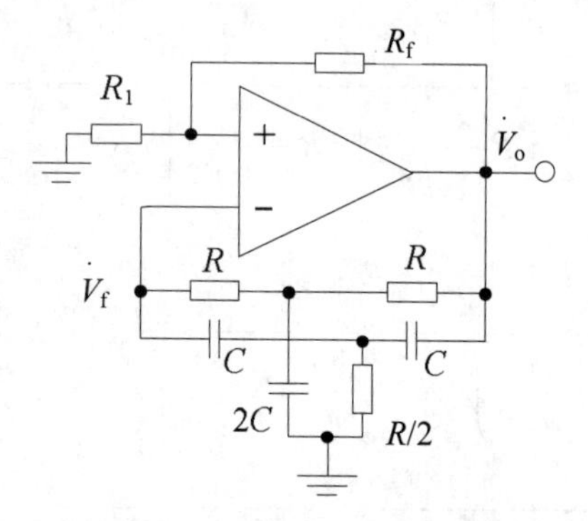

图 9.6　双 T 选频网络振荡电路

利用星三角变换公式，可以推导出选频网络的频率特性

$$\begin{aligned}F_{-}=\frac{\dot{V}_{\mathrm{f}}}{\dot{V}_{\mathrm{o}}}&=\frac{(\mathrm{j}\omega RC)^2+1}{(\mathrm{j}\omega RC)^2+4\mathrm{j}\omega RC+1}=\frac{1-(\omega RC)^2}{1-(\omega RC)^2+4\mathrm{j}\omega RC}\\&=\frac{1-(\omega/\omega_0)^2}{1-(\omega/\omega_0)^2+4\mathrm{j}\omega/\omega_0}=\frac{1-(f/f_0)^2}{1-(f/f_0)^2+4\mathrm{j}f/f_0}\end{aligned} \tag{9.15}$$

其中，$\omega_0=\dfrac{1}{RC}$，$f_0=\dfrac{1}{2\pi RC}$。正反馈系数

$$F_{+}=\frac{R_1}{R_1+R_{\mathrm{f}}} \tag{9.16}$$

维持振荡条件

$$
\begin{aligned}
AF &= AF_+ - AF_- \\
&= \frac{AR_1}{R_1 + R_f} - A\frac{1-(\omega/\omega_0)^2}{1-(\omega/\omega_0)^2 + 4\mathrm{j}\omega/\omega_0} = 1
\end{aligned} \tag{9.17}
$$

可以进一步得到自激振荡频率

$$
\omega = \omega_0 \tag{9.18}
$$

为满足幅值条件要求，应该使正反馈电路的反馈系数

$$
F_+ = \frac{R_1}{R_1 + R_f} = \frac{1}{A} \tag{9.19}
$$

由于运算放大器的开环放大倍数一般比较大，利用式（9.19）得到的电路参数往往不合适。在设计双 T 选频振荡电路时，可以使用负反馈电路设计较低放大倍数的放大器实现。应该要指出的是，放大电路的增益 A 决定了频率特性的品质因数，较大的增益 A 可以得到更好的频率准确度和较小的失真度。

与 RC 串并联网络和移相式网络相比，双 T 网络具有更好的选频特性，因此这种正弦波发生器的选频性能更好。其缺点是频率调节比较困难，故适用于频率稳定性较高的产生固定频率的场合。

9.1.3 *LC* 振荡电路

在较高频率的正弦波发生器中，LC 正弦波振荡电路是一种较好的选择。当频率较低时，需要电感较大，一般不采用 LC 振荡电路。LC 振荡电路有 LC 串联电路和 LC 并联电路两种基本形式，在正弦波振荡器中，通常使用 LC 并联回路作为选频网络。常见的 LC 正弦波振荡电路有变压器反馈式、电感三点式和电容三点式 3 种。

由于通用型运算放大器一般频带较窄，因此 LC 振荡器较多采用晶体管构成放大电路。当然，随着电子器件技术不断进步，高速运放构成的 LC 振荡电路也越来越普遍。

1. *LC* 并联回路的选频特性

LC 并联回路如图 9.7（a）所示，其中 R 是包括电感内阻在内的电路损耗电阻，一般阻值比较小。并联回路的阻抗

$$
Z = \frac{\dot{V}_s}{\dot{I}_s} = \frac{\dfrac{1}{\mathrm{j}\omega C}(R + \mathrm{j}\omega L)}{\dfrac{1}{\mathrm{j}\omega C} + R + \mathrm{j}\omega L} \tag{9.20}
$$

一般来说，R 远小于 ωL。此时有

$$Z \approx \frac{L/C}{R + \mathrm{j}\left(\omega L - \frac{1}{\omega C}\right)} \tag{9.21}$$

阻抗 Z 的幅频特性和相频特性分别如图 9.7（a）和 9.7（b）所示。可以看出，当 $\omega L = \frac{1}{\omega C}$ 时，阻抗 Z 幅值最大，并且呈纯电阻性，此时回路的电压和电流同相，发生并联谐振。谐振角频率 ω_0 和谐振频率 f_0 分别为

$$\omega_0 = \frac{1}{\sqrt{LC}} \tag{9.22}$$

$$f_0 = \frac{1}{2\pi\sqrt{LC}} \tag{9.23}$$

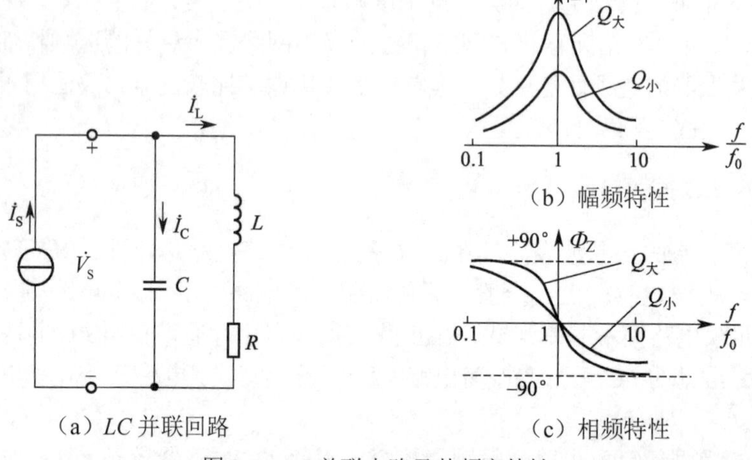

（a）LC 并联回路

（b）幅频特性

（c）相频特性

图 9.7　LC 并联电路及其频率特性

谐振回路的品质因数

$$Q = \frac{\omega_0 L}{R} = \frac{1}{\omega_0 CR} = \frac{1}{R}\sqrt{\frac{L}{C}} \tag{9.24}$$

谐振时，并联回路阻抗

$$Z_0 = \frac{L}{RC} = Q\sqrt{\frac{L}{C}} \tag{9.25}$$

Q 值越大，谐振时的阻抗越大，且幅频特性越尖锐，相角随频率变化的程度也越急剧，选频效果越好。

从结构上看，在 RC 振荡器中，选频网络通常设置在反馈网络内，而 LC 振荡电路选频网络通常就是放大器的负载。

2. 变压器反馈式 LC 振荡电路

在变压器反馈式 LC 振荡电路中，一般使用三极管作为放大器件，根据 LC 回路接到三极管的不同电极，变压器耦合 LC 正弦波振荡电路又可以分为集电极调谐、基极调谐和发射极调谐三种类型，与相应的共射、共基和共集放大电路可以组成不同的拓扑。由于共基放大电路具有更高的上限频率，因此在实际中应用较多的是共基发射极调谐型变压器反馈式 LC 振荡器。本书仅仅介绍这种拓扑的工作原理，其他常见拓扑可以参考相关的文献。

共基发射极调谐型变压器反馈式 LC 振荡器的电路如图 9.8 所示。变压器原边 L_1 和电容 C 并联回路作为三极管 T 的集电极负载，是振荡电路的选频网络。变压器副边 L_2 构成反馈电路，将它两端感应的信号电压作为输入信号加在共基放大器的发射极输入端，因此称为共基发射极调谐型变压器反馈式正弦波振荡电路。电阻 R_{b1} 和 R_{b2} 为基极偏置电阻。

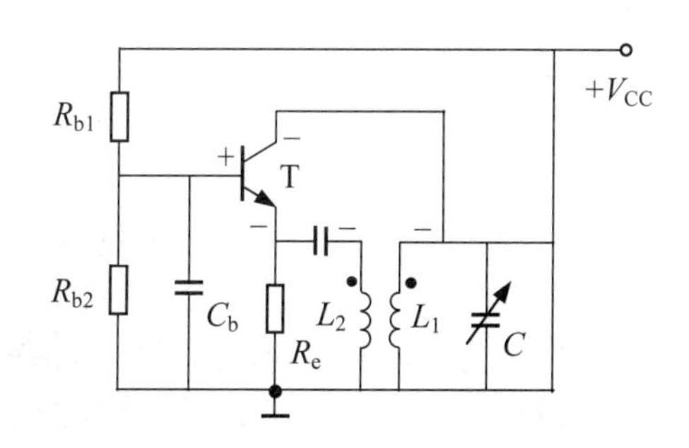

图 9.8　共基发射极耦合调谐型 LC 振荡器

一般可以用瞬时极性法分析变压器反馈式振荡电路能否产生振荡。如图 9.8 所示，首先断开发射极的反馈电路，在发射极输入端加一瞬时极性为负的输入信号，由于 LC 并联谐振电路在谐振频率时呈现纯电阻性，即此时放大器的负载为电阻性负载，在集电极也会得到瞬时极性为负的信号，在变压器的同名端处同样得到瞬时极性为负的信号，而同名端处的电压正是反馈到输入端的电压。这说明反馈电压与输入电压同相，即构成正反馈，满足了相位平衡条件。此时电路是否一定能产生振荡，还要看它是否满足起振条件和幅度平衡条件。

为了满足自激振荡的起振条件 $AF>1$，可以通过选择变压器的变比，使得有较大的反馈电压，另外可以选择增加放大电路的放大倍数实现。从式(9.24)和式(9.25)中可知，当 LC 谐振电路的品质因数增大时，等值阻抗增大，从而放大电路电压放大倍数增大，更容易起振。

当振荡电路接通电源时，在集电极选频电路激起一个微小的电流变化，则由于

LC 并联谐振回路的选频特性，其中频率等于谐振频率 f_0 的分量能通过，其他分量都被阻止，通过的信号经变压器正反馈电路放大，可以产生振荡。当振荡幅度大到一定程度时，三极管进入非线性区后电路放大倍数下降，直到最终满足等幅振荡条件 $AF=1$ 为止。虽然三极管的发射极电压和集电极电流波形可能明显失真，但由于集电极负载 LC 并联谐振回路具有良好的选频作用，输出电压波形一般失真不大。

变压器反馈式正弦波振荡电路的优点是调频方便、输出电压大、容易起振，而且因变压器有改变阻抗的作用，所以便于满足阻抗匹配。但是，由于变压器耦合的漏感等影响，这类振荡器工作频率不太高，一般在几兆赫以下。若要设计更高频率的振荡器，可以采用三点式振荡器。

【微课视频】

三点式正弦波振荡电路

3. 三点式 LC 振荡电路

三点式振荡电路是指 LC 回路的三个端点与电子器件（三极管、场效应管或运算放大器）的三个电极分别连接而组成的一种振荡电路，其工作频率可达到几百兆赫，是一种广泛应用的振荡电路。三点式振荡电路可以分为电感三点式和电容三点式两种基本结构。电感三点式振荡电路又称为电感分压反馈式振荡电路或哈特莱（Hartley）电路，电容三点式振荡电路又称为电容分压反馈式振荡电路或科皮兹（Colpitts）电路。

一种电感三点式振荡电路及其交流等效电路如图 9.9 所示。三极管采用共基放大电路，电感线圈 L_1 、L_2 一般就是一个具有中间抽头的电感线圈，类似自耦变压器，和电容 C 组成振荡回路，作为放大电路的负载和选频电路。因为振荡电路由两个串联的电感和一个电容组成，反馈电压取自电感 L_1 的两端，并通过耦合电容 C_e 反馈到到三极管的发射极，所以称为电感三点式振荡电路。

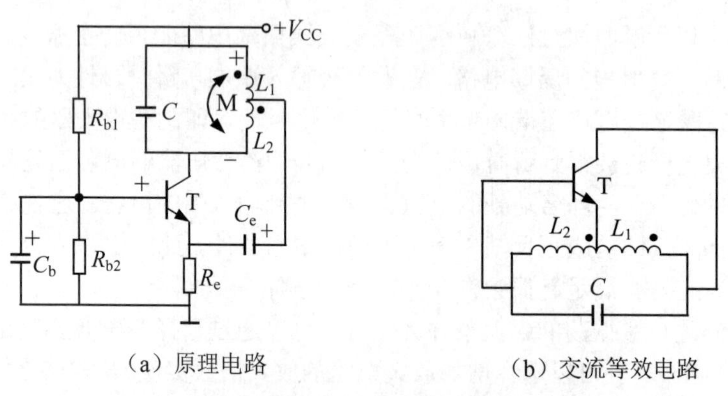

（a）原理电路　　（b）交流等效电路

图 9.9　电感三点式振荡电路及其交流等效电路

可以用瞬时极性法对振荡的相位条件进行判断。在交流通路中，电感 L_1 的同名端接地，相当于连接三极管的基极，反馈电压与三极管的发射极输入电压同相，而发射极输入对于集电极输出电压来说又是同相输入，因此形成正反馈，电路满足相位条件。

改变线圈抽头的位置，即改变L_1的大小，就可调节反馈电压的大小，当满足$AF>1$时，电路便可起振。

L_1、L_2和C构成的回路产生并联谐振。根据谐振条件，电路的振荡频率为

$$f_0=\frac{1}{2\pi\sqrt{LC}}=\frac{1}{2\pi\sqrt{(L_1+L_2+2M)\ C}} \tag{9.26}$$

式中，M为线圈L_1与L_2之间的互感。

电感三点式振荡电路的特点是，振荡电路的L_1与L_2是自耦变压器，耦合很紧，容易起振，改变抽头位置可获得较好的正弦波振荡，且输出幅度较大；频率的调节可采用可变电容，调节方便。不足之处是，由于反馈电压取自L_1，对高次谐波分量的阻抗大，输出波形中含较多的高次谐波，所以波形较差，且振荡频率的稳定性较差。

一种电容三点式振荡电路及其交流等效电路如图9.10所示。图9.10所示电路的放大部分采用共射放大电路。电容C_1、C_2和电感L构成并联谐振回路，作为放大电路的负载和选频电路，反馈电压V_f为电容C_2两端电压，反馈连接到晶体管的基极输入。因为振荡电路由两个串联的电容和一个电感组成，所以称为电容三点式振荡电路。

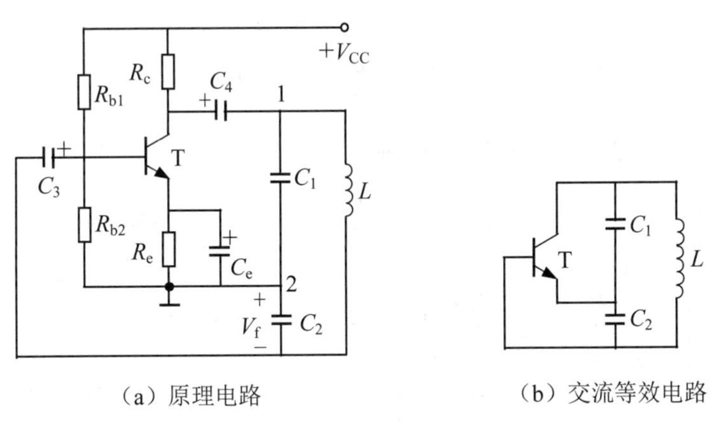

（a）原理电路　　（b）交流等效电路

图9.10 电容三点式振荡电路及其交流等效电路

与电感三点式振荡电路分析方法相同，同样也可以用瞬时极性法对电路进行振荡条件判断。首先断开反馈回路，在放大器的基极输入端加一瞬时极性为正的输入信号，当LC回路谐振时，回路呈纯电阻性，因此集电极输出电压与基极输入电压反相。输出电压等于电容器C_1两端的电压。由于C_1和C_2的公共端为零电位，因此C_1上端瞬时极性为负，C_2下端瞬时极性为正。反馈信号取自电容器C_2下端，瞬时

极性与基极输入的瞬时极性一致，形成了正反馈，满足自激振荡的相位平衡条件。

适当选取C_1和C_2的比值，以获得足够的反馈量，并使放大电路具有足够的放大倍数，使振幅平衡条件得到满足，电路就能产生自激振荡。

不难得出，电容三点式振荡电路的谐振频率为

$$f_0 = \frac{1}{2\pi\sqrt{LC_{\text{eq}}}} \tag{9.27}$$

式中，$C_{\text{eq}} = \dfrac{1}{1/C_1 + 1/C_2} = \dfrac{C_1C_2}{C_1 + C_2}$，为两个电容的串联等效电容。

电容三点式振荡电路的优点是，由于反馈电压取自电容C_2，它对高次谐波分量的阻抗较小，因此，可使振荡波形改善。其缺点首先是起振和谐振频率的调节不方便，因为调整频率时，需要改变C_1或C_2，而为了满足幅值平衡条件，又要求C_1和C_2保持一定比例关系，因此电容式三点振荡电路多用于固定频率发生电路的情况。另外，随着频率的提高，需要减小电容的大小，这时候晶体管的极间电容的影响变得不可忽略了，此时极间电容随温度等因素的变化将对振荡频率产生显著的影响，造成振荡频率不稳定。

电容三点式振荡器的改进电路有多种，其中克拉泼（Clapp）振荡电路是常用的一种。克拉泼振荡电路是在基本电容三点式振荡电路的电感支路中串联一个容量较小的可调电容C_3，用它来调节振荡频率，而且频率的稳定性会进一步提高，如图9.11所示。

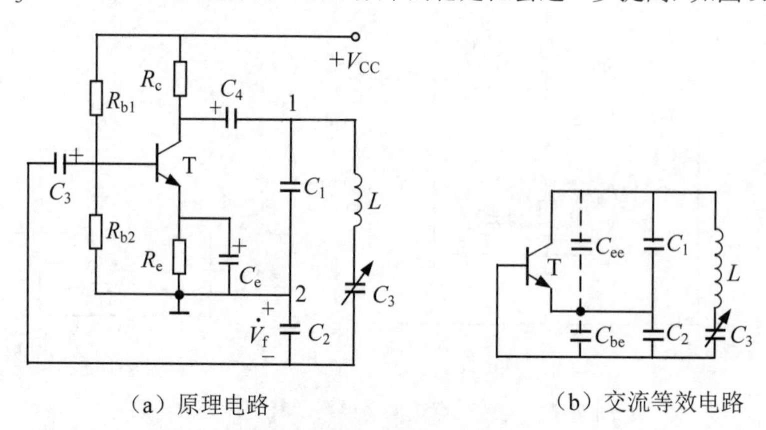

（a）原理电路　　（b）交流等效电路

图9.11　改进的电容三点式(Clapp)振荡电路及其交流等效电路

在图9.11所示电路中，谐振回路的总电容量为C_1、C_2和C_3的串联，即

$$C_{\text{eq}} = \frac{1}{1/C_1 + 1/C_2 + 1/C_3} \tag{9.28}$$

在选择电容参数时，可使$C_1 >> C_3$，$C_2 >> C_3$，则在式（9.28）中可将C_1和C_2

忽略，C_1 和 C_2 的容量值选择对振荡频率的影响很小。振荡频率基本上由电感 L 和电容 C_3 确定，因此改变电容 C_3 即可调节振荡频率。振荡频率受三极管的极间电容改变的影响也很小，电路的频率稳定度较高。

9.1.4　石英晶体振荡电路

在衡量振荡器性能时，除了要求其频率和幅值准确之外，频率稳定度也是一个很重要的指标。振荡器的频率稳定度是指由于外界条件的变化，引起振荡器的实际工作频率偏离标称频率的程度。频率稳定度一般用频率的相对变化量 $\Delta f / f_0$ 表示，其中 Δf 表示因温度或负载等变化引起的频率偏移，$\Delta f / f_0$ 越小表示其频率稳定性越好。

引起振荡频率不稳定的原因主要有选频电路的参数（RC 振荡器中的 R 和 C，LC 振荡器中的 L 和 C）随时间和温度的变化、晶体管参数变化和负载变化等。为了使振荡频率稳定，除了选用性能良好的元器件、提高电路品质因数等措施之外，在要求频率稳定度高的场合，经常采用石英晶体代替选频网络，形成石英晶体振荡电路。石英晶体振荡电路具有极高的频率稳定性，其 $\Delta f / f_0$ 可达 $10^{-10} \sim 10^{-11}$，通常作为标准信号源，广泛应用于通信、计算机和电子测量系统中。

1. 石英晶体谐振器的工作原理

石英晶体是二氧化硅（SiO_2）结晶体，具有各向异性的物理特性。从石英晶体上按一定方位切割下来的薄片叫石英晶片，不同切向的晶片具有不同的特性。将切割成型的石英晶片两面涂上银层作为电极，并焊接引线，装在支架上密封后就称为石英晶体谐振器。石英晶体谐振器符号如图 9.12（a）所示。

石英晶片之所以能做成谐振器，是由于它具有正负压电效应。如果在晶片两面施加压力，沿受力方向将产生电场，晶片两面将产生等量的正负电荷；若施加拉力，也可以产生等量的正负电荷，只是极性相反，这种效应称为正向压电效应。若在晶片处加一电场，晶片将产生机械形变，形变大小与外加电场强度成正比，这种效应称为反向压电效应。

当晶片的两极上施加交变电压，晶片将随交变电压周期性地机械振动，同时晶片的机械变形振动又会产生交变电场。在一般情况下，这种机械振动和交变电场的幅度都非常微小。当外加交变电压的频率与晶片的固有振荡频率相等时，振幅急剧增大，这种现象称为压电谐振。石英晶片的谐振频率取决于晶片的切片方向、几何形状等。

石英晶体谐振器的等效电路如图 9.12（b）所示。图中的 C_0 表示两金属电极间构成的静电电容，一般为 $1 \sim 100\text{pF}$，电感 L 用来模拟晶片振动时的惯性，其值一般为 $10^{-3} \sim 10^{2}\text{H}$，电容 C 模拟晶片振动时的弹性，其值一般为 $10^{-4} \sim 10^{-1}\text{pF}$，电阻 R 用来模拟晶片振动时内部的摩擦损耗，约为 $1 \sim 100\Omega$。由于晶片的等效电感 L 很大，

而 C 和 R 很小，因此品质因数 Q 很大，所以利用石英晶体组成的振荡电路有很高的频率稳定度。

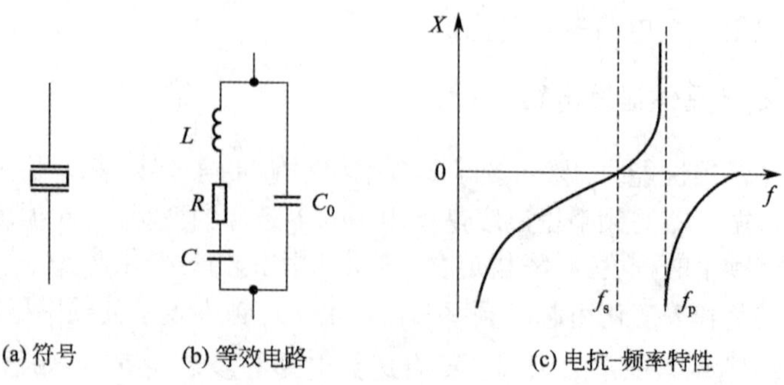

(a) 符号　(b) 等效电路　(c) 电抗-频率特性

图 9.12　石英晶体谐振器

由等效电路可见，石英谐振器有两个谐振频率。当 L、C、R 串联支路发生谐振时，它的等效阻抗最小（等于 R），串联谐振频率为

$$f_s = \frac{1}{2\pi\sqrt{LC}} \tag{9.29}$$

其大小只与晶片的几何尺寸有关。当加在石英晶片上的电压频率 $f < f_s$ 时，RLC 串联支路呈容性；当 $f > f_s$ 时，RLC 串联支路呈感性，可以与电容 C_0 发生并联谐振，忽略 R 时，回路的并联谐振频率为

$$f_p = \frac{1}{2\pi\sqrt{L\dfrac{CC_0}{C+C_0}}} = f_s\sqrt{1+\frac{C}{C_0}} \tag{9.30}$$

由于 $C_0 >> C$，因此 f_p 与 f_s 非常接近，且 f_p 稍大于 f_s。

当忽略 R 时，石英晶体呈纯电抗性，其电抗—频率特性如图 9.12（c）所示。当频率 $f_s < f < f_p$ 时，电抗为正值，呈感性。当频率处在其他频段时，电抗为负值，呈容性。由于 f_p 与 f_s 非常接近，在感性区内，曲线有很大的斜率，这将有利于稳定振荡频率，因此在晶体振荡电路中，常把石英谐振器当作一个电感元器件。

2. 石英晶体振荡电路

石英晶体振荡电路（简称晶振电路）有多种电路形式，但其基本电路只有两类：一类是并联型石英晶体振荡电路，它是利用晶体工作在并联谐振状态下，晶体阻抗呈感性的特点，与两个外接电容组成电容三点式振荡电路；另一类是串联型石英晶体振荡电路，它是利用晶体工作在串联谐振时阻抗最小，且为纯阻的特点来构成石英晶体振荡电路。

图 9.13 所示为一种常用并联型石英晶体振荡电路。石英晶体作为电容三点式振

荡电路的感性元件，与图 9.11 所示的克拉泼振荡电路相比，用石英晶体谐振器代替了电感。石英晶体 Y 和电容 C_1、C_2 构成三点式振荡电路，与晶体串联的可调电容 C_3 用于调整振荡频率。谐振时，电容 C_1、C_2 和 C_3 串联之后与石英晶体内部电容 C_0 并联，根据式（9.28），不难得出电路的振荡频率

$$f_0 = f_s\sqrt{1+\frac{C}{C_0+C_L}} \tag{9.31}$$

其中，$C_L = \dfrac{1}{1/C_1+1/C_2+1/C_3}$。可以看出，晶体振荡电路的振荡频率 $f_s < f_0 < f_p$。由于 f_s 和 f_p 是石英晶体内部固定参数，且数值上非常接近，因此电路的谐振频率与外接电容几乎无关，要比 LC 电路组成的克拉泼振荡电路要稳定得多。调整电容 C_3，可以将频率微调到设计频率上。

图 9.14 所示为一种串联型晶体振荡器。三极管 T_1 工作在共基组态，T_2 工作在共集组态，可调电阻 R_P 与晶体串联构成正反馈网络。当 $f_0 = f_s$ 时，晶体振荡器产生串联谐振。串联谐振时，晶体阻抗最小，且为纯电阻。用瞬时极性法可判断出这时电路满足相位的平衡条件，而且纯阻性阻抗最小，正反馈最强，能满足起振幅值条件，电路产生正弦波振荡，振荡频率等于晶体串联谐振频率。当工作频率偏移 f_0 时，晶体呈很大的阻抗，使反馈电压减小，相移增大，从而不满足振荡条件。调节 R_P 可以改变正反馈信号的强弱，以获得良好的正弦波形输出。

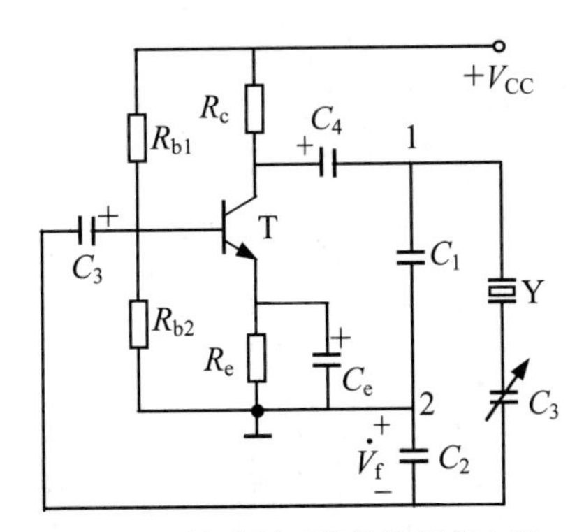

图 9.13　并联型石英晶体振荡电路

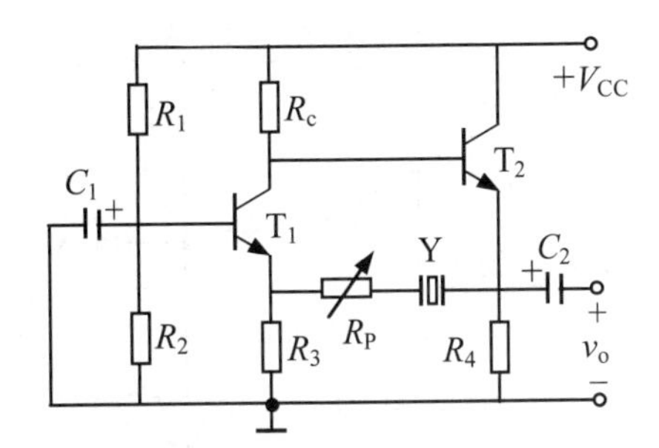

图 9.14　串联型石英晶体振荡电路

9.2　非正弦信号产生电路

非正弦波发生电路也是应用十分广泛的一类电路，电子技术中常见的非正弦波有矩形波（方波）和锯齿波（三角波）。由于这些波形含有丰富的高次谐波分量，

所以非正弦波振荡电路又称多谐振荡电路，在电子设备、数字电路等领域中应用十分广泛。

非正弦波发生电路的电路组成、工作原理和分析方法均与正弦波振荡电路显著不同。在频率不是很高的情形下，大多运用集成运放和 RC 电路组成非正弦波发生电路。矩形波发生电路可以由滞回比较器和 RC 充放电回路组成。对矩形波进行积分即可得到三角波。当然，对于符合逻辑电平的矩形波或三角波，可以采用 555 定时器等电路实现，这在数字电子技术部分会加以介绍，本书就不涉及了。

矩形波发生电路

9.2.1 矩形波（方波）发生电路

矩形波发生电路除了需要关注信号的频率、幅值（或峰-峰值）之外，另外一个重要的参数就是占空比。所谓占空比，指的是高电平时间占整个周期的比例。占空比为 50%的矩形波信号一般称为方波信号，其高电平与低电平持续时间相等。

在第 7 章中已经讨论了电压比较器电路，在滞回比较器的基础上增加一条 RC 负反馈支路，就构成了一个方波发生电路，如图 9.15 所示。图中，R_1 和 R_2 组成正反馈支路，形成一个滞回比较器，通过双向稳压管 D_Z 将滞回比较器的输出限制在 $\pm V_Z$，电阻 R_3 提供限流作用。滞回比较器的作用相当于一个双向切换的电子开关，将输出电压周期性地在 $-V_Z$ 和 $+V_Z$ 之间相互切换。电路中 RC 积分电路起着时间延迟的作用，即利用了电容 C 两端电压不能突变的特性，为输出电压切换提供了时间延迟。

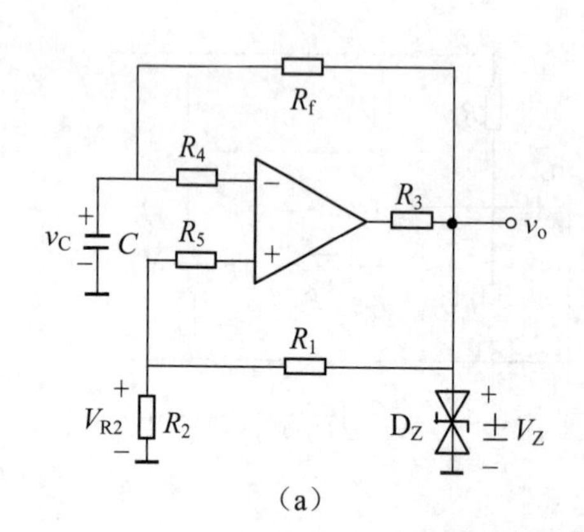

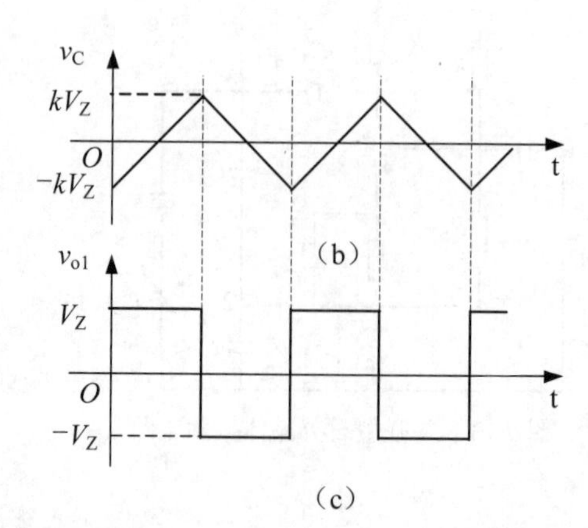

图 9.15 方波发生电路及其波形

在接通电源的瞬间，电路中总是存在某些扰动。由于 R_1 和 R_2 的正反馈作用使得运放输出立即达到饱和值，但稳压管的限幅作用使电路输出等于稳压管的稳压值，究竟输出为$-V_Z$还是$+V_Z$，纯属偶然。假设$t=0$时电容C上的电压$v_C=0$，而滞回比较器的输出端v_o为高电平$+V_Z$，则运算放大器同相输入端的电压为

$$v_p=\frac{R_2}{R_1+R_2}V_Z=\mathrm{k}V_Z \tag{9.32a}$$

运算放大器的反相端输入电压$v_n=v_C=0$，由于$v_p>v_n$，运算放大器输出保持饱和，电路输出v_o保持为高电平$+V_Z$，并通过反馈电阻R_f向电容C充电，电容上的电压v_C即v_n逐渐上升。在$v_n<v_p$时，$v_o=+V_Z$保持不变。当电容上的电压v_C上升到$v_n=v_p$时，滞回比较器的输出电压v_o将发生跳变，由高电平跳变为低电平$-V_Z$，运算放大器的同相端输入电压变为

$$v_p=-\frac{R_2}{R_1+R_2}V_Z=-\mathrm{k}V_Z \tag{9.32b}$$

由于$v_o=-V_Z$，输出电压电容C通过反馈电阻R_f向输出端放电，电容上的电压v_C即v_n逐渐下降。在$v_n>v_p$时，$v_o=-V_Z$保持不变。当电容上的电压v_C下降到$v_n=v_p$时，滞回比较器的输出电压v_o将再次发生跳变，由低电平跳变为高电平$+V_Z$，电容器C又开始充电，如此周而复始，输出端会得到幅值为V_Z的方波信号。

从电路原理中可知，对于一阶RC电路，充放电过程中电容电压V_C按照指数函数规律变化，可以用下列公式来表示：

$$v_C(t)=v_C(\infty)+[v_C(0)-v_C(\infty)]\mathrm{e}^{-\frac{t}{R_fC}} \tag{9.33}$$

对于充电过程，有$v_C(0)=-\frac{R_2}{R_1+R_2}V_Z$，$v_C(t)=\frac{R_2}{R_1+R_2}V_Z$，$v_C(\infty)=V_Z$；对于放电过程，有$v_C(0)=\frac{R_2}{R_1+R_2}V_Z$，$v_C(t)=-\frac{R_2}{R_1+R_2}V_Z$，$v_C(\infty)=-V_Z$。代入式（9.33）可以求得无论充电或放电过程，时间都是

$$t=R_fC\ln(1+\frac{R_2}{R_1}) \tag{9.34}$$

因此图9.15所示的方波发生电路的振荡周期为

$$T=2R_fC\ln(1+\frac{R_2}{R_1}) \tag{9.35}$$

振荡频率

$$f=\frac{1}{T}=\frac{1}{2R_fC\ln(1+R_2/R_1)} \tag{9.36}$$

可以看出，方波发生电路的振荡频率与电路的时间常数R_fC以及滞回比较器的

电阻 R_1 和 R_2 有关，而与输出电压的幅值无关。在实际应用中，常通过改变 R_f 来调节振荡频率，改变稳压管 D_Z 可以改变方波发生电路输出电压的幅值。

图 9.15 电路中电容的充电和放电时间相等，因此方波发生电路产生的波形占空比等于 50%。若在方波发生电路中，调节电容的充电和放电时间常数使其不等，即可改变电路的占空比大小，成为矩形波发生电路，如图 9.16 所示。二极管 D_1 和 D_2 分别提供了电容放电和充电电流通路。调节电路中的电位器 R_P，可以改变充电回路和放电回路的电阻，从而改变充放电时间，即改变矩形脉冲的占空比。设串联在电容放电部分的电位器电阻为 R_{P1}，串联在电容充电部分的电位器电阻为 R_{P2}，很明显有 $R_P = R_{P1} + R_{P2}$。若不计二极管的正向导通等效电阻，则根据式（9.34），得到放电时间

$$t_1 = (R_f + R_{P1})C\ln(1 + \frac{R_2}{R_1}) \tag{9.37}$$

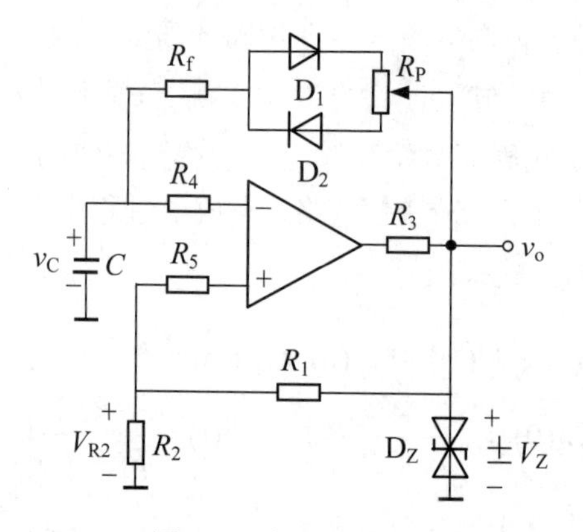

图 9.16 矩形波发生电路

充电时间

$$t_2 = (R_f + R_{P2})C\ln(1 + \frac{R_2}{R_1}) \tag{9.38}$$

振荡周期

$$T = (2R_f + R_P)C\ln(1 + \frac{R_2}{R_1}) \tag{9.39}$$

可以看出，电路振荡频率与电容充放电电路的时间常数 $(2R_f + R_P)C$ 以及滞回比较器的电阻 R_1 和 R_2 有关，调节电位器比例，只改变占空比大小，并不会改变振荡频率。幅值、频率和占空比可以通过改变不同的元器件参数实现，为设计和调整提供了方便。

9.2.2　锯齿波（三角波）发生电路

图9.15电路中，虽然可以在电容两端输出近似的三角波，但是实际电容充放电按照指数规律变化，三角波线性度比较差，只能用于一些要求不高的场合。在实际应用中，为了实现线性度较好的三角波，必须对电容器恒流充放电。

图9.17是一种常用的三角波发生电路及其输出波形。运算放大器A_1及其外围电阻R_f和R_2构成滞回比较器，并通过电阻R_1和双向稳压二极管D_Z进行限幅，产生方波输出v_{o1}，运算放大器A_2及其外围电阻R_3、电容C构成反相积分器，对方波进行积分产生三角波输出v_{o2}。积分器的输出又反馈到滞回比较器的输入，控制滞回比较器输出端的状态发生跳变，从而在运算放大器A_2的输出端得到周期性的三角波。

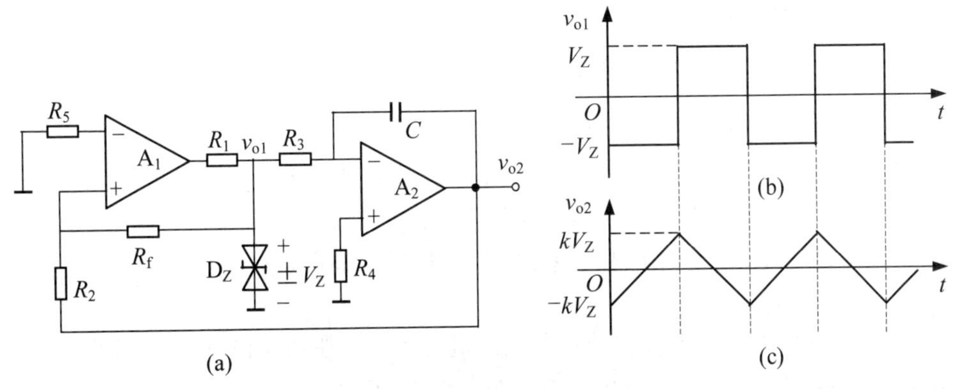

图9.17　三角波发生电路及其波形

假设$t=0$时，滞回比较器输出端为低电平，即$v_{o1}=-V_Z$，且积分电容C上初始电压为零，即$v_{o2}=0$。根据叠加定理，可以得到运算放大器A_1同相输入端的电压为

$$\begin{aligned} v_p &= \frac{R_2}{R_f+R_2}v_{o1}+\frac{R_f}{R_f+R_2}v_{o2} \\ &= -\frac{R_2}{R_f+R_2}V_Z \end{aligned} \tag{9.40}$$

由于滞回比较器反相输入电压保持$v_n=0$，因此有$v_p<v_n$，滞回比较器保持低电平输出。由于积分器输入电压$v_{o1}=-V_Z$，积分电路的输出电压v_{o2}将随着时间往正方向线性增长。当v_{o2}增加到使$v_p=v_n=0$时，滞回比较器的输出端将发生跳变，使$v_{o1}=V_Z$。根据式（9.40），跳变时积分电路输出电压

$$v_{o2} = v_{om+} = \frac{R_2}{R_f} V_Z = kV_Z \tag{9.41}$$

$v_p > 0$，滞回比较器保持低电平输出。随后积分电路的输出电压 v_{o2} 将随着时间线性减小，当输出电压 v_{o2} 减小到使 $v_p = v_n = 0$ 时，滞回比较器的输出端再次发生跳变，使 $v_{o1} = -V_Z$，同样也可以得到跳变时积分器输出电压

$$v_{o2} = v_{om-} = -\frac{R_2}{R_f} V_Z = -kV_Z \tag{9.42}$$

重复以上过程，可以得到滞回比较器的输出电压 v_{o1} 为方波，而积分电路的输出电压 v_{o2} 为三角波，波形如图 9.17（b）和 9.17（c）所示。

下面计算振荡电路的振荡周期。当滞回比较器的输出电压即积分电路的输入电压 $v_{o1} = -V_Z$ 时，在半个振荡周期的时间内，输出电压 v_{o2} 从 v_{om-} 上升至 v_{om+}，由此可以得到电路振荡周期

$$T = \frac{4R_2 R_3 C}{R_f} \tag{9.43}$$

由上述分析可知，三角波的幅度与滞回比较器中的电阻值之比 R_2 / R_f 以及稳压管的稳压值 V_Z 成正比；而三角波的振荡周期则不仅与滞回比较器的电阻值之比 R_2 / R_f 成正比，而且还与积分电路的时间常数 R_3C 成正比。在设计与调整时，一般先确定电阻 R_2 和 R_f，使输出达到规定幅值，然后再确定电阻 R_3 和电容 C，使振荡频率达到要求。

与图 9.16 中改变矩形波脉冲占空比的机制类似，在图 9.17 积分电路的 R_3 支路上串联图 9.18 所示的电路，可以使得三角波的正向与反向充电时间常数不相等，形成所谓的锯齿波。积分电容反向和正向充电的时间常数分别受电位器的 R_{W1} 和 R_{W2} 控制，当调整电位器时，可以改变输出 v_{o1} 的占空比和 v_{o2} 的上升和下降时间。若不计二极管的正向导通等效电阻，则根据式（9.43），当 $v_{o1} = V_Z$ 时，电容充放电时间

$$T_1 = \frac{2R_2(R_3 + R_{W1})C}{R_f} \tag{9.44}$$

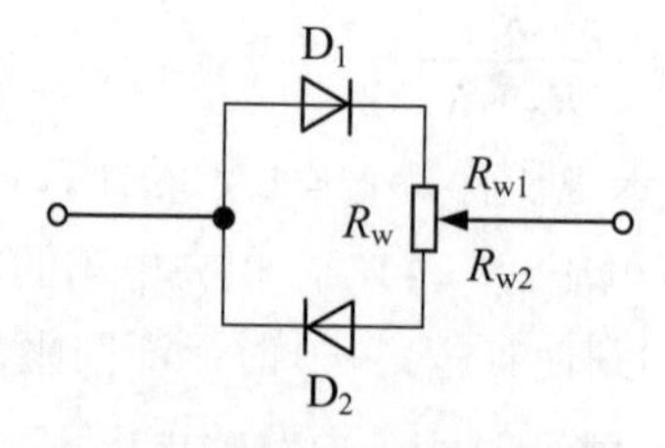

图 9.18　调整锯齿波时间电路

当 $v_{o1}=-V_Z$ 时，电容充放电时间

$$T_2=\frac{2R_2(R_3+R_{W2})C}{R_f} \tag{9.45}$$

振荡周期

$$T=T_1+T_2=\frac{2R_2(R_3+R_W)C}{R_f} \tag{9.46}$$

可以看出，当调节电位器滑动端的位置时，可以改变 v_{o1} 输出的矩形波的占空比和 v_{o2} 输出的锯齿波形状（锯齿波上升和下降的斜率），而锯齿波频率保持不变。

9.3 滤波器的基本概念

滤波器的功能是从众多的信号中选出需要的信号或滤除不需要的信号，一般指的是从频率意义上来说的。在电子设备中经常会看到各种形式的滤波器。

9.3.1 滤波器的类型

滤波器有各种不同的分类。

按照滤波器处理的信号类型，可以分为模拟滤波器和数字滤波器两大类。模拟滤波器是通过模拟电子电路实现的，以连续方式处理信号；数字滤波器是用数字电路或计算机实现的，是以程序方式处理信号，一般表现为计算机程序。关于数字滤波器的分析与设计，请参考数字信号处理相关的资料。

模拟滤波器又可以分为无源滤波器和有源滤波器两大类。无源滤波器主要由电感、电容和电阻构成，所以又称为 *RLC* 滤波电路。有源滤波器是指由有源器件（如集成运算放大器等）和电阻、电容构成的滤波电路，它不采用大电感，与无源滤波器相比，除了具有体积小、重量轻、成本低等优点外，由于集成运放的开环放大倍数和输入电阻均很高，输出电阻又很低，构成滤波器后还具有一定的电压放大和缓冲作用，带负载能力强。其缺点是因为运算放大器频率带宽不够理想，所以有源滤波器常用在几千赫频率以下的电路中，高频电路中采用 *LC* 无源滤波电路效果更好。

按照所允许通过信号的频率范围，滤波器可分为低通滤波器（LPF）、高通滤波器（HPF）、带通滤波器（BPF）、带阻滤波器（BEF）和全通滤波器（APF）五个类别。其中全通滤波器允许各种频率信号通过，往往只改变信号的延时或相位，而不改变幅值，不具有频率选择性，本书不加以深入讨论，只就前四种滤波器的分析和设计问题进行讨论。

1. 低通滤波器

顾名思义，低通滤波器的意思是让低频信号通过，而高频信号不通过的电路。如图9.19所示为理想低通滤波器功能示意图，当滤波器输入一频率范围$0\sim f_1$的信号时，只有频率低于f_0的信号才允许通过滤波器，频率高于f_0的信号被阻止通过。f_0称为该低通滤波器的截止频率，$0\sim f_0$称为该低通滤波器的通带，其余部分称为阻带。

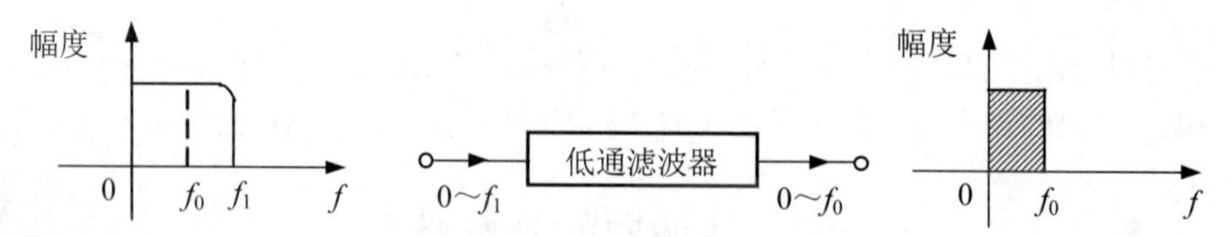

图9.19　理想低通滤波器及其功能示意图

2. 高通滤波器

高通滤波器是选取高频信号通过，而低频信号不通过的电路。如图9.20所示为理想高通滤波器功能示意图，当滤波器输入一频率范围$0\sim f_1$的信号时，只有频率高于f_0的信号才允许通过滤波器，频率低于f_0的信号被阻止通过。f_0也称为该高通滤波器的截止频率，也就是说，只有高于截止频率的信号才被允许通过高通滤波器。同样，$0\sim f_0$称为该高通滤波器的阻带，其余部分称为通带。

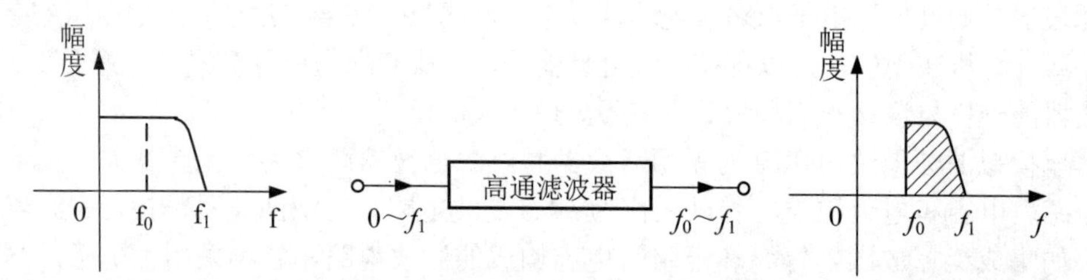

图9.20　理想高通滤波器及其功能示意图

3. 带通滤波器

带通滤波器是选取某个频率范围之内的信号通过，而频率范围之外的信号不通过的电路。如图9.21所示为理想带通滤波器功能示意图，当滤波器输入一频率范围$0\sim f_1$的信号时，只有频率在f_L与f_H之间的信号才允许通过滤波器，其它频率的信号被禁止通过。f_L与f_H分别称为该带通滤波器的下限截止频率和上限截止频率。$f_L\sim f_H$称为该带通滤波器的通带，其余部分称为阻带。

如果某带通滤波器的$f_L \ll f_H$，则称为宽带带通滤波器，此时可以将滤波器看作是一个截止频率为f_H的低通滤波器和一个截止频率为f_L的高通滤波器串联组合而成。如果f_L与f_H比较接近，则称为窄带带通滤波器，窄带带通滤波器的设计不能简单等效为低通滤波和高通滤波的结合。

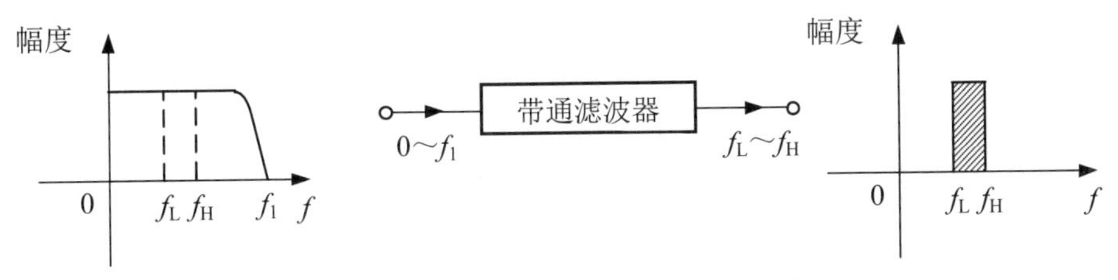

图 9.21 理想带通滤波器及其功能示意图

4. 带阻滤波器

与带通滤波器相反，带阻滤波器的功能是选取某个频率范围之内的信号不通过，而频率范围之外的信号通过，带阻滤波器又称为陷波器。理想带阻滤波器功能示意图如图 9.22 所示，当滤波器输入一频率范围 $0\sim f_1$ 的信号时，频率在 f_L 与 f_H 之间的信号被禁止通过滤波器，频率范围为 $0\sim f_L$ 和 $f_H\sim f_1$ 的信号允许通过。f_L 与 f_H 分别称为该带阻滤波器的下限截止频率和上限截止频率。$f_L\sim f_H$ 称为该带通滤波器的阻带，其余部分称为通带。

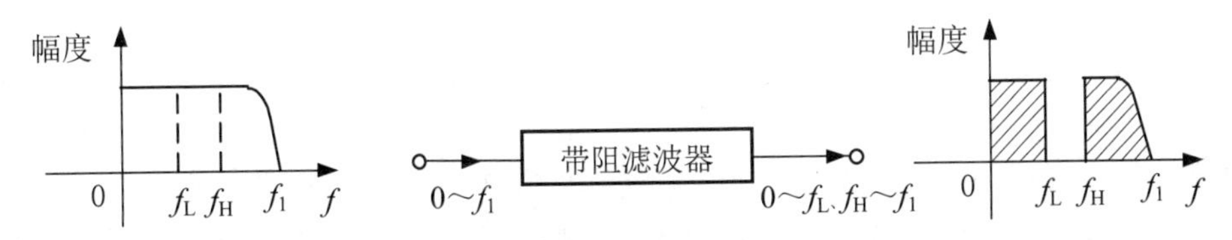

图 9.22 理想带阻滤波器及其功能示意图

如果某带阻滤波器的 $f_L << f_H$，则称为宽带带阻滤波器，此时可以将滤波器看作是一个截止频率为 f_L 的低通滤波器和一个截止频率为 f_H 的高通滤波器并联组合而成。如果 f_L 与 f_H 比较接近，则称为窄带带阻滤波器，或者称为点阻滤波器。在一些精密测量电路中，经常需要滤除 50Hz 的工频干扰信号，此时点阻滤波器是一个合适的选择。

9.3.2 滤波器的传递函数与频率特性

前面讨论了理想滤波器，但是实际的滤波器不可能有如此陡峭的截止特性，在通带和阻带之间总是有一个过渡区间，同时在通带范围之内增益可能会有起伏，阻带范围之内也不可能把信号完全衰减至零。为了表征这些特性，必须清楚滤波器的传递函数与频率特性。

1. 传递函数与频率特性

设滤波器的输入信号 $v_{\mathrm{i}}(t)$ 的拉氏变换为 $V_{\mathrm{i}}(s)$，输出信号 $v_{\mathrm{o}}(t)$ 的拉氏变换为 $V_{\mathrm{o}}(s)$，则定义滤波器的传递函数为

$$H(s)=\frac{V_{\mathrm{o}}(s)}{V_{\mathrm{i}}(s)} \tag{9.47}$$

一般情况下，滤波器的传递函数可以表示成有理分式的形式

$$H(s)=\frac{b_m s^m + a_{m-1}s^{m-1}+\cdots+b_1 s+b_0}{s^n+a_{n-1}s^{n-1}+\cdots+a_1 s+a_0} \tag{9.48}$$

其中分子和分母多项式系数由滤波器的设计参数决定，对于可实现的滤波器，一般有 $n \geqslant m$。

如果对分子和分母多项式进行因式分解，传递函数 $H(s)$ 可以写成

$$H(s)=M\frac{\prod_{j=1}^{m}(s-z_j)}{\prod_{i=1}^{m}(s-p_i)} \tag{9.49}$$

其中，$z_1,z_2,\cdots,z_m$ 是 $H(s)$ 的零点，$p_1,p_2,\cdots,p_n$ 是 $H(s)$ 的极点。由于 $H(s)$ 的分母多项式和分子多项式均为实系数多项式，这些零极点表示在复平面上都是实数或共轭复数。如果 $H(s)$ 是稳定的，则要求所有的极点 $p_1,p_2,\cdots,p_n$ 在复平面的左半平面。对于线性电路，传递函数可以用运算法直接计算。

当使用 $s=\mathrm{j}\omega$ 代入 $H(s)$，就可以得到滤波器的频率特性 $H(\mathrm{j}\omega)$。$H(\mathrm{j}\omega)$ 是一个关于角频率 ω 的复变函数，其幅值 $|H(\mathrm{j}\omega)|$ 和相角 $\varphi[H(\mathrm{j}\omega)]$ 都是关于角频率 ω 的实函数，分别称为幅频特性和相频特性。其物理意义是，当给滤波器输入正弦信号时，一方面会引起幅值放大或衰减，另一方面会引起相位超前或滞后。在本章中讨论滤波器时，我们主要讨论滤波器的幅频特性。对于线性电路，频率特性可以用相量法直接计算。

考虑图 9.23（a）所示的无源 RC 低通滤波器电路，其运算电路和相量电路分别如图 9.23（b）和 9.23（c）所示，从图中很容易得到其传递函数

$$H(s)=\frac{V_{\mathrm{o}}(s)}{V_{\mathrm{i}}(s)}=\frac{1/sC}{R+1/sC}=\frac{1}{RCs+1} \tag{9.50}$$

频率特性

$$\begin{aligned}H(\mathrm{j}\omega)=H(s)\big|_{s=\mathrm{j}\omega}&=\frac{1}{\mathrm{j}\omega RC+1}\\&=\frac{1}{\mathrm{j}\omega/\omega_0+1}=\frac{1}{\mathrm{j}f/f_0+1}\end{aligned} \tag{9.51}$$

式中，$\omega_0=1/RC$，$f_0=1/2\pi RC$。频率特性也可以直接从图 9.23（c）分析出来。

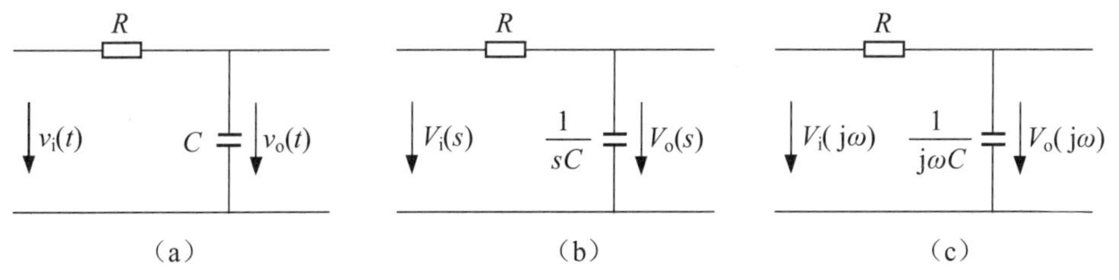

图 9.23　无源 *RC* 低通滤波电路

幅频特性

$$|H(\mathrm{j}\omega)| = \frac{1}{\sqrt{\omega^2/\omega_0^2+1}} = \frac{1}{\sqrt{f^2/f_0^2+1}} \tag{9.52}$$

相频特性

$$\varphi[H(\mathrm{j}\omega)] = -\arctan\frac{\omega}{\omega_0} = -\arctan\frac{f}{f_0} \tag{9.53}$$

从式（9.52）和式（9.53）可以看出，当频率增加时，输出幅值降低，这体现了低通滤波的特性。

2. 伯德图

伯德图是以美国科学家 Bode 命名的，可以用来直观地显示滤波器的频率特性，在滤波器分析和设计中具有重要的地位。一个电路的伯德图由幅频特性和相频特性两部分组成，其横轴频率以对数尺度表示，纵坐标幅值（以分贝表示）或相角采用线性分度。伯德图简单但准确，只要知道系统的增益和零极点，就可以近似画出直观的系统频率特性。关于伯德图的绘制，读者可以参考相关的文献。在这里我们仅仅以上节的 *RC* 电路为例，讨论在滤波器分析和设计中最常用的对数幅频特性（以下简称幅频特性）曲线的绘制。

幅频特性曲线横轴是以 $\lg\omega$ 为分度单位，但是标度上还是标度 ω 。纵轴以分贝为单位，同样也需要对幅值取对数。

$$A(\omega) = 20\lg|H(\mathrm{j}\omega)| \tag{9.54}$$

对于图 9.23 所示的 *RC* 滤波电路，幅频特性

$$A(\omega) = 20\lg\frac{1}{\sqrt{\omega^2/\omega_0^2+1}} \tag{9.55}$$

在低频段 $\omega << \omega_0$ 时， $A(\omega) \approx 0\mathrm{dB}$ ，频率特性曲线是一条高度为 0dB 的水平直线，表明对低频信号的衰减很少；在高频段 $\omega >> \omega_0$ 时， $A(\omega) = -20\lg\omega + 20\lg\omega_0$ ，由于横坐标是 $\lg\omega$ ，因此是一条斜率为 $-20\mathrm{dB/dec}$ 的直线。这里 dec 称为十倍频，意思是频率增加十倍，幅值降低 20dB ，即衰减为原来的十分之一，高频段下降的

频率特性说明了对高频信号的衰减作用。不难得出，低频段与高频段的交点在频率$\omega=\omega_0$点，此时幅值下降-3dB（即降为最大值的0.707倍）。最终的伯德图如图9.24所示。

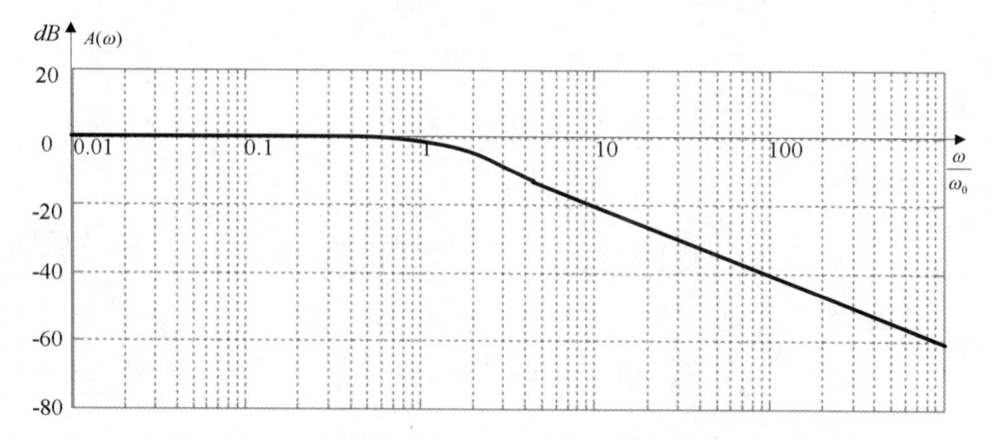

图9.24 *RC*电路的频率特性（伯德图）

在伯德图中，采用纵坐标取对数有助于对复杂系统的处理。如果系统可以分解为一些简单环节的串联，那么就可以直接在图上相加即可。例如，上例中如果在*RC*电路后有一个10倍放大，那么可以简单地将伯德图整体向上平移20dB即可。

3. 滤波电路的主要技术指标

前面的*RC*电路是一个实际的低通滤波电路，从伯德图可以看出，与理想滤波电路相比，有下列特点：

（1）通带增益不是完全平坦的。随着频率增加，通带增益略有下降。

（2）阻带增益并不完全为零。实际滤波器只能实现对高频信号的抑制，而不能将高频信号完全清除。即使对频率达到100倍特征频率ω_0的信号，也只能衰减至原来的1%。

（3）通带和阻带之间有一个过渡带，并不存在明显的截止频率。

一般情况下，一个实际的低通滤波器可能具有如图9.25所示的频率特性，图中也标示了滤波器常用的技术指标。

（1）通带增益$A_{\rm vp}$。通带增益是指通带中滤波器的放大倍数，也可以以分贝表示。对于低通滤波器，通带增益$A_{\rm vp}$等于直流增益H_0。

（2）通带截止频率$\omega_{\rm p}$。通带截止频率为通带与过渡带的分界点，一般情况下指的是幅值从直流增益H_0下降3dB时对应的频率，当然也可以根据滤波器性能要求指定通带截止频率对应的增益$A_{\rm p\,min}$。

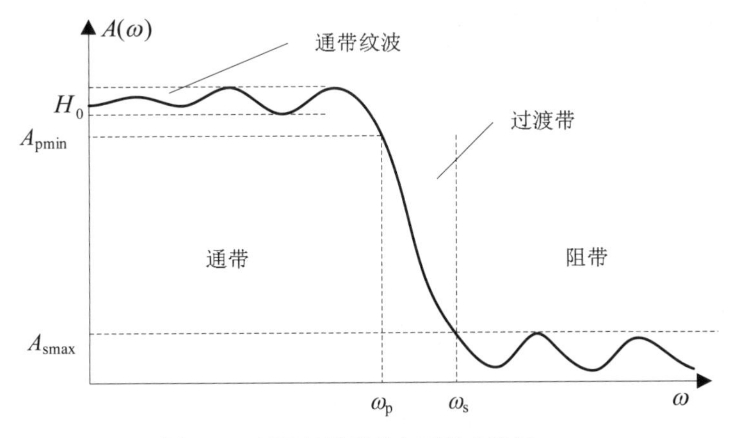

图 9.25　低通滤波器的主要技术指标

（3）阻带截止频率 ω_{s}。阻带截止频率为阻带与过渡带的分界点，当频率大于 ω_{s} 时，滤波器对信号的衰减使得增益不大于指定的 A_{smax}。

（4）通带纹波。在通带内，增益随着频率的变化会产生起伏，这些起伏变化范围称为通带纹波，一般情况下，通带纹波的要求为 ±1dB。

除了以上提到的技术指标之外，不同的滤波器技术指标也有所不同。例如，如果考虑对输入波形的要求，则群延迟是一个不得不考虑的指标。如果考虑带通和带阻滤波器时，还要关注带宽和品质因数等指标。

滤波器指标的要求对滤波器设计带来深刻的影响。例如，如果通带截止频率 ω_{p} 和阻带截止频率 ω_{s} 比较接近，且 A_{pmin} 和 A_{smax} 差别很大，则滤波器的阶数就不能太低，滤波器的复杂程度会大大增加。

9.4　一阶有源滤波器

【微课视频】

一阶有源滤波器

与无源滤波器类似，一阶有源滤波器电路中只有一个电容。一阶有源滤波器可以构成低通和高通电路，带通和带阻电路可以由低通和高通串并联组成。一般来说，通过串并联只能构成宽带带通和带阻特性。窄带带通和带阻需要使用高阶滤波电路。

9.4.1　一阶有源低通滤波器

图 9.26 是常用的一阶有源低通滤波器电路，图（a）为反相输入电路，图（b）为同相输入电路。

在图 9.26（a）所示电路中，R_f 和电容 C 构成负反馈支路，输入信号从运算放大器反相端引入。滤波器传递函数

$$
\begin{aligned}
H(s)=\frac{V_o(s)}{V_i(s)}=-\frac{\frac{1}{sC}//R_f}{R_1}=-\frac{R_f}{R_1}\frac{1}{R_fCs+1} \\
=H_0\frac{1}{R_fCs+1}
\end{aligned}
\tag{9.56}
$$

其中 $H_0=-\frac{R_f}{R_1}$，为滤波器的直流增益。频率特性

$$
H(\mathrm{j}\omega)=H_0\frac{1}{\mathrm{j}\omega R_fC+1}=H_0\frac{1}{\mathrm{j}\omega/\omega_0+1}
\tag{9.57}
$$

其中，$\omega_0=1/R_fC$ 称为滤波器的特征频率。

图 9.26（b）所示电路相当于无源 RC 低通滤波电路后跟同相放大。不难得到滤波器传递函数

$$
H(s)=H_0\frac{1}{RCs+1}
\tag{9.58}
$$

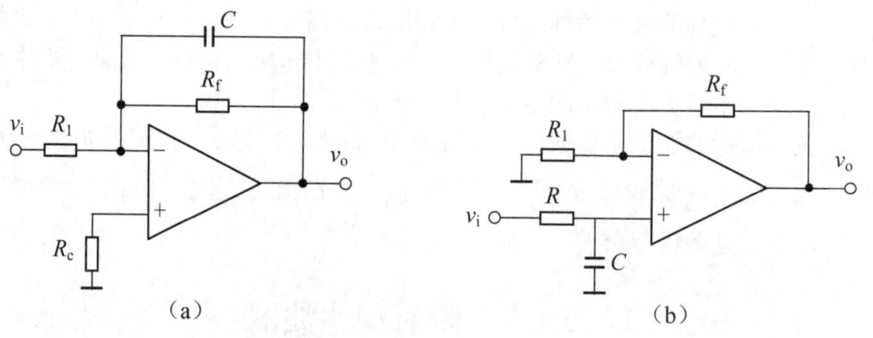

图 9.26　一阶有源低通滤波器

其中 $H_0=1+\frac{R_f}{R_1}$，为滤波器的直流增益。频率特性

$$
H(\mathrm{j}\omega)=H_0\frac{1}{\mathrm{j}\omega/\omega_0+1}
\tag{9.59}
$$

其中，$\omega_0=1/RC$ 为滤波器的特征频率。

可以看出，无论是同相还是反相输入，一阶 RC 有源滤波器都具有相似的频率特性，并且与无源 RC 滤波器的频率特性只差一个直流放大倍数，其伯德图也具有相似的形状，只不过在垂直方向上平移 $20\lg H_0$ 个单位即可，如图 9.27 所示。

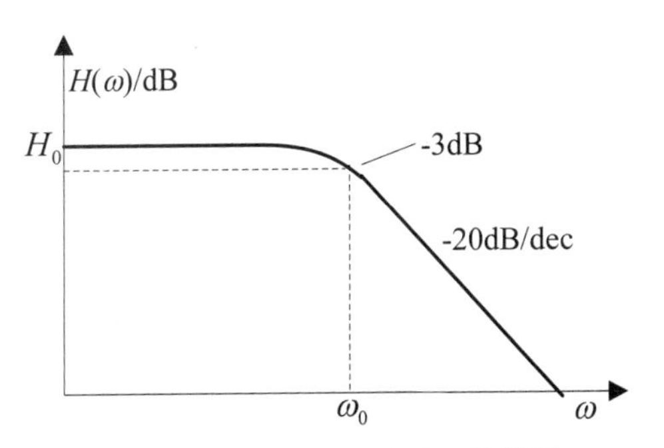

图 9.27　一阶有源低通滤波器伯德图

可以看出，一阶滤波器的滤波效果不够好，当 $\omega > \omega_0$ 时，幅频特性按 -20dB/dec 的速率衰减。若要求幅频特性以更高的速度衰减，则需采用更高阶次的滤波器。

9.4.2　一阶有源高通和带通滤波器

图 9.28 是常用的一阶有源高通滤波器电路，图（a）为反相输入电路，图（b）为同相输入电路。

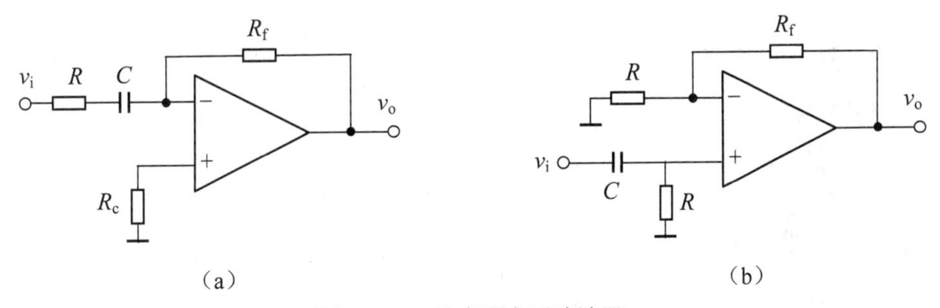

图 9.28　一阶有源高通滤波器

不难求出，图 9.28（a）滤波器传递函数

$$H(s) = -\frac{R_f}{R}\frac{RCs}{RCs+1} = H_\infty \frac{RCs}{RCs+1} \qquad (9.60)$$

其中 $H_\infty = -R_f/R$ ，为滤波器的高频增益。频率特性

$$H(j\omega) = H_\infty \frac{j\omega RC}{j\omega RC+1} = H_\infty \frac{j\omega/\omega_0}{j\omega/\omega_0+1} \qquad (9.61)$$

其中，$\omega_0 = 1/RC$ 称为滤波器的特征频率。

对图 9.28（b）所示电路分析，可以得到滤波器传递函数和频率特性表达式分别也是式（9.60）和式（9.61），只不过此时对应的高频增益 $H_\infty = 1 + R_f/R_1$ 。

对于式（9.61），在高频段$\omega >> \omega_0$时，$20\lg|H(\mathrm{j}\omega)| \approx 20\log|H_\infty|$，频率特性曲线是一条高度为$20\log|H_\infty|$的水平直线。在低频段$\omega << \omega_0$，$20\lg|H(\mathrm{j}\omega)| = 20\log|H_\infty| + 20\lg\omega - 20\lg\omega_0$，低频段是一条斜率为20dB/dec的直线。两条直线交点在$\omega = \omega_0$点，此时实际增益比高频增益下降3dB。一阶高通滤波器的伯德图如图9.29所示。

图9.30所示为一个有源带通滤波器，电路中虽然有两个电容，但是分别提供了带通滤波器下限截止频率和上限截止频率，因此也是属于一阶带通滤波器的范畴。根据运算电路，可以写出滤波器传递函数

$$H(s) = -\frac{R_2}{R_1}\frac{R_1C_1s}{R_1C_1s+1}\frac{1}{R_2C_2s+1} \tag{9.62}$$

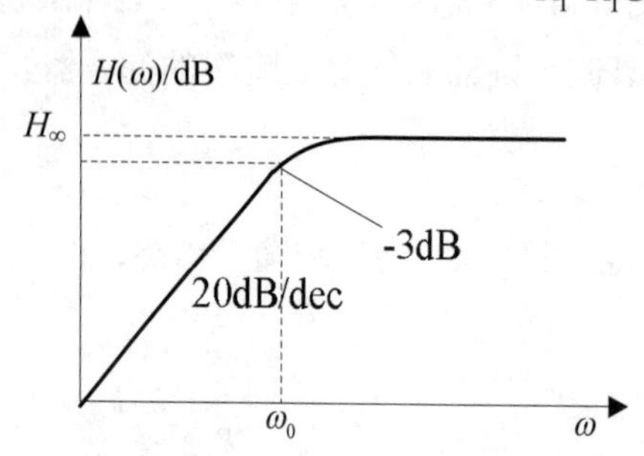

图9.29 一阶有源高通滤波器伯德图

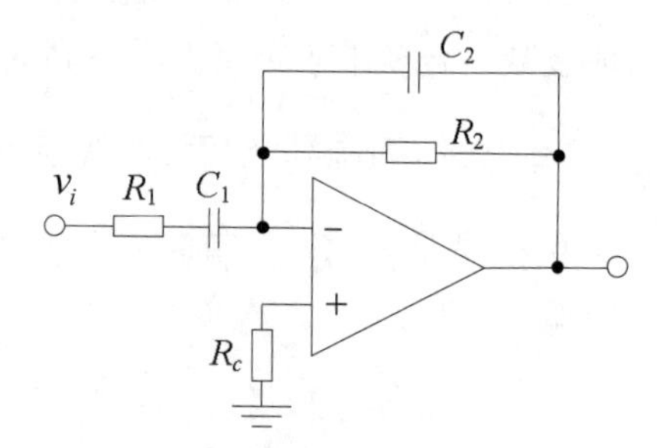

图9.30 一阶有源宽带带通滤波器

其频率特性

$$H(\mathrm{j}\omega) = H_0\frac{\mathrm{j}\omega/\omega_\mathrm{L}}{\mathrm{j}\omega/\omega_\mathrm{L}+1}\frac{1}{\mathrm{j}\omega/\omega_\mathrm{H}+1} \tag{9.63}$$

其中，$H_0 = -\frac{R_2}{R_1}$为中频增益，$\omega_\mathrm{L} = \frac{1}{R_1C_1}$为下限截止频率，$\omega_\mathrm{H} = \frac{1}{R_2C_2}$为上限截止频率。频率特性曲线如图9.31所示。这个电路特别适合于$\omega_\mathrm{L} << \omega_\mathrm{H}$的宽带滤波器场合。典型应用就是音频应用，同时可以滤除直流分量和高频噪声。

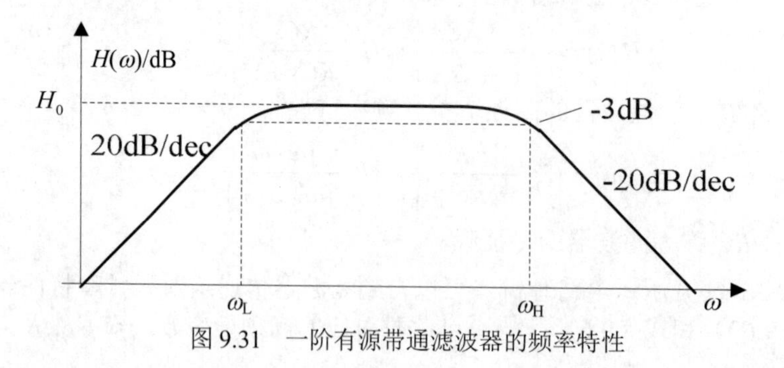

图9.31 一阶有源带通滤波器的频率特性

9.5　二阶有源滤波器

一阶有源滤波器结构简单，但是阻带下降较慢。与一阶滤波器相比，二阶滤波器具有更快的过渡特性，另外，二阶滤波器与一阶滤波器一起，构成了高阶滤波器的基础。

9.5.1　二阶低通滤波器

二阶低通滤波器的一般传递函数可以表示为

$$H(s)=H_{0\mathrm{LP}}H_{\mathrm{LP}}(s)=H_{0\mathrm{LP}}\frac{\omega_0^2}{s^2+2\zeta\omega_0 s+\omega_0^2} \tag{9.64}$$

式中，$H_{0\mathrm{LP}}$ 为滤波器的直流增益，ω_0 称为无阻尼自然振荡频率，ζ 称为阻尼比。令 $s=\mathrm{j}\omega$，代入式（9.64）中的 $H_{\mathrm{LP}}(s)$ 并整理，可以得到其频率特性

$$H_{\mathrm{LP}}(\mathrm{j}\omega)=\frac{1}{1-(\omega/\omega_0)^2+(j\omega/\omega_0)/Q} \tag{9.65}$$

式中，$Q=1/2\zeta$ 称为品质因数。

$H_{\mathrm{LP}}(\mathrm{j}\omega)$ 的幅频特性曲线如图 9.32 所示。可以看出，在低频段，$\omega<<\omega_0$，$H_{\mathrm{LP}}\approx 1$，在频率特性曲线上是幅值为0dB的水平直线。在高频段，$\omega>>\omega_0$，此时 $20\lg|H(\mathrm{j}\omega)|\approx -40\lg\omega+40\lg\omega_0$，是一条斜率 $-40\mathrm{dB/dec}$ 的直线，且与0dB线交于 $\omega=\omega_0$ 点。$H_{\mathrm{LP}}(\mathrm{j}\omega)$ 的中频段受 Q 或 ζ 影响很大，当 Q 较小，或者说 ζ 较大时，在 $\omega=\omega_0$ 处就有较大的衰减；当 Q 较大，或者说 ζ 较小时，幅频特性曲线在 $\omega=\omega_0$ 附近有突起，且当 Q 越大，频率特性突起越大。当 $Q=0.707$ 时，频率特性曲线刚好没有突起，最为平坦。

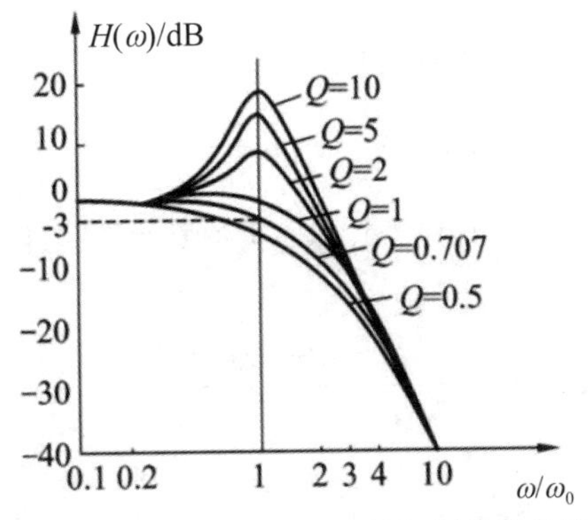

图 9.32　二阶低通滤波器的幅频特性曲线

二阶低通滤波器的实现电路有多种形式。图 9.33 是一种常见的实现电路，称为电压控制电压源（VCVS）型。电路中由两级 RC 电路 R_1、C_1 和 R_2、C_2 串联，其中输出电压通过电容 C_1 正反馈到 RC 电路，以提高电路的品质因数，改善滤波效果。

利用运算电路可以得到图 9.33 电路的传递函数

$$H(s)=\frac{K}{R_1C_1R_2C_2s^2+[(1-K)R_1C_1+R_1C_2+R_2C_2]s+1} \tag{9.66}$$

式中，$K=H_{0LP}=1+R_B/R_A$。频率特性

$$H(j\omega)=\frac{K}{1-\omega^2R_1C_1R_2C_2+j\omega[(1-K)R_1C_1+R_1C_2+R_2C_2]} \tag{9.67}$$

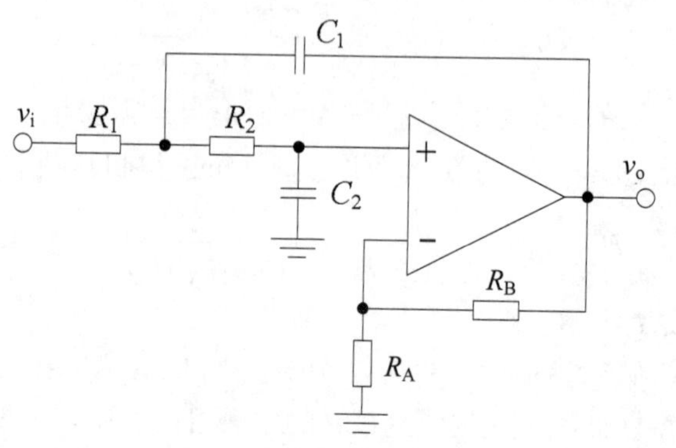

图 9.33　二阶有源低通滤波器（VCVS 型）

取 $R_1=R_2=R$，$C_1=C_2=C$，对比式（9.67），则有 $\omega_0=1/RC$，$Q=1/(1-K)$。在设计电路时，可以先选定电容，根据截止频率 ω_0 确定电阻值，根据希望的品质因数 Q 确定放大倍数 K，再由此确定电阻 R_A 和 R_B。

9.5.2　二阶高通滤波器

二阶高通滤波器的一般传递函数可以表示为

$$H(s)=H_{0HP}H_{HP}(s)=H_{0HP}\frac{s^2}{s^2+2\zeta\omega_0s+\omega_0^2} \tag{9.68}$$

式中，H_{0HP} 为滤波器的高频增益，ω_0 和 ζ 分别为无阻尼自然振荡频率和阻尼比。$H_{HP}(s)$ 的频率特性

$$H_{HP}(j\omega)=\frac{-(\omega/\omega_0)^2}{1-(\omega/\omega_0)^2+(j\omega/\omega_0)/Q} \tag{9.69}$$

式中，品质因数 $Q=1/2\zeta$。

$H_{HP}(j\omega)$ 的幅频特性曲线如图 9.34 所示。可以看出，特性曲线的形状与低通滤

波器是关于$\omega/\omega_0=1$对称的。在高频段，$\omega>>\omega_0$，$H_{HP}\approx1$，在频率特性曲线上是幅值为 0dB 的水平直线。在低频段，$\omega<<\omega_0$，是一条斜率 -40dB/dec 的直线，且与 0dB 线交于$\omega=\omega_0$点。中频段同样受Q或ζ影响很大，当Q较小时，在$\omega=\omega_0$处就有较大的衰减；当Q较大时，幅频特性曲线在$\omega=\omega_0$附近有突起；当$Q=0.707$时，频率特性曲线刚好没有突起，最为平坦。

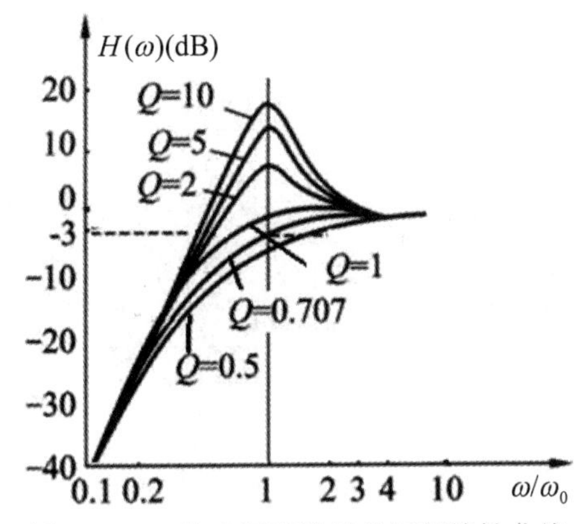

图 9.34　二阶高通滤波器的幅频特性曲线

电压控制电压源（VCVS）型二阶有源高通滤波器如图 9.35 所示。电路中由两级 RC 高通滤波电路R_1、C_1和R_2、C_2串联，并通过电阻R_1实现正反馈以改善滤波器的品质因数。

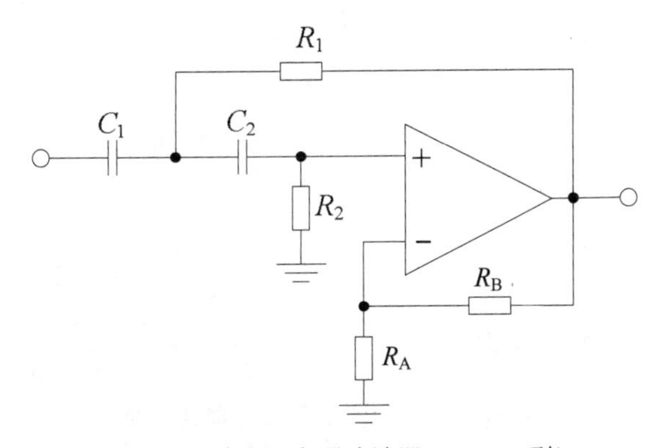

图 9.35　二阶有源高通滤波器（VCVS 型）

与低通滤波器相似，可以得到图 9.35 电路的频率特性

$$H_{\mathrm{HP}}(\mathrm{j}\omega)=H_{0\mathrm{HP}}H_{\mathrm{HP}}(\mathrm{j}\omega)=H_{0\mathrm{HP}}\frac{-(\omega/\omega_0)^2}{1-(\omega/\omega_0)^2+(\mathrm{j}\omega/\omega_0)/Q} \tag{9.70}$$

式中，$H_{0\mathrm{HP}}=1+R_{\mathrm{B}}/R_{\mathrm{A}}$。取 $R_1=R_2=R$，$C_1=C_2=C$，有 $\omega_0=1/RC$，$Q=1/(1-K)$。图 9.35 和图 9.33 所示电路呈对偶结构。

9.5.3　二阶带通滤波器

二阶带通滤波器的一般传递函数可以表示为

$$H(s)=H_{0\mathrm{BP}}H_{\mathrm{BP}}(s)=H_{0\mathrm{BP}}\frac{2\zeta\omega_0 s}{s^2+2\zeta\omega_0 s+\omega_0^2} \tag{9.71}$$

式中，$H_{0\mathrm{BP}}$ 为滤波器的谐振增益，ω_0 和 ζ 分别为无阻尼自然振荡频率和阻尼比。$H_{\mathrm{BP}}(s)$ 的频率特性

$$H_{\mathrm{BP}}(\mathrm{j}\omega)=\frac{(\mathrm{j}\omega/\omega_0)/Q}{1-(\omega/\omega_0)^2+(\mathrm{j}\omega/\omega_0)/Q} \tag{9.72}$$

式中，品质因数 $Q=1/2\zeta$。

$H_{\mathrm{BP}}(\mathrm{j}\omega)$ 的幅频特性曲线如图 9.36 所示。可以看出，特性曲线关于 $\omega/\omega_0=1$ 对称。在高频段，$\omega>>\omega_0$，$20\lg|H_{\mathrm{BP}}(\mathrm{j}\omega)|\approx-20\lg\omega/Q\omega_0$，是一条斜率 $-20\mathrm{dB/dec}$ 的直线。在低频段，$\omega<<\omega_0$，可以得到 $20\lg|H_{\mathrm{BP}}(\mathrm{j}\omega)|\approx20\lg\omega/Q\omega_0$，是一条斜率 $20\mathrm{dB/dec}$ 的直线。

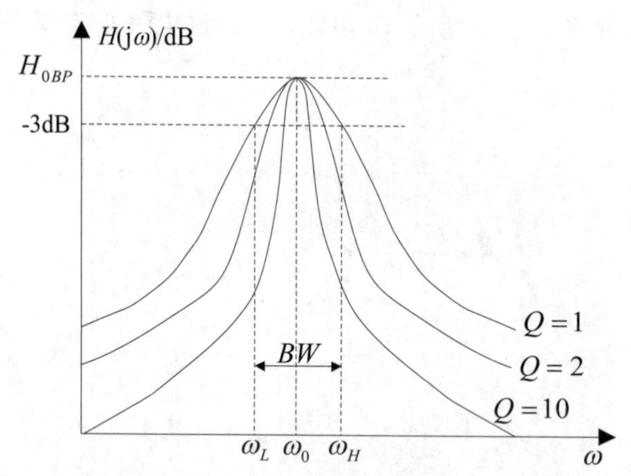

图 9.36　二阶带通滤波器的幅频特性曲线

频率特性的中频段呈现谐振峰值的特性，当 $\omega=\omega_0$ 取得最大值 $H_{0\mathrm{BP}}$。当 Q 较小时，曲线在 $\omega=\omega_0$ 附近比较宽，意味着频率选择性较差；当 Q 较大时，曲线在 $\omega=\omega_0$ 附近比较窄，意味着频率选择性较强。为了表征这种频率选择性，定义幅值为-3dB 时

对应的频率分别为下限截止频率ω_L和上限截止频率ω_H，带宽$BW=\omega_H-\omega_L$，可以求得

$$\begin{cases}\omega_L=(\sqrt{1+0.25Q^2}-0.5Q)\omega_0\\ \omega_H=(\sqrt{1+0.25Q^2}+0.5Q)\omega_0\end{cases}\tag{9.73}$$

不难得到两个简明的关系

$$\omega_0=\sqrt{\omega_L\omega_H}\tag{9.74}$$

和

$$Q=\omega_0/BW\tag{9.75}$$

即谐振频率ω_0是下限截止频率ω_L和上限截止频率ω_H的几何平均值，带宽相对于谐振频率越窄，品质因数越高。

电压控制电压源（VCVS）型二阶有源带通滤波器如图9.37所示。电路中由R_1、C_1低通滤波和R_2、C_2高通滤波串联实现带通滤波功能，通过电阻R_3实现正反馈以改善滤波器的品质因数。

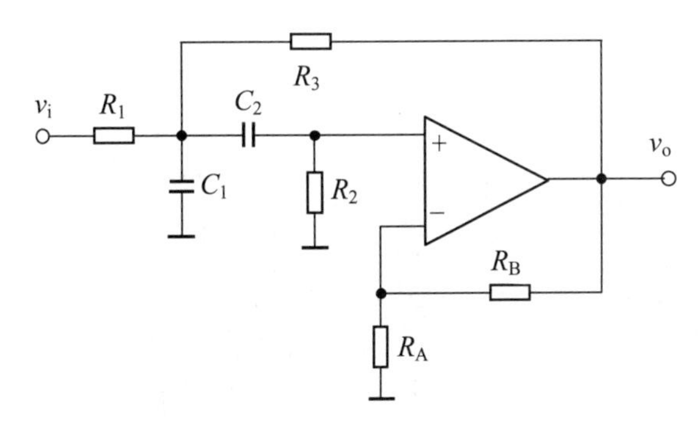

图9.37　二阶有源带通滤波器（VCVS型）

通过对电路的交流分析，可以得到图9.37电路的传递函数

$$\frac{V_o(s)}{V_i(s)}=\frac{KsR_2C_2/(1+R_1/R_3)}{\frac{R_1C_1R_2C_2}{1+R_1/R_3}s^2+\left[\frac{R_1C_2+R_1C_1}{1+R_1/R_3}+R_2C_2\left(1-K\frac{R_1}{R_1+R_3}\right)\right]s+1}\tag{9.76}$$

式中，$K=1+R_B/R_A$。取$R_1=R_2=R_3=R$，$C_1=C_2=C$，式（9.76）简化为

$$\frac{V_o(s)}{V_i(s)}=\frac{sKRC/2}{s^2R^2C^2/2+sRC(2-K/2)+1}\tag{9.77}$$

这时，有$\omega_0=\sqrt{2}/RC$，$Q=\sqrt{2}/(4-K)$，$H_{0BP}=K/(4-K)$。可以通过调整R的大小改变谐振频率，通过调整K调节滤波器的品质因数。

9.5.4 二阶带阻滤波器

二阶带阻滤波器的一般传递函数可以表示为

$$H(s)=H_{0\text{BS}}H_{\text{BS}}(s)=H_{0\text{BS}}\frac{s^2+\omega_0^2}{s^2+2\zeta\omega_0 s+\omega_0^2} \tag{9.78}$$

式中，$H_{0\text{BS}}$为滤波器的通带增益，ω_0和ζ分别为无阻尼自然振荡频率和阻尼比。$H_{\text{BS}}(s)$的频率特性

$$H_{\text{BS}}(\text{j}\omega)=\frac{1-(\omega/\omega_0)^2}{1-(\omega/\omega_0)^2+(\text{j}\omega/\omega_0)/Q} \tag{9.79}$$

式中，品质因数$Q=1/2\zeta$。

$H_{\text{BS}}(\text{j}\omega)$的幅频特性曲线如图9.38所示。可以看出，带阻滤波器特性曲线关于$\omega/\omega_0=1$对称。在高频段和低频段，$20\lg|H_{\text{BP}}(\text{j}\omega)|\approx 0$，是幅值为0dB的水平直线。在中频段，$\omega=\omega_0$附近，幅频特性曲线急剧下降。当$Q$较小时，曲线在$\omega=\omega_0$附近比较宽，意味着频率选择性较差；当$Q$较大时，曲线在$\omega=\omega_0$附近曲线比较窄，意味着频率选择性比较强。

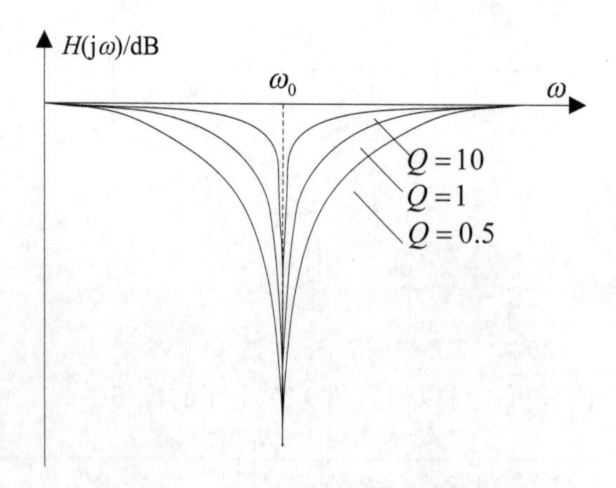

图9.38 二阶带阻滤波器的幅频特性曲线

经常使用双T电路实现带阻滤波器。双T电路的频率特性在9.1.2中已经做了介绍，有源双T带阻滤波器电路如图9.39所示。与正弦波信号发生电路不同，电阻R_{A}和R_{B}构成负反馈，输出电压通过电容正反馈到双T网络。通过对电路的交流分析，可以得到图9.39中电路的传递函数

$$H(s)=\frac{V_{\text{o}}(s)}{V_{\text{i}}(s)}=\frac{K(1+R^2C^2s^2)}{1+(4-2K)RCs+R^2C^2s^2} \tag{9.80}$$

式中，$K=1+R_B/R_A$。这时，有 $\omega_0=1/RC$，$Q=1/(4-2K)$，$H_{0BS}=K$。可以通过调整 R 的大小改变阻带频率，通过调整 K 调节滤波器的品质因数。

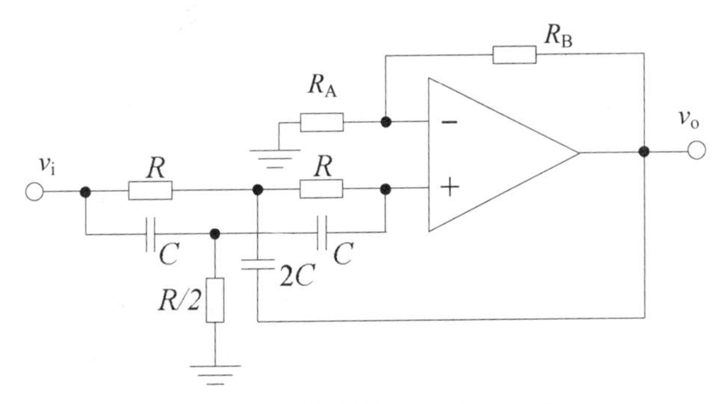

图 9.39　二阶有源带阻滤波器（双 T 型）

小结

本章主要包含两部分内容：信号发生和信号滤波。首先分析了正弦信号发生的条件，介绍了正弦波信号发生电路的构成，详细分析了 RC 正弦波信号发生电路、LC 正弦波信号发生电路的工作原理，介绍了石英晶体谐振器在信号发生电路中的应用。对于常用的非正弦波信号，介绍了常用的发生电路原理。本章也介绍了信号滤波的基本概念，并详细分析了常用的一阶和二阶信号滤波电路。本章介绍的信号发生和有源滤波电路不但在工程实践中具有较多的应用，而且也是学习后续课程的基础。

（1）为了产生稳定的正弦波，必须在电路中引入正反馈，产生自激振荡现象。维持自激振荡的条件包括幅值条件和相位条件。一个正弦波振荡电路一般由四部分组成：基本放大电路、反馈网络、选频网络和稳幅电路。

（2）常用的正弦波发生器有 RC 振荡电路、LC 振荡电路和石英晶体振荡电路。RC 振荡电路多用于音频范围内的低频正弦信号发生电路；LC 振荡电路主要用于几兆赫兹以上的较高频的信号发生电路；石英晶体振荡电路振荡频率精度和稳定性俱佳，在一些要求较高的场合应用较为广泛。

（3）常见的 RC 振荡电路的选频网络有 RC 串并联选频网络、RC 移相网络和双 T 选频网络。RC 串并联选频网络形成正反馈，和电阻构成的负反馈电路形成一个桥式结构，因此也被称为文氏桥电路；RC 移相选频网络采用多级移相实现 180° 的相位偏移，与负反馈电路的 180°相移共同得到自激振荡的相位条件；双 T 网络具有良好的频率选择性，但是频率调节不太方便。

（4）LC 正弦波振荡器中，经常使用 LC 并联回路作为选频网络。常见的 LC

正弦波振荡电路有变压器反馈式、电感三点式和电容三点式等。在分析 LC 振荡器时通常采用瞬时极性法对振荡条件进行判断。变压器反馈式又可以分为集电极调谐、基极调谐和发射极调谐三种类型，应用较多的是共基发射极调谐型变压器反馈式 LC 振荡器。三点式振荡电路工作频率可达到几百兆赫，可以分为电感三点式和电容三点式两种基本结构。其中，电容三点式电路可以改进为克拉泼振荡电路，其振荡频率稳定性好，具有可调的特性。

（5）石英晶体振荡器利用了石英晶体的谐振特性，具有良好的频率精度和频率稳定性。石英晶体振荡电路有串联式石英晶体振荡电路和并联式石英晶体振荡电路。串联式石英晶体振荡电路中利用了石英晶体的串联谐振点，在电路中等效为一个电阻；并联式石英晶体振荡电路利用石英晶体并联时呈感性的特点，在电路中等效为一个电感。

（6）常用的非正弦振荡电路有脉冲波和锯齿波发生电路，方波和三角波是其特殊形式。脉冲波（方波）发生电路利用电容充放电和滞回比较器实现。锯齿波（三角波）发生电路利用滞回比较器实现脉冲波，利用积分器实现锯齿波，可以同时实现脉冲波和锯齿波输出。

（7）滤波器是将有用信号保留和将干扰信号进行抑制的设备，其实现可以用模拟电路和数字程序实现。用模拟电路实现的滤波器称为模拟滤波器，分为有源滤波器和无源滤波器。无源滤波器仅仅由电阻、电感和电容实现，有源滤波器除了电阻、电感和电容外，还包括运算放大器、晶体三极管和场效应管等有源器件。

（8）从允许通过的频率范围看，滤波器又可以分为低通滤波器、高通滤波器、带通滤波器和带阻滤波器等。实际的滤波器设计时，还要考虑到通带和阻带之间的过渡带、通带纹波和阻带衰减等指标。

（9）一阶和二阶滤波电路是最常用的最简单的滤波电路，也是构成高阶滤波电路的基础，需要熟练掌握。

探究研讨——方波信号的谐波分析

根据傅里叶变换分析，方波信号中除了基波信号之外，还包含丰富的谐波信号，其中以三次谐波和五次谐波为主。设计一个方波信号发生器，并分析其基波、三次谐波和五次谐波分量的大小，并用示波器或毫伏表测量。试以小组合作形式开展课外拓展，探究方波信号的发生、基波、三次谐波和五次谐波信号的提取方法，并就以下内容进行交流讨论：

（1）方波信号的傅里叶级数展开式中，各次谐波的含量。

（2）方波信号的产生方法。

（3）基波和谐波信号的提取方法。

（4）如何保证测量的精度。

习题

在线测试

9.1　电路产生正弦波振荡的条件是什么？正弦波振荡电路由哪几部分组成？

9.2　文氏电桥振荡电路是如何实现起振和稳幅的？

9.3　移相式 RC 振荡电路至少需要几级 RC 电路？为什么？

9.4　LC 并联网络有什么特性？其品质因数与选频效果关系如何？

9.5　变压器反馈式振荡器使用什么类型的反馈？反馈电路的作用是什么？

9.6　分析电感三点式振荡器的特点，其振荡频率范围为多少？

9.7　分析克拉泼振荡器的特点，其振荡频率范围为多少？

9.8　石英晶体谐振器有什么特点？基本石英晶体振荡电路有哪几种形式？

9.9　方波发生器中有两个反馈回路，每一个反馈回路的作用是什么？

9.10　矩形波发生器中输出幅值和振荡频率由什么来决定？占空比如何调节？

9.11　三角波发生器中输出幅值由什么来决定？其频率由什么来决定？

9.12　按照允许通过信号的频率范围，滤波器可以分为几种？都有什么特点？

9.13　什么是有源滤波器？什么是无源滤波器？

9.14　伯德图的横坐标和纵坐标有什么特点？

9.15　一个低通滤波器通常有哪些技术指标？其意义是什么？

9.16　二阶低通、高通、带通、带阻滤波器一般传递函数如何表示？具有什么特征？

9.17　判断图 9.40 所示电路是否可组成 RC 桥式振荡电路？如果电路能振荡，相关电路参数应满足什么条件？

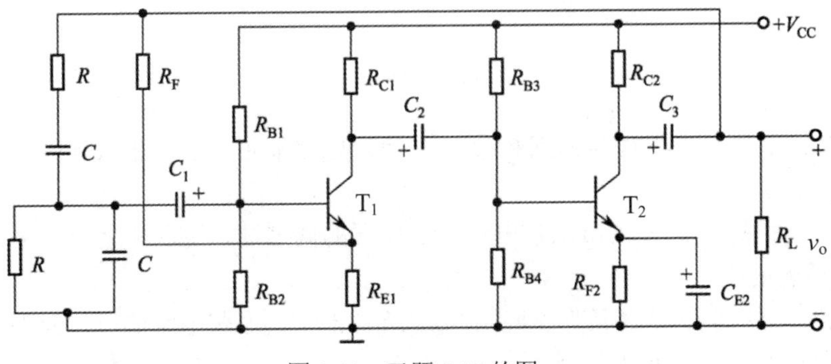

图 9.40　习题 9.17 的图

9.18　电路如图 9.41 所示，集成运放具有理想的特性，已知 R=16kΩ，C=0.01μF，R_1=1kΩ，试回答：

（a）该电路是什么名称？输出什么波形的振荡电路。

（b）由哪些元件组成选频网络？

（c）求电路的振荡频率。

（d）为满足起振的幅值条件，应如何选择 R_f 的大小？

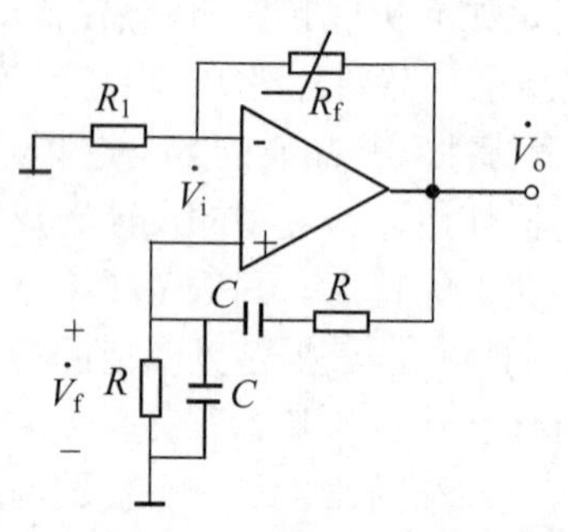

图 9.41　习题 9.18 的图

9.19　在图 9.42 所示电路中，请连线，使之成为正弦波振荡电路。

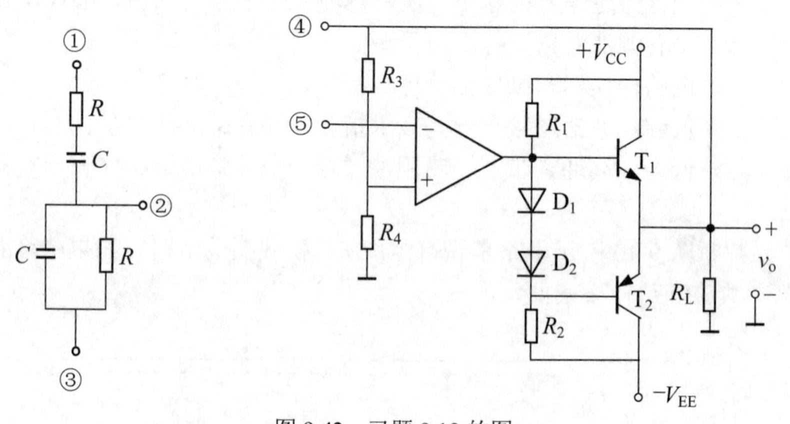

图 9.42　习题 9.19 的图

9.20　试用相位平衡条件判断图 9.43 所示电路能否产生正弦波振荡，并简单说明理由。

9.21　试标出图 9.44 所示各电路中变压器的同名端，使之满足产生正弦波振荡的相位平衡条件。

9.22　试用振荡平衡条件说明图 9.45 所示正弦波振荡电路的工作原理，并指出石英晶体工作在哪一种谐振状态。

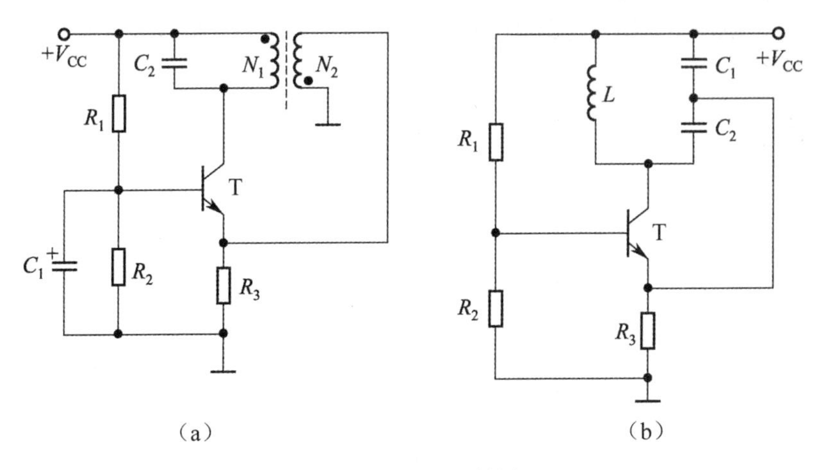

图 9.43　习题 9.20 的图

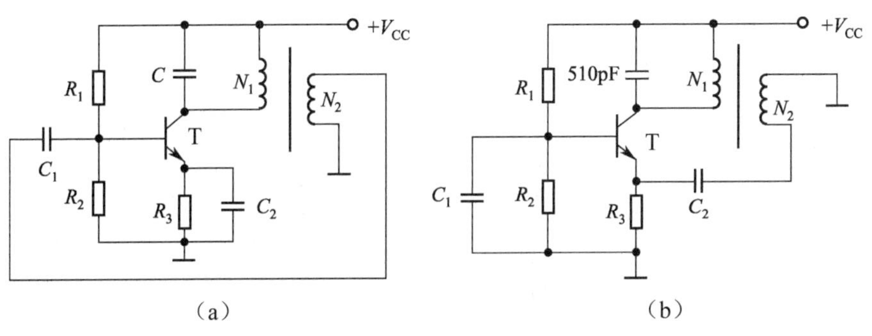

图 9.44　习题 9.21 的图

9.23　如图 9.46 所示的克拉泼电路，$C_1=C_2=1000\text{pF}$，C_3 为 68～120pF 的可变电容器，$L=50\mu\text{H}$，求振荡器的振荡频率范围。

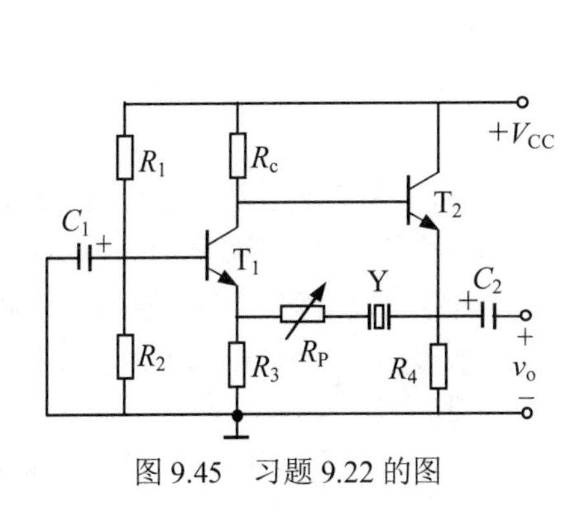

图 9.45　习题 9.22 的图

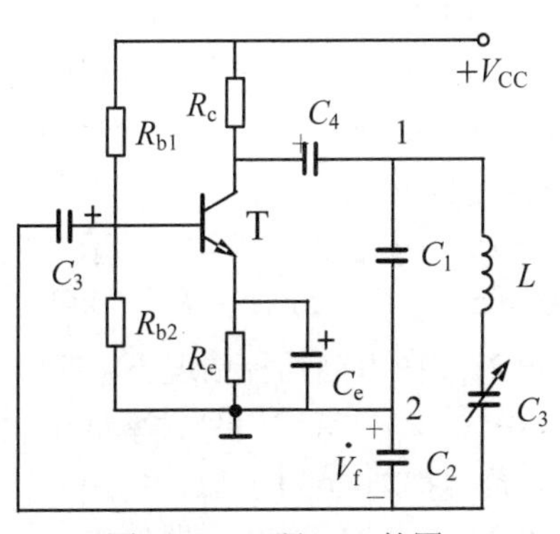

图 9.46　习题 9.23 的图

9.24　在图 9.47 所示电路中，哪些能振荡？哪些不能振荡？能振荡的，说出振荡电路的类型。

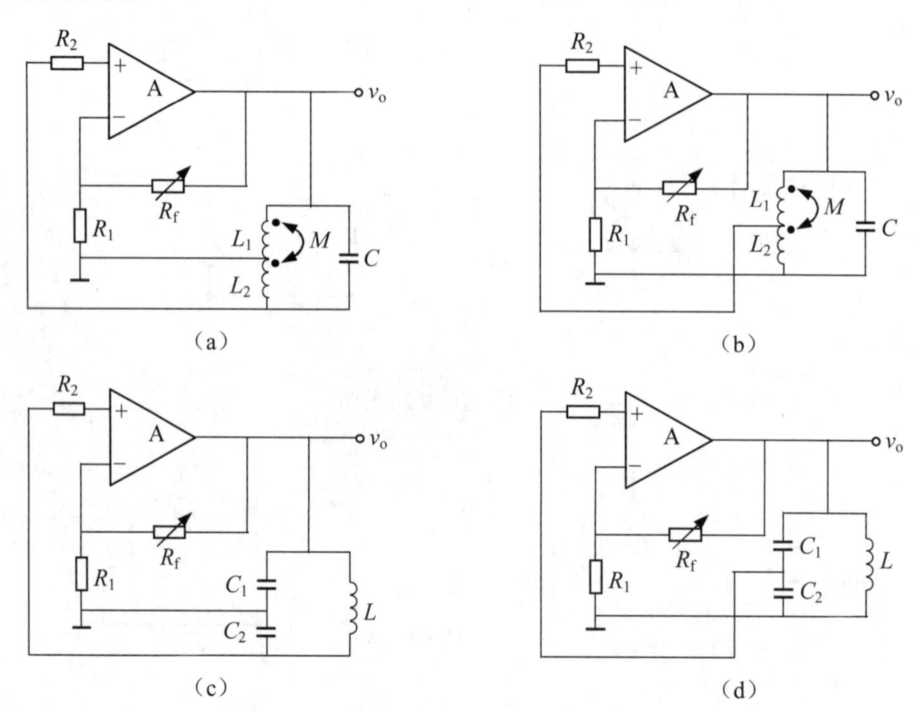

图 9.47　习题 9.24 的图

9.25　电路如图 9.48 所示。试说明电路的功用和名称，并说明电路的充电和放电回路，电位器 R_P 有何作用？已知 $R_1 = 10\text{k}\Omega$，$R_2 = 27\text{k}\Omega$，$R_3 = 2\text{k}\Omega$，电位器 $R_p = 100\text{k}\Omega$，$C = 10\text{nF}$，稳压管的稳压值 $V_Z = \pm 6\text{V}$。如果电位器的滑动端调在中间位置：（1）画出输出电压 v_o 和电容上电压 v_C 的波形。（2）估算输出电压的振荡周期 T。（3）分别估算输出电压和电容上电压的峰值。（4）当电位器的滑动端分别调至最上端和最下端时，电容的充电时间 T_1、放电时间 T_2，输出波形的振荡周期 T 以及占空比 q 各等于多少？

9.26　电路如图 9.49 所示。假设集成运放和二极管均为理想的，已知电阻 $R_1 = 10\text{k}\Omega$，$R_2 = 5\text{k}\Omega$，$R_4 = 3\text{k}\Omega$，$C = 100\text{nF}$，计算输出信号的频率与幅值。

9.27　在下列几种情况下，应分别采用哪种类型的滤波器？（1）有用信号频率为 100Hz；（2）有用信号频率低于 400Hz；（3）希望抑制 50 Hz 交流电源的干扰；（4）希望抑制 500 Hz 以下的信号。

9.28　一阶低通滤波器的电路如图 9.50 所示，已知 $R_1 = 10\text{k}\Omega$，$R_f = 20\text{k}\Omega$，

$R = 10\text{k}\Omega$，$C = 1\mu\text{F}$。试求：（1）通带增益 H_0；（2）电路的通带截止频率 ω_0；（3）电路传递函数 $H(s)$。

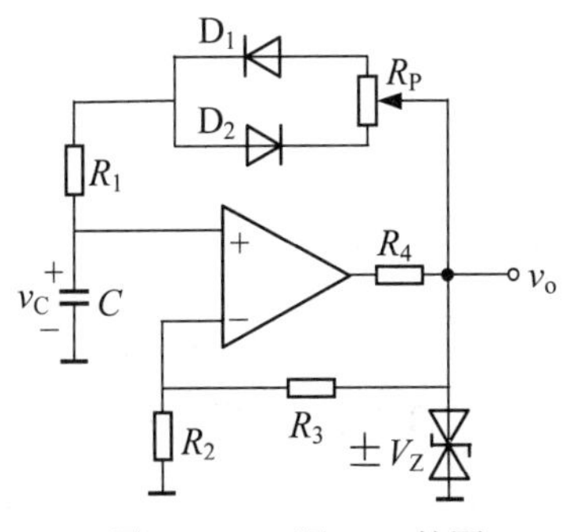

图 9.48　习题 9.25 的图

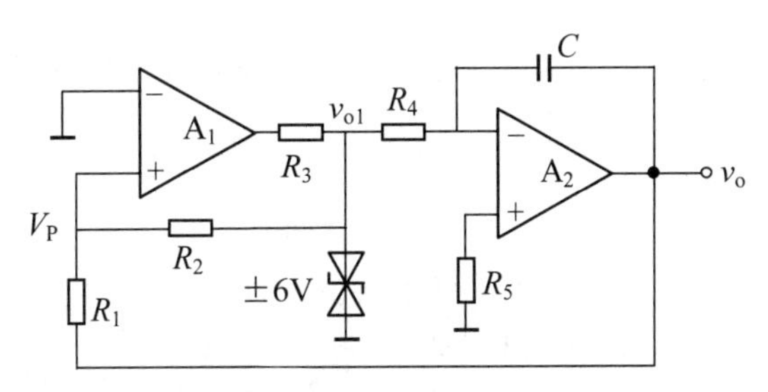

图 9.49　习题 9.26 的图

9.29　二阶高通滤波器的电路如图 9.51 所示。已知 $R_1 = R_2 = 10\text{k}\Omega$，$C_1 = C_2 = 1\mu\text{F}$，$R_A = 10\text{k}\Omega$，$R_B = 20\text{k}\Omega$。试求：（1）通带增益 H_0；（2）电路的通带截止频率 ω_0；（3）电路传递函数 $H(s)$；（4）电路品质因数 Q。

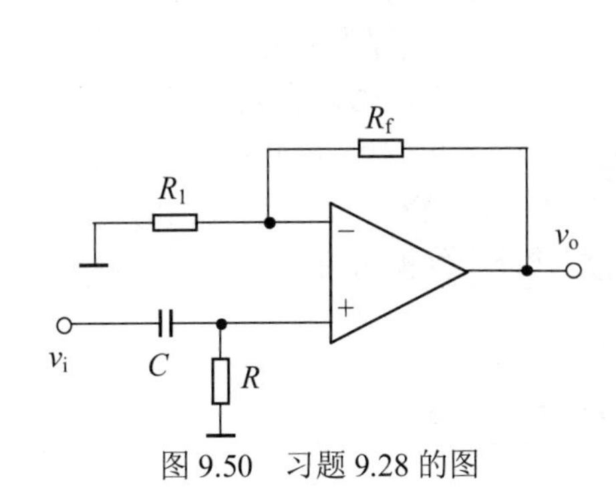

图 9.50　习题 9.28 的图

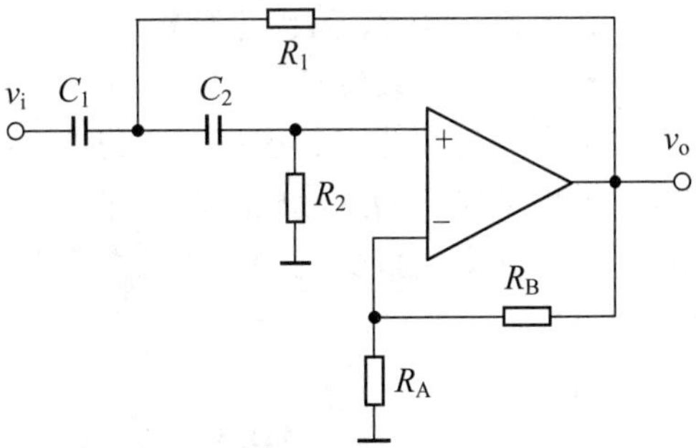

图 9.51　习题 9.29 的图

第10章　直流稳压电路

本章课程目标

1. 了解整流、整流电路、整流电源的基本概念、组成及其特点。
2. 熟练掌握单相半波整流、单相桥式整流电路的组成、工作原理、参数计算及波形分析。
3. 正确理解滤波电路的工作原理。
4. 掌握并联型稳压电路的组成、稳压原理、集成三端稳压器及应用。

我们知道，在工业生产和科学研究中，很多场合采用的是交流电，但是在某些场合，如电解、电镀、直流电动机、电动汽车、无人机等，都需要直流电源来供电。另外，在自动控制装置和前面我们学习的各种电子电路中，也需要电压比较稳定的直流电源。如何才能得到这些需要的直流电呢？当然，我们可以用直流发电机、干电池、蓄电池等作为直流电源，但这将受到一些条件的限制，而我们周围的交流电源有很多，如果能将交流电变换成直流电，将是一种方便的好办法。下面，我们对此将以介绍。

10.1　直流稳压电源概述

直流稳压电源作为直流能量的提供者，在各种电子设备中，有着极其重要的地位。电子设备对电源电路的要求就是能够提供持续稳定、满足负载要求的电能，而且通常情况下都要求提供稳定的直流电能。它的性能好坏直接影响电子产品的精度、稳定性和可靠性。电池因使用费用高、一般只用于低功耗便携式的仪器设备，大部分电子仪器设备、家用电器、计算机都必须把交流电源变换为直流稳压电源才能正常工作，在这一转换过程中，我们关心的一是如何转换，二是对转换后所得到的直流电压有何要求。本节就此，展开讨论。

10.1.1　直流稳压电源的组成及特点

常用的小功率半导体直流稳压电源系统由电源变压器、整流电路、滤波电路和稳压电路四部分组成，如图 10.1 所示为其原理框图和各部分输出波形。

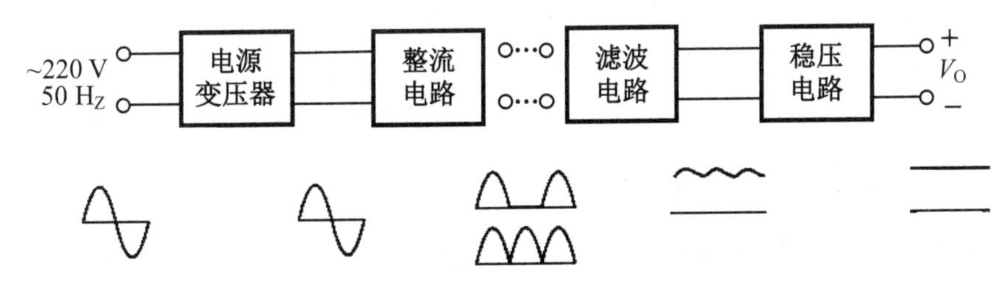

图 10.1　直流稳压电源原理框图与部分输出波形

直流稳压电源的组成部分功能及作用：

（1）电源变压器。为用电设备提供所需数值的交流电压。电网提供的交流电压一般为 220V（或 380V），而次级线圈电压较低，可以降低对整流、滤波和稳压电路中所用元件的耐压要求，所以需要利用变压器将电网电压变换成所需数值的交变电压，同时还可以起到直流电源与电网的隔离作用。

（2）整流电路。将变压器变换后的交流电变换成单方向的脉动直流电。利用具有单向导电性能的元件（如二极管、晶闸管），将变压器输出的正、负交替变化的正弦交流电压整流变换成单向脉动的直流电压。由于其纹波的变化，会影响后级负载电路的性能指标，所以还需要进行处理。

（3）滤波电路。将整流后脉动较大的直流电变换成平滑的直流电，使之成为一个含交变成分很小的直流电。通常利用电容电感等储能元件来滤除单向脉动电压中的谐波成分。

（4）稳压电路。尽管经过整流滤波后的直流电可以充当某些电子电路的电源，但其电压的稳定性很差，受温度、电网电压或负载电流变化时所引起的输出电压的影响很大，因此，还需要有稳压电路，以维持输出电压的基本稳定。

直流稳压电源作为一种功能电路，有着它自身的特点。

（1）系统要稳定。电源是由各种单元电路构成的综合电路，要保证向负载稳定地提供能量，就必须做到各个组成部分都要稳定的工作。如反馈控制精度要有要求，系统的温度稳定性要好，比较放大环节的增益要稳定，在出现异常情况时要有保护功能等。

（2）稳压精度要高。直流稳压电源的一个重要指标就是输出电压稳定度，而决定其稳定度的参数较多。所以，在电源设计过程中必须抓住主要影响电压稳定度的环节——基准电压源。要求整个电源工作时，基准始终保持其输出电压的精度要求。

（3）有良好的散热措施。线性稳压电源中的功率管要有合适的散热方式，不同于互补对称电路中的功率放大管工作状态是：稳压电路的调整管是工作在甲类状态的。也就是说，无论有无负载，调整管的集电极上都有一定的功耗，输出电流越大，管耗就越大。所以调整管必须有良好的散热装置。

（4）要有可靠的保护电路。稳压电源是一种功率电路，在换能过程中，任何过电压、过电流、过热都会使之损坏。所以，应有完善的过流、过压和过热保护电路。

10.1.2 直流稳压电源的主要指标

直流稳压电源的技术指标共分两类，一类叫特性指标，一类叫质量指标。特性指标，反映直流稳压电源的固有特性；质量指标，反映直流稳压电源的优劣。

1. 特性指标

（1）输出电压范围。符合直流稳压电源工作条件情况下，能够正常工作的输出电压范围。该指标的上限是由最大输入电压和最小输入-输出电压差所规定，而其下限由直流稳压电源内部的基准电压值决定。

（2）最大输入-输出电压差。该指标表征在保证直流稳压电源正常工作条件下，所允许的最大输入-输出之间的电压差值，其值主要取决于直流稳压电源内部调整晶体管的耐压指标。

（3）最小输入-输出电压差。该指标表征在保证直流稳压电源正常工作条件下，所需的最小输入-输出之间的电压差值。

（4）输出负载电流范围。输出负载电流范围又称为输出电流范围，在这一电流范围内，直流稳压电源应能保证符合指标规范所给出的指标。其中最大输出电流取决于主调整管的最大允许耗散功率和最大允许工作电流。

（5）保护特性。在直流稳压电源中，当负载电流过载或短路时，调整管会损坏。因此，必须采用快速响应的过流保护电路。此外，当稳压电路出现故障时，输出会出现电压过高的现象，这就会对负载造成危害。因此，还要求有过压保护电路。

（6）效率。稳压电源是一个换能器，因此，也就有能量转换的效率问题。提高效率主要是降低调整管的功耗，这样既能节能，又能提高电源的工作可靠性。

（7）过冲幅度。由于某一因素影响量瞬间突变而引起输出电压超出稳压区，称为过冲。过冲幅度分为交流供电电源阶跃变化时的过冲幅度（指在额定值220V+10%阶跃变化时，输出电压偏离额定值的最大幅度）和负载阶跃变化时的过冲幅度（指负载电流从空载到满载之间阶跃变化时，输出电压偏离额定值的最大幅度）。

2. 质量指标

（1）电压调整率 S_V。电压调整率是表征直流稳压电源稳压性能的优劣的重要指标，又称为稳压系数或稳定系数，它表征当输入电压 V_I 变化时直流稳压电源输出电压 V_O 稳定的程度，通常以单位输出电压下的输入和输出电压的相对变化的百分比表示。

$$S_V=\frac{\Delta V_O}{\Delta V_I} \tag{10.1}$$

（2）电流调整率 S_I。电流调整率是反映直流稳压电源负载能力的一项主要指标，又称为电流稳定系数。它表征当输入电压和温度系数不变时，直流稳压电源对由于负载电流（输出电流）变化而引起的输出电压的波动的抑制能力，在规定的负载电流变化的条件下，通常以单位输出电压下的输出电压变化值的百分比来表示直流稳压电源的电流调整率。

$$S_I=\frac{\Delta V_O}{\Delta I_O} \tag{10.2}$$

（3）纹波抑制比 S_R。纹波抑制比反映了直流稳压电源对输入端引入的市电电压的抑制能力，当直流稳压电源输入和输出条件保持不变时，纹波抑制比常以输入纹波电压峰-峰值与输出纹波电压峰-峰值之比表示，一般用分贝数表示，但是有时也可以用百分数表示，或直接用两者的比值表示。显然，稳压电路本身会对对纹波电压进行抑制。

$$S_R=\frac{V_{IT}}{V_{OT}} \quad 或 \quad 20\log\left(\frac{V_{IT}}{V_{OT}}\right)(\text{dB}) \tag{10.3}$$

（4）温度稳定性 K。在输入电压和负载电流都不变的情况下，温度稳定性是以在所规定的直流稳压电源工作温度 T_i 最大变化范围内（$T_{min}\leqslant T_i\leqslant T_{max}$），直流稳压电源输出电压的相对变化的百分比值。

$$K=\frac{\Delta V_O}{\Delta T} \tag{10.4}$$

10.2 单相整流电路

整流电路是稳压电源的一个重要组成部分，它的主要作用是进行波形变换，即是将交流变为直流，同时要充分利用电网电源所提供的能量。本节重点讨论单相整流电路，介绍它的组成、工作原理及参数计算。

利用二极管的单向导通特性来完成交直流转换的电路称为整流电路，它有半波、全波和桥式及倍压整流等几种电路。为了研究方便，本节讨论的各种方式的整流电路中，二极管都视为理想二极管，即导通时相当于短路，截止时相当于开路。

1. 半波整流电路

图 10.2 为一单相半波整流电路，其工作原理如下：变压器的次级线圈与负载相接，中间串联一个整流二极管，就是半波整流。利用二极管的单向导通性，只有半个周期内有电流流过负载，另半个周期被二极管所阻，没有电流。这种电路，变压器中有直流分量流过，降低了变压器的效率；整流电流的脉动成分太大，对滤波电路的要求高。只适用于小电流整流电路。

设变压器次级线圈的交流电压 $v_2=\sqrt{2}\,V_2\sin\omega t$，式中，$V_2$ 为变压器次级电压有效值。其波形如图 10.3 所示。

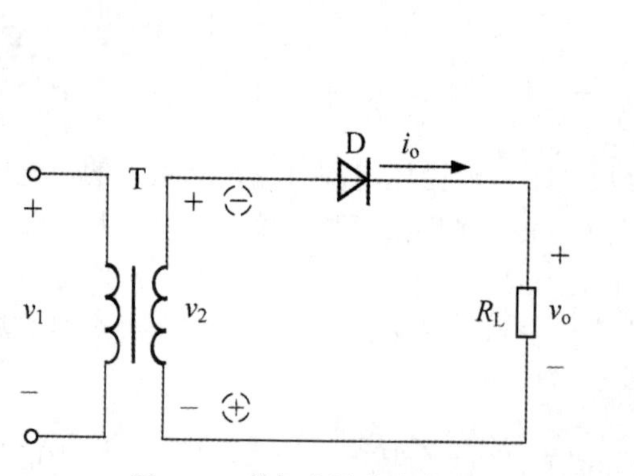

图 10.2　单相半波整流电路

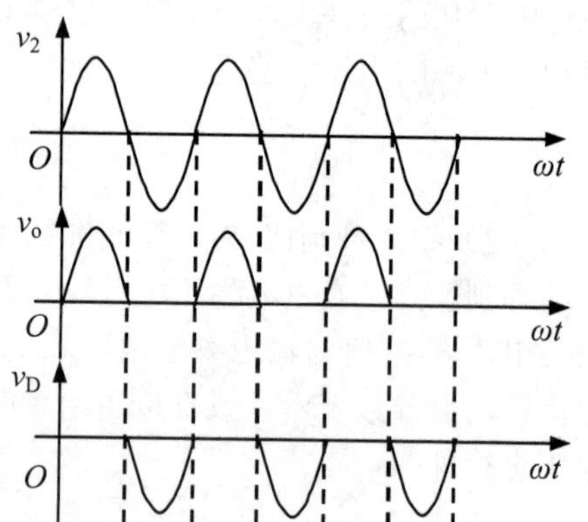

图 10.3　单相半波整流电路波形图

正半周 v_2 瞬时极性上+下−，二极管 D 正偏导通，二极管和负载上有电流流过。若二极管正向导通压降忽略不计，则 $v_o=v_2$，电流 $i_o=v_o/R_L$。

负半周 v_2 瞬时极性下−上+，二极管 D 反偏截止，$v_D=v_2$，电流 $i_o=0$。

负载 R_L 上电压和电流波中 v_o 为 v_2 的半个周期，故称半波整流电路。v_o、i_o 为单向脉动直流电压、电流。

负载上直流电压和电流的计算：负载上的直流电压是指一个周期内脉动电压的平均值。用傅里叶级数分解直流分量可以得到

$$V_O\approx\frac{\sqrt{2}}{\pi}V_2=0.45V_2 \tag{10.5}$$

$$I_O=\frac{V_O}{R_L}=0.45\frac{V_2}{R_L} \tag{10.6}$$

2. 全波整流电路

图 10.4 为一单相全波整流电路，采用两只二极管 D_1、D_2 和二次绕组中心抽头的变压器 T，v_{21} 大小等于 v_{22}（图 10.5 中用 v_2 表示）。当 v_2 正半周（v_{21}）时二极管

D_1导通，D_2截止；当v_2负半周（v_{22}）时二极管D_2导通，D_1截止。

如前，同样可以推得：

$$V_O \approx 2\frac{\sqrt{2}}{\pi}V_2 = 0.9V_2 \tag{10.7}$$

$$I_O = \frac{V_O}{R_L} = 0.9\frac{V_2}{R_L} \tag{10.8}$$

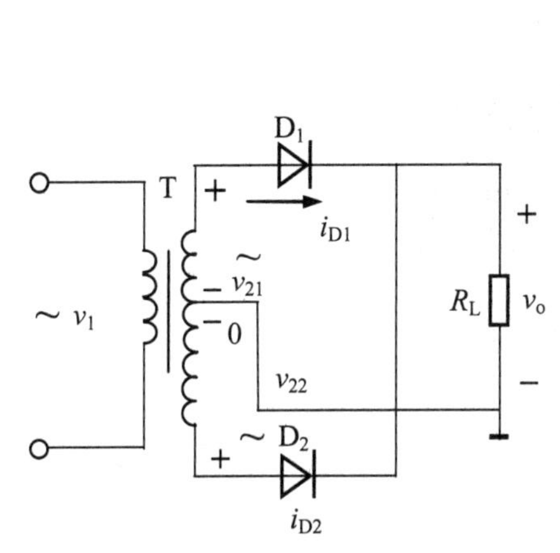

图 10.4　单相全波整流电路

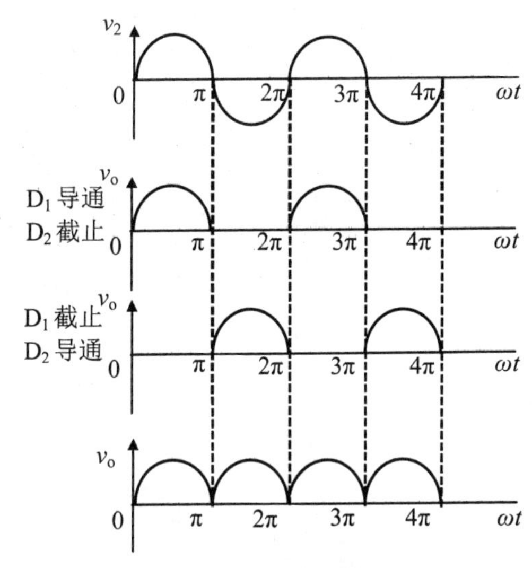

图 10.5　单相全波整流电路波形图

3. 桥式整流电路

目前，在工程上最常用的是全波桥式整流电路（有集成桥堆），图 10.6（a）为典型的桥式全波整流电路，图 10.6（b）是其简易画法。电路由变压器、四只二极管和负载组成。

【微课视频】

桥式整流电路

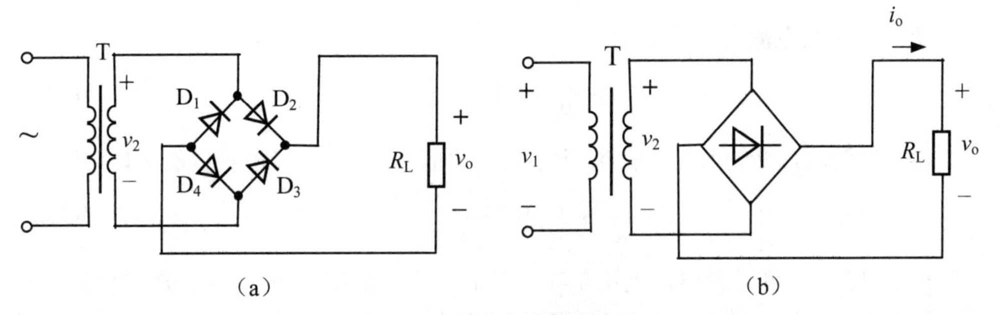

图 10.6　桥式全波整流电路

设 $v_2=\sqrt{2}\,V_2\sin\omega t$，在电压正半周时，即上正下负，二极管$D_2$、$D_4$正向导通，

D_1、D_3反向截止，电流 i_o 的通路是 $v_2+\rightarrow D_2\rightarrow R_L\rightarrow D_4\rightarrow v_2-$。于是负载 R_L 上得到 v_2 的正半波电压；同样，在电压负半周时，即下正上负，二极管 D_3、D_1 正向导通，D_2、D_4反向截止。电流 i_o 的通路是下 $v_2+\rightarrow D_3\rightarrow R_L\rightarrow D_1\rightarrow v_2-$上。于是负载 R_L 上得到 v_2 的负半波电压。波形如图 10.7 所示。

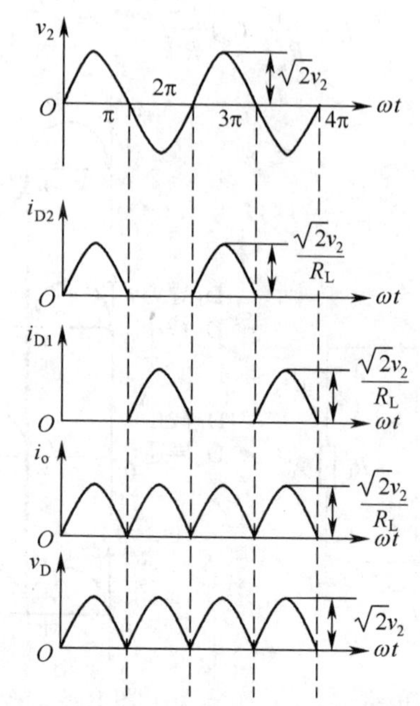

图 10.7　桥式整流电路的电流、电压波形图

与全波整流电路一样，输出脉动电压和电流的平均值为

$$V_O=0.9V_2 \tag{10.9}$$

$$I_O=\frac{V_O}{R_L}=0.9\frac{V_2}{R_L} \tag{10.10}$$

变压器次级电流有效值 I_2 为

$$I_2=\frac{V_2}{R_L}=1.11I_O \tag{10.11}$$

由于每两只二极管都是只在半周内导通，所以每个二极管所流过的平均电流为

$$I_D=\frac{1}{2}I_O=0.45\frac{V_2}{R_L} \tag{10.12}$$

由图 10.6 也可以看出，无论是哪个半周，变压器次级电压 v_2 总是加到截止的二极管两端。所以，此时每个二极管所承受的最大反向电压就是变压器的次级线圈电压的幅值：

$$V_{DN}=\sqrt{2}\,V_2 \tag{10.13}$$

在实际工作中，选择二极管时需要考虑其参数大于 I_D 和 V_{DN}。

【例 10.1】有一单相桥式整流电路（图 10.6）。已知 V_1=220V，R_L=20Ω，V_O=70V，试求变压器的变压比、容量和整流二极管的选择。

解：因为是全波整流电路，所以 $V_2=\frac{V_O}{0.9}=\frac{70}{0.9}=77.8\text{V}$

变压器的变压比为 $n=\frac{V_1}{V_2}=\frac{220}{77.8}=2.8$

输出电流 $I_O=\frac{V_O}{R_L}=\frac{70}{20}=3.5\text{A}$

所以 $I_2=1.11I_O=1.11\times3.5=3.9\text{A}$

变压器容量 $P=V_2I_2=77.8\times3.9=110\text{V}$

每只二极管承受的最大反向电压 $V_{DN}=\sqrt{2}\,V_2=\sqrt{2}\times77.8=110\text{V}$

每只二极管流过的电流 $I_D=\frac{1}{2}I_O=0.5\times3.5=1.75\text{A}$

所以，查手册，可以选 2CZ12C 管，其参数 I_Y=3A，V_N=200V 满足条件。

4. 倍压整流电路

在电子电路中，有时我们需要很高的工作电压而所需电流又不是很多的时候，如果用变压器进行升压，那么它的次级匝数会很多，体积和重量都增大，同时对绝缘的要求也很高。用二极管组成的倍压整流电路，可以较为方便地实现升压目的，且不必使变压器的次级电压很高。其工作原理是利用反峰电压较高的二极管和耐压较高的电容组成。它只能用于低电流高电压的环境，不能用于大电流和高电压的环境。图 10.8 为一典型的二倍压整流电路。

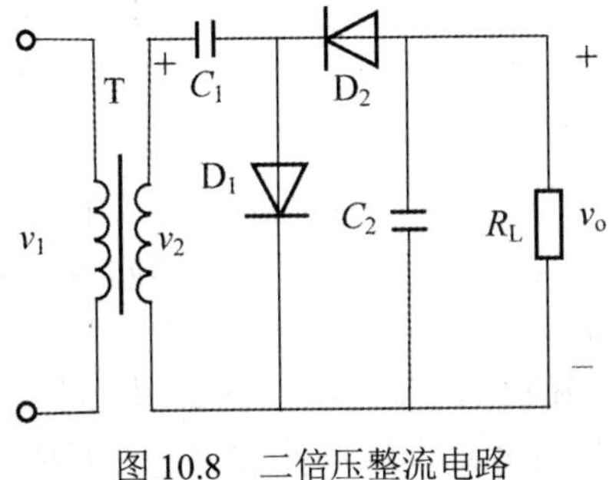

图 10.8　二倍压整流电路

电路由变压器 T、两个整流二极管 D_1、D_2 及两个电容器 C_1、C_2 组成。其工作原理如下：二倍压整流电路 v_2 正半周（上正下负）时，二极管 D_1 导通，D_2 截止，

电流经过 D_1 对 C_1 充电，将电容 C_1 上的电压充到接近 v_2 的峰值 $\sqrt{2}\,V_2$，并基本保持不变。v_2 为负半周（上负下正）时，二极管 D_2 导通，D_1 截止。此时，C_1 上的电压 V_{C1}（$=\sqrt{2}\,V_2$）与电源电压 v_2 串联相加，电流经 D_2 对电容 C_2 充电，充电电压 $V_{C2}=v_{2峰值}+1.414V_2\approx 2\sqrt{2}\,V_2$。如此反复充电，$C_2$ 上的电压就基本上是 $2\sqrt{2}\,V_2$ 了。它的值是变压器电极电压的二倍，所以叫作二倍压整流电路。

在实际电路中，负载上的电压 $V_O=2\times\sqrt{2}\,V_2$。整流二极管 D_1 和 D_2 所承受的最高反向电压均为 V_O。电容器上的直流电压 $V_{C1}=V_2$，$V_{C2}=2V_2$。可以据此设计电路和选择元件。

照这样办法，增加多个二极管和相同数量的电容器，既可以组成多倍压整流电路。当 n 为奇数时，输出电压从上端取出；当 n 为偶数时，输出电压从下端取出，如图 10.9 所示。

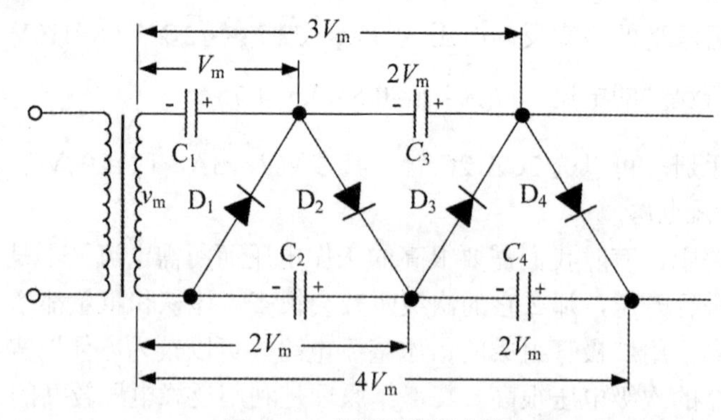

图 10.9　多倍压整流电路

由于这种电路主要靠电容储能来维持输出电压，在负载要求输出电压较高的情况下，其电容容量和耐压因受工艺的制约，不可能做得很大。所以这种电路带负载能力很差，只能用于小电流高电压且负载固定不变的场合。

最后，对整流电路作如下小结：

（1）电源电路中的整流电路主要有半波整流电路、全波整流电路和桥式整流三种，倍压整流电路用于其他交流信号的整流，例如用于发光二极管电平指示器电路中，对音频信号进行整流。

（2）前三种整流电路输出的单向脉动性直流电特性有所不同，半波整流电路输出的电压只有半周，所以这种单向脉动性直流电主要成分仍然是 50Hz 的；因为输入交流市电的频率是 50Hz，半波整流电路去掉了交流电的半周，没有改变单向脉动性直流电中交流成分的频率；全波和桥式整流电路相同，用到了输入交流电压的正、负半周，使频率扩大一倍为 100Hz，所以这种单向脉动性直流电的交流成分主要成分是 100Hz 的，这是因为整流电路将输入交流电压的一个半周转换了极性，使输出的直流脉动性电压的频率比输入交流电压提高了一倍，这一频率的提高有利于滤波电路的滤波。

（3）在电源电路的三种整流电路中，只有全波整流电路要求电源变压器的次级线圈设有中心抽头，其他两种电路对电源变压器没有抽头要求。另外，半波整流电路中只用一只二极管，全波整流电路中要用两只二极管，而桥式整流电路中则要用四只二极管。根据上述两个特点，可以方便地分辨出三种整流电路的类型，但要注意以电源变压器有无抽头来分辨三种整流电路比较准确。

（4）在半波整流电路中，当整流二极管截止时，交流电压峰值全部加到二极管两端。对于全波整流电路而言也是这样，当一只二极管导通时，另一只二极管截止，承受全部交流峰值电压。所以对这两种整流电路，要求电路的整流二极管其承受反向峰值电压的能力较高；两只二极管导通，另两只二极管截止，它们串联起来承受正向峰值电压，在每只二极管两端只有正向峰值电压的一半，所以对这一电路中整流二极管承受反向峰值电压的能力要求较低。

（5）在要求直流电压相同的情况下，对全波整流电路而言，电源变压器次级线圈抽头到上、下端交流电压相等；且等于桥式整流电路中电源变压器次级线圈的输出电压，这样在全波整流电路中的电源变压器相当于绕了两组次级线圈。

（6）在全波和桥式整流电路中，都将输入交流电压的负半周转到正半周或将正半周转到负半周，这一点与半波整流电路不同，在半波整流电路中，将输入交流电压一个半周切除。

（7）在整流电路中，输入交流电压的幅值远大于二极管导通的管压降，所以可将整流二极管的管压降忽略不计。

（8）对于倍压整流电路，它能够输出比输入交流电压更高的直流电压，但这种电路输出电流的能力较差，所以具有高电压，小电流的输出特性。

（9）分析上述整流电路时；主要用二极管的单向导电特性，整流二极管的导通电压由输入交流电压提供。

10.3 滤波电路

尽管全波整流电路的脉动比半波整流有了很大的进步，但用它给负载供电，其脉动成分仍然是无法接受的。所以，需要进一步对脉动波形进行平滑处理。滤波电路的主要功能，就是控制整流电路的脉动成分，尽可能减小脉动的直流电压中的交流成分，保留其直流成分，使输出电压纹波系数降低，波形变得比较平滑。

滤波电路一般由电抗元件组成，如在负载电阻两端并联电容器 C，或与负载串联电感器 L，由电容和电感组合而成的各种复式滤波电路，以及有源滤波电路等。由于滤波电路种类很多，这里仅主要介绍常用的三种电路。

【微课视频】

电容滤波电路

10.3.1 电容滤波电路

由图 10.10 所示，电容滤波电路是在负载电阻 R_L 两端并联一个电容量足够大的电容 C 构成。由于电容器是储能元件，它能使整流电路输出波形变得比较平滑。

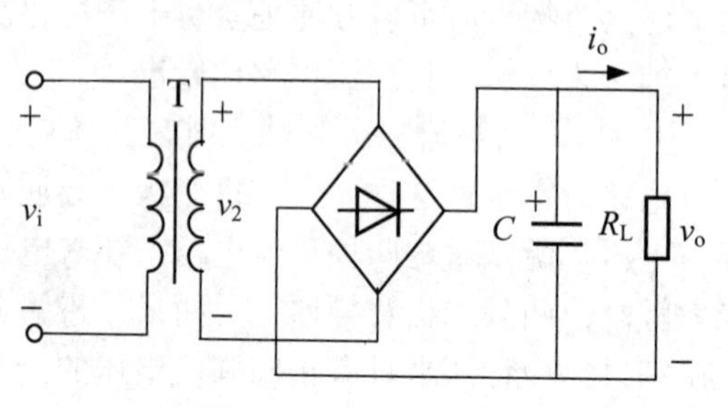

图 10.10　电容滤波电路

下面，我们来分析一下它的原理。

在整流电路输出端，电路一方面向负载 R_L 供电，另一方面对电容 C 进行充电，由于充电时间常数很小（二极管导通电阻与变压器内阻很小），所以很快充满电荷。

图 10.11 中所示的电压波形为加上滤波电容 C 前后，负载 R_L 两端的电压波形。当整流电路输出高于 V_C 时，电容 C 处于充电状态；而低于 V_C 时，电容 C 通过负载 R_L 放电，把能量释放给负载。如此周而复始，在负载 R_L 上即可获得平滑的直流电压。

采用电容滤波后，二极管导通角减小，其输出电压将增高。在半波整流电路中，当 $R_LC \geqslant$（3～5）T（T 是交流电压的周期）时，或者在全波整流电路中，当 $R_LC \geqslant$（3～5）$T/2$ 时，输出直流电压为 $V_O=(1\sim1.4)V_2$，我们常用 $V_O=1.2V_2$ 来估算。R_LC 值越大，V_O 值越高，而且其脉动系数值也越小。当负载电阻 $R_L\to\infty$时（即没有接负载），$V_O=\sqrt{2}\,V_2$，脉动系数 $M\to0$。

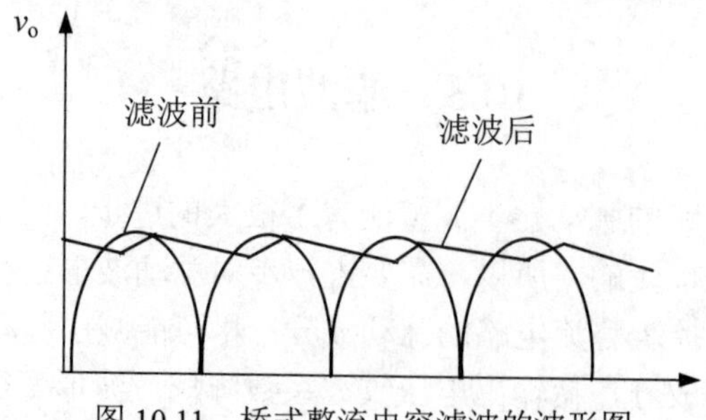

图 10.11　桥式整流电容滤波的波形图

【例 10.2】如图 10.10 所示电路，已知负载上得到的电压为 30V，R_L=100Ω，f=50Hz。求 V_2，并选择电容 C。

解：因为 $V_O=1.2V_2$

所以 $V_2=\dfrac{V_O}{1.2}=\dfrac{30}{1.2}=25\text{V}$

又因为 $R_LC \geqslant (3\sim5)T/2$，若取 $\dfrac{5T}{2}$，则

$$R_LC=\frac{5}{2\times50}=0.05\text{s}$$

$$C=\frac{0.05}{R_L}=\frac{0.05}{100}=0.0005\text{F}=500\mu\text{F}$$

由于 $\sqrt{2}\,V_2=\sqrt{2}\times25=35\text{V}$，所以最后选耐压 50V、500μF 的电解电容。

滤波电容具有电极性，我们称其为电解电容。电解电容的一端为正极，另一端为负极，正极端连接在整流输出电路的正端，负极连接在电路的负端。在所有需要将交流电转换为直流电的电路中，设置滤波电容会使电子电路的工作性能更加稳定，同时也降低了交变脉动波纹对电子电路的干扰。滤波电容在电路中的符号一般用“C”表示，电容量越大，滤波性能越好。显然，电容量越大，滤波效果越好，输出波形越趋于平滑，输出电压也越高。但是，电容量达到一定值以后，再加大电容量对提高滤波效果已无明显作用。通常应根据负载电阻和输出电压的大小选择最佳电容量。为了获得更好的直流稳定系数，电容量一般选择数百微法至数千微法以上。

10.3.2 电感滤波电路

在桥式整流电路与负载之间接一个电感量较大、带铁芯的线圈电感 L，即为电感滤波电路。如图 10.12 所示。利用电感对交流阻抗大而对直流阻抗小的特点，来减小输出电压的脉动。当电感中电流增大时，自感电动势的方向与原电流方向相同，自感电动势阻碍了电流的增加，同时也将能量储存了起来，使电流变化率减小；反之，当电感中电流减小时，自感电动势的方向与原电流方向相同，自感电动势又阻碍了电流的减小，同时释放能量，也使电流变化率减小。这样一来，电流的变化变小了，电压的脉动程度也就得到了良好的抑制。所以，交流分量主要加在电感上，负载上的电压波动就很小，电感也可以起到平滑滤波的作用。当忽略电感 L 上的电阻，负载上所得到的平均电压 $V_O=0.9V_2$，与不加电感的全波整流电路相同。电磁滤波输出电压较低，相对的输出电压波动小，随负载变化也很小，适用于负载电流较大的场合。

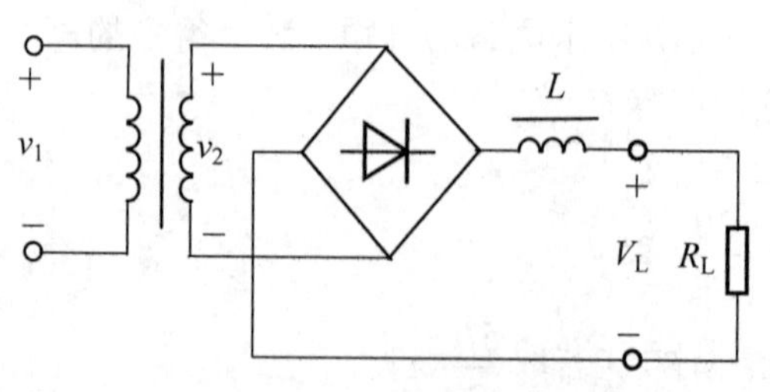

图 10.12 电感滤波电路

电感滤波电路的输出电压的脉动程度与电感元件的电感值 L 和负载电阻 R_L 的大小有关。L 越大，R_L 越小，脉动的程度就越小，滤波的效果就越好。也就是说，电感滤波较适用于输出电流较大负载变化大的场合。

比较电感滤波和电容滤波，电感滤波一个较显著的特点，就是整流管的导电角较大，流过二极管的冲击峰值电流小，平均值大，输出特性平坦；其缺点是由于铁芯的存在，使得电感体积较大、笨重，易引起电磁干扰。

10.3.3 π型滤波电路

电容滤波与电感滤波，在一定程度上来说都不是理想的滤波电路，其脉动成分仍不理想。为了进一步减小脉动，可以采用 π 型滤波电路（又称复式滤波电路）。将电容接在负载并联支路，把电感或电阻接在串联支路，可以组成复式滤波器，达到更佳的滤波效果，这种电路的形状很像字母 π，所以又叫 π 型滤波电路，如图 10.13 所示为 π 型 RC 滤波电路。

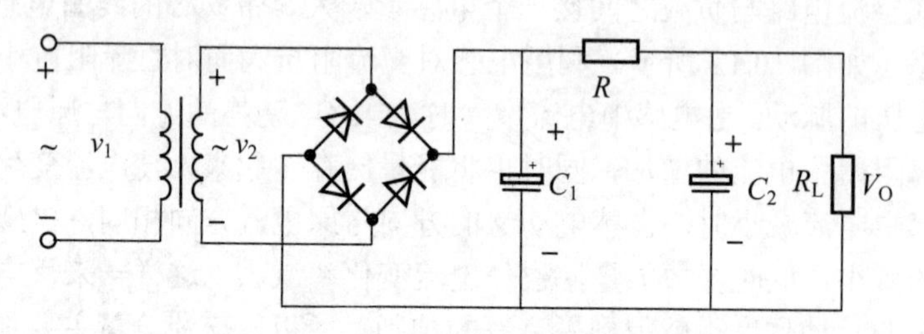

图 10.13 π 型 RC 滤波电路

它的原理是，整流输出电压先经过 C_1 进行电容滤波，使脉动成分减小，然后再经过 R、C_2 组成的 L 型低通滤波器，使脉动成分减小。当 R 越大，C_2 越大（交流阻抗减小），滤波的效果越好。但 R 大了，输出电流增大会导致 R 上的电压增加，传输效率下降，故要合理选择。

如果负载电流较大，用π型 RC 滤波电路就显然不合适，图10.14所示是由电感与电容组成的π型 LC 滤波器，用 L 替代上面的 R，其滤波效能很高，几乎没有直流电压损失，适用于负载电流较大、要求纹波很小的场合。

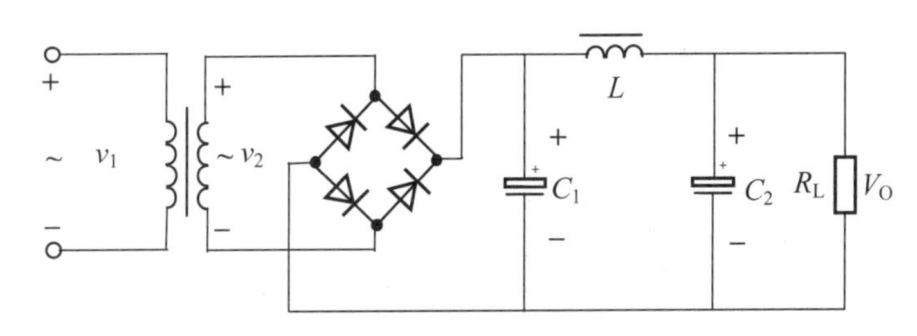

图10.14 π型 LC 滤波电路

但是，这种滤波器由于电感体积和重量大（高频时可减小），比较笨重，成本也较高，一般情况下使用不多。由于电阻与电容组成的 RC 复式滤波器结构简单，能兼起降压、限流作用，滤波效能也较高，是最后用的一种滤波器。上述两种复式滤波器，由于接有电容，带负载能力都较差。

所以，在输出电流不大的情况下用π型 RC 滤波电路，R 的取值不能太大，一般几欧姆至几十欧姆，其优点是成本低；其缺点是电阻要消耗一些能量，效果不如π型 LC 电路，当滤波电容取大一点值时效果稍好。π型 LC 滤波电路里有一个电感，可以根据输出电流大小和频率高低选择电感量的大小；其缺点是电感体积大，笨重，价格高，一般的电子线路的电源都是π型 RC 滤波，很少用π型 LC 滤波电路。

10.4 稳压管稳压电路

【微课视频】

稳压管稳压电路

稳压管电路是最简单的稳压电路，因为简单、实用，所以得到广泛的应用。考虑到第二章中我们已经介绍了稳压管特性，这里我们只讨论其电路的稳压原理和限流电阻的选择与计算。

10.4.1 稳压管稳压电路及工作原理

图10.15所示，为一稳压管稳压电路，它由限流电阻 R，稳压管 D_Z 组成。

当负载电阻 R_L 稳定时，电网电压的波动，会使 v_1 波动，V_O 也随之波动，稳压管 D_Z 两端的电压也变化，限流电阻 R 上大电压也变化。由于变化的部分大部分都降落在 R 上，从而使输出电压 V_O 基本不变，具体过程如下（$V_O=V_I-V_R$）：

$$v_1\uparrow\rightarrow v_2\uparrow\rightarrow V_O\uparrow\rightarrow I_Z\uparrow\rightarrow I_R\uparrow\rightarrow V_R\uparrow\rightarrow V_O\downarrow$$

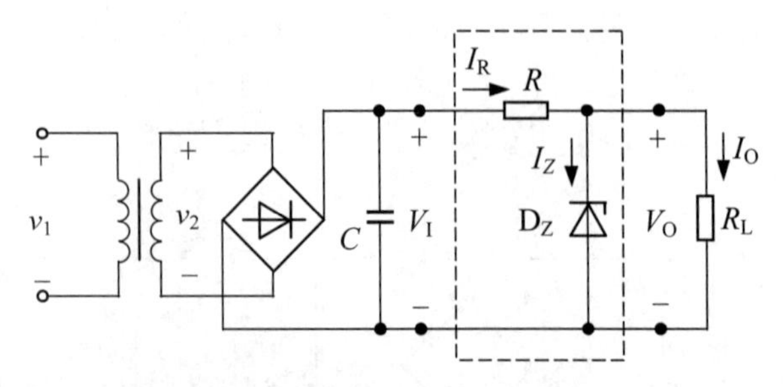

图 10.15 稳压管稳压电路

同样，当电网电压下降时，其稳压过程与上述相反。

假如电网稳定，负载产生变化，也会有如下的电压稳定过程：

$$R_L\downarrow\to I_O\uparrow\to I_R\uparrow\to V_R\uparrow\to V_O\downarrow\to I_Z\downarrow\to V_R\downarrow\to V_O\uparrow$$

由上分析可知，稳压管 D_Z 能稳定电压是利用了稳压管调节自身的电流大小（V_O 不变）来满足负载电流的变化，并必须与限流电阻 R 配合，将电流变化转化为电压的变化，以适应电网电压或负载电阻的变化，达到稳定电压的目的。

10.4.2 性能指标及参数选择

一、稳压电路的主要性能指标

1. 稳压系数 S（越小越好）

稳压系数 S 反映电网电压波动时对稳压电路的影响。定义为当负载固定时，输出电压的相对变化量与输入电压的相对变化量之比。它表示输入电网电压变化，引起多大输出电压的变化，所以越小越好。

$$S=\frac{\Delta V_O}{V_O}/\frac{\Delta V_I}{V_I}=\frac{\Delta V_O}{V_O}\frac{V_I}{\Delta V_I} \tag{10.14}$$

2. 输出电阻 R_o（越小越好）

输出电阻用来反映稳压电路受负载变化的影响。定义为当输入电压固定时输出电压变化量与输出电流变化量之比。它实际上就是电源戴维南等效电路的内阻，显然，输出电阻越小越好。

$$R_o=\frac{\Delta V_O}{\Delta I_O}\bigg|_{V_I=常数} \tag{10.15}$$

二、稳压管的选择

稳压管用在稳压电源中作为基准电源，工作在反向击穿状态下，使用时注意正负极性的接法，管子正极与电源负极相连，管子负极与电源正极相连。选用稳压管时，要根据具体电子电路来考虑，简单的并联稳压电源，输出电压就是稳压管的稳定电压。选用动态电阻小、电压温度系数小的稳压管，有利于提高电压的稳定度。

$$V_{OZ}=V_O \tag{10.16}$$

$$I_{Zmax}=(1.5:3)I_{Omax} \tag{10.17}$$

$$V_I=(2:3)V_O \tag{10.18}$$

三、限流电阻 *R* 的选择

从前面的分析我们可以看到，限流电阻 R 的主要作用是在电网或者负载电阻变化时，使稳压管始终工作在稳压区内，即 $I_{DZmin}<I_{DZ}<I_{DZmax}$。因此，限流电阻的取值范围可记作

$$\frac{V_{Imax}-V_Z}{I_{Zmax}+I_{Omin}}<R<\frac{V_{Imin}-V_Z}{I_{Zmin}+I_{Omax}} \tag{10.19}$$

限流电阻的额定功率按最大耗散功率的 2～3 倍来选择，即

$$P_n=(2\sim3)\frac{(V_{Imax}-V_Z)^2}{R} \tag{10.20}$$

【例 10.3】某稳压电路如图 10.15 所示，负载电阻 R_L 由开路变到 1.5kΩ，输入电压 V_I=30V，要求输出 V_O=10V，试选择稳压管和限流电阻 R。

解：（1）根据 V_O=10V 的要求，负载电流的最大值 $I_{Omax}=V_O/R_L=10/1.5=6.67$mA。

选 2CW18 的稳压管，其参数 $V_{DZ}\in[10, 12]$V，稳定电流 I_Z=5mA，I_{Zmax}=20mA，能满足要求。

（2）假设 V_I 的变化范围 10%，则 $V_{Imax}=1.1V_I=1.1\times30=33$V，$V_{Imin}=0.9V_I=27$V

根据式（10.19），则

$$\frac{33-10}{22+0}=1.05\text{k}\Omega<R<\frac{27-10}{5+6.67}=1.46\text{k}\Omega$$

取 R=1.3kΩ，其功率为

$$P_n=(2\sim3)\frac{(V_{Imax}-V_Z)^2}{R}=2.5\frac{(33-10)^2}{1.3\times10^3}=1.02\text{W}$$

所以选择 R 为 1.5kΩ，功率为 1W 的限流电阻。

10.5 集成三端稳压电路及其应用

稳压管稳压电路尽管电路简单、使用方便，但因输出电压不可调，稳压精度不高，输出电流也不能太大，很难适应对电压精度要求高的负载需要。随着半导体工艺的发展，目前已能生产并广泛应用了单片集成稳压电源，具有三端稳压器，具有外接元件少、体积小、可靠性高、使用灵活、价格低廉等优点。最简单的集成稳压电源只有输入、输出和公共引出端子，故称为三端集成稳压器。

集成三端稳压器，主要有两种，一种输出电压是固定的，称为固定输出三端稳压器，另一种输出电压是可调的，称为可调输出三端稳压器，其基本原理相同，均采用串联型稳压电路。

因为固定三端稳压器属于固定三端稳压电路，因此它的原理等同于串联型稳压电路。如图 10.16 所示。

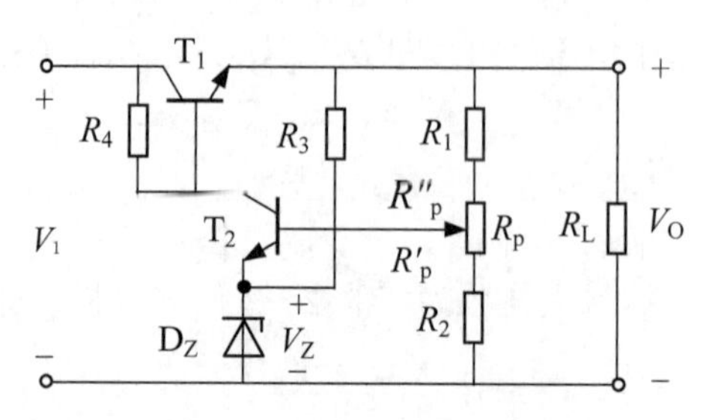

图 10.16 串联稳压电路原理图

其中 R_1、R_p、R_2 组成的分压器是取样电路，从输出端取出部分电压 V_{B2} 作为取样电压加至三极管 T_2 的基极。稳压管 D_z 以其稳定电压 V_z 作为基准电压，加在 T_2 的发射极上。R_3 是稳压管的限流电阻。三极管 T_2 组成比较放大电路，它将取样电压 V_{B2} 与基准电压 V_z 加以比较和放大，再去控制三极管 T_1 的基极电位。从图可见，输入电压 V_1 加在三极管 T_1 与负载 R_L 相串联的电路上，因此，改变 T_1 集电极间的电压降 V_{CE1} 便可调节 R_L 两端的电压 V_O。也就是说，稳压电路的输出电压 V_O 可以通过三极管 T_1 加以调节，所以 T_1 称为调整管。由于调整元件是晶体管，而且在电路中与负载相串联，故称为晶体管串联型稳压电路。电阻 R_4 是 T_1 的基极偏置电阻，也是 T_2 的集电极负载电阻。

当电网电压降低或负载电阻减小而使输出端电压有所下降时，其取样电压 V_{B2} 相应减小，T_2 基极电位下降。但因 T_2 发射极电位即稳压管的稳定电压 V_z 保持不变，所以发射极电压 V_{BE2} 减小，导致 T_2 集电极电流减小而集电极电位 V_{C2} 升高。由于放大管 T_2 的集电极与调整管 T_1 的基极接在一起，故 T_1 基极电位升高，导致集电极电流增大而管压降 V_{CE1} 减小。因为 T_1 与 R_L 串联，所以，输出电压 V_O 基本不变。过程如下：

$$V_1\downarrow\rightarrow V_{B2}\downarrow\rightarrow V_{BE2}\downarrow\rightarrow V_{c2}\uparrow\rightarrow V_{CE1}\downarrow\rightarrow V_O=(V_1-V_{CE1})\text{ 基本不变}$$

同理，当电网电压或负载发生变化引起输出电压 V_O 增大时，通过取样、比较放大、调整等过程，将使调整管 T_1 的管压降 V_{CE1} 增加，结果抑制了输出端电压的增大，输出电压仍基本保持不变。

调节电位器 R_p，可对输出电压进行微调。

从图可见，调整管 T_1 与负载电阻 R_L 组成的是射极输出电路，所以具有稳定输出电压的特点。

在串联型稳压电源电路的工作过程中，要求调整管始终处在放大状态。通过调整管的电流等于负载电流，因此必须选用适当的大功率管作调整管，并按规定安装散热装置。为了防止短路或长期过载烧坏调整管，在直流稳压器中一般还设有短路保护和过载保护等电路。

10.5.1　集成三端稳压器

单片集成稳压电源，具有体积小，可靠性高，使用灵活，价格低廉等优点。最简单的集成稳压电源只有输入，输出和公共引出端，顾名思义，故称之为三端集成稳压器，其结构如图 10.17 所示。它由启动电路、基准电压、误差放大器、调整管、调整管保护电路和取样电路 R_A、R_B 六个部分组成。稳压器的硅片封装在普通功率管的外壳内，电路内部附有短路和过热保护环节。与一般分立件组成的串联调整式稳压电源十分相似，不同的是增加了启动电路，恒流源以及保护电路，为了使稳压器能在比较大的电压变化范围内正常工作，在基准电压形成和误差放大部分设置了恒流源电路，启动电路的作用就是为恒流源建立工作点。取样电阻 R_A、R_B 组成电压取样电路，实际电路是由一个电阻网络构成，在输出电压不同的稳压器中，采用不同的串、并联接法，形成不同的分压比。通过误差放大之后去控制调整管的工作状态，以形成和稳定一系列预定的输出电压，因此在图中将 R_A 画成可变电阻形式。

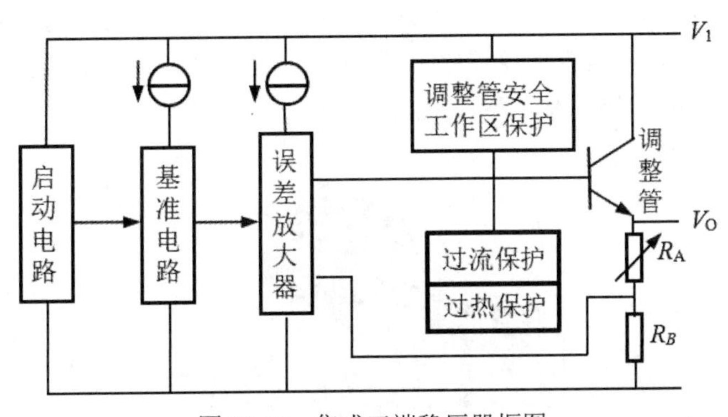

图 10.17　集成三端稳压器框图

图 10.18 为美国德州仪器生产的 LM117QML 三端可调集成稳压器的内部简略图。

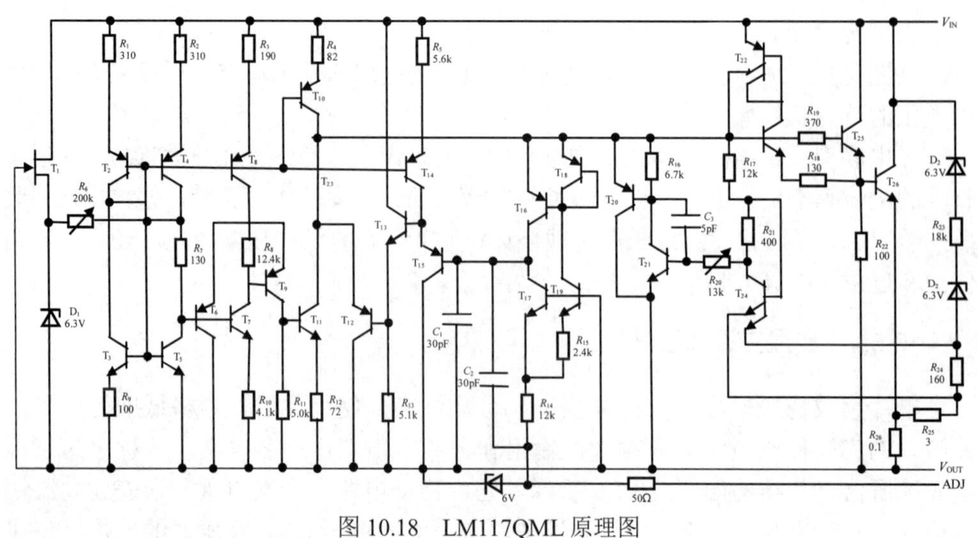

图 10.18 LM117QML 原理图

10.5.2 集成三端稳压器的应用举例

集成三端稳压器品种繁多，有正输出系列的也有对应的负输出系列的，工作原理类似。

常用的三端固定集成稳压器有正输出（78 系列）和负输出（79 系列）两种类型。将元件有标识的一面朝向自己，如图 10.19 所示。若是 78 系列，三条引脚分别为输入端、接地端（公共端）和输出端；若是 79 系列，三条引脚分别为接地端（公共端）、输入端和输出端。用 78/79 系列三端集成稳压器来组成稳压电源所需的外围元件极少，电路内部还有过流、过热及调整管的保护电路，使用起来可靠、方便，而且价格便宜。该系列集成稳压器型号中的 78 或 79 后面的数字代表该三端集成稳压电压（例如 7809 输出+9V，7812 输出+12V，7909 输出-9V）。

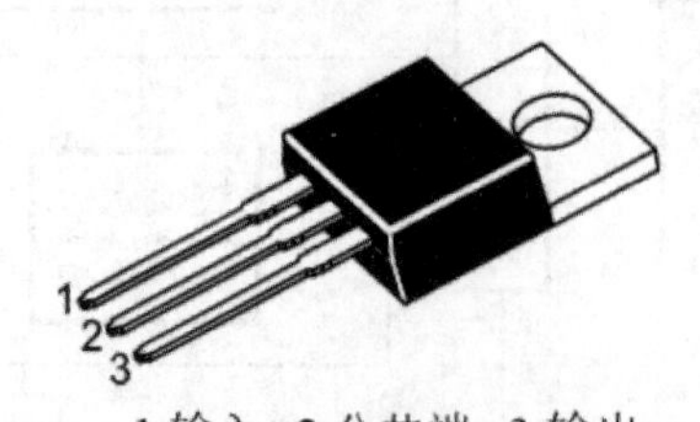

1.输入 2.公共端 3.输出

图 10.19 CW78 系列引脚示意图

1. 基本应用电路

以 78 系列为例，如图 10.20 所示为基本应用电路，C_1 为消振电容，C_2 是为改善负载响应的电容。一般 C_2 用两个电容来代替，一个电容量大，一个电容量小。C_2 的作用是减弱电路的高频噪声。值得注意的是，在印刷电路板设计时，C_1、C_2 要尽量靠近三端集成稳压器，也就是说，C_1、C_2 与三端集成稳压器的三个引脚的引线越短越好。需要注意的是，三端集成稳压管输入与输出之间的电压不得低于 3V，否则不能输出稳定的电压，一般应使电压差保持在 4～5V；另外，三端集成稳压器的引脚千万不可接错，以防损坏；有时还需要安装足够大的散热片。

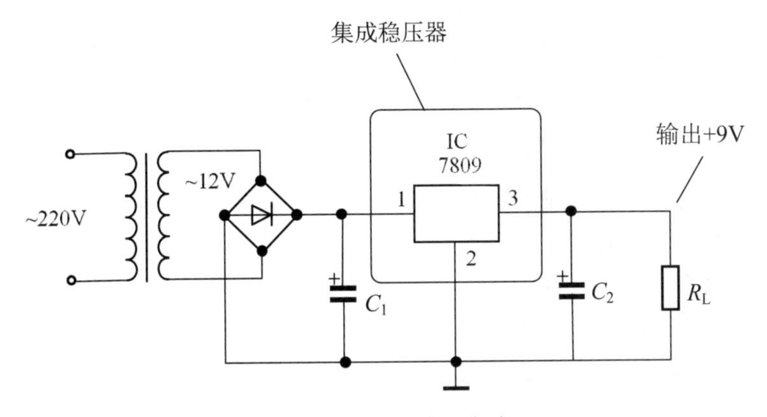

图 10.20　基本应用电路

79 系列稳压器也是一种串联调整式稳压电源，但它的调整管处于共射工作状态，属集电极输出型稳压电路，其工作原理与 78 系列类似。

2. 输出正负电压

实际应用上有时需要双电源供电，如图10.21所示就是输出正负电压的电路例子。

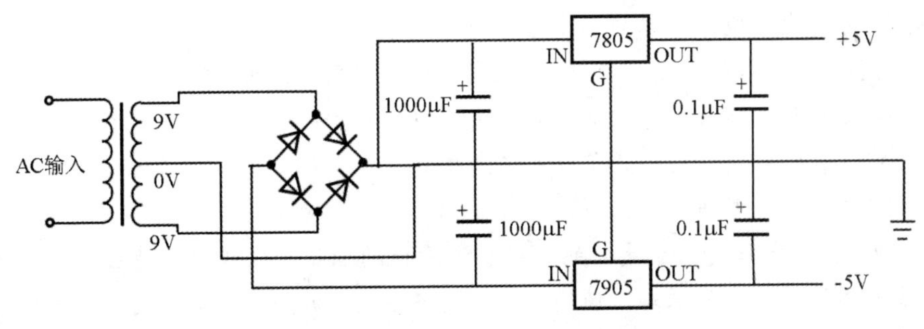

图 10.21　输出正负 5V 的电路举例

3. 输出电压可调

应用上经常碰到需要输出电压可调的稳压器，图 10.22 便是三端集成稳压管 LM317 组成的图。

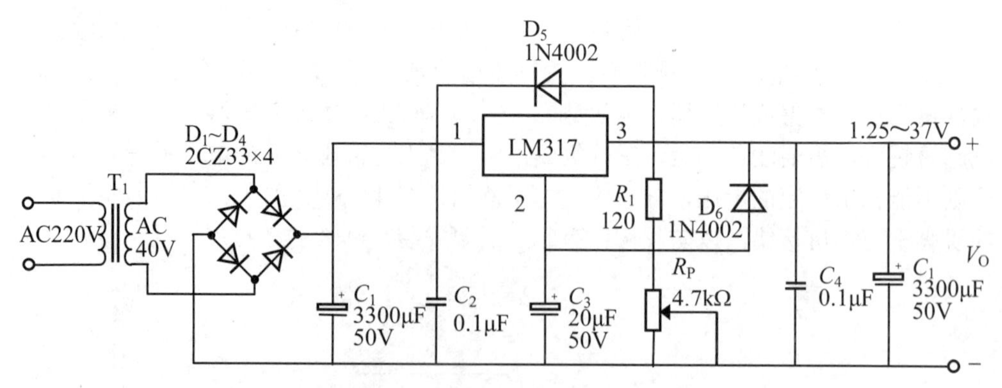

图 10.22　LM317 组成可调压的稳压电路

工作原理：LM317 的输出电压（也就是稳压电源的输出电压）V_O 为两个电压之和，即 3、2 两点之间 R_1 上的电压 V_{R1} 和加在 R_p 上的电压 V_{Rp}，而 I_{Rp} 实际上是两路电流之和，V_{R1} 为恒定电压 1.25V，R_1 是一个固定电阻，所以，I_{R1} 是一个恒定的电流。另一路是 LM317 调整端流出的电流 I_D，LM317 稳定工作时，它的值基本上恒定。调节 R_p，则，$V_{Rp}=R_p \times I_{Rp}$ 是随 R_p 变化的，可见，输出电压可以通过 R_p 调节。另外，LM317 内含保护功能，工作稳定可靠。

小结

本章为全书的最后一章，直流稳压电源可以说是前面各章所学内容的综合运用。在本章中，我们介绍了直流稳压电源的组成、工作原理、性能指标以及各种具有不同特点的电源电路。通过本章的学习，必须掌握以下几点：

（1）直流电能往往是从交流电网上转换而来的，所以必须有整流电路来实现。整流电路是利用二极管的单向导电性将交流电转换为脉动的直流电。整流电路分单相和三相，我们主要介绍的是单相半波与桥式整流。其中桥式整流因其脉动小而得到广泛应用。对于整流电路来说，整流管的选择非常重要。

（2）滤波电路是为了更好的平滑整流输出的电压。因为电容滤波应用广泛，我们重点讲述了其工作原理。值得一提的是，在电容滤波电路里，充电时间常数远小于其放电时间常数，只有如此，才能起到平滑、抑制纹波的作用。当然，也需要注意重视滤波电容的耐压。

滤波电路有多种，电容滤波因外特性软而多用于小电流场合，而电感滤波则因其外特性硬而多用于大电流场合。在使用时，应注意它们的各自特点。

（3）为了稳定输出电压，可在后级电路中采用负反馈技术，使输出电压、纹波电压、负反馈稳定度等指标都大大提高。应根据实际情况选择不同的稳压电路。若要进一步提高稳压电源的质量指标，可采用提高基准电压精度、提高比较放大环节增益等措施，也可采用集成基准电源。直流电源是一个负反馈系统，加深反馈能提高其稳定性，但反馈又与输出电压有关，所以需要综合考虑。

（4）集成稳压电源优点多，尤其是其温度稳定性、纹波抑制比等参数指标较高，近年来得到了广泛的应用。

（5）开关电源是另一类稳压电源，它效率高、重量轻，功率密度大，已广泛应用于计算机等电路中。由于受到知识面的限制，本书没有对其进行深入的讨论，有兴趣的读者可以参阅其他专业书籍来进一步学习和研究。

探究研讨——直流稳压电路中各元器件对输出电压 V_O 的影响

如图 10.23 所示，是一个由变压器、桥式整流滤波电路以及稳压电路构成。通过变压，整流，滤波，稳压过程将 220V 交流电，变为稳定的直流电压的直流稳压电源。试以小组合作的形式，展开课外拓展，研究电路中各元器件究竟会对输出电压 V_O 有啥影响？并就以下内容进行交流讨论：

（1）分析这个电路的原理和特点。

（2）D_1～D_4 中，如果有一个整流二极管虚焊，输出电压 V_O 有什么现象？

（3）滤波电容 C，如果不用电解电容，这个电路会有什么现象？

（4）若 V_I 为 15V，稳压管 D_Z 的参数：V_Z=7V、最大工作电流为 25mA、最小工作电流为 5mA。负载电阻会在 300～450Ω之间波动，试确定限流电阻 R 的范围。

（5）若采用有源稳压电路的方法，主要是替代图中的哪个元件？

（6）开关集成稳压电路进行了哪些方面改进？其原理、种类与特点。

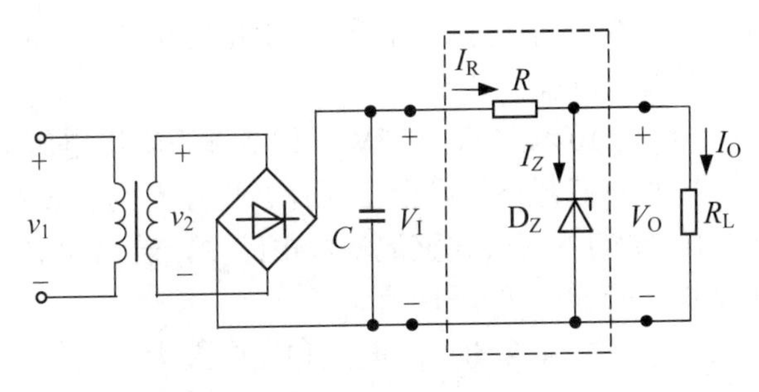

图 10.23 直流稳压电路

习题

在线测试

10.1　电路如图 10.24 所示，变压器副边电压有效值为 $2V_2$。

（1）画出 v_2、v_{D1} 和 v_o 的波形。

（2）求出输出电压平均值 V_o 和输出电流平均值 I_L 的表达式。

（3）二极管的平均电流 I_D 和所承受的最大反向电压 V_{Dmax} 的表达式。

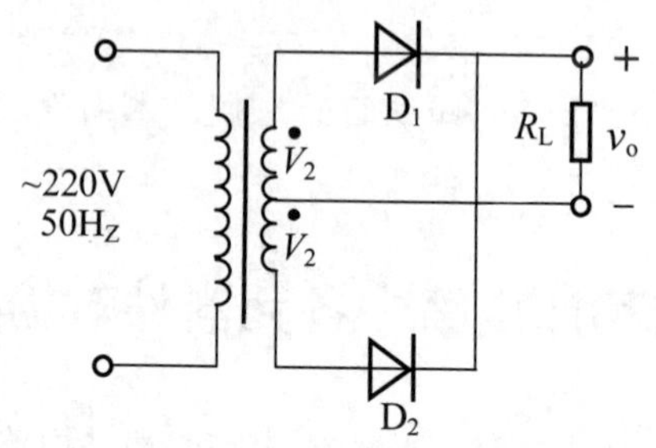

图 10.24　习题 10.1 的图

10.2　已知稳压管的稳压值 V_Z=6V，稳定电流的最小值 I_{Zmin}=5mA。求图 10.25 所示电路中 V_{O1} 和 V_{O2} 各为多少伏。

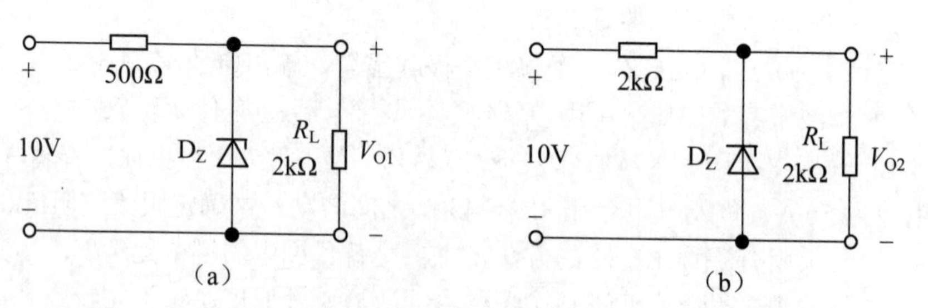

图 10.25　习题 10.2 的图

10.3　已知图 10.26 所示电路中稳压管的稳定电压 V_Z=6V，最小稳定电流 I_{Zmin}=5mA，最大稳定电流 I_{Zmax}=25mA。

（1）分别计算 V_I 为 10V、15V、35V 三种情况下输出电压 V_O 的值。

（2）若 V_I=35V 时负载开路，则会出现什么现象？为什么？

10.4　在如图 10.27 的下列桥式整流滤波电路中，若已知 V_2=25V，求：

（1）负载两端的直流电压的平均值。

（2）若 I_L=0.5A，求二极管的正向电流和反向最大电压。

（3）求出该滤波电容的容量和耐压值。

（4）正确选择整流二极管和滤波电容。

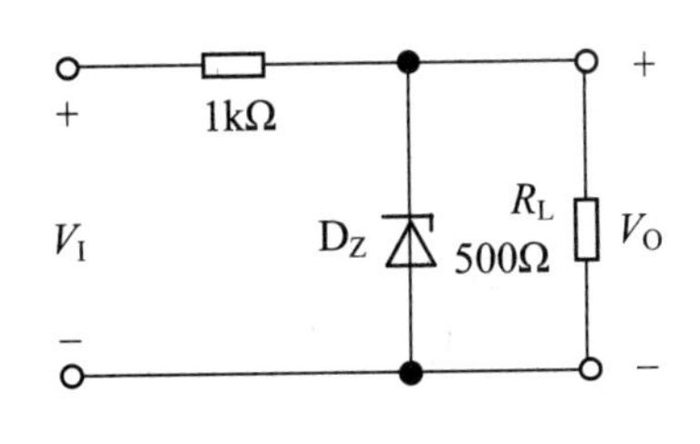

图 10.26　习题 10.3 的图

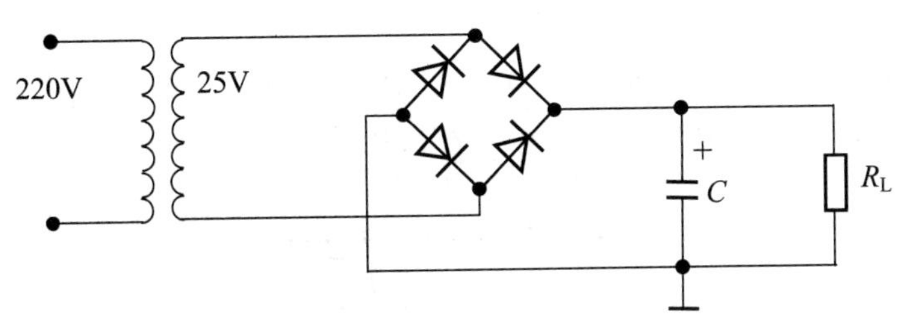

图 10.27　习题 10.4 的图

10.5　如图 10.28 为一单相桥式整流电容器滤波的电路，V_2＝40V，试分析判断如下几种情况下，电路是否发生故障？若有故障，应该是哪些元件损坏引起的？

（1）V_O=24V。

（2）V_O=48V。

（3）V_O=56.6V。

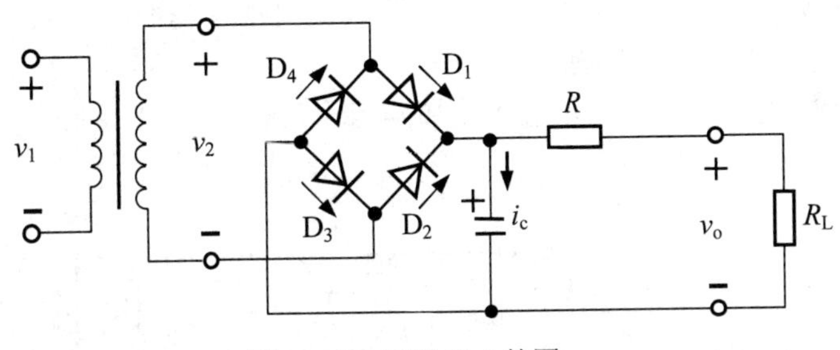

图 10.28　习题 10.5 的图

10.6　电路如图 10.29 所示，已知 V_Z=9V，P_Z=1W，I_Z=30mA，负载电流的变化范围是 0～20mA，变压器副边电压 V_2=15V，电网电压波动为±10%，设滤波电容足够大，试求：

（1）输出电压 V_O。

（2）R 的取值范围。

（3）若将稳压管 D_Z 接反，则后果如何？

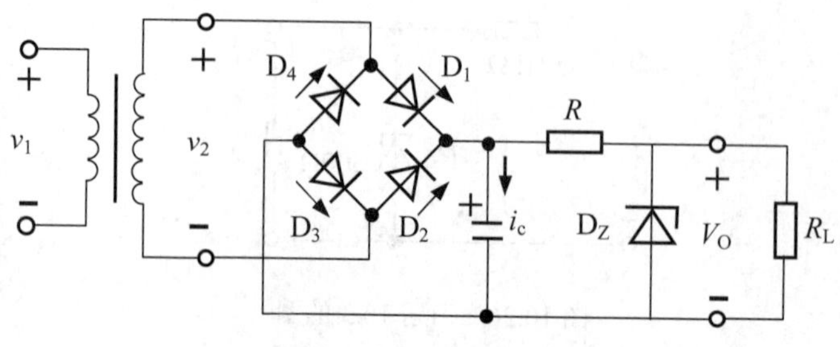

图 10.29　习题 10.6 的图

10.7　电路如图 10.30 所示，设 $I_I' \approx I_O' = 1.5\text{A}$，晶体管 T 的 $V_{BE} \approx V_D$，$R_1 = 1\Omega$，$R_2 = 2\Omega$，$I_D >> I_B$。求解负载电流 I_L 与 I_O' 的关系式。

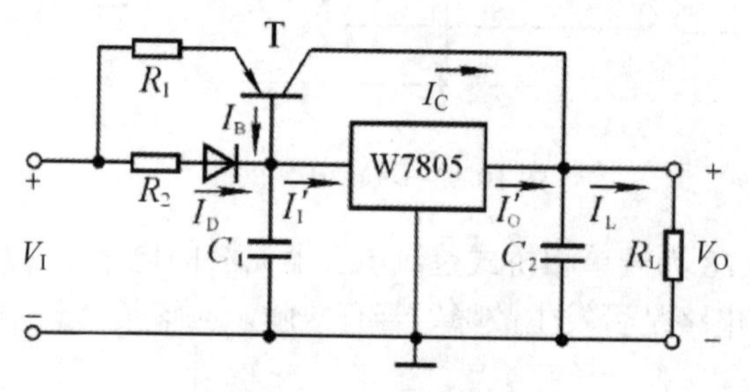

图 10.30　习题 10.7 的图

10.8　直流稳压电源如图 10.31 所示。

（1）说明电路的整流电路、滤波电路、调整管、基准电压电路、比较放大电路、采样电路等部分各由哪些元件组成。

（2）标出集成运放的同相输入端和反相输入端。

（3）写出输出电压的表达式。

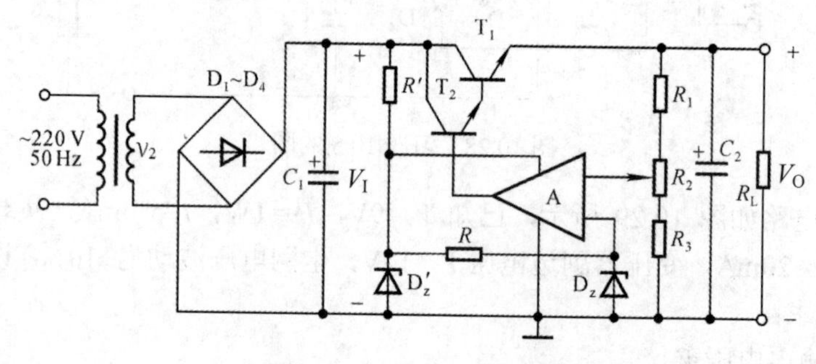

图 10.31　习题 10.8 的图

参考文献

[1] 童诗白，华成英．模拟电子技术基础[M]．5版．北京：高等教育出版社，2015．

[2] 康华光．电子技术基础模拟部分[M]．6版．北京：高等教育出版社，2013．

[3] 刘春艳．电子技术基础[M]．北京：国防工业出版社，2016．

[4] 查丽斌．电路与模拟电子技术基础[M]．4版．北京：电子工业出版社，2019．

[5] 韩东宁．电子技术基础[M]．2版．西安：西安电子科技大学出版社，2019．

[6] 闵锐．模拟电子技术[M]．北京：机械工业出版社，2020．

[7] 江晓安，付少锋．模拟电子技术[M]．4版．西安：西安电子科技大学，2016．

[8] 李月乔．模拟电子技术基础[M]．北京：中国电力出版社，2015．

[9] 赛尔吉欧•佛朗哥．刘树棠，等译．基于运算放大器和模拟集成电路的电路设计[M]．3版．西安：西安交通大学出版社，2004．

[10] 沈任元．模拟电子技术基础[M]．2版．北京：机械工业出版社，2019．

[11] 杨素行．模拟电子技术基础简明教程[M]．北京：高等教育出版社，1998．

[12] 吴拓．模拟电子技术基础[M]．4版．北京：电子工业出版社，2016．

[13] 郭业才，黄友锐．模拟电子技术[M]．北京：清华大学出版社，2011．

[14] 陶玉贵．模拟电子技术[M]．合肥：中国科学技术大学出版社，2010．

[15] 赵家华．浅谈工程领域电子技术的应用[J]．电子世界，2013(2):6．

[16] 李树财．现代电子技术应用范围及发展趋势[J]．科技创新与应用，2013(3):72．

[17] 郑应光，王维平．模拟电子线路（低频部分）[M]．成都：电子科技大学出版社，1995．

读书笔记